LEXIKON DER SCHULPHYSIK

LEXIKON
DER SCHULPHYSIK

Herausgegeben von OStR. Dr. Oskar Höfling, Hamburg

Gliederung des Lexikons

Band 1: Mechanik und Akustik
　　　　Bearbeitet von StDir. Dr. Kurt Zita, Reinbek

Band 2: Wärme und Wetter
　　　　Bearbeitet von OStR. Dr. Walter Hein, Plön

Band 3: Elektrizität und Magnetismus
　　　　Bearbeitet von OStR. Josef Breitsameter, Traunstein

Band 4: Optik und Relativitätstheorie
　　　　Bearbeitet von OStR. Wolfgang Ruth, Hannover

Band 5: Atomphysik
　　　　Bearbeitet von OStR. Dr. Oskar Höfling, Hamburg

Band 6 und 7: Geschichte der Physik
　　　　Bearbeitet von Prof. Dr. rer. nat. Armin Hermann, Stuttgart

　　　　Die etymologische Bearbeitung der Stichwörter erfolgte durch OStR. Dr. Dietrich Henss

AULIS VERLAG DEUBNER & CO KG · KÖLN · 1971

GESCHICHTE DER PHYSIK
A bis K

Von Armin Hermann

und den Mitarbeitern des Lehrstuhles
für Geschichte der Naturwissenschaften und Technik
an der Universität Stuttgart

Band 6

AULIS VERLAG DEUBNER & CO KG · KÖLN · 1971

Quellennachweis der Abbildungen

Die Abbildungen stellten zur Verfügung:

Deutsches Museum München: Abb. 1, 3, 8—12, 15, 16, 19, 21—24
Stadt- und Universitätsbibliothek Bern: Abb. 2, 13
Sammlung Dr. Hans Rhyn, Bern: Abb. 4, 14, 17, 18, 20
Sammlung Prof. Dr. Armin Hermann, Stuttgart: Abb. 5—7

Bestell-Nummer 8018
© AULIS VERLAG DEUBNER & CO KG KÖLN
Herstellung: Konrad Triltsch, Graphischer Betrieb, 87 Würzburg
ISBN 3-7614-0131-0

Vorwort zum Lexikon der Schulphysik

Das *Lexikon der Schulphysik* verfolgt das Ziel, den Physiklehrern an Gymnasien, den Lehrern und Dozenten an anderen Unterrichtsanstalten sowie allen, die die Physik in ihrer praktischen Arbeit als Hilfswissenschaft benötigen oder sich aus anderen Gründen für physikalische Fragen interessieren, zu einer schnellen und sicheren Orientierung über einzelne Begriffe und Zusammenhänge zu verhelfen. Dabei wurde besonderer Wert auf eine leichte Verständlichkeit und gute Lesbarkeit gelegt. Für die Stoffauswahl war maßgebend, daß die hier dargestellten Gegenstände in einem anspruchsvollen gymnasialen Physikunterricht behandelt werden können. Da die Physik in einer stürmischen Entwicklung begriffen ist, bedarf es einer laufenden Prüfung, welche der physikalischen Fortschritte und neuen Erkenntnisse methodisch und didaktisch so weit aufbereitet sind, daß sie in den Physikunterricht der Gymnasien oder entsprechender anderer Unterrichtsanstalten aufgenommen werden können. Eine solche Bestandsaufnahme ist in dem *Lexikon der Schulphysik* auf allen Gebieten erneut durchgeführt worden, wobei der Rahmen nicht allzu eng gefaßt worden ist. Daß dabei der bisher bewährte Stoff nicht vernachlässigt wurde, ist selbstverständlich. Es ist aber notwendig, auch diesen Stoff immer wieder neu zu durchdenken und den Erfordernissen der Zeit anzupassen, weil auch die elementaren Tatbestände der klassischen Physik heute in vielen Fällen eine neue Darstellung und eine veränderte Einordnung in größere Zusammenhänge erfordern.

Die technische Welt des 20. Jahrhunderts und ihre geistige Durchdringung verlangen eine sorgfältige Ausbildung in Physik, wobei neben den elementaren Tatsachen der klassischen Physik in gleicher Weise moderne Fragestellungen von Bedeutung sind. Ziel und Kunst eines zeitgemäßen Physikunterrichts sollte es sein, auf einem geraden, kurzen Weg durch das traditionelle Stoffgebiet hindurchzuführen, um den Zugang zu den die geistige Auseinandersetzung der heutigen und der künftigen Welt bestimmenden Erkenntnissen der neueren Physik zu eröffnen. Die Darbietung dieser Dinge im Unterricht der Gymnasien und entsprechender anderer Unterrichtsanstalten macht den heranwachsenden Menschen erst reif für das Verständnis der Problematik unserer Zeit und gegebenenfalls für eine aktive Mitarbeit an ihrer Bewältigung. Das *Lexikon der Schulphysik* trägt dieser Sachlage Rechnung und bietet den unterrichtenden Physikern bei der Verwirklichung der dargestellten Ziele seine Hilfe an. Die Darstellung ist so, daß das Lexikon unmittelbar zur Unterrichtsvorbereitung benutzt werden kann.

In jedem der 7 Bände erfolgt die Anordnung der behandelten Stichwörter lexikalisch (A—Z), so daß eine Reihe in sich abgeschlossener Lexika über die großen klassischen Gebiete der Physik vorliegen wird. Jeder Band enthält alle in diesem Gebiet wichtigen Stichwörter. Bei ihrer Auswahl haben die Bedürfnisse und Möglichkeiten des Physikunterrichts an den Gymnasien im Vordergrund gestanden und den Rahmen bestimmt. Die Stichwörter sollen ein abgeschlossenes Bild des jeweiligen Gebietes vermitteln.

Das *Lexikon der Schulphysik* unterscheidet sich insofern von den üblichen Lexika, als es sich nicht auf eine möglichst gedrängte, stichwortartige Behandlung der einzelnen Begriffe und Zusammenhänge beschränkt. Es verknüpft sie vielmehr unter Beachtung pädagogischer und methodischer Gesichtspunkte und ist an allen Stellen bemüht, bei Wahrung physikalischer Exaktheit möglichst leicht verständlich zu sein und unmittelbar im Unterricht verwendet werden zu können.

Die Geschichte der Physik findet in dem *Lexikon der Schulphysik* besondere Beachtung, weil Betrachtungen über das Werden physikalischer Erkenntnisse wesentlich zu ihrem Verständnis beitragen können. Die Geschichte der Physik wurde auf zwei Bände verteilt, weil hier nicht nur der Lebensweg und die Leistungen aller bedeutenden Physiker, sondern auch eine nach Stichwörtern geordnete Entwicklungsgeschichte der physikalischen Entdeckungen gegeben wird, die in der vorliegenden Form bisher nicht existiert und die den Rahmen eines einzigen Bandes gesprengt hätte.

Jeder Band enthält am Ende eine ausführliche Literaturübersicht über das behandelte Gebiet. Bei der Geschichte der Physik finden sich — davon abweichend — die Literaturangaben unter jedem Stichwort.

Die Bearbeiter und die Herausgeber hoffen, daß das *Lexikon der Schulphysik* sich in der Praxis bewährt und ein für die Schulen, die Physiklehrer und alle anderen Interessenten unentbehrliches Nachschlagewerk wird. Aus der praktischen Benutzung sich ergebende Verbesserungsvorschläge werden jederzeit dankbar begrüßt. Sie sollen sorgfältig geprüft und bei einer späteren Neuauflage beachtet werden.

Im Namen der Mitarbeiter

Dr. Oskar Höfling

Vorwort zum Band „Geschichte der Physik" A—K

Die vom Anfang des 19. Jahrhunderts an einsetzende, seit Charles Percy Snows Vortrag in Cambridge 1959 wieder vieldiskutierte „Trennung in die beiden Kulturen" hat neben allen anderen Schäden auch eine Vernachlässigung der Geschichte der Naturwissenschaften mit sich gebracht. Während der Naturforscher im Blick nach vorn auch gegenüber seinem eigenen Fach eine ahistorische Einstellung an den Tag legte, betrachtete der Historiker die Naturwissenschaft als eine außerhalb der allgemeinen Geistesentwicklung und deshalb außerhalb seiner Betrachtung bleibende Gegebenheit.

In Ansätzen zur Überwindung der Kluft und Wiederherstellung der Bildungseinheit betonen seit Jahren maßgebliche Physiker die hervorragende Bildungsfunktion der Physik, die zum selbständigen Denken erzieht, aber auch zur Bereitschaft, das eigene Denken „immer wieder dem Urteil der Erfahrung zu unterwerfen" (Fritz Bopp). Ergänzend muß hier angefügt werden, daß die vollen Bildungswerte jedenfalls nur durch eine historische Durchdringung nutzbar gemacht werden können. Um zur endgültigen Überwindung des immer noch vorhandenen Bildungshochmutes gegen die Physik beizutragen, ist es für den Physiker selbst notwendig, sein Fach in den geistesgeschichtlichen Dimensionen zu verstehen.

Auch der Historiker muß die Naturwissenschaft als ein historisches Phänomen auffassen und sich Rechenschaft ablegen, inwieweit sie mit dem „Geist der Zeiten" verbunden war und deshalb als nicht abtrennbarer Bestandteil in den Kreis der geschichtlichen Betrachtung gehört. Es gibt sogar von meinem Stuttgarter Kollegen August Nitschke seit Jahren entwickelte Argumente dafür, daß erst durch die Einbeziehung der Naturwissenschaften und der Technik entscheidende Gesichtspunkte im Gesamtablauf der Geschichte verständlich werden.

Sowohl der Physiker wie der Historiker brauchen also, wenn auch aus verschiedenen Gründen, die Geschichte der Physik. Ein unter Berücksichtigung der Originalabhandlungen **und** der Sekundärliteratur ausgearbeitetes, zusammenfassendes Werk, das der Physiker, der Historiker und der den Bildungswerten der Physik besonders verpflichtete Gymnasiallehrer zur Hand nehmen könnten, gibt es aber bisher noch nicht, genauer gesagt: Die vorliegenden Gesamtdarstellungen stammen aus dem vorigen Jahrhundert. An den Wissenschaftshistoriker wird darum die berechtigte Forderung gestellt, eine moderne Geschichte der Physik vorzulegen.

Es ist eine schwierige und wohl undankbare Aufgabe, mit einem Lexikon „Geschichte der Physik" hier den ersten Schritt zu tun. Die meisten Teilgebiete sind historisch noch zu wenig durchgearbeitet, als daß gesicherte Ergebnisse vertrauensvoll übernommen werden könnten; i.a. liegen höchstens Einzelaspekte vor. Der Bearbeiter des Gesamtgebietes kann sich nur auf wenige Vorarbeiten direkt stützen; er muß sich durch die Quellen und durch eine Fülle von mitunter allzu spezieller und deshalb nicht unmittelbar brauchbarer Sekundärliteratur hindurcharbeiten. Er darf dabei trotz der gebotenen wissenschaftlichen Gründlichkeit nicht in den Details steckenbleiben, so daß er immer dem Vorwurf ausgesetzt sein wird, wichtige Materialien übersehen zu haben.

In dem Lexikon „Geschichte der Physik", von dem hier der erste Band A—K vorgelegt wird, haben sich die Bearbeiter bemüht, die geistesgeschichtlichen Bezüge hervortreten zu lassen. Der Benutzer wird deshalb auf Stichworte stoßen (z. B. Aufklärung, Dynamismus, Enzyklopädie, Kunst), die in einer eng aufgefaßten Abschilderung von Entdeckungen und Erfindungen fehlen würden. Ebenso konnte und sollte zu den Nachbardisziplinen Mathematik und Chemie keine scharfe Grenzlinie gezogen werden. Ist hier die gestellte Aufgabe weiter gefaßt worden, so ist andererseits klar, daß nur die wesentlichsten Aspekte Berücksichtigung fanden. Viele, an sich wünschenswerte Fakten konnten nicht gebracht werden. Die Ansätze der Antike und des Mittelalters sind beiseite gelassen, weil sie der Benutzer einer Physikgeschichte in der Regel nicht sucht und weil im Rahmen des zur Verfügung stehenden Umfangs eine oberflächliche und darum inadäquate Darstellung hätte gegeben werden müssen. Ebenso ist die Entwicklung nur bis etwa zum Jahre 1930 verfolgt; bearbeitet ist also die Entwicklung der „Nuova Scienza", der Physik in unserem heutigen Sinne, von der Begründung bei Galilei und Kepler angefangen bis zu dem Zeitpunkt, zu dem überhaupt Geschichte geschrieben werden kann. Es bedarf wohl keiner Rechtfertigung, daß diese Zeitgrenzen gelegentlich überschritten werden mußten, etwa um das Gesamtwerk einer Persönlichkeit zu würdigen.

Den besonderen Wert des Lexikons erblicken wir in den Literaturangaben: In der Regel enthält jedes Stichwort die Rubrik **Literatur,** mit Hinweisen auf die sog. Sekundärliteratur, d. h. auf die wissenschaftshistorische Behandlung im einschlägigen Fachschrifttum. Dazu kommt in der Regel bei den biographischen Stichworten ein Überblick über die **Werke** des betreffenden Wissenschaftlers, bei den Sachstichworten eine Aufstellung der **Quellen,** d. h. der wichtigsten Originalabhandlungen. Die Angaben sind wie gesagt als Literaturhinweise und -überblicke zu verstehen, nicht als Vollständigkeit erstrebende Bibliographien.

Bei den zitierten Büchern wird nur eine Auflage angegeben. Bei klassischen Abhandlungen ist dies selbstverständlich die Ersterscheinung; im übrigen wurde von Fall zu Fall entschieden. Die bekannten zusammenfassenden Darstellungen (z. B. August Heller, Geschichte der Physik; Emil Wilde, Geschichte der Optik u. dgl.) und die üblichen Nachschlagewerke aller Art (z. B. Neue Deutsche Biographie, Poggendorffs Biographisch-Literarisches Handwörterbuch) werden i. a. nicht zitiert. Eine Aufstellung dieser Literatur wird im 2. Band unter dem Stichwort Physikgeschichte gegeben werden.

Das vorliegende Werk ist eine Gemeinschaftsarbeit des Lehrstuhls für Geschichte der Naturwissenschaften und Technik an der Universität Stuttgart. Es ist mir eine angenehme Pflicht, hier die mühevolle Arbeit aller Beteiligten zu würdigen. Es zeichnen die Mitarbeiter mit folgenden, in Klammern angegebenen Abkürzungen: Dr. Heinz Balmer (H. B.), Dr. Ulrich Hoyer (U. H.), Dipl.-Phys. Steffen Richter (S. R.), Dipl.-Ing. Lothar Suhling (L. S.), Hans Peter Münzenmayer (H. M.). Ebenso danke ich für ihre Mitwirkung den Gastdozenten am Lehrstuhl, Dr. Jiri Marek (J. M.) und Dr. Ludolf von Mackensen (L. v. M.), sowie den Doktoranden Dipl.-Ing. Hans Raible (H. R.), Dipl.-Phys. Adolf Machold (A. M.) und Anita Koeck (A. K.). Die ungezeichneten Stichworte sind von mir verfaßt. Weiterhin haben befreundete Kollegen, die mit vollem Namen zeichnen, je einen Artikel beigesteuert: Prof. Dr. Friedrich Klemm, Prof. Dr. Fritz Krafft, Priv.-Doz. Dr. Dorothea Kuhn, Studienrat Kurt Poppe und Dipl.-Phys. Jürgen Teichmann.

Einen großen Anteil am Zustandekommen des Bandes haben Anneliese Held und Steffen Richter durch Erstellung der Reinschrift und Beteiligung an der Redaktionsarbeit. Für alle Texte trage ich die ausschließliche Verantwortung.

Stuttgart, Mai 1970   Armin Hermann

A

Abbe, Ernst Karl (* 23. Januar 1840 in Eisenach, † 14. Januar 1905 in Jena). A. studierte seit 1857 an den Universitäten Jena und Göttingen u. a. bei Bernhard Riemann und Wilhelm Weber Mathematik, Physik, Astronomie und Philosophie. 1861 promovierte er mit einer Arbeit über die „Erfahrungsmäßige Begründung des Satzes von der Äquivalenz zwischen Wärme und mechanischer Arbeit". 1863 habilitierte er sich in Jena bei Karl Snell. Ende der sechziger Jahre begann A., dem Jenaer Universitätsmechaniker Carl Zeiss bei der Verbesserung des Mikroskops zu helfen. Diese Zusammenarbeit wurde für sein weiteres Leben bestimmend, indem sie sowohl die Richtung seines wissenschaftlichen Interesses festlegte, das fortan in der Hauptsache der Optik galt, als auch zur tragfähigen Grundlage seines sozialreformerischen Lebenswerks sich entwickelte. 1868 entdeckte A. den Sinussatz der optischen Abbildungen bei endlicher Hauptstrahlneigung; 1869 und 1870 führte er die Begriffe Ein- und Austrittspupille und numerische Apertur in die Optik ein; nachdem er erkannt hatte, daß sich das Mikroskop durch Verkleinerung der in das Objektiv eintretenden Lichtbündel infolge der dabei auftretenden Beugungseffekte nicht verbessern ließ, gab er 1872 die Größe der kleinsten noch erkennbaren Struktur (das sog. Auflösungsvermögen des Mikroskops) an: $d = \frac{\lambda}{n \sin \alpha}$ (λ: Wellenlänge des benutzten Lichts, n: Brechungsindex des Immersionssystems, α: Öffnungswinkel des Objektivs). Wenn er einerseits die physikalische Lichttheorie ganz in den Dienst der praktischen Optik stellte, so daß es ihm gelang, Verfahren zur Vorausberechnung aller Konstruktionselemente des Mikroskops anzugeben, die das bisher übliche zeitraubende Probieren unnötig machten, bemühte er sich anderseits auch um die Verbesserung der Eigenschaften der im optischen Instrumentenbau verwandten Materialien. 1882 gründete er zu diesem Zweck mit Carl Zeiss und dem Glashüttentechniker Otto Schott das „Glastechnische Laboratorium Schott und Genossen". Nach dem Tode von Carl Zeiss (1889) leitete A. die Verwirklichung seiner sozialen Ideen ein. 1891 errichtete er, inzwischen zum Millionär geworden, die Carl-Zeiss-Stiftung, der er sein ganzes Vermögen zuwies und zu deren Gunsten er seinen Alleinbesitz der optischen Werkstätte und seinen Besitzanteil am Schottschen Glaswerk aufgab. Die Motive, die ihn zu diesem Schritt bewogen, waren, wie er selbst betonte, nicht karitativer, sondern sozialer Natur. Als Sohn eines Arbeiters hatte er aus eigener Erfahrung die unglückliche Lage kennengelernt, in welche die fortschreitende Industrialisierung große Massen ehemals selbständiger Gewerbetreibender gebracht hatte. Das Abhängigkeitsverhältnis vom kapitalbesitzenden Unternehmer, in welches der einzelne Arbeiter geraten war und dem durch das allgemeine „Proletarierrecht" der Gewerbeordnung in einer ihm nicht genügend erscheinenden Form gewehrt wurde, ersetzte er durch ein Vertragsverhältnis, das dem Arbeitnehmer u. a. den achtstündigen Arbeitstag, eine Gewinnbeteiligung und Pensionsberechtigung gewährte und damit Rechte einräumte, die zu A.s Zeiten ohnegleichen waren und als leuchtendes Beispiel der Tätigkeit sozialen Unternehmertums nachhaltig in die Zukunft gewirkt haben.

Werke: Gesammelte Abhandlungen. 3 Bde. Jena 1904/06.

Literatur: Biographisches Jahrbuch und Deutscher Nekrolog. Berlin 1906, Bd X, S. 1—16; Felix Auerbach, E. A. Eine Lebensbeschreibung. Leipzig 1918 (mit Bibliographie); Moritz von Rohr, In memoriam E. A. In: Die Naturwissenschaften. Jg 23, 1935, S. 25—27; Norbert Günther, E. A. Schöpfer der Zeiss-Stiftung. Stuttgart 1951; Paul Gerhard Eschen, E. A. Leipzig 1963; Hans Gause u. Paul Görlich, Beiträge zu A.s Tätigkeit in gelehrten Gesellschaften etc. In: Jenaer Jahrbuch. Jg 1966, S. 19—37; Ludwig Otto, E. A. als Schöpfer des wissenschaftlichen Mikroskopbaues. In: Jena-Nachrichten. Jg 1966, S. 67—94; Harald Volkmann, E. A. and his work. In: Applied Optics. Vol. 5, 1966, S. 1720—1731.   U. H.

Aberration. Auf der Suche nach der Fixsternparallaxe (der durch die jährliche Rotation der Erde um die Sonne hervorgerufenen scheinbaren Bewegung der Fixsterne) entdeckte 1725 James Bradley (1692—1762) am Stern γ-Draconis die sogenannte Aberration des Fixsternlichtes. 1728 wies er nach, daß diese Erscheinung als Folge der endlichen Ausbreitungsgeschwindigkeit des Lichtes (im Gegensatz zur Parallaxe) bei allen Fixsternen beobachtet werden kann. 1872 füllte George Biddell Airy ein Teleskop mit Wasser, um zu prüfen, ob sich ein größerer Wert der Aberration infolge der Verringerung der Lichtgeschwindigkeit in Wasser ergibt. Es zeigte sich keinerlei Änderung. Dieses Ergebnis konnte mit der Fresnelschen Vorstellung von der Mitführung des Lichtes im bewegten Medium verstanden werden. Die relativistische Theorie der Aberration, die Albert Einstein 1905 angegeben hat, führte in erster Näherung (Berücksichtigung von in $\beta = \dfrac{v}{c}$ linearen Gliedern; v: Erdgeschwindigkeit, c: Lichtgeschwindigkeit) auf die klassische (nichtrelativistische) Formel für die Winkeländerung. Die relativistische Formel lautet (α': Winkel, unter dem der Stern im erdfesten Koordinatensystem erscheint; α: derselbe Winkel in einem heliozentrischen Koordinatensystem):

$$\alpha - \alpha' = \beta \sin \alpha - \frac{\beta^2}{4} \sin 2\alpha .$$

Literatur: Gilbert Thomas Walker, Aberration and some other problems connected with the electromagnetic field. Cambridge 1900; Aladár Erreth, Die Aberration und die Geschwindigkeit des Lichtstrahles. Budapest 1929; George Sarton, Discovery of the aberration of light. In: Isis. Vol. 16, 1931, S. 231—265; Handbuch der Physik. Bd 24, Berlin, Göttingen, Heidelberg 1956, S. 19 bis 21; Edmund Hoppe, Geschichte der Optik. Neudruck Wiesbaden 1967, S. 59.   U. H.

Abraham, Max (* 26. März 1875 in Danzig, † 16. Nov. 1922 in München). A. promovierte 1897 bei Planck und wurde dessen Assistent. 1909 ging er als Professor der theoretischen Mechanik an das Polytechnikum Mailand und wurde nach dem Kriege Professor der Physik in München und Stuttgart.

A. entwickelte 1903 die Theorie des „starren Elektrons", eine Dynamik, die eine andere Geschwindigkeitsabhängigkeit der Masse des Elektrons ergab als die Spezielle Relativitätstheorie und die deshalb für einige Jahre mit dieser in Konkurrenz trat ($\rightarrow$ Kaufmann, $\rightarrow$ Relativitätstheorie, Spezielle). Nachhall fand A.s zweibändige „Theorie der Elektrizität". August Föppl (1854—1924), Professor an der Technischen Hochschule München, hatte eine Einführung in die Maxwellsche Theorie der Elektrizität verfaßt. A.s erster Band war eine Umarbeitung dieses Werkes und trug den Namen Abraham—Föppl. Während dieser erste Band die allgemeinen Gesetze des elektromagnetischen Feldes und das Rechnen mit Vektorgrößen darstellte, galt der zweite der elektromagnetischen Theorie der Strahlung und behandelte auf 400 Seiten die Elektronen als bewegte Körper. Das Werk wurde später von Richard Becker (1887 bis 1955), natürlich nun auf dem Boden der Relativitätstheorie, weitergeführt und existiert noch heute als Abraham-Becker-Sauter (Herausgeber Fritz Sauter).

Werke: Über einige bei Schwingungsproblemen auftretende Differentialgleichungen. In: Mathematische Annalen. Bd 52, 1900, S. 81—112; Prinzipien der Dynamik des Elektrons. In: Annalen der Physik. Bd 10, 1903, S. 105—179; Zur Theorie der Strahlung und des Strahlungsdruckes. Ebd. Bd 14, 1904, S. 236—287.

Literatur: Max Born und Max von Laue, M. A. In: Physikal. Zeitschrift. Jg 24, 1923, S. 49—53; Fritz Emde, M. A. In: Elektrotechnische Zeitschrift. Jg 1923, S. 20 f. H. B.

Absorption von Gasen. Systematische Versuche über die Absorption von Gasen durch Flüssigkeiten hat wohl als erster Joseph Priestley um 1770 unternommen. Anfang 1803 veröffentlichte William Henry das nach ihm benannte Gesetz (→ Henrysches Gesetz). Robert Bunsen bestätigte bis 1857 durch genaue Versuche mit seinem Absorptiometer das Henry-Daltonsche Gesetz und ermittelte Absorptionskoeffizienten für eine Anzahl von Gasen und Lösungsmitteln und den Gang mit der Temperatur. 1804 entdeckte Johann Wilhelm Ritter bei galvanischen Versuchen, daß Silber große Mengen von Wasserstoff aufnehmen kann; das schon Priestley bekannte Produkt nannte Ritter „Hydrogensilber", Priestley „phlogistiertes Silber". 1868 prägte Thomas Graham für die Gas-A. den heute nicht mehr gebräuchlichen Ausdruck „Okklusion".

Quellen: William Henry, Experiments on the quantity of gases absorbed by water, at different temperatures, and under different pressures. In: Philosophical Transactions. 1803, Teil 1, S. 29 bis 42; John Dalton, Die Grundlagen der Atomtheorie (= Ostwalds Klassiker. Nr 3). Leipzig 1902; Robert Bunsen, Gasometrische Methoden. Braunschweig 1857; Johann Wilhelm Ritter, Physisch-Chemische Abhandlungen. 3 Bde. Leipzig 1806, Bd 3, S. 342.

Absorption von Strahlung. Die Absorption von Licht beim Durchgang durch verschiedene Medien bestimmte durch systematische Versuche mit selbsterfundenen Photometern bereits → Pierre Bouguer. Das dem Licht ähnliche Absorptionsverhalten der Wärmestrahlen war für Jean-Baptiste Biot 1814 ein Hinweis auf physikalische Gleichartigkeit bzw. Verwandtschaft auf den, wie er sich ausdrückte, „stufenweise fortschreitenden Übergang zwischen Wärmestoff und Licht".

Genauere Resultate über die Farbabhängigkeit der A. wurden (nach zahlreichen qualitativen Beobachtungen) nach der Entdeckung einzelner Linien im Spektrum der Sonne und anderer Lichtquellen erzielt. David Brewster bemerkte 1823, wie schon Thomas Young 1803, daß ein blaues Kobaltglas nur für zwei rote Streifen des Spektrums durchlässig ist. John Herschel untersuchte die A. durch farbige Substanzen genauer und entwickelte als erster eine Theorie über die A. auf dem Boden der Wellentheorie des Lichtes und der atomistischen Konstitution der Körper.

Die ersten quantitativen Messungen der A. von Korpuskularstrahlung gelangen Philipp Lenard 1895 an Kathodenstrahlen, nachdem er sie durch das Lenard-Fenster aus der Entladungsröhre heraus in einen gesonderten Beobachtungsraum hatte führen können: „Das Resultat war wunderbar! All die bunte Mannigfaltigkeit von Eigenschaften, die wir an den verschiedenen Körpern um uns zu sehen gewohnt sind, verschwand. Es kam auf nichts an, als nur auf das Gewicht der Körper."

Auch bei den Ende 1895 entdeckten Röntgenstrahlen und den radioaktiven α-, β- und γ-Strahlen bildete das Absorptionsverhalten einen bevorzugten Untersuchungsgegenstand. Aus der zugrundeliegenden Wechselwirkung mit den Atomen bzw. Molekülen des „durchstrahlten" Stoffes ergaben sich wichtige Aufschlüsse über die Strahlung selbst wie über die Konstitution der Atome und Atomkerne. 1911 entdeckten Hans Geiger und John Mitchell Nutall den Zusammenhang zwischen der Reichweite der α-Teilchen und der Halbwertszeit des radioaktiven Strahlers. Diese empirische Beziehung fand 1928 durch George Gamow ihre Deutung im wellenmechanischen Tunneleffekt.

Quellen: Pierre Bouguer, Traité d'Optique sur la gradation de la lumière. Paris 1760; Philipp Lenard, Wissenschaftliche Abhandlungen. Bd 3.

Leipzig 1944; David Brewster, Description etc., with remarks on the absorption of the prismatic rays by coloured media. In: Transactions of the Royal Society of Edinburgh. Vol. 9, II, 1823, S. 433–444; John F. W. Herschel, On the absorption of light by coloured media etc. In: Ebd. 9, II, 1823, S. 445–460; ders., On the absorption of light by coloured media, viewed in connection with undulatory theory. In: Philosophical Magazine. Vol. 3, 1833, S. 401–412; Wilhelm Seitz, Zerstreuung, Reflexion und Absorption der Kathodenstrahlen. In: Jahrbuch der Radioaktivität und Elektronik. Bd 2, 1905, S. 55–67.

Literatur: Emil Wilde, Geschichte der Optik [1838–43]. Neudruck Wiesbaden 1968; Heinrich Kayser, Handbuch der Spectroscopie. Bd 1. Leipzig 1900, Kap. I: Geschichte der Spectroscopie.

Achromat. Vor Isaac Newton wurden die Unvollkommenheiten der frühen Fernrohre und Mikroskope auf die Abweichungen der darin verwandten Linsen von der Kugelgestalt zurückgeführt. Newton wies darauf hin, daß die farbigen Ränder der mit optischen Instrumenten erzeugten Bilder ihren Ursprung in der verschiedenartigen Brechbarkeit der Spektralfarben (Dispersion) haben. Da er annahm, daß diese Dispersion für alle Materialien gleich sei, hielt er es grundsätzlich für unmöglich, ein von chromatischen Fehlern freies dioptrisches Teleskop zu bauen, und zog einem solchen deshalb das Spiegelteleskop vor. Die Tatsache, daß die im Auge erzeugten Bilder frei sind von farbigen Rändern (infolge der Korrektur der chromatischen Abweichungen durch die verschiedenen Augenflüssigkeiten), brachte → Leonhard Euler 1747 auf den Gedanken, daß es entgegen der Newtonschen Ansicht möglich sein müßte, ein farbfehlerfreies Fernrohr (Achromat) zu bauen. Er wies zunächst nach, daß das Newtonsche Dispersionsgesetz unhaltbar sei, und ersetzte es durch ein neues, dessen Unrichtigkeit erst 1838 von Cauchy aufgedeckt wurde. Der Londoner Optiker John Dollond lehnte zwar die Eulersche Formel ab, doch gelang es ihm 1757 (und ebenso Samuel Klingenstjerna 1760/62) zu zeigen, daß es wirklich möglich ist, aus Kron- und Flintglas achromatische Linsenkombinationen zu bauen. Diese beiden Gläser blieben nun über hundert Jahre lang die Grundmaterialien im optischen Instrumentenbau. Joseph Fraunhofer entdeckte 1817 beim Versuch, verbesserte Fernrohre zu bauen, wozu ihm die genaue Kenntnis der Dispersion in den verwandten Gläsern unerläßlich schien, die nach ihm benannten dunklen Linien im Sonnenspektrum, welche sich bei Brechbarkeitsmessungen als wertvolle Marken im Spektrum erwiesen. Fraunhofers früher Tod im Jahre 1826 hatte einen Stillstand der Entwicklung auf diesem Gebiet zur Folge. Erst Ernst Abbe und Otto Schott bemühten sich ab 1880 wieder, das Problem durch systematische Untersuchung neuer Glassorten der Lösung näherzubringen. Das Resultat waren achromatische Linsensysteme (sog. Apochromate), in denen nicht nur — wie bisher — für zwei Farben des Spektrums Achromasie erreicht, sondern in denen auch das noch verbleibende „sekundäre Spektrum" nahezu ausgelöscht wurde. Allerdings gelangte Abbe zu der Überzeugung, daß es unmöglich sei, Systeme zu erfinden, in denen alle optischen Fehler zugleich aufgehoben sind. Heute nennt man in der Teilchenoptik Achromate solche Systeme, in denen vom selben Objektpunkt ausgehende Teilchen verschiedener Energie in demselben Bildpunkt vereinigt werden.

Literatur: Emil Wilde, Geschichte der Optik. Nachdruck Wiesbaden 1968; Edmund Hoppe, Geschichte der Optik. Nachdruck Wiesbaden 1967, S. 42 u. 190; Felix Auerbach, Ernst Abbe. Leipzig 1918, S. 229 u. 282; Moritz von Rohr, Ernst Abbes Apochromate. Jena 1936. U. H.

Adsorption. Unter Adsorption wird heute das intermolekulare Binden von Gasen und in Flüssigkeiten gelösten Stoffen an den Phasengrenzflächen von Festkörpern und Flüssigkeiten verstanden. Der Begriff kam erst gegen Ende des 19. Jh.s allmählich in Gebrauch, nachdem sich der Unterschied zur → Absorption zunehmend klarer herausgestellt hatte.

Angaben über die A. von Gasen an porösen Körpern (insbesondere Holzkohle) finden sich bei Phlogistikern des ausgehenden 18. Jh.s, wie Felice Fontana, Carl Wilhelm Scheele und Joseph Priestley.

Die A. gelöster Stoffe durch die Holzkohle entdeckte Tobias Lowitz 1785. Théodore de Saussure berichtete 1812 über Adsorptionsversuche an porösen Stoffen mit verschiedenen Gasen, wobei er auch Angaben über eine Wärmetönung bei der Adsorption machte.

Aus der Schwierigkeit, vollkommen luftfreie Barometer herzustellen, schlossen Anfang des 19. Jh.s Ambrogio Fusinieri und Angelo Bellani auf die Existenz einer starren Luftschicht auf den Oberflächen fester Körper. Seit der Mitte des 19. Jh.s wurde diese verdichtete Gashaut Gegenstand vieler Untersuchungen. Veröffentlichungen hierüber erschienen u. a. von Gustav Magnus 1853, Georg Quincke 1859, Friedrich Weber 1872 und Heinrich Kayser 1881.

Mit Hilfe der jungen Thermodynamik leitete Josiah Willard Gibbs 1876 das nach ihm benannte Adsorptionsgesetz ab. Es dient zur Ermittlung der Stoffmengen, die aus Lösungen oder aus der Gasphase an Flüssigkeitsoberflächen adsorbiert werden.

Größere Fortschritte in Richtung mathematischer Ansätze zur Beschreibung der Adsorptionsmechanismen wurden erst wieder nach der Jahrhundertwende erzielt. Zu nennen ist hier neben Herbert Freundlich vor allem Irving Langmuir mit seiner Theorie der monomolekularen Belegung der adsorbierenden Oberflächen. Langmuir, ein Schüler Walther Nernsts, entwickelte die „Surface Chemistry", wofür er 1932 den Nobelpreis erhielt.

Quellen: Carl Wilhelm Scheele, Chemische Abhandlungen von der Luft und dem Feuer (= Ostwalds Klassiker. Nr 58). Leipzig 1894; Théodore de Saussure, Beobachtungen über die Absorption der Gasarten durch verschiedene Körper. In: Annalen der Physik. Bd 47, 1814, S. 113—183; Johann Wolfgang Döbereiner, Neu entdeckte merkwürdige Eigenschaft des Platinsuboxyds etc. In: Schweiggers Journal für Chemie und Physik. Bd 38, 1823, S. 321—326; Gustav Magnus, Über die Verdichtung der Gase an der Oberfläche glatter Körper. In: Annalen der Physik. Bd 89, 1853, S. 604—610; Irving Langmuir, The evaporation, condensation and reflection of molecules and the mechanism of adsorption. In: Physical Review. Vol. 8, 1916, S. 149—176.

Literatur: Alwin Mittasch und Erich Theis, Von Davy und Döbereiner bis Deacon, ein halbes Jahrhundert Grenzflächenkatalyse. Berlin 1932.

L. S.

Aepinus, Franz Ulrich Theodosius (* 13. Dezember (?) 1724 in Rostock, † 10. August 1802 in Dorpat). Nach zweijähriger Tätigkeit als Professor der Astronomie an der Berliner Akademie kam er 1757 an die Akademie in Petersburg, wo er am Zarenhofe bald eine Vertrauensstellung gewann. Ihm wurde die wissenschaftliche Ausbildung des Thronfolgers sowie die Aufsicht über die höheren Schulen und das Kadettenkorps übertragen. Ae. beschrieb klar die Wirkung einer elektrischen Ladung, eine entgegengesetzt-elektrische Ladung in nahen, aber isoliert stehenden Körpern hervorzurufen; Ae. wird deshalb häufig (statt Guericke) als Entdecker der Influenz bezeichnet.

Literatur: H. Rupke, F. U. Th. Ae. Zur 225. Wiederkehr seines Geburtstages. In: Die Naturwissenschaften. Jg 37, 1950, S. 49—52.

Affinität. Der Begriff der chemischen Affinität findet sich schon in frühen alchemistischen Schriften. Bereits Empedokles und Demokrit hatten von den in allen Dingen verborgen liegenden Triebkräften Haß und Liebe gesprochen. Obwohl die Vertreter der mechanistischen Naturauffassung des 17. Jh.s wie Descartes, Boyle, Jungius u. a. den Begriff rational zu fassen suchten, sprach noch 1732 Herman Boerhaave von einer „Freundschaft" der Korpuskeln und Torbern Bergman 1775 von der „Wahlverwandtschaft" (attraction élective), vorwissenschaftliche Ausdrücke, die auch literarische Parallelen fanden (Goethe).

In Berthollets Verwandtschaftstheorie (um 1800) lebte die Ansicht Newtons wieder auf, daß die chemische Bindung durch Massenanziehungskräfte der Teilchen hervorgerufen würden. Erst mit der Axiomatisierung der Wärmelehre (→ Thermodynamik) in der zweiten Hälfte des 19. Jh.s konnte schließlich der Begriff der A. quantitativ definiert werden. Vorbereitet durch die Thermochemiker Julius Thomsen (1852) und Marcelin Berthelot (1869), fand Henricus van't Hoff 1883 in der maximalen äußeren Arbeit (freie Energie bzw. Enthalpie) einer reversiblen, isothermen Reaktion das Maß der A.

1905 erkannte Walther Nernst, daß das Thomsen-Berthelotsche Prinzip, das die Wärmeentwicklung einer Reaktion mit der A. gleichsetzte, in der Nähe des absoluten Nullpunktes erfüllt ist.

Literatur: Walther Nernst, Die theoretischen und experimentellen Grundlagen des neuen Wärmesatzes. Halle 1924; Otto Sackur, Die chemische Affinität und ihre Messung. Braunschweig 1908; Egon Wiberg, Die chemische Affinität. Berlin 1964; Hermann Kopp, Die Entwicklung der Chemie in der neueren Zeit. München 1873 (Nachdruck Hildesheim 1966); Hans Kangro, Joachim Jungius' Experimente und Gedanken zur Begründung der Chemie als Wissenschaft. Wiesbaden 1968.   L. S.

Aggregatzustand. Die drei Zustandsformen eines Körpers (fest, flüssig, gasförmig), im weiteren Sinne auch Phasen genannt, unterscheiden sich molekularphysikalisch durch die Art, in der die Moleküln „aggregiert", d. h. zueinander angeordnet sind. Bereits in der Antike gab es Ansätze zu einer physikalischen Differenzierung der Aggregatzustände. So vertrat Anaximenes die Ansicht, die Körper würden durch Verdichtung und Verdünnung der Luft entstehen. Andere Denker, u. a. auch Aristoteles, vermengten den Begriff des A. mit dem der Elemente. Danach ist jeder Körper aus den vier Grundelementen Erde, Wasser, Luft und Feuer in einem ganz bestimmten Verhältnis zusammengesetzt. In der Änderung des Aggregatzustandes eines Körpers zeigt sich eine Änderung dieser Zusammensetzung.

Erst als sich im 17. Jh. die neue mechanistische Denkweise der wiederbelebten und weiter entwickelten Atomistik (Gassendi) bediente, kam es zu einer genaueren begrifflichen Klärung und physikalischen Deutung der Aggregatzustände. Während bei René Descartes der Bewegungszustand der Molekeln den Unterschied zwischen den flüssigen und festen A. eines Körpers kennzeichnete, war es bei Robert Boyle die Größe der inneren Reibung. Das „Element" Luft durch einen allgemeinen Gasbegriff zu ersetzen, gelang den Pneumatikern des 18. Jh.s. 1762 berichtete Joseph Black über die Entdeckung der latenten Wärme beim Schmelzen von Eis und der Verdampfung von Wasser. In der Mitte des 19. Jh.s vermittelte dann die kinetische Theorie der Gase, die zusammen mit der neuen → Wärmetheorie entwickelt wurde, tieferen Einblick in die Gasstruktur.

Die noch lange Zeit beibehaltene Abgrenzung der „permanenten Gase" von den Dämpfen wurde 1869 durch Thomas Andrews grundsätzlich aufgehoben, indem er feststellte: Substanzen oberhalb einer spezifischen „kritischen Temperatur" können durch keinen noch so hohen Druck verflüssigt werden. Der Unterschied zwischen Gasen und Dämpfen reduzierte sich damit auf die unterschiedliche Lage der jeweiligen kritischen Temperatur. Andrews, dessen Versuche auf die von Charles Cagniard de la Tour (1822) zurückgingen, beobachtete zudem, daß die Phasengrenzfläche flüssig-gasförmig am „kritischen Punkt" verschwindet.

Quellen: Thomas Andrews, Über die Continuität der gasigen und flüssigen Zustände der Materie. In: Annalen der Physik. Ergänzungsbd V, 1871, S. 64—87; Otto Lehmann, Molekularphysik. Leipzig 1888.

Literatur: Douglas McKie and Niels H. Heathcote, The discovery of specific and latent heats. London 1935; Kurd Laßwitz, Geschichte der Atomistik vom Mittelalter bis Newton. 2 Bde. Leipzig 1890 (Nachdruck Darmstadt 1963).   L. S.

Agricola, Georg (* 24. März 1494 in Glauchau, † 21. November 1555 in Chemnitz). Agricola, der seinen Familiennamen Bauer nach dem Brauch der Gelehrten seiner Zeit latinisierte, studierte in Leipzig Theologie, Philosophie, Philologie und — nach einigen Jahren der Tätigkeit als Lehrer der griechischen Sprache und Rektor an der weitberühmten Stadtschule in Zwickau — auch Medizin. Einer seiner bedeutendsten Lehrer war der große Humanist Petrus Mosellanus, der mit Luther, Erasmus von Rotterdam, Reuchlin und Hutten in enger Verbindung stand.

Im Jahre 1523 ging Agricola für etwa drei Jahre nach Italien. In Venedig wurde er wissenschaftlicher Mitarbeiter im Hause der Druckerfamilie Manutius-Asulanus. Er besuchte die Universitäten Bologna und Padua, vervollkommnete seine Kenntnisse in der Philosophie, der Medizin, den Sprachen und den Naturwissenschaften, erwarb den medizinischen Doktorgrad und kehrte — vom Geiste des Humanismus erfüllt — nach Deutschland zurück.

Hier ließ sich der junge Gelehrte 1527 als Stadtarzt in dem erst elf Jahre zuvor gegründeten Joachimsthal nieder. Bei seinen Forschungen über vergessene mineralogische Heilmittel des Altertums kam er in engen Kontakt mit den Berg- und Hüttenleuten dieser erzgebirgischen Stadt des Bergbaues. Mit großem Wissensdurst vertiefte er sich bald auch in deren „Kunst". Hieraus resultierten vielgelesene Abhandlungen über Theorie und Praxis des Berg- und Hüttenwesens, die richtungweisend für die Begründung einer wissenschaftlichen Hüttenkunde wurden.

Von 1533 bis zu seinem Tod wirkte Agricola als Physikus und Bürgermeister in Chemnitz, weiterhin leidenschaftlich und mit ganzer Seele — wie er schrieb — dem Studium der Natur gewidmet. Hiervon zeugt sein umfangreiches Lebenswerk, das von naturwissenschaftlichem sowie technisch-praktischem Wissen und unmittelbarer Naturbeobachtung getragen wird.

Frucht seiner mineralogischen Studien ist das 1546 erschienene Buch „De natura fossilium", womit sich Agricola den Ehrennamen „Begründer der Mineralogie in Deutschland" erwarb. Er bezeichnete die Fossilien als Überreste von Lebewesen; die Mineralien klassifizierte er nach äußeren Merkmalen, ihrem chemischen und physikalischen Verhalten, wie Durchsichtigkeit, Farbe, Geschmack, Geruch, Härte und Schwere. Nach seiner Theorie sind die Mineralien aus Lösungen und Schmelzflüssen entstanden. Das Schmelzen der Metalle erklärte er durch die Anwesenheit von Feuchtigkeit.

Bei seinem Tod hinterließ Agricola sein bereits 1550 vollendetes Hauptwerk „De re metallica". Er beschreibt hierin das hochentwickelte Berg- und Hüttenwesen im Erzgebirge und befaßt sich eingehend und anhand vieler ausgezeichneter Abbildungen mit der Maschinentechnik und den chemisch-technischen Aufbereitungsverfahren.

In einer Widmung an die Herzöge von Sachsen, Moritz und August, nennt er in bemerkenswerter Offenheit seine Quellen, vor allem die „Pirotechnia" seines Zeitgenossen Biringuccio. „De re metallica" war während zweier Jahrhunderte die technische Bibel des Bergbaues in der ganzen Welt; bis zum Jahre 1624 wurden sieben Auflagen in lateinischer und zwei in deutscher Sprache gedruckt. Den Namen Georg Agricola führt heute eine mit dem Verein Deutscher Ingenieure (VDI) verbundene Gesellschaft zur Förderung der Technikgeschichte.

Werke: Bermannus, sive de re metallica. Basel 1530; Libri quinque de mensuris et ponderibus. Basel etc. 1533; De ortu et causis subterraneorum. Basel 1546; De natura eorum quae effluunt ex terra. Basel 1546; De veteribus et novis metallis. Basel 1546; De re metallica. Basel 1556; dt.: G. A., Zwölf Bücher vom Berg- und Hüttenwesen. [3]Düsseldorf 1961; Hans Prescher (Hrsg.), Ausgewählte Werke. 10 Bde. [Ost-]Berlin 1956 bis 1970 (Bd 1 Biographie, Bd 10 Bibliographie).

Literatur: Ernst Darmstaedter, G. A., Leben und Werk. München 1926; Paul Lersch, Dr. G. A. als Mensch und Arzt. Med. Diss. Leipzig 1952; Franz Kirnbauer, G. A. — der Mann und das Werk. In: Berg- und Hüttenmännische Monatshefte. Bd 100, 1955, S. 314—321; Friedrich Klemm, G. A. In: Atlantis. Bd 27, 1955, S. 523 bis 525.

L. S.

Akkumulator. 1802 beobachtete der Pariser Musiklehrer Nicolas Gautherot die Speicherfähigkeit der Elektrizität in der Polarisationszelle. Gleichzeitig arbeitete auch Johann Wilhelm Ritter an der elektrischen Polarisation; er baute sich 1802 eine Ladungssäule, ein regenerationsfähiges Element aus Kupferplatten und in Kochsalzlösung getränkten Pappscheiben, an dem er das Wesen der Aufspeicherung untersuchte.

1854 verwendete der Militärarzt Josef Sinsteden als erster Bleiplatten in verdünnter Schwefelsäure zum Bau eines A.s. Hieran anknüpfend konstruierte Gaston Planté ab 1859 größere Bleiakkumulatoren und gab den Anstoß für viele Verbesserungen, namentlich zu der Verwendung von Elektroden aus Bleiverbindungen wie Bleidioxyd (PbO_2), das schon 1838 von Leopold Gmelin an das (negative) Ende der Spannungsreihe gesetzt worden war.

Erst als die Dynamomaschine (Werner Siemens 1867) die Stromerzeugung in beliebiger Größe ermöglichte, wurde der A. technisch interessant. 1881 verbesserte ihn Camillo Faure; sein Patent blockierte jedoch eine Zeitlang die Weiterentwicklung. Auf der Grundlage der elektrochemischen Theorie Walther Nernsts (1889) entwickelte Fritz Dolezalek um die Jahrhundertwende eine Theorie des Bleiakkumulators.

Quellen: Johann Wilhelm Ritter, Die Begründung der Elektrochemie (= Ostwalds Klassiker. N. F. Bd 2). Frankfurt 1968; Fritz Dolezalek, Die Theorie des Bleiakkumulators. Halle 1901.

Literatur: Edmund Hoppe, Die geschichtl. Entwicklung des A. In: Beiträge zur Geschichte der Technik. Bd 1, 1909, S. 145—175; H. Beckmann, Zur Geschichte des A. und der Accumulatoren-Fabrik A. G. In: Beiträge zur Geschichte der Technik. Bd 14, 1924, S. 242—261; Edmund Hoppe, Geschichte der Elektrizität. Leipzig 1884 (Neudruck Wiesbaden 1969); A. Jeckel, Geschichte des Bleiakkumulators. In: VDI-Nachrichten. Jg 15, 1961, S. 4. L. S.

Akustik. Schon im Altertum erkannte man an Saiten und Glocken, daß ein Ton durch eine kleine, schnelle, zitternde Bewegung des tönenden Körpers erzeugt wird. Sobald man diese Bewegung hemmte, hörte der Ton auf. Man nahm an, daß dabei die Luft Stöße erhalte und daß diese Bewegung bis zum Gehör fortgeführt werde. Wie die Erfahrung lehrte, tönten kürzere Pfeifen und Saiten höher als längere.

Marin Mersenne veröffentlichte 1636 ein Werk „Harmonie universelle". Er hatte die Tonhöhe von Saiten untersucht und den Einfluß von Länge, Dicke, Material und Spannung (durch Gewichtsanhängung an einem Ende) genau festgestellt. Auch wußte er, daß eine schwingende Saite eine andere, neben ihr aufgespannte ohne Berührung zum Mitschwingen anregte. Diese Resonanz tritt auch ein, wenn die Länge der zweiten Saite $1/2$, $1/3$ oder $1/4$ der tönenden beträgt.

Im 17. Jahrhundert wurde immer wieder die Schallgeschwindigkeit in Luft gemessen; allmählich näherte man sich dem Wert von etwas über 330 m/sec. Isaac Newton bahnte die theoretische Bestimmung der Schallgeschwindigkeit an. In der ersten Ausgabe der Principia (Buch II, Propositio 43) erläuterte er, daß die kleinsten Teile des elastischen Mediums sich vor- und rückwärts bewegen und dabei die Bewegung weitervermitteln. Beim Vorwärtsgehen bewirken die Luftteilchen eine Verdichtung der Luft, beim Rückwärtsgehen gleich darauf eine Verdünnung. Seine Rechnung ergab indessen einen zu geringen Wert. Erst Pierre-Simon Laplace bemerkte 1816, daß die Verdichtung mit einer Erwärmung verbunden ist, wodurch die Elastizität zunimmt, und führte diese Korrektur in die Formel ein. Francis Hauksbee zeigte (Philosophical Transactions 1705), daß eine Glocke unter dem Rezipienten der Luftpumpe, wenn die Luft ausgepumpt wurde, kaum mehr hörbar war, und lieferte so den Nachweis von der Wichtigkeit der Luft für die Schallübertragung.

Am Anfang des 18. Jahrhunderts erhielt die Akustik einen ihrer großen Förderer in Joseph Sauveur. Er benützte zur Bestimmung der Schwingungszahl eines Grundtones das Verfahren des Zusammenschlags der Töne.

Wenn zwei leicht verstimmte Orgelpfeifen zusammen klingen, hört man von Zeit zu Zeit einen wogenden Laut. Sauveur schrieb dies dem Zusammenfallen der beiden Töne am Ende jeder Periode zu. Wenn sie z. B. das Intervall eines Halbtons hatten, fiel jede 15. Schwingung des einen Tons mit jeder 16. des andern zusammen. Er betrachtete Fälle, wo die Töne so langsam waren, daß sich diese Schwebungen zählen ließen.

Mathematiker suchten die Form der schwingenden Saite zu berechnen, die, aus ihrer ursprünglichen geradlinigen Lage gebracht, eine Vergrößerung ihrer Länge und Vermehrung ihrer Spannung erhält. Brook Taylors Formel stellte die Abhängigkeit der Tonhöhe von den Eigenschaften der Saiten fest. Johann und Daniel Bernoulli, d'Alembert und Leonhard Euler suchten die Veränderung der Krümmung zu erfassen. John Wallis hatte die Beobachtung mitgeteilt, daß jede längere Saite sich in zwei oder drei Abschnitte teilte, die durch Knoten getrennt waren. Sauveur markierte diese durch Papierreiterchen. Daniel Bernoulli unterschied „Bäuche" und Knoten. Zum Grundton traten so die Obertöne.

Gleichzeitig widmete man sich der Theorie der Blasinstrumente, bei denen die Tonhöhe von der Länge der Pfeife abhängt. Newton erklärte, der Pfeifenton bestehe aus Pulsschlägen der Luft, die die Länge der Pfeife vor- und rückwärts durchlaufen. Joseph-Louis Lagrange erläuterte, warum ein an einem Ende geschlossenes Rohr gleich hoch töne wie eine doppelt so lange, an beiden Enden offene Röhre. Die Schwingungen der offenen Röhre betrachtete er als „Oszillationen einer Saite von Luft". Euler, Lambert und Poisson verfolgten den Gegenstand weiter. Félix Savart bestimmte die Orte der Knoten experimentell.

Aber nicht nur Saiten und Pfeifen tönen. Fast alle Körper sind solcher Schwingungen fähig: Glocken, Metallplatten, Stäbe, Stimmgabeln, gespannte Membranen und Gläser. Dabei werden die schwingenden Teile durch Knotenlinien voneinander abgesondert, und es kommt darauf an, wo der Körper gehalten oder unterstützt und wo er angestrichen wird.

Diese Knotenlinien bemerkte Galilei auf dem Resonanzboden musikalischer Instrumente. Robert Hooke schlug vor, die Schwingungen einer elastischen Kugel durch Bestreuung ihrer Oberfläche mit Staub zu beobachten. Ernst Florens Friedrich Chladni aber blieb es vorbehalten, durch dieses Verfahren die mannigfaltigsten symmetrischen Figuren zu entdecken, die auf regelmäßig geformten Platten entstehen, wenn sie so in Bewegung gesetzt werden, daß sie einen reinen Ton geben. Seine ersten Untersuchungen teilte er 1787 mit und fügte 1802 und 1817 weitere Ergebnisse hinzu. Er gliederte die Erscheinungen in Klassen, so bei den vierseitigen ebenen Platten. Félix Savart setzte die Untersuchungen fort.

Die Schwingungen elastischer Stäbe und Kreisplatten wurden von Siméon-Denis Poisson berechnet. Thomas Young, die Brüder Ernst Heinrich und Wilhelm Weber und Charles Wheatstone legten dar, wie die Chladnischen Klangfiguren durch die Überlagerung von Wellen entstehen. Chladni untersuchte auch die Schwingungen elastischer Stäbe. Während man bisher nur auf transversale Schwingungen geachtet hatte, bei denen die Teile des Stabes in der Querrichtung hin und her gehen, zeigte er durch Anreiben, daß es auch in der Längsrichtung und Drehrichtung (longitudinale und rotatorische) Schwingungen gibt. Savart gewahrte, daß, wenn ein Stab senkrecht zum anderen aufgestellt war, die longitudinalen Schwingungen des ersten transversale im zweiten hervorriefen und umgekehrt. Ein wichtiges Forschungsmittel erhielt die Akustik durch die Lochsirene, die Charles Cagniard de la Tour 1819 erfand und die Heinrich Dove 1851 verbesserte. Sie läßt sich zur Bestimmung der Schwingungszahl jedes Tons verwenden.

Erst im 19. Jahrhundert wurde auch die Schallgeschwindigkeit in Flüssigkeiten genau gemessen. Jean-Daniel Colladon und Charles Sturm besorgten dies 1828 im Genfer See. Sie erhielten 1435 m pro Sekunde. Franz Schaffgotsch und John Tyndall untersuchten die tönenden Flammen. Hermann Helmholtz förderte die physiologische Akustik. Seine Resonatoren bildeten ein neues Hilfsmittel zur Tonhöhebestimmung. Die Messung der Schallgeschwindigkeit erhielt neue Mittel im Kundt-Rohr, Quincke-Rohr und Echolot. In der neuesten Zeit erzielte die Technik der Schallübertragung Fortschritte in Rundfunk, Telephonie, Tonfilm und Schallplatte.

Quellen: Marin Mersenne, Harmonicorum libri XII. Paris 1636; René Descartes, Compendium musicae. Utrecht 1650; Athanasius Kircher, Musurgia universalis. 2 Bde. Rom 1650; ders., Neue Hall- und Tonkunst. Nördlingen 1684; Brook Taylor, Methodus incrementorum directa et inversa. London 1715 (darin die Formel für die Querschwingungen von Saiten); Gabriel Cramer, Theses de sono. Genf 1722; Georg Andreas Sorge, Anweisung zur Stimmung und Temperatur. Hamburg 1744 (darin die Entdeckung der Kombinationstöne); Robert Smith, Harmonics or the philosophy of musical sounds. Cambridge 1749; Jean le Rond d'Alembert, Elémens de musique. Paris 1779; Ernst Florens Friedrich Chladni, → Chladni; Ernst Heinrich Weber und Wilhelm Eduard Weber, Die Wellenlehre auf Experimente gegründet. Leipzig 1825; John Herschel, Treatise on Sound. London 1830; Johann Heinrich Scheibler, Der physikalische und musikalische Tonmesser. Essen 1834; Jean-Daniel Colladon und Charles Sturm, Mémoire sur la compression des liquides et la vitesse du son dans l'eau. Paris 1837; Hermann Helmholtz, Die Lehre von den Tonempfindungen. Braunschweig 1863; John Tyndall, Der Schall. Braunschweig 1869; Lord Rayleigh, Theorie des Schalls. Braunschweig 1880.

Literatur: Hans Schimank, Zur Frühgeschichte der Akustik. In: Akustische Zeitschrift. Jg 1, 1936, S. 106—114; Richard Berger, Unser Wissen über den Schall vor 200 Jahren. In: Die Schalltechnik. Jg 9, 1937, S. 6—10 und 20—23; W. Reich, Zur Geschichte der Akustik. In: Ciba-Zeitschrift. Bd 4, 1950, S. 1494—1498; R. Bruce Lindsay, The story of acoustics. In: The Journal of the Acoustical Society of America. Vol. 39, 1966, S. 629 bis 644; André Gribenski, Les théories de l'audition. In: La Nature. Jg 1954, S. 146—150, 188—193, 217—219, 263—268, 304—310. — Zu speziellen Themen: J. M. A. Lenihan, Mersenne and Gassendi. An early chapter in the history of sound. In: Acustica. Vol. 1, 1951, S. 96—99; Arman Machabey sen., Quelques savants-musiciens de l'époque de Mersenne. In: Revue de l'Histoire des Sciences. Bd 11, 1958, S. 193—206; André Lehr, On vibration patterns before Chladni. In: Janus. Vol. 52, 1965, S. 113—120; Bernard S. Finn, Laplace and the speed of sound. In: Isis. Vol. 55, 1964, S. 7—19; Ferdinand Trendelenburg, Ohms akustisches Grundgesetz und die neueren Anschauungen über die Klanganalyse durch das Ohr. In: Elektrotechnische Zeitschrift. Jg 60, 1939, S. 449 bis 452; Helmut Drubba and H. H. Rust, On the first echo-sounding experiment. In: Annals of Science. Vol. 10, 1954, S. 28—32. H. B.

D'Alembert, Jean le Rond (* 16. November 1717 in Paris, † 29. Oktober 1783 ebd.). Der Säugling wurde von der Mutter, einer Dame der Gesellschaft, Mme de Tencin, auf den Stufen der Kirche St. Jean Lerond ausgesetzt. Mit kindlicher Liebe hing d'A. zeitlebens an seiner Stiefmutter; der Vater des unehelichen Kindes sorgte finanziell, insbesondere für die Erziehung. In Abänderung eines Phantasie-Namens, unter dem er im Collège angemeldet worden war, bezeichnete er sich selbst fortan als d'A.

Wichtiger als die zahlreichen Arbeiten in Akustik und Optik wurde seine mathematische Durchbildung der Mechanik. Diese hat man gewöhnlich in zwei Phasen eingeteilt: die erste, nachgalileische, mit dem Höhepunkt Newton, und die zweite Phase, die der analytischen Dynamik, die d'A. durch seinen Traité de dynamique einleitete und die Lagrange, Laplace u. a. vollendeten. Neben dem → d'A.schen Prinzip ist vor allem seine Behandlung des Dreikörperproblems zu nennen.

D'A. kann nach Wilhelm Dilthey als Begründer des → Positivismus gelten. Im Traité de dynamique erteilte er dem von Leibniz aufgestellten und vieldiskutierten Prinzip der „Erhaltung der lebendigen Kraft" (→ Energie) eine eindeutige Absage; an ein solches Gesetz zu glauben sei Metaphysik. Neben Denis Diderot ist d'A. der maßgebende Herausgeber der → Enzyklopädie. Hier fiel ihm die Bearbeitung der mathematischen, physikalischen und erkenntnistheoretischen Stichworte zu. Die „Einleitung in die Enzyklopädie", der berühmte „Discours de la methode", ist das positivistische Glaubensbekenntnis d'A.s, das Generationen von Physikern zur Richtschnur diente. Für den Erfolg der Enzyklopädie war seine redaktionelle Tätigkeit ausschlaggebend. Er sorgte nicht nur für Systematik und Symmetrie in der Fülle der Stichworte, sondern schuf ein ausgeklügeltes System von Verweisen. Nach den sich steigernden, auch persönlich gehässigen Angriffen religiös orthodoxer und politisch konservativer Kreise trat d'A. nach dem Erscheinen von Band 7, des Kampfes müde, von der Redaktion zurück.

Nachdem d'A. das Schwergewicht seiner Tätigkeit zuerst auf die Mathematik (bzw. theor. Physik), dann auf die Philosophie und Erkenntnistheorie gelegt hatte, widmete er sich später vornehmlich literarisch-ästhetischen Problemen. In den fünf Bänden seiner „Mélanges de Littérature, d'Histoire, et de Philosophie" (1767) bewies er vollends, daß er „den Beweis so gut beherrschte wie die Totenrede, die Prosa so gut wie den Kalkül" (Bense).

Werke: Oeuvres philosophiques, historiques et littéraires de d'A. 18 Bde. Paris 1805; Traité de dynamique [1743]. Paris 1921; Einleitung in die franz. Enzyklopädie etc. Herausgegeben und erläutert von Eugen Hirschberg. Leipzig 1912.

Literatur: Victor Engelhardt, D'A.s Bedeutung für die Naturwissenschaften. In: Naturwiss. Wochenschrift. N. F. Bd 16, 1917, S. 641—644; Max Bense, Notizen zu den „Mélanges" d'A.s. In: Physikalische Blätter. Jg 13, 1957, S. 464—469; Ronald Grimsley, J. d'A. Oxford 1963 (mit Bibliographie).

D'Alembertsches Prinzip. Mit diesem Prinzip führte Jean le Rond d'Alembert 1743 in seinem Traité de dynamique die Bewegungslehre auf die Statik zurück. Das Problem, das er zu lösen suchte, beschrieb er in der Einleitung zum zweiten Teil dieses Werkes: „Die Körper beeinflussen sich bekanntlich gegenseitig nur auf dreierlei Weise: entweder durch unmittelbare Wirkung wie beim gewöhnlichen Stoß oder vermittels irgendwelcher dazwischenliegender Körper, an denen sie befestigt sind, oder schließlich durch eine gegenseitige Anziehungskraft, wie es im Newtonischen System die Sonne und die Planeten tun. Da die Wirkungen dieser letzteren Art genügend untersucht sind, werde ich mich darauf beschränken, die Bewegung von Körpern zu behandeln, die sich in beliebiger Weise stoßen, oder von solchen, die sich durch Fäden oder starre Stäbe anziehen." D'Alemberts Lösung bestand in einer Zerlegung der Gesamtheit der eingeprägten Kräfte in zwei Komponenten, von denen die eine (die Gesamtheit der verlorenen Kräfte) am System im Gleichgewicht sein muß und die andere (die Gesamtheit der Trägheitskräfte) die Bewegung des Systems beschreibt.

Quellen: Jean le Rond d'Alembert, Traité de dynamique. Paris 1921 (= Nachdruck der zweiten Auflage von 1758).

Literatur: René Dugas, Histoire de la mécanique. Neuchâtel 1950, S. 234—243; Georg Hamel, Theoretische Mechanik. Berlin 1967, S. 217—225.

U. H.

Alphateilchen. Ernest Rutherford beobachtete 1899, daß beim radioaktiven Zerfall von Uran zwei Strahlungstypen auftreten, die sich durch ihre verschiedene Absorbierbarkeit in Materie unterscheiden. Er nannte die kurzreichweitige Art α-Strahlen, die durchdringendere β-Strahlen. Die α-Strahlen wurden in den nächsten Jahren Rutherfords bevorzugter Forschungsgegenstand. 1903 wies er nach, daß aus ihrer Ablenkbarkeit in starken Magnetfeldern auf ihre positive Ladung geschlossen werden muß. Nachdem William Ramsay und Frederick Soddy 1903 gezeigt hatten, daß der radioaktive Zerfall von Radium mit der Bildung von Helium verbunden ist, versuchte Rutherford, Masse und Ladung der α-Teilchen direkt zu bestimmen. Es gelang ihm zunächst nur, aus der Ablenkung in elektrischen und magnetischen Feldern das Verhältnis dieser beiden Größen zu berechnen (1906). Erst nachdem Hans Geiger 1908 das Zählrohr entwickelt hatte, mit dem der Nachweis einzelner α-Teilchen möglich war, konnte Rutherford sowohl die Ladung als auch die Masse ermitteln. Es zeigte sich, daß die α-Teilchen in der

Tat zweifach positiv geladenen Heliumatomen entsprachen.

In den folgenden Jahren erwiesen sich die α-Teilchen als ausgezeichnete Sonden zur Erforschung des Atominnern. Im Jahre 1909 untersuchten Ernest Marsden und Hans Geiger die Winkelverteilung an dünnen Materieschichten gestreuter α-Teilchen und stellten eine unerwartet hohe Wahrscheinlichkeit für Streuungen unter großen Winkeln fest. Rutherford zeigte 1911, daß diese Beobachtung verstanden werden kann, wenn man annimmt, daß Ladung und Masse in einem Kern vereinigt sind, dessen Dimensionen gegenüber denen des Atoms verschwinden (Rutherfordsches Atommodell). Diese Vorstellung wurde zur Grundlage der Bohrschen Untersuchungen über Atombau und Spektren und damit zu einer der Wurzeln der modernen Quantentheorie.

α-Teilchen waren es auch, mit denen Rutherford die erste künstliche Atomumwandlung gelang: Bei der Bestrahlung von Stickstoff mit α-Teilchen erhielt er 1919 Protonen großer Reichweite. Derartige Untersuchungen waren schließlich der Ausgangspunkt für James Chadwicks Entdeckung des Neutrons 1932 und für die Entdeckung der künstlichen Radioaktivität durch Irène Curie und Frédéric Joliot im Jahr 1934. Der α-Zerfall war auch der Gegenstand der ersten kerntheoretischen Anwendung der neuentwickelten Quantentheorie: 1928 konnten George Gamow und unabhängig von diesem Edward Condon und Ronald Gurney den α-Zerfall als Tunneleffekt der den Coulombwall des Kerns durchsetzenden Heliumkerne deuten und damit die schon 1911 aufgestellte empirische Regel (Geiger-Nutallsches Gesetz) erklären, die die Zerfallskonstante mit der Reichweite der α-Teilchen in Beziehung setzt.

Quellen: The collected papers of Lord Rutherford of Nelson. London 1963 ff. William Ramsay u. Frederick Soddy, Experiments in radio-activity, and the production of helium from radium. In: Nature. Vol. 68, 1903, S. 354/5; Ernest Rutherford, The mass and velocity of the α-particles expelled from radium and actinium. In: Philosophical Magazine. Vol. 12, 1906, S. 348–371; Ernest Rutherford und Hans Geiger, The charge and nature of the α-particle. In: Proceedings of the Royal Society A. Vol. 81, 1908, S. 162–173; Ernest Rutherford, The scattering of α- and β-particles by matter and the structure of the atom. In: Philosophical Magazine. Vol. 21, 1911, S. 669 bis 688; ders., Collision of α-particles with light atoms. IV. An anomalous effect in nitrogen. In: Philosophical Magazine. Vol. 37, 1919, S. 581 bis 587; Ronald Gurney and Edward Condon, Wave mechanics and radioactive disintegration. In: Nature. Vol. 122, 1928, S. 439.

Literatur: John L. Heilbron, The scattering of α- and β-particles and Rutherford's atom. In: Archive for History of Exact Sciences. Vol. 4, 1967/68, S. 147–307. U. H.

Ampère, André Marie (* 20. Januar 1775 in Poleymieux bei Lyon, † 10. Juni 1836 in Marseille). A. war Physiklehrer in Bourg und Lyon, später Professor an der Ecole Polytechnique und am Collège de France, dann Generalinspekteur der französischen Universitäten. Drei Jahre nach Amedeo Avogadro kam er zu ähnlichen Ansichten über

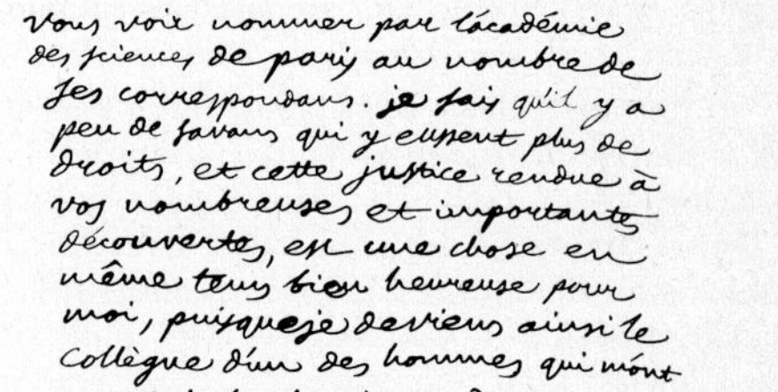
vous voir nommer par l'académie des sciences de paris au nombre de ses correspondans. je sais qu'il y a peu de savans qui y eussent plus de droits, et cette justice rendue à vos nombreuses et importantes découvertes, est une chose en même tems bien heureuse pour moi, puisque je deviens ainsi le collègue d'un des hommes qui m'ont montré les sentimens d'un ami, et à qui je m'enorgueillis de pouvoir donner ce nom.

je vous prie de recevoir les assurances de cette amitié que je vous ai vouée et de la haute considération avec laquelle j'ai l'honneur d'être,

Monsieur,

votre très humble et très obéissant serviteur
a. ampère

monsieur faraday,
à londres.

Abb. 1. Brief Ampères an Faraday vom 23. September 1823

die idealen Gase wie dieser (gleiche Volumina enthalten unter gleichen Bedingungen dieselbe Zahl von Molekülen). 1820 wiederholte er Hans Christian Oersteds Versuche über die magnetische Wirkung galvanischer Ströme und stellte daraufhin innerhalb kurzer Zeit eine Theorie der elektrodynamischen Wechselwirkungen stromdurchflossener Leiter auf. Von ihm stammt die Schwimmerregel sowie die Erklärung des Magnetismus durch (die sog. Ampèreschen) Molekularströme. 1822 machte er gemeinsam mit Jacques Babinet den Vorschlag eines elektromagnetischen Telegraphen. Auch auf mathematischem Gebiet hat er Bedeutendes geleistet: Er lieferte Beiträge zur Theorie der partiellen Differentialgleichungen und zur Wahrscheinlichkeitstheorie. Seinen weitreichenden Interessen, die sich ebenso auf literarisches wie philosophisches Gebiet erstrecken, entsprach es, daß er 1834 ein umfangreiches zweibändiges Werk unter dem Titel „Essai sur la philosophie des sciences ou Exposition analytique d'une classification naturelle de toutes les connaissances humaines" herausgab. Ampère war ein Mann von ungewöhnlicher Sensibilität. Trotz seiner großen wissenschaftlichen Erfolge neigte er aufgrund widriger persönlicher Schicksale (früher Tod des Vaters und der ersten Frau) zu einer gewissen Melancholie. Dabei war er persönlich von größter Liebenswürdigkeit und Güte. Diese charakteristischen Züge spiegeln sich wider in seiner umfangreichen Korrespondenz und in seinen ausführlichen Tagebüchern.

Werke: Considérations sur la théorie mathématique du jeu. Lyon und Paris 1802; Essai sur la philosophie des sciences. Paris 1834; Journal et correspondance. Paris 1872; Correspondance du Grand Ampère. 3 Bde. Paris 1936—43; Brief ... über die Bestimmung d. Verhältnisse, in welchen sich die Körper nach der Zahl und der wechselseitigen Anordnung der Molekeln ... verbinden (= Ostwalds Klassiker. Nr 8). Leipzig 1889.

Literatur: François Arago, A. In: Franz Arago's sämmtliche Werke. Bd 2. Leipzig 1854, S. 3—94; Hans Schimank, A. M. A. In: Elektrotechnische Zeitschrift. Jg 57, 1936, S. 679—680; Célébration à Lyon du Centenaire de la mort d'A.-M. A. 1836—1936. 2 Tle. Lyon 1936; Louis de Broglie, A. M. A. In: Louis de Broglie, Die Elementarteilchen. Hamburg 1954, S. 245—269.

U. H.

Analogie. Aufgrund seines → Kontinuitätsprinzips glaubte Leibniz an eine Ordnung aller Dinge der Welt (ordo rerum, ordre des choses): „Viele Gegenstände erscheinen den Augen als gänzlich zusammenhangslos, die sich trotzdem in ihrem Inneren als vollständig gleichartig und einheitlich erweisen würden, wenn es gelänge, sie distinkt zu erkennen. Betrachtet man nur die äußere Gestalt von Parabeln, Ellipsen und Hyperbeln, so wäre man versucht zu glauben, daß eine ungeheure Kluft zwischen den verschiedenen Arten besteht. Wir wissen indes, daß sie in engster Verknüpfung miteinander stehen."

Wie die Kegelschnitte sollen nun nach Leibniz alle Dinge der Welt durch bestimmte Parameterwerte zu kennzeichnen sein und folglich bei stetiger Änderung dieser Werte sich stetig in ihren Eigenschaften ändern; so kommt man von einem Gegenstand zum anderen. Wie man nun z. B. an der Hyperbel gewonnene mathematische Aussagen auf die Parabel übertragen kann, so auch von einem beliebigen schon bekannten physikalischen Gegenstand auf einen anderen noch unbekannten („naturam cognosci per analogiam").

Die Methode des A.-Schlusses wurde von Leibniz nur vorsichtig angewandt, z. Z. der romantischen Naturphilosophie weit überzogen. Die „analogischen Schlüsse" verführten viele Physiker (so Johann Wilhelm Ritter) zu offenbar unsinnigen Zusammenfassungen.

Als „heuristisches Prinzip" wurde die Methode der Analogie immer wieder mit Erfolg verwendet. So konnten optische Phänomene durch A. mit der Akustik gefunden werden; atomare Effekte ließen sich verstehen durch Analogieschluß von den Planetengesetzen auf das Verhalten von Elektronen. — William Rowan Hamilton hatte Rechenmethoden der geometrischen Optik auf die Mechanik übertragen und Erwin Schrödinger stellte die „volle Analogie" zwischen Optik und Mechanik her und begründete so seine Wellenmechanik.

Quellen: Ernst Mach, Das Prinzip der Vergleichung in der Physik. In: Populär-wissenschaftliche Vorlesungen. Leipzig 1897, S. 258—281; ders., Ähnlichkeit und Analogie als Leitmotiv der Forschung. In: Erkenntnis und Irrtum. 4 Leipzig 1920, S. 220.

Literatur: Bernhard Sticker, Naturam cognosci per analogiam. Das Prinzip der Analogie in der Naturforschung bei Leibniz. In: Akten des internat. Leibniz-Kongresses. Bd 2. Wiesbaden 1969, S. 176—196; Ernst Hermann Hänssler, Zur Theorie der Analogie etc. Basel. Phil. Diss. 1927; Mary B. Hesse, Models and analogies in science. London 1963. D. H. Mellor, Models and analogies in science: Duhem versus Campbell. In: Isis. Vol. 59, 1968, S. 282—290.

Anderson, Carl David (* 3. September 1905 in New York City). Mit seinem akad. Lehrer Robert Andrews Millikan begann A. 1930 die Analyse der Höhenstrahlung mit Hilfe von Nebelkammern. Im September 1932 wurde die Entdeckung eines neuen Elementarteilchens, eines positiven Elektrons („Positrons") bekanntgegeben. Es entsteht jeweils gleichzeitig ein Elektron-Positron-Paar („Paarerzeugung"), was wie die entsprechende Paarvernichtung durch die Diracsche Löchertheorie erklärt werden konnte.

Literatur: Les Prix Nobel en 1936. Stockholm 1937.

Ångström, Anders Jonas (* 13. August 1814 in Lögdö, † 21. Juni 1874 in Uppsala). Å. studierte an der Universität Uppsala, wurde 1839 dort Privatdozent und 1858 Professor. Er befaßte sich intensiv mit den verschiedenen Emissionsspektren und stellte 1855 als erster die Frage, warum glühende Metalle kontinuierliche, Funken aber diskrete Spektren aussenden. Seine Erklärungsversuche sind Vorläufer der Spektralanalyse. 1853 teilte er mit, daß das Spektrum des elektrischen Funkens aus den Spektren des Elektrodenmetalls und des Gases, in dem der Funke überspringt, zusammengesetzt ist.

Å. beschäftigte sich viel mit der Spektroskopie der Sonnenstrahlung und stellte im Sonnenspektrum die Anwesenheit von Wasserstoff, Aluminium, Titan und anderen Elementen fest. Im Jahre 1868 veröffentlichte er einen umfangreichen Atlas des Solarspektrums. Er führte für die Wellenlängenmessungen die neue Einheit von 10^{-10} m ein, die heute seinen Namen trägt.

Werke: Recherches sur le spectre solaire. Uppsala 1868; Sur les spectres des gas simples. Ebd. 1871.

Literatur: A. J. Å. In: Svenskt Biografiskt Lexikon. Bd 10. Stockholm 1907, S. 704—709; Heinrich Kayser, Handbuch der Spectroscopie. Bd 2, Leipzig 1902. J. M.

Arago, Dominique François Jean (* 26. Februar 1786 in Estagel bei Perpignan, † 2. Oktober 1853 in Paris). Als hervorragender Zögling der Ecole Polytechnique in Paris wurde er mit 19 Jahren von Pierre Simon de Laplace an die Pariser Sternwarte gezogen und erhielt als Sekretär des Längenbüros 1806 den Auftrag, zusammen mit Jean Baptiste Biot die historische Gradmessung zur Festlegung des Metermaßes in Spanien fortzusetzen. Er geriet dabei 1806 in den Spanischen Aufstand gegen Napoleon und kehrte nach einer dramatischen Odyssee, die sich in der „Geschichte meiner Jugend" wie ein Abenteuerroman liest, erst im Juli 1809 zurück.

Mit 23 Jahren wurde er zum Mitglied der Pariser Akademie der Wissenschaften gewählt und Professor für analytische Geometrie und Geodäsie an der Ecole Polytechnique. 1811 entdeckte er die chromatische → Polarisation, 1812 die → Interferenz des polarisierten Lichtes.

Durch gemeinsame Interferenzversuche 1817/18 mit Augustin → Fresnel festigte er die Transversalwellen-Auffassung des Lichtes, wobei beide Forscher erkannten, daß senkrecht zueinander polarisierte Lichtstrahlen nicht interferieren.

1820 brachte er von der Genfer Naturforscherversammlung die Kunde von den aufsehenerregenden Versuchen Christian → Oersteds über die Wirkung des stromdurchflossenen Leiters auf die Magnetnadel nach Paris, wiederholte dort die Versuche und beobachtete dabei als erster, daß der elektrische Strom auch unmagnetisches Eisen magnetisieren kann. Der erste Vorschlag des Solenoids stammt indessen von André Marie Ampère, was A. selbst betont.

Eine Vielzahl astronomischer und geophysikalischer Arbeiten lassen ihn die Nachfolge von Pierre Simon de Laplace als Direktor der Pariser Sternwarte antreten, wo heute sein wissenschaftlicher Nachlaß aufbewahrt wird. Eine enge Freundschaft verband A. mit Alexander v. Humboldt, der in der Einleitung zu A.s Werken seinem Freunde ein literarisches Denkmal setzte. Über A.s wichtige Entdeckung des von ihm so benannten Rotationsmagnetismus, der heute in jeder Wirbelstrombremse angewandt wird, schreibt v. Humboldt: „Während Arago mit mir die magnetische Intensität mittels der Schwingungszahl einer Inklinationsnadel bestimmte, machte er allein [1822] die wichtige Bemerkung: daß eine in Unruhe versetzte Magnetnadel sich in der Nähe metallischer oder nichtmetallischer Substanzen in kürzerer Zeit beruhigt, als wenn sie von diesen entfernt ist".

A. erhärtete diese Beobachtung durch den sog. Aragoschen Versuch (1824), bei dem eine rotierende Kupferscheibe eine unter ihr aufgehängte Magnetnadel in Drehung versetzt, was jedoch erst durch das Induktionsgesetz von Michael Faraday zu erklären war. 1830 wurde A. ständiger Sekretär der Akademie und verfaßte als solcher meisterhafte Biographien und Gedenkreden über fast alle bedeutenden Naturwissenschaftler seiner Zeit.

Als überzeugter Republikaner nahm er an der Pariser Julirevolution teil, wurde Abgeordneter in der Kammer und 1848 Minister in der provisorischen Regierung. Die Sklaverei in den franz. Kolonien wurde auf sein Betreiben abgeschafft. Die Geradlinigkeit seines lauteren Charakters sowie sein hervorragendes Eintreten für die kommunale Technik und französische Industrie machten ihn volkstümlich. Durch seine jahrzehntelangen Vorträge über „populäre Astronomie" (4 Bände), die u. a. Humboldt und wahrscheinlich auch Auguste Comte hörten, verbreitete er anschaulich die Wissenschaft in weite Kreise. Léon Foucault ermöglichte er die erste Durchführung seiner Pendelversuche und schlug 1838 im Prinzip die sog. Foucaultsche Anordnung zur Messung der → Lichtgeschwindigkeit vor.

Werke: Les oeuvres de F. A. 17 Bde. Paris 1854—1862; Franz Arago's sämmtliche Werke. 16 Bde. Leipzig 1854—1860.

Literatur: Maurice Daumas, Arago. Paris 1943; Johannes Georgi, F. A. In: Physikal. Blätter. Jg 10, 1954, S. 408—412; Georges Petit und Jean Théodoridès, A. et Alexandre von Humboldt. Une amitié célèbre. In: Reflets du Roussillon. Nr 25, 1959, S. 37—39. L. v. M.

Arrhenius, Svante August (* 19. Februar 1859 auf Gut Vik bei Uppsala, † 2. Oktober 1927 in Stockholm). Als Svante Arrhenius 1883 der Schwedischen Akademie der Wissenschaften seine Arbeit über die Leitfähigkeit der Elektrolyte einreichte, hatte er den wichtigsten Grundstein zu einer Reihe glänzender Entdeckungen gelegt. Während jedoch seine Theorie, die er zur sog. elektrolytischen Dissoziationstheorie (1887) ausbaute, in Schweden zunächst kaum beachtet wurde, fand sie im Ausland sogleich starken Anklang.

Wilhelm Ostwald, der Wiederbegründer der physikalischen Chemie, kam 1884 eigens nach Uppsala, um mit A. über die neue Theorie zu sprechen. Noch im gleichen Jahr erhielt A. eine Dozentur für physikalische Chemie in Uppsala; 1876—1881 hatte er hier Mathematik, Chemie und Physik studiert. Von 1885 bis 1891 hielt er sich größtenteils im Ausland auf und arbeitete bei Ostwald in Riga und später auch in Leipzig, bei Kohlrausch in Würzburg, wo er Walther Nernst kennenlernte, bei Boltzmann in Graz sowie bei van't Hoff in Amsterdam. Seit 1891 an der Stockholmer Högskola tätig, wurde A. 1895 schließlich Professor der Physik und 1905 — nachdem er 1903 den Nobelpreis für

Chemie erhalten hatte — Direktor des Nobelinstituts für physikalische Chemie.

Als besonders fruchtbar erwies sich der Ansatz, der A. zur Definition eines Aktivitätskoeffizienten der Elektrolyte — später elektrolytischer Dissoziationsgrad genannt — führte. Ohne zunächst die Bezeichnung Dissoziation zu verwenden, sprach er von „aktiven" und „inaktiven" Molekülen, d. h. von Molekülen eines Salzes, die teilweise dissoziiert, teilweise undissoziiert in der Lösung vorhanden sind. Mit Hilfe der elektrischen Leitfähigkeit (Λ) ließ sich der Dissoziationsgrad (α) gemäß der Beziehung $\alpha = \Lambda/\Lambda_\infty$ (Λ_∞ äquivalente Leitfähigkeit bei unendlicher Verdünnung) quantitativ erfassen. Kaum entwickelt, erwies die Theorie bereits ihre fundamentale Bedeutung, so z. B. bei der Erweiterung des van't Hoffschen Gesetzes vom osmotischen Druck auf Elektrolyt-Lösungen oder bei den Arbeiten Nernsts über die elektromotorische Wirksamkeit der → Ionen.

Werke: Recherches sur la conductibilité galvanique des électrolytes. Stockholm 1884. Dt. in: Ostwalds Klassiker. Nr 160. Leipzig 1907; Versuch, die Dissoziation (Aktivitätskoeffizient) bei in Wasser gelösten Körpern zu berechnen. In: Zeitschrift für Physikal. Chemie. Bd 1, 1887, S. 631 bis 641; Text-book of electro-chemistry. New York 1902; Lehrbuch der kosmischen Physik. Leipzig 1903; Aus der Sturm- und Drangzeit der Lösungstheorien. In: Chemisch Weekblad. Bd 10, 1913, S. 584—599; Aus meiner Jugend. Leipzig 1913.
Literatur: Wilhelm Palmaer, A. In: Günther Bugge (Hrsg.), Das Buch der großen Chemiker. Bd 2. Nachdruck Weinheim 1965; E. H. Riesenfeld, S. A. Leipzig 1931; James Riddick Partington, A history of chemistry. Vol. IV. London 1964; Dick Haglund, S. A. och pamspermi-hypotesen. In: Lychnos. Jg 1967/68. S. 77—104. L. S.

Aston, Francis William (* 1. September 1877 in Harborne bei Birmingham, † 20. November 1945 in Cambridge). Als Assistent bei Joseph John Thomson entwickelte A. dessen „Parabelmethode" — die Ablenkung von Kanalstrahlen in elektrischen und magnetischen Feldern — weiter zur → Massenspektroskopie. Damit glückte A. vor allem die Auffindung von „isotopen" Atomsorten. Er erhielt den Nobelpreis für Chemie 1922.

Werke: Isotopes. London 1922 (spätere Aufl. unter dem Titel „Mass Spectra and Isotopes").
Literatur: Sir George Paget Thomson, F. W. A. In: Eduard Farber (Hrsg.), Great Chemists. New York und London 1961, S. 1455—1462.

Äther. Die antike Vorstellung einer quinta essentia, eines fünften nicht-irdischen Elements, wurde in die Naturwissenschaft der Neuzeit tradiert. Nach René Descartes ist jeglicher Raum mit Materie ausgefüllt, wobei er drei Arten unterschied. Die dem Ä. entsprechende „matière subtile" erfüllt mikroskopisch alle Zwischenräume und makroskopisch das Weltall; in ihr werden die Planeten durch Wirbel bewegt und das Licht breitet sich darin als Druck instantan aus (→ Lichtgeschwindigkeit).

Auch als man sich nach dem Vorbild von Newton immer mehr daran gewöhnte, die Gravitation als unerklärbare Eigenschaft der ponderablen Materie hinzunehmen, wurde es weiterhin als notwendig empfunden, die Lichtausbreitung durch den Weltenraum mechanisch aufzufassen. Man hielt es für selbstverständlich, daß ein materieller Träger vorhanden sein müsse. Die Optik wurde folglich im 18. und 19. Jh. als „Physik des Äthers" aufgefaßt und betrieben.

Nachdem sich Anfang des 19. Jh.s die Wellentheorie des Lichtes durchgesetzt und Augustin Jean Fresnel die Transversalität bewiesen hatte, schloß man auf die mechanischen Eigenschaften des Äthers: Der Äther mußte ein fester Körper sein, da nur in einem solchen transversale Torsionswellen auftreten können; überdies mußte er wegen der hohen Lichtgeschwindigkeit recht sonderbare Eigenschaften besitzen. Hendrik Antoon Lorentz zeigte, daß eine Erklärung der Lichtfortpflanzung auf dem Boden einer mechanischen Theorie unmöglich ist. Die Reflexion des Lichtes würde nämlich die Erfüllung von sechs Randbedingungen erfordern, was zur Folge hat, daß nach der Reflexion neben den Transversalwellen noch notwendig Longitudinalwellen auftreten müssen. Das ist aber ein Widerspruch, da nach den Arbeiten von Fresnel die Transversalität des Lichtes gesichert ist. Lorentz erkannte, daß demgegenüber eine zwanglose Erklärung mit der Maxwellschen Theorie gelingt (→ Elektrodynamik).

In der zweiten Hälfte des 19. Jh.s war eine vieldiskutierte Frage, ob der Ä. gegenüber den Bewegungen der ponderablen Materie absolut in Ruhe bleibt oder ganz oder teilweise mitgeführt wird (Fresnelscher Mitführungskoeffizient). Die seit 1881 von Albert Abraham Michelson und Mitarbeitern ausgeführten Experimente ergaben, daß kein irgendwie gearteter Einfluß der Bahngeschwindigkeit der Erde auf die Lichtgeschwindigkeit konstatiert werden konnte. Dieses unerwartete Resultat erhob Albert Einstein 1905 bei der Begründung der → Relativitätstheorie zum Prinzip. Mit dem Konzept des absoluten Raumes fiel damit auch die Vorstellung des Äthers.

Quellen: → Optik.

Literatur: Paul Ehrenfest, Zur Krise der Lichtäther-Hypothese. In: Collected scientific papers. Amsterdam 1959, S. 306—327; Edmund Whittaker, A history of the theories of aether and electricity. 2 Bde. London 1951/53; Mary B. Hesse, Forces and fields. London 1961; Léon Rosenfeld, Newton's view on aether and gravitation. In: Archive for History of Exact Sciences. Vol. 6, 1969, S. 29—37; E. J. Aiton, Newton's aether-stream hypothesis etc. In: Annals of Science. Vol. 25, 1969, S. 255—260.

Atom. Das gedankliche Urbild für die Atomistik der Neuzeit entstammt der Antike und ist mit dem Namen griechischer Naturphilosophen vor Sokrates, besonders mit denen Leukipps und Demokrits (5. Jh. v. Chr.), verbunden. Sie befaßten sich vorwiegend mit der Frage nach der eigentlichen Natur der Materie und lehrten, daß alles Seiende aus verschiedenen, unteilbaren, kleinsten Bausteinen (Atomen) bestehe. Die trotz der teilweise heftigen Bekämpfung vor allem durch die Schriften Epikurs und Lukrez' tradierte Atomvorstellung wurde im 17. Jh. von einigen Naturforschern aufgenommen und propagiert (Sebstian Basso, Daniel Sennert, Joachim Jungius). Pierre Gassendi schrieb den einzelnen Atomen eine unzerstörliche Bewegung zu (die zwar durch Hindernisse gehemmt werden könne, aber nach Beseitigung wieder voll zum Vorschein komme).

Gegen den Atomismus stand der Plenismus, der durch René Descartes großen Einfluß gewann. Danach ist der Raum kontinuierlich und vollständig mit Materie gefüllt, ja Materie und der von ihr eingenommene Raum sind geradezu identisch. Diese Auffassung konnte auch nach der Entdeckung des (bisher vielfach sogar als Möglichkeit geleugneten) Vakuums nicht erschüttert werden, weil die Lichtausbreitung durch den Weltenraum die Annahme des → Äthers, eines sehr feinen und leichten Stoffes, (scheinbar) notwendig machte.

Newton vertrat (trotz seines „hypotheses non fingo") einen entschiedenen Atomismus und stellte sich richtig vor, daß die zwischen den kleinsten Teilchen wirkenden anziehenden Kräfte nicht dem aus seiner Gravitationstheorie bekannten, sondern einem anderen Potenzgesetz genügen: „Particles attract one another by some Force, which in immediate Contact is exceeding strong, at small distances performs the chymical Operations ..., and reaches not far from the Particles with any sensible Effect."

Um den Satz von der Erhaltung der → Energie auch für unelastische Stöße aufrechterhalten zu können, nahmen Leibniz, Daniel Bernoulli, Jakob Hermann und sogar G.-E. du Châtelet an, daß die Wärme als Bewegung der kleinsten Teilchen aufzufassen sei. Daniel Bernoulli gelang es mit dieser Auffassung sogar 1738 die kinetische Gastheorie zu begründen und das Boyle-Mariottesche Gesetz (genauer durch Berücksichtigung des Eigenvolumens der Atome eine Art van der Waalsches Gesetz) abzuleiten. Da aber die Bernoullis, Euler u. a. den Atomen die Fähigkeit absprachen, Newtonsche Kraftwirkungen untereinander ausüben zu können, vielmehr alles (fast wie Descartes) auf Druck und

Stoß der Atome bzw. des Äthers zurückführen wollten, konnte sich keine klare Modellvorstellung ausbilden.

Es hatte kaum Aufmerksamkeit gefunden, daß durch Daniel Bernoulli bereits 1738 eine Verbindung zwischen quantitativ verifizierter Naturwirklichkeit und der Atomvorstellung hergestellt worden war. Immerhin war an der Wende des 18. zum 19. Jh. der Atomismus weitgehend akzeptiert, daß man sogar allgemein von dem „atomistischen System der Physik" sprach im Gegensatz zum System des → Dynamismus. John Dalton, der als eigentlicher Begründer der naturwissenschaftlichen Atomistik gilt, behandelte folglich die Atomvorstellung als eine Selbstverständlichkeit und nahm als neu nur in Anspruch die Ermittlung der (relativen) Atomgewichte.

Die Daltonsche Erklärung der Gesetze der konstanten und multiplen Proportionen stellte zum ersten Mal eine Verknüpfung der Atomvorstellung mit der handgreiflichen Erfahrung dar, die in das allgemeine Bewußtsein eindrang. Wenn man beispielsweise beobachtete, daß sich zwei Gramm Wasserstoff immer genau mit 16 Gramm Sauerstoff zu Wasser vereinigen, schienen die Atome unmittelbar die Knallgasreaktion zu leiten. Für die Chemie war damit das sichere Fundament geschaffen. Die Atomistik wurde ebenso wie für unsere Naturerkenntnis auch für die praktische Chemie zu einem neuen Ausgangspunkt; wollte man etwa einen neuen Stoff herstellen, besaß man nun den rechnerischen Überblick, welche Mengen anderer Stoffe man aufzuwenden hatte: Das Atom wurde gleichsam zum Rechenpfennig der Chemie. Die bisherige Versuchsgenauigkeit war jedoch noch völlig unzureichend. Erst Jöns Jacob Berzelius unternahm von 1814 an auf breitester Grundlage eine experimentelle Prüfung, indem er, mit einer damals unerhörten Sorgfalt, bei einer sehr großen Anzahl von Verbindungen die Äquivalentgewichte bestimmte. Er schrieb vor, sich nie auf das Resultat einer einzigen Analyse zu verlassen, sondern bei demselben Stoff mindestens zwei verschiedene analytische Methoden und drei verschiedene Bereitungsarten anzuwenden. Berzelius bestätigte das Gesetz der konstanten Proportionen und entschied damit den berühmten Streit zwischen Joseph-Louis Proust und Claude Berthollet, und ebenso bestätigte er das Gesetz der multiplen Proportionen. Dieses Gesetz ist keine notwendige Folgerung aus der Atomhypothese; vielmehr weist es darüber hinaus auf einen besonders einfachen Bau der Moleküle hin.

Das Gay-Lussac-Humboldtsche Gasvolumengesetz demonstrierte noch deutlicher als das Gesetz der konstanten und multiplen Proportionen das Wirken ganzer Zahlen; es forderte eine Erklärung durch die Atomtheorie geradezu heraus. So vertraten auch Dalton und Berzelius ursprünglich die Ansicht, daß in jedem Volumenteil gleich viele „Atome" vorhanden seien. Beim Zerfall des Ammoniaks etwa entstehen aber aus zwei Litern Ammoniakgas ein Liter Stickstoffgas und drei Liter Wasserstoffgas. Also würden aus **zwei** „Atomen" NH_3 nur ein Atom Stickstoff und drei Atome Wasserstoff entstehen. Dieser Widerspruch nötigte sie, ihre Hypothese fallen zu lassen. Avogadro zeigte 1811, daß durch eine um weniges über die alte Dalton-Berzeliussche Annahme hinausgehende Hypothese eine Erklärung des Gasvolumengesetzes möglich ist: In gleichen Volumteilen sind gleich viele molécules intégrantes („Moleküle") enthalten; diese sind aus mehreren molécules élémentaires („Atomen") zusammengesetzt. Während etwa noch Dalton für die Zusammensetzung des Ammoniaks NH angenommen hatte, fand Avogadro richtig, „daß eine Molekel Stickstoff sich mit drei Molekeln Wasserstoff vereinigt". Dalton wie Berzelius widersetzten sich aber der Avogadroschen Hypothese.

In der Folge entwickelten sich so nebeneinander eine Reihe von einander widersprechenden atomistischen Formelsystemen, was zur Verwirrung beitrug und zur prinzipiellen Skepsis an der Atomistik. Erst Ladislao Cannizzaro war es vergönnt, zu einer vollkommenen begrifflichen Klärung zwischen Atomgewicht und Äquivalentgewicht und zwischen

Atom und Molekül zu gelangen, die im Anschluß an die berühmte Karlsruher Chemikertagung 1860, 50 Jahre nach der Hypothese von Avogadro, tatsächlich Eingang in die Wissenschaft fand. „Es fiel mir wie Schuppen von den Augen, die Zweifel schwanden, und das Gefühl ruhigster Sicherheit trat an ihre Stelle", sagte Lothar Meyer.

Kurz vorher (1856 und 1857) hatten August Karl Krönig und Rudolf Clausius nach dem vergessenen Ansatz von Daniel Bernoulli die kinetische Gastheorie neu begründet, die vor allem von James Clerk Maxwell und Ludwig Boltzmann mathematisch ausgestaltet wurde. Für Maxwell war die Tatsache, daß man mit der Atomistik auf **zwei** so verschiedenen Gebieten wie der Chemie und der Gastheorie die experimentellen Befunde derart gut erfassen konnte, ein Beweis für die reale Existenz der Atome. In einer großen Rede vor der British Association for the Advancement of Science bezeichnete Maxwell 1870 die Atome als absolut unveränderliche Gegebenheiten und leitete daraus die Forderung nach atomaren Standards für Länge, Zeit und Gewicht ab.

Gegen die Atomistik erhoben sich in der zweiten Hälfte des 19. Jh.s erneut zahlreiche Einwände. Die Positivisten unter Führung von Ernst Mach und Wilhelm Ostwald nannten die Atome Gedankendinge, denen keine reale Bedeutung zukomme. Max Planck glaubte, aus der kinetischen Gastheorie und den Gesetzen der klassischen Mechanik einen Widerspruch zum zweiten Hauptsatz folgern zu können und ließ noch 1896 in den Annalen der Physik durch seinen Assistenten Ernst Zermelo eine Polemik mit Ludwig Boltzmann führen.

Die Entwicklung ging über diese Einwände hinweg. Aus der Gastheorie schloß Josef Loschmidt 1865 auf die absolute Größe der Moleküle, während bei der experimentellen Untersuchung der Elektrizitätsleitung in Elektrolyten und noch mehr in Gasen der atomistische Charakter der Elektrizität immer deutlicher hervortrat (→ Elektron).

Im Jahre 1905 lieferte Albert Einstein in seiner Theorie der Brownschen Bewegung auf rein klassischer Grundlage einen direkten und abschließenden Beweis für die atomistische Struktur der Materie. In Flüssigkeiten suspendierte Teilchen von mikroskopisch sichtbarer Größe führen infolge der Molekularbewegung der Wärme Schwankungen aus, die mit dem Mikroskop nachgewiesen werden können. Für die Verschiebung, die diese Teilchen erleiden, leitete Einstein einen Ausdruck ab, der vor allem von Perrin experimentell bestätigt werden konnte. Mit abnehmender Teilchengröße wächst die Verschiebung an, die Extrapolation auf die Molekülgröße liefert die Wärmebewegung der Moleküle. Die Extrapolation zeigt, daß das unsichtbare Molekül ebenso reale Existenz hat wie das im Mikroskop zu beobachtende suspendierte Teilchen.

Quelle: H. A. Boorse und Lloyd Motz (Hrsg.), The world of the atom. 2 Bde. London und New York 1966.

Literatur: Kurd Laßwitz, Geschichte der Atomistik. 2 Bde. Hamburg und Leipzig 1890; Fritz Lieben, Vorstellungen vom Aufbau der Materie im Wandel der Zeiten. Wien 1953; Andreas G. M. van Melsen, Atom gestern und heute. Freiburg 1957; Walther Gerlach, Die Atomistik. In: Propyläen Weltgeschichte. Bd 8. Berlin etc. 1960, S. 255—258; W. V. Farrar, Nineteenth-Century speculations on the complexity of the chemical elements. In: British Journal for the History of Science. Vol. 2, 1965, S. 297—323; Arnold W. Thackray, The origin of Dalton's chemical atomic theory etc. In: Isis. Vol. 57, 1966, S. 35—55; David M. Knight, Atoms and elements. London 1967; John Lewis Heilbron, A history of the problem of atomic structure from the discovery of the electron to the beginning of quantum mechanics. University of California. Phil. Diss. (Mikrokopie). Ann Arbor 1967; Seymour H. Mauskopf, The atomic structural theories of Ampère and Gaudin. In: Isis, Vol. 60, 1970, S. 61 bis 74; William R. Shea, Galileo's atomic hypothesis. In: Ambix. Vol. 17, 1970, S. 13—27.

Atomenergie. Die Untersuchung des radioaktiven Zerfalls zeigte früh, daß die dabei auftretende Strahlung ungewöhnlich energiereich ist (Größenordnung: 10^6 eV). Wie Albert Einstein 1905 aus seiner Speziellen Relativitätstheorie folgerte, muß der Energieinhalt eines Körpers seiner trägen Masse proportional sein ($E=mc^2$). Da die bei chemischen Prozessen umgesetzten Energien zu klein sind, um sich in einer meßbaren Änderung der wägbaren Masse bemerkbar zu machen, öffnete die Messung der bei Kernprozessen beteiligten Massen und Energien den Weg zur Prüfung der Einsteinschen → Energie-Masse-Äquivalenz. Den ersten Nachweis ihrer Richtigkeit erbrachten Mitte der zwanziger Jahre Ernest Rutherford und seine Schüler. Seitdem ist dieses Ergebnis durch die Kernphysik vielfach bestätigt worden. Die bei Kernprozessen freiwerdenden oder aufzuwendenden Energien sind der Ausdruck der enormen Kräfte, welche die Kernbausteine gegen ihre elektrostatischen Abstoßungskräfte zusammenhalten. Sie sind, wie Hans Bethe und Carl Friedrich von Weizsäcker 1938/39 zeigten, die Quelle der Fixsternstrahlung. Ihrer Nutzbarmachung für technische Zwecke dienen die Atomreaktoren, deren ersten Enrico Fermi 1941 baute, und die modernen Bemühungen um die Kernfusion.

Literatur: Frederick Soddy, The story of atomic energy. London 1949; Arthur Holly Compton, Entstehung und Zukunft der Atomkraft. In: Röntgenblätter. Jg 8, 1955, S. 235—246; Lise Meitner, Wege und Irrwege zur Kernenergie. In: Naturwiss. Rundschau. Jg 16, 1963, S. 167—169; Robert Gerwin, Atomenergie in Deutschland. Düsseldorf 1964; Alexander Friedrich Marfeld, Atomenergie in Krieg und Frieden. Berlin 1966.

U. H.

Atomkern. 1906 fand Ernest Rutherford, daß ein schmales Bündel von Alphateilchen, deren Ablenkung in magnetischen und elektrischen Feldern ihm während einiger Jahre Schwierigkeiten gemacht hatte und erst 1903 gelungen war, durch ein dünne Folie eine Verbreiterung um wenige Grad erfährt. Er deutete diese Erscheinung als klaren Hinweis auf die elektrische Natur der Materie. Im Frühjahr 1909 regte er seinen Schüler Ernest Marsden zur Untersuchung der Frage an, ob Alphateilchen von festen Metallflächen reflektiert werden können. Zu seiner Überraschung fand Marsden zusammen mit Hans Geiger diesen Effekt, der Rutherford zeigte, daß in den Atomen außerordentlich starke Kräfte wirken müssen. Ende 1910 nahm er zur Erklärung der Versuchsergebnisse an, daß das ablenkende Kraftzentrum eine punktförmige, mit der Gesamtmasse des Atoms ausgestattete Ladung sei, welche die Alphateilchen gemäß dem Coulombschen Gesetz ablenkt. In der Vorankündigung dieser Entdeckung im März 1911 tritt bereits die berühmte Rutherfordsche Streuformel (mit dem Term $\frac{1}{\sin^4 \vartheta/2}$; ϑ: Streuwinkel) auf. Die ausführliche Begründung vom Mai 1911 brachte außer einer Abschätzung der oberen Grenze des Kernradius ($<10^{-12}$ cm) auch eine Erklärung des von Marsden beobachteten Gangs des Streuquerschnitts mit $A^{3/2}$ (A: Atomgewicht der Foliensubstanz). Die Entdeckung des Atomkerns lieferte zusammen mit Plancks Quantenhypothese Niels Bohr 1913 die Voraussetzung für seine Theorie des Atombaus.

Quellen: The collected papers of Lord Rutherford of Nelson. London 1963. Darin besonders: Retardation of the α particle from radium in passing through matter. Vol. 1, S. 867; The scattering of the α and β rays and the structure of the atom. Vol. 2, S. 212 f.; The scattering of the α and β particles and the structure of the atom. Vol. 2, S. 238—254; Hans Geiger u. Ernest Marsden, On a diffuse reflection of the α particles. In: Proceedings of the Royal Society. Bd A 82, 1909, S. 459—500, wiederabgedruckt in: J. B. Birks (Hrsg.), Rutherford at Manchester. Manchester 1962; Ernest Rutherford. Über die Kernstruktur der Atome. Leipzig 1921.

Literatur: Alfred Steward Eve, Rutherford. Cambridge 1939, S. 187—211; Ernest Marsden, Rutherford memorial lecture 1949. In: Rutherford by those who knew him. London 1954; Werner Braunbek, Forscher erschüttern die Welt. Das Drama des Atomkerns. Stuttgart 1957; Horst Melcher, Über die historische Entwicklung der Kernphysik. In: Wissenschaftliche Zeitschrift der

Pädagogischen Hochschule Potsdam. Math.-nat. Reihe, Bd 6, 1960, S. 49—57; J. Hans D. Jensen, Zur Geschichte der Theorie des Atomkerns. In: Les Prix Nobel en 1963. Stockholm 1964, S. 153 bis 164. Und in: Angewandte Chemie. Jg 76, 1964, S. 69—75. U. H.

Aufklärung. Im 18. Jh., dem Jh. der A., wurde die Verbreitung wissenschaftlicher Kenntnisse als wichtige Aufgabe angesehen; ganz im Sinne des Rationalismus meinte man, wie z. B. Denis Diderot, daß die Menschen, „indem sie besser unterrichtet werden, auch tugendhafter und glücklicher werden".

Voltaire, der große Philosoph der Aufklärung, verfaßte das Werk „Eléments de la Philosophie de Newton" (1738), in dem er vor allem die astronomischen und optischen Entdeckungen Newtons in Frankreich popularisierte. Die Geliebte Voltaires, die Marquise Gabrielle-Emilie du Châtelet, eine der gebildetsten und intelligentesten Frauen ihres Jh.s, publizierte 1740 ein vielgelesenes Lehrbuch der Physik, die „Institutions de physique", ursprünglich für ihren damals 13jährigen Sohn verfaßt. 1759 erschien (posthum) ihre französische Übersetzung (mit Kommentar) von Newtons Principia. Dem Anliegen, die Wissenschaft für eine größere Öffentlichkeit zu erschließen, dienten auch die „Briefe an eine deutsche Prinzessin" von Leonhard Euler (franz. 1768/72, dt. 1792/94) und „Newtons Welt-Wissenschaft für das Frauenzimmer" von Francesco Algarotti (ital. 1738, dt. 1745).

Während im 18. Jh. also auch ein gewisses Maß an naturwissenschaftlichen Kenntnissen zur Bildung gehörte, verengte sich im Laufe des 19. Jh.s das Bildungsideal mehr auf die geisteswissenschaftlich-musischen Fächer. Neben den wissenschaftsimmanenten Faktoren, wie die rasch steigende Zahl der empirischen Kenntnisse (Spezialisierung) und die zunehmenden mathematischen Schwierigkeiten, bewirkten Neuhumanismus und romantische Naturphilosophie eine Aufspaltung in die „beiden Kulturen". Dennoch bemühten sich auch im 19. Jh. eine Reihe von großen Naturforschern erfolgreich um die Vermittlung neuer Erkenntnisse an breitere Volksschichten. Nach Alexander von Humboldt wirkten erfolgreich Justus von Liebig, Emil Du Bois-Reymond, Hermann von Helmholtz, Ernst Haeckel u. a.

Literatur: Friedrich Klemm, Die Physik im Zeitalter der Aufklärung. In: Die BASF. Jg 8, 1958, S. 99—108; ders., Die Rolle der Technik in der Aufklärung. In: Wissenschaft, Wirtschaft und Technik (= Festschrift Wilhelm Treue). München 1969, S. 318—330; Hans Schimank, Stand und Entwicklung der Naturwissenschaften im Zeitalter der Aufklärung. In: Lessing und die Zeit der Aufklärung. Göttingen 1968, S. 30—76.

Avogadro, Amedeo (* 9. August 1776 in Turin, † 9. Juli 1856 ebd.). A., Graf von Quaregna und Cerreto, legte 1796 sein Doktorexamen im kanonischen Recht ab und war dann mehrere Jahre als Anwalt tätig. Mehr und mehr zu den Naturwissenschaften hingezogen, ging er nach deren Studium und einer ersten physikalischen Abhandlung (1803) schließlich ganz zu ihnen über: er wurde Repetitor, dann Physiklehrer am Vercelligymnasium in Turin, später Professor der höheren Physik an der dortigen Universität. 1811 veröffentlichte A. seine berühmte Schrift über den „Versuch einer Methode, die relativen Massen der Elementarmoleküle der Stoffe aus dem Verhältnis, in dem sie in Verbindung eintreten, zu bestimmen". Hierin stellte A. auf der Grundlage der Arbeiten Gay-Lussacs über das Volumenverhältnis bei Gasumsetzungen (1805) und den Ausdehnungskoeffizienten der Gase (1810) die Hypothese auf, daß die elementaren Gase zweiatomig sind und daß bei gleicher Temperatur und gleichem Druck gleiche Volumina verschiedener Gase dieselbe Anzahl Moleküle enthalten („Avogadrosche Regel"). A.s Gasbegriff — in vielem der späteren kinetischen Gastheorie ähnlich —, seine klare Unterscheidung zwischen Molekülen und Atomen, erwies sich für die Ermittlung der Zusammensetzung chemischer Verbindungen als sehr wertvoll.

Zu den gleichen Ergebnissen wie A. kam André Marie Ampère. Jedoch erst als sich ein halbes Jahrhundert später Stanislao Cannizzaro, ein Schüler A.s, auf dem Chemikerkongreß in Karlsruhe (1860) für eine Atomgewichtsbestimmung mit Hilfe der Avogadroschen Regel einsetzte, fand diese wichtige Theorie zunehmend Beachtung.

Werke: Fisica de'corpi ponderabili. 4 Bde. Turin 1837—41; Die Grundlagen der Molekulartheorie (= Ostwalds Klassiker. Nr 8). Leipzig 1889; Icilio Guareschi (Hrsg.), Opere scelte di A. A. Turin 1911.

Literatur: Hermann Kopp, Die Entwicklung der Chemie in der neueren Zeit. München 1873 (Nachdruck Hildesheim 1966); Icilio Guareschi, A. A. und die Molekulartheorie. Dt. von Otto Merckens. Leipzig 1903; Cyril Hinshelwood und Linus Pauling, A. A. In: Science. Vol. 124, 1956, S. 708—713; N. G. Coley, The physico-chemical studies of A. A. In: Annals of Science. Vol. 20, 1964, S. 195—210. L. S.

Avogadrosche Zahl. Bereits 1811 hatte Avogadro in der nach ihm benannten Regel formuliert, daß die Zahl der Gasmoleküle pro Volumeneinheit bei gleichem Druck und gleicher Temperatur unabhängig von der Art des Gases sei. Es dauerte allerdings noch über fünfzig Jahre, ehe diese wichtige Zahl (Naturkonstante) erstmals angenähert berechnet wurde. Erst nachdem kurz nach der Jahrhundertmitte von Rudolf Clausius, August Krönig, James Clerk Maxwell u. a. die kinetische Theorie der Gase entwickelt worden war, trat die Frage nach der Größe des Raumes auf, den ein Gasmolekül — entsprechend seinem von Druck und Temperatur abhängigen Bewegungszustand — im Molekülaggregat einnimmt.

Der Physiker Josef Loschmidt in Wien berechnete 1865 diesen Raum, woraus folgt, daß bei null Grad Celsius und Normaldruck in einem Kubikzentimeter Stickstoff ungefähr 100 Trillionen (10^{20}) Moleküle enthalten sind. Lothar Meyer und später George Johnstone Stoney konnten die Zahl bestätigen. Unabhängig von Loschmidt kam William Thomson (Lord Kelvin) in seiner Arbeit über die „Größe der Atome" (1885) zu einem ähnlichen Resultat.

Heute wird im deutschen Schrifttum die auf das Volumen (1 cm³) bezogene Molekelzahl idealer Gase bei Normzustand ($n = 2{,}687 \cdot 10^{19}$) mit dem Namen Avogadros verknüpft, die allgemeinere, auf die Masse eines Gramm-Moleküls (1 mol) bezogene Zahl zu Ehren Loschmidts als Loschmidtsche Zahl ($L = 6{,}025 \cdot 10^{23}$ nach der physikalischen Atomgewichtsskala) bezeichnet. Im englischen Schrifttum ist die Bezeichnung umgekehrt. Beide Zahlen bzw. die entsprechenden dimensionsbehafteten Konstanten sind über das Molnormvolumen der idealen Gase miteinander verknüpft.

Literatur: Ludwig Boltzmann, Vorlesungen über Gastheorie. 2 Bde. Leipzig 1895/98; ders., Populäre Schriften. Leipzig 1905, S. 240—245. L. S.

B

Baader, Franz Xaver von (* 27. März 1765 in München, † 23. Mai 1841 ebd.). Mit 16 Jahren begann B. das Studium der Medizin in Ingolstadt, setzte es 1783 in Wien fort und promovierte 1785. In seiner Dissertation „Vom Wärmestoff" unternahm der junge „Selbstdenker" den Versuch, das rosenkreuzerische Urstoffproblem und die alte Elementenlehre mit den naturwissenschaftlichen Erkenntnissen seiner Zeit zu durchdringen. Johann Gottfried Herders philosophische Ideen gaben der Arbeit den Charakter einer qualitativen Naturerkenntnis, die als „Flugsame" im Kreise der Jenaer Romantik (→ Naturphilosophie) aufging. Die stoffliche Auffassung der Wärme hat B. später als „Jugendsünde" zurückgenommen (wesentliche Teile dieser Arbeit wirkten aber als Ferment in seiner Naturphilosophie weiter). Bei seiner dynamistischen Naturauffassung zielten einige Gedanken auf das Energieprinzip, u. a. sprach er 1823 von der Wärme als „einer Wesen aufhebenden und Wesen setzenden Macht", die „selber kein Wesen, sondern **Kraft** und Geist ist . . .".

Den ärztlichen Beruf hat B. nicht ausgeübt. Nach einer Praktikantenausbildung in den Gruben, Hütten und Eisenwerken Bayerns studierte er von 1788 bis 1792 in Freiberg Bergwissenschaften. Alfred Werner war sein Lehrer, Alexander von Humboldt sein Mitschüler. Für vier Jahre ging B. dann 1792 nach England, um den englischen Berg- und Maschinenbau kennenzulernen. Tief erschüttert erlebte er die Auswirkungen der ersten Industrialisierung Englands. Kritisch studierte B. Kant und Newton, worüber die noch unveröffentlichten englischen Tage- und Studienbücher Aufschluß geben. Hier spielte der Begriff der Flächenkräfte eine interessante Rolle. B. wollte sie als nichtmechanische, den Zentralkräften polar entgegenstehende Kräfte verstehen, zu denen z. B. Gravitation, Elektrizität, Licht und Wärme gehören sollten.

Nach der Rückkehr aus England erreichte B. in kurzer Zeit die geachtete Stellung eines bayerischen Oberstbergrates (1807) und erhielt für seine Verdienste im Berg- und Hüttenwesen die Ritterwürde der bayerischen Krone. Ihm gehörte eine Tafelglasfabrik, in der er erfolgreiche Versuche zur Verbesserung technischer Herstellungsverfahren durchführte. Seinem weitreichenden Einfluß war es zu verdanken, daß Wissenschaftler wie Johann Wilhelm Ritter, Gotthilf Heinrich Schubert u. a. nach Bayern berufen wurden und daß es zur (zwar nur kurzen) Blüte einer wissenschaftlichen Romantik in München kommen konnte. Seine 1813 gehaltene Rede „Über die Begründung der Ethik durch die Physik" brachte das (mit dem Denken des 20. Jh.s nur mehr schwer faßbare) Anliegen dieser Männer deutlich zum Ausdruck.

Werke: Sämtliche Werke. 16 Bde. Hrsg. von Franz Hoffmann. Leipzig 1851—1860. Neudruck Aalen 1963; Lettres inédites. Hrsg. von Eugène Susini. 4 Bde. Paris und Wien 1942—1967; Über die Begründung der Ethik durch die Physik etc. (= Denken-Schauen-Sinnen. Nr 40/41). Stuttgart 1969.

Literatur: David Baumgarth, F. v. B. und die philosophische Romantik. Halle 1927; Hans Graßl, Aufbruch zur Romantik. Bayerns Beitrag zur deutschen Geistesgeschichte 1765—1785. München 1968; Sebastian Helberger-Frobenius, Macht und Gewalt in der Philosophie F. v. B.s. Bonn 1969; Kurt Poppe, F. v. B. etc. In: Die Drei. Jg 1961, S. 146—162, Jg 1964, S. 313—340.

Kurt Poppe

Bacon, Francis (* 22. Januar 1561 in London, † 9. April 1626 in Highgate). F. B. of Verulam betätigte sich mit Ehrgeiz in Politik und Philosophie. 1618 Lordkanzler, wurde er 1621 infolge seiner Bestechlichkeit entlassen und verurteilt. In der Wissenschaft vertrat er einen einseitigen Empirismus. Die von ihm vorgeschlagene Methode zur Erkenntnisgewinnung (Drei-Listen-Verfahren) war als solche unbrauchbar. Er übersah die Notwendigkeit einer rationalen Analyse und Wertung der empirischen Daten. Aus den erfahrungsmäßig gewonnenen Einblicken in die Naturzusammenhänge ergibt sich nach Bacon die Möglichkeit, die Natur zu beherrschen („Wissen ist Macht").

Bedeutsam wurde dagegen B.s Eintreten nicht nur für die bloße Naturbeobachtung (die schon die Aristotelische Physik kannte), sondern auch, was neu war, für das → Experiment: „Wie im gewöhnlichen Leben die Denkungsart und Gemütsbeschaffenheit eines Menschen leichter sich verrät, wenn er in Leidenschaft geraten ist, so enthüllen sich auch die Verborgenheiten der Natur besser unter den Eingriffen der Kunst, als wenn man sie in ihrem Gange ungestört läßt."

In seinem Werk Nova Atlantis entwarf Bacon 1627 im „Haus Salomos" das Ideal einer Gemeinschaft von Forschern. Die 1662 gegründete Royal Society in London betrachtete und verehrte, z. T. zu Unrecht, Bacon als den geistigen Stammvater der neuen Experimentalwissenschaft.

Werke: F. B., Novum Organum. Dt. von Anton Brück. Leipzig 1830 (Nachdruck Darmstadt 1962); F. B., New Atlantis. In: Works. Vol. 1. London 1778.

Literatur: J. C. Growther, F. B. The first statesman of science. London 1960; Paolo Rossi, F. B. From magic to science. London 1968; Gustav Lebzeltern, F. B. in der Kontroverse: Liebig-Sigwart. In: Studium gernerale. Jg 17, 1964, S. 706—714; P. Kossfeld, F. B. und die Entwicklung der naturwiss. Methode. In: Philosophia naturalis. Bd 4, 1957, S. 140—150; Rexmond C. Cochrane, F. B. and the rise of the mechanical arts in the eighteenth-century England. In: Annals of Science. Vol. 12, 1956, S. 137—156.

Balmer, Johann Jakob (* 1. Mai 1825 in Lausen im Baselland, † 12. März 1898 in Basel). Der zeichnerisch und musikalisch Hochbegabte begnügte sich zeitlebens mit der Wirksamkeit als Schreib- und Rechenlehrer an der unteren Töchterschule in Basel. Daneben freute er sich an den wenigen Schülern, die er 1865 bis 1890 als Privatdozent für darstellende Geometrie in sein Lieblingsfach einführen durfte. Er war ein Philosoph in stiller Gelehrtenstube. Architektonisches Zeichnen war ihm Bedürfnis; sein frommer Sinn ließ ihn die biblischen Tempel, aber auch Arbeiterwohnungen entwerfen, und auf der gleichen Grundlage beruhte die Entdeckung seiner Formel für die Spektrallinien des Wasserstoffs (1884).

Ångström hatte 1866 die Wellenlängen der ersten vier Wasserstofflinien bestimmt, die sich nach der violetten Seite in dichterer Folge nähern. B. fand dazu eine kurzwellige Grundzahl, die, mit gesetzmäßig wachsenden Brüchen multipliziert, die Wellenlänge der bekannten und noch weiterer Wasserstofflinien ergab. (Niels Bohr führte die Formel 1913 auf zwei einfache Postulate zurück.) Kurz vor seinem Tode konnte B. seinen Ansatz für die Spektren anderer Elemente erweitern.

Werke: Die freie Perspektive. Braunschweig 1887; Notiz über die Spektrallinien des Wasserstoffs. In: Annalen der Physik. Bd 25, 1885, S. 80 bis 87; Eine neue Formel für Spektralwellen. In: Annalen der Physik. Bd 60, 1897, S. 380 bis 391.

Literatur: Zur Erinnerung an Dr. J. J. Balmer-Rinck. Nekrologheft. Basel 1898; August Hagenbach, J. J. B. und Walter Ritz. In: Die Naturwissenschaften. Jg 9, 1921, S. 451—455; Wilhelm Balmer, Erinnerungen. Erlenbach-Zürich 1924; Eduard His, Basler Gelehrte des 19. Jhs. Basel 1941, S. 213—217; August Hagenbach, J. J. B. In: Große Schweizer Forscher, hrsg. von Eduard Fueter. Zürich 1941, S. 272 f.; Ludwig Hartmann, J. J. B. In: Physikal. Blätter. Jg 5, 1949, S. 11 bis 14; Heinz Balmer, J. J. B. In: Elemente der Mathematik. Bd 16, 1961, S. 49—60; ders., J. J. B. In: Verhandlungen der Naturforschenden Gesellschaft Basel. Bd 72, 1961, S. 368 f.; Leo Banet, The evolution of the Balmer series. In: American Journal of Physics. Bd 34, 1966, S. 496—498; ders., Balmer's manuscripts and the construction of his series. Ebd. Bd 38, 1970, S. 821—828.

H. B.

Barkla, Charles Glover (* 7. Juni 1877 in Widness, Lancashire, England, † 23. Oktober 1944 in Edinburg). B. untersuchte die beim Auftreffen von Röntgenstrahlen auf Materie entstehende Sekundärstrahlung. Neben der Polarisation entdeckte er vor allem, daß die Strahlung aus zwei Komponenten besteht, wovon die eine „für das Atom, aus dem sie hervorgeht, charakteristisch ist". Mit der Analyse dieser Röntgeneigenstrahlung eröffnete er mit Henry Moseley das Gebiet der Röntgenspektroskopie.

Werke: Der Stand der Forschung über die sekundäre Röntgenstrahlung. In: Jahrbuch der Radioaktivität und Elektronik. Jg 5, 1908, S. 246 bis 324; Die Spektren der fluoreszierenden Röntgenstrahlungen. In: Ebd. Jg 8, 1911, S. 471 bis 488.

Literatur: Hans Hartmann, Lexikon der Nobelpreisträger (= Ullstein Buch Nr. 2610/2611). Frankfurt 1967; Arnold Sommerfeld, Atombau und Spektrallinien. Braunschweig 1919.

Barometer. Ob die Quecksilbersäule aus „Furcht vor dem Leeren" (Horror vacui), wie es der traditionellen Auffassung entsprach, in einer evakuierten Glasröhre steigt, oder ob die Ursache im Luftdruck zu suchen ist, war Mitte des 17. Jh.s umstritten. Zur Entscheidung schlug Blaise Pascal seinem in Clermont (Auvergne) lebenden Schwager vor, einen entsprechenden Versuch einmal in Clermont und einmal am Gipfel des ca. 500 Toisen (975 m) höher gelegenen Puy de Dôme auszuführen. Das am 19. September 1648 unternommene Experiment bestätigte die Vermutung Pascals: Die Quecksilbersäule zeigte auf dem Gipfel eine um 3 Zoll, 1,5 Linien (85 mm) verminderte Steighöhe: „[Es folgt], daß die Natur keine Abscheu vor dem Vakuum hat, daß sie sich nicht bemüht, es zu meiden, daß alle Wirkungen, die man dieser Scheu vor dem Leeren zugeschrieben, sich auf Gewicht und Druck der Luft gründen."

Descartes hatte, wohl mit Recht, Ansprüche erhoben, als erster die Idee zum Pascalschen B.-Versuch gehabt zu haben. Die Experimente wurden von der Florentiner Accademia del Cimento, in England und an anderen Orten wiederholt. 1660 stellte Robert Boyle Betrachtungen an über die Ausdehnung der Atmosphäre. Er schloß durch Vergleich der spezifischen Gewichte von Quecksilber und Luft auf eine Höhe von ca. 35 000 Fuß (9,7 km), erkannte aber, daß die Ausbreitungsfähigkeit der Luft diesen Wert beträchtlich erhöht. Robert Hooke benutzte dann 1665 das Boyle-Mariottesche Gesetz zur Berechnung der Höhe der Atmosphäre. Hooke dachte sich die Lufthülle in 1000 Schichten eingeteilt; jede Schicht soll dabei die gleiche Gewichtsmenge Luft enthalten. Da auf den höheren Schichten weniger Luft lastet, so muß die Schichthöhe vom Erdboden aus laufend zunehmen.

Unabhängig von Hooke leitete auch Edme Mariotte 1676 die barometrische Höhenformel unter Benutzung des Boyle-Mariotteschen Gesetzes her; Mariotte gebrauchte diese Formel erstmalig zur Höhenmessung mittels B. Größeren Gebrauch von der neuen Methode machte dann Giovanni Domenico Cassini seit 1672, während Edmond Halley 1686 auf mathematisch exakte Weise die barometrische Höhenformel ableitete.

Literatur: Friedrich Klemm, Die Frühgeschichte der barometrischen Höhenmessung. In: Optische Rundschau, Schweidnitz. Jg 1926, Nrn 14, 16—18 (hier Bibliographie des Quellenschrifttums); C. de Waard, L'expérience barométrique. Thouars 1936; W. E. Knowles Middleton, The history of the barometer. Baltimore 1968.

Becquerel, Antoine César (* 17. März 1788 in Chatillon-sur-Loing, † 18. Januar 1878 in Paris). Hauptarbeitsgebiet war die galvanische Elektrizität; B. war, wie später auch sein Sohn Alexandre Edmond Becquerel (1820—1891) und sein Enkel Antoine Henri Becquerel, Professor am Musée d'histoire naturelle und zeitweise Präsident der Académie des Sciences.

Werke: Elemente der Electro-Chemie etc. Erfurt 1845; Populäre Naturlehre etc. 9 Bde. Stuttgart 1845; Résumé de l'histoire de l'électricité etc. Paris 1858.

Literatur: Wilhelm Ostwald, Elektrochemie. Ihre Geschichte und Lehre. Leipzig 1894.

Becquerel, Antoine Henri (* 15. Dezember 1852 in Paris, † 25. August 1908 in Le Croisic). Sohn des Physikers Alexandre Edmond Becquerel, aus einer alten Gelehrtenfamilie stammend. Er war Professor an der Ecole Polytechnique, wurde 1889 Mitglied und 1908 Präsident der Académie des Sciences. Er entdeckte 1873 die infraroten Banden im Sonnenspektrum und wies 1878—1880 die magnetische Drehung der Polarisationsebene des Lichtes in Gasen nach. Seit 1891 untersuchte er die Phosphoreszenzspektren erhitzter Minerale sowie die Phosphoreszenz von Uransalzen (sein Vater hatte ein Phosphoroskop erfunden und damit bereits bei vielen Stoffen Phosphoreszenz nachgewiesen).

Diese Forschungen und die Entdeckung der Röntgenstrahlen führten ihn 1896 seinerseits zur Entdeckung der Radioaktivität des Urans; seine erste diesbezügliche Mitteilung an die Pariser Akademie datiert vom 24. 2. 1896. Er wies auch nach, daß die von Uran ausgehende Strahlung mit Phosphoreszenz nichts zu tun hat. Daß die β-Strahlen magnetisch ablenkbar sind, gelang ihm 1899/1900 auf photographischem Wege zu zeigen. Für die Entdeckung der Radioaktivität erhielt er 1903 zusammen mit dem Ehepaar Curie den Nobelpreis.

Literatur: Lawrence Badash, Chance favors the prepared mind: H. B. and the discovery of radioactivity. In: Archives Internationales d'Histoire des Sciences. Jg 18, 1965, S. 55—66; ders., B's „unexposed" photographic plates. In: Isis. Vol. 57, 1966, S. 267—269. U. H.

Benedetti, Giovanni Battista (* 14. August 1530, † 20. Januar 1590 in Turin). Bei der Behandlung des freien Falles kam Benedetti, an Archimedes anknüpfend, zu der Auffassung, daß dem Medium, in dem der freie Fall erfolgt, eine Auftriebswirkung zukomme. Seine Erkenntnis, 1553 formuliert, läßt sich in heutiger Schreibweise durch $v = \text{const.} (\varrho_K - \varrho_M)$ wiedergeben, d. h. die Fallgeschwindigkeit soll von der Differenz der spezifischen Gewichte des fallenden Körpers und des Mediums bestimmt werden. Den gleichen Standpunkt vertritt der junge Galilei in seiner (damals unveröffentlichten) Schrift „De motu" von 1590.

Werk: G. B. B.: De resolutione omnium Euclidis problematum. Venedig 1553. Hier Vorwort.

Literatur: Israël E. Drabkin: G. B. B. and Galileo's De Motu. In: Actes du Xe Congrès International d'Histoire des Sciences (Ithaca 1962). Bd 1, S. 627—630; Edward Grant, Aristotle, Philoponos, Avempace, and Galileo's Pisan Dynamics. In: Centaurus. Vol. 11, 1965, S. 79—95; Anneliese Maier, Zwischen Philosophie und Mechanik. Rom 1958.

Bernoulli, Daniel I. (* 9. Februar 1700 in Groningen, † 17. März 1782 in Basel). In der Geschichte der Familie Bernoulli, die der Universität Basel über ein Jahrhundert lang durch hervorragende Mathematiker und Physiker Glanz verlieh, bilden Daniel Bernoulli, sein Vater Johann sowie dessen Bruder Jakob, beide zu den größten Mathematikern der Zeit gehörend, ein einzigartiges Dreigestirn.

Obwohl von seinem Vater ursprünglich zum Kaufmann bestimmt, erwachte auch in Daniel die Liebe zur Mathematik; er studierte dann aber — wie ehemals sein Vater — Medizin, beschäftigte sich nebenher jedoch ständig mit der Mathematik, in der er auch erste wissenschaftliche Anerkennung fand. 1725 folgte B. einem Ruf als Professor der Mathematik an die neugegründete Petersburger Akademie. Erst 1733 kehrte er aus gesundheitlichen Gründen nach Basel zurück, wo er die Professur für Anatomie und Botanik, später — nach dem Tode seines Vaters — die für Physik erhielt (1750).

Neben der Physiologie (Berechnung der Herzarbeit) förderte B. die Wahrscheinlichkeitsrechnung, die Statistik und vor allem die mathematische Physik. Ihm gelang es als erstem, das Prinzip der vis viva, der lebendigen Kraft (→ Energie) richtig auf kontinuierliche Medien anzuwenden. Erstaunlich modern ist seine kinetische Theorie der Gase. Sie nahm vorweg, was erst im 19. Jahrhundert bei der Entwicklung der mechanischen Wärmetheorie (→ Atom) nachvollzogen wurde.

Von weitreichender Bedeutung waren B.'s Ansätze zur Ermittlung der Druck- und Geschwindigkeitsverhältnisse in bewegten inkompressiblen Flüssigkeiten. In seinem Hauptwerk „Hydrodynamica" (verfaßt 1733, veröffentlicht 1738) findet sich eine Vorform der nach ihm benannten hydrodynamischen Druckgleichung. Vom Vater Johann Bernoulli in dessen „Hydraulica" (verfaßt 1739) weiterentwickelt, erhielt die „Bernoullische Stromfadengleichung" schließlich nach einigem Umformen die heute gebräuchliche Fassung:

$$\frac{p}{\gamma} + \frac{v^2}{2g} + z = \text{const.}$$

Hauptwerk: Hydrodynamik oder Kommentare über die Kräfte und Bewegungen der Flüssigkeiten (Straßburg 1738). Übersetzt und mit Anmerkungen versehen von Karl Fierl. 2 Bde (= Veröffentlichungen des Forschungsinstituts des Deutschen Museums etc. Reihe C, Nr 1 a/b). München 1963.

Literatur: Peter Merian, Die Mathematiker Bernoulli. Basel 1860; Otto Spiess und Fritz Verzár, D. B.: Über das Leben, eine akademische Festrede. In: Verhandlungen der Naturforschenden Gesellschaft Basel. Bd 52, 1941, S. 189—266; Otto Spiess, Die Mathematiker B. Basel 1948; Clifford Truesdell, The new B. edition. In: Isis. Vol. 49, 1958, S. 54—62; A. J. Pacey und S. J. Fisher, D. B. and the vis viva of compressed air. In: The British Journal for the History of Science. Vol. 3, 1967, S. 388—392; Clifford Truesdell, Essays in the history of mechanics. Berlin, Heidelberg, New York 1968; István Szabó, Über die sog. „Bernoullische Gleichung" der Hydromechanik. In: Technikgeschichte. Bd 37, 1970, S. 27—64. L. S.

Bessel, Friedrich Wilhelm (* 22. Juli 1784 in Minden in Westfalen, † 17. März 1846 in Königsberg). Der Kaufmannslehrling in einem Bremer Übersee-Handelshause erwarb sich Kenntnisse der Nautik und Astronomie und ihrer mathematischen Grundlagen. Er berechnete die Bahn des Halleyschen Kometen neu und übergab auf der Straße sein Manuskript dem Bremer Astronomen Wilhelm Olbers, der von da an sein Freund und Förderer war. Auf dessen Empfehlung wurde er 1806 an der Sternwarte in Lilienthal bei Bremen angestellt und 1810 Astronomieprofessor und Leiter der neuen Sternwarte in Königsberg. „Er entwickelte nun eine so große Tätigkeit, daß sie eine neue Epoche in der beobachtenden und rechnenden Astronomie begründete" (Wolf). Das Verzeichnis seiner Bücher und Abhandlungen umfaßt 385 Nummern.

Seine Bearbeitung der Greenwicher Beobachtungen von James Bradley erschien 1818 als Folioband „Fundamenta astronomiae". Das Werk wurde ebenso unentbehrlich wie seine Refraktionstafel. Bessels Ortsbestimmungen von über 75 000 Sternen, seine Beobachtungen an Doppelsternen, an den Jupiter- und Saturnmonden waren sehr genau. Am Stern 61 im Schwan konnte er 1838 erstmals die Entfernung eines Fixsterns bestimmen, indem er von verschiedenen Punkten der Erdbahn aus die Distanzen zu zwei scheinbar benachbarten, aber weit hinter ihm stehenden schwächeren Sternen maß und darin kleine Differenzen fand. Aus Bewegungen des Sirius schloß er, daß er einen dunklen Begleiter habe; er wurde 1862 beobachtet. Aus den Bewegungen des Uranus kündigte er das Vorhandensein eines transuranischen Planeten an; auch dies traf zu. Er berechnete 16 Kometenbahnen. Die Gradmessung in Ostpreußen gab ihm Anlaß zur Lösung von Aufgaben der höheren Geodäsie. Auch seine Untersuchungen über die Zylinderfunktionen („Besselsche Funktionen") und ihre Integraldarstellungen waren vorbildlich.

Werke: Länge des einfachen Secundenpendels. 1826 (= Ostwalds Klassiker. Nr 7). Leipzig 1889; F. W. B. und Johann Jacob Baeyer, Gradmessung in Ostpreußen. Berlin 1838; Astronomische Untersuchungen. 2 Bde. Königsberg 1841—1842; Populäre Vorlesungen über wissenschaftliche Gegenstände. Hrsg. von Heinrich Christian Schumacher. Hamburg 1848; Briefwechsel zwischen Wilhelm Olbers und F. W. B. Hrsg. von Georg Adolph Erman. 2 Bde. Leipzig 1852 (darin „Kurze Erinnerungen an Momente meines Lebens"); Abhandlungen von F. W. B. Hrsg. von Rudolf Engelmann. 3 Bde. Leipzig 1875—1876; Recensionen von F. W. B. Hrsg. von Rudolf Engelmann. Leipzig 1878 (enthält Rezensionen und Anzeigen, die B. 1807—1837 in der Jenaischen Allgemeinen Literatur-Zeitung und in den Jahrbüchern für wissenschaftliche Kritik schrieb); Briefwechsel Gauß—Bessel, hrsg. von der Berliner Akademie 1880; Briefwechsel Bessel—Steinheil, hrsg. von der Berliner und der Münchener Akademie. Leipzig 1913.

Literatur: Johann Franz Encke, Gedächtnissrede auf B. Berlin 1846; Carl Theodor Anger, Erinnerungen an Bessels Leben und Wirken. Danzig 1846; F. W. B. In: Illustrierte Zeitung. Leipzig 1846, Nr 145, S. 229 f.; John Herschel, A brief notice of F. W. B. London 1847; August Ludwig Busch, Verzeichniß sämmtlicher Werke Bessel's. Königsberg 1849; Heinrich Durège, Bessels Leben und Wirken. Zürich 1861; Johann Heinrich von Mädler, F. W. B. In: Westermann's

Betastrahlen

Jahrbuch der Illustrirten Deutschen Monatshefte. Bd 22. Braunschweig 1867, S. 605—619; Rudolf Wolf, Geschichte der Astronomie. München 1877 (Neudruck New York 1966); Otto Eggert, B. als Geodät. In: Zeitschrift für Vermessungswesen. Bd 40, 1911, S. 301—310; Ludwig Darmstaedter, F. W. B. In: Kosmos. Jg 1927, S. 416—418; Diedrich Wattenberg, B. als Bremer Kaufmannslehrling. In: Das Weltall. Jg 29, 1929/30, S. 8—11; ders., F. W. B. In: Die Himmelswelt. Jg 44, 1934, S. 125—135; Martin Lindow, F. W. B. In: Westfälische Lebensbilder. Hauptreihe. Bd 5, 1937, S. 277—291; H. Kirrinnis, F. W. B. und seine Bedeutung für die Geographie. In: Erdkunde. Bd 5, 1951, S. 247—249. H. B.

Betastrahlen. Der Name β-Strahlen wurde 1899 von Ernest Rutherford der durchdringenden Komponente der Uranstrahlung gegeben. Mehrere Forscher (Friedrich Emil Dorn, Antoine Henri Becquerel, Friedrich Giesel, Egon von Schweidler und das Ehepaar Curie) wiesen schon frühzeitig durch Ablenkung dieser Korpuskeln in magnetischen Feldern deren negative elektrische Ladung nach. Walter Kaufmann beobachtete mit β-Strahlen 1902 zum erstenmal die (später so genannte) relativistische Geschwindigkeitsabhängigkeit der Masse. Eine Eigenschaft, die die β-Strahlung von den übrigen Kernstrahlungen unterscheidet, ist ihr kontinuierliches Energiespektrum. Es blieb lange rätselhaft, bis Wolfgang Pauli 1930 zu seiner Erklärung die Hypothese einführte, daß beim β-Zerfall neben dem Elektron ein zweites, neutrales (und deshalb schwer zu beobachtendes) Teilchen auftritt, welches Enrico Fermi Neutrino nannte (heute heißt es Antineutrino). Auf der Grundlage dieser Annahme hat Fermi 1934 eine befriedigende Theorie des β-Zerfalls angegeben. Der β-Zerfall spielte in neuester Zeit wieder eine bedeutende Rolle, als nämlich Tsung-Dao Lee und Chen-Ning Yang entdeckten, daß hier die sog. Parität nicht erhalten ist, d. h., daß in der Natur offenbar links- und rechtshändige Koordinatensysteme nicht gleichberechtigt sind.

Literatur: John L. Heilbron, The scattering of α- and β-particles and Rutherford's atom. In: Archive for History of Exact Sciences. Vol. 4, 1967/68, S. 147—307; Lawrence Badash, An Elster and Geitel failure: Magnetic deflection of beta-rays. In: Centaurus. Vol. 11, 1967, S. 236 bis 400. U. H.

Beugung des Lichtes. Die B. machte sich zuerst bei Messungen der scheinbaren Durchmesser von Himmelskörpern mit der Lochkamera, allerdings störend, bemerkbar, ohne daß man die Natur des Effektes erkannte. Es ergaben sich Abweichungen zwischen den nach verschiedenen Verfahren gemessenen Werten. Tycho Brahe suchte die Ursache dafür in den Eigenschaften der Himmelskörper, Johannes Kepler meinte den Grund in der geometrischen Anordnung bei der Messung gefunden zu haben, und er untersuchte deshalb systematisch die Entstehung des projizierten Bildes in der Lochkamera, besonders den Einfluß der Spaltgröße. Die Ergebnisse seiner Experimente veröffentlichte er 1604.

Nach Kepler führten Christoph Scheiner und Balthasar Conrad die Lochkameraversuche fort; Conrad beobachtete mit seiner lichtdichten Kammer „mehrere Regenbogen". Die Beugung an Spalten, Drähten, Schirmrändern und Systemen von Spalten, die er als Gitter bezeichnete, beobachtete Johannes Marcus Marci im Jahre 1648. Francesco Maria Grimaldi erkannte, daß die Beugung eine neue bisher unbekannte Art der Lichtausbreitung darstellte, und er benannte diese Erscheinung „diffractio".

Eine Theorie der Beugung formulierte erst Augustin Jean Fresnel mit Hilfe des → Huygensschen Prinzips und den Interferenzeigenschaften; seine Hauptarbeit schrieb er 1818. Joseph Fraunhofer beschäftigte sich 1821/23 mit dem Problem der B. an einzelnen Öffnungen und an Gittern. Eine genauere mathematische Behandlung führte Kirchhoff 1882 durch; auch die Kirchhoffsche Beugungstheorie ist nur eine Näherung, weil sie die optische Feldgröße als Skalar beschreibt (und folglich dem Vektorcharakter nicht Rechnung trägt) und weil die Randbedingungen nicht exakt bekannt sind. Lösungen der vollen Maxwellschen Gleichungen für Beugungsprobleme konnten nur für spezielle Fälle gefunden werden; die großen mathematischen Schwierigkeiten haben immer wieder zahlreiche Bearbeiter herausgefordert. So behandelte Arnold Sommerfeld 1896 das Problem der Beugung an der Halbebene.

Quellen: Johannes Kepler, Ad Vitellionem paralipomena. Frankfurt 1604; Balthasar Conrad, Melchior Balthasar Hanel, De natura iridos. Prag 1646; Francesco Maria Grimaldi, De lumine. Bologna 1665; Thomas Young, A course of lectures on natural philosophy and the mechanical arts. London 1845; Augustin Jean Fesnel, Mémoire sur la diffraction de la lumière. In: Oeuvres complètes. Bd 1. Paris 1866, S. 247—382; Gustav Kirchhoff, Zur Theorie der Lichtstrahlen. In: Gesammelte Abhandlungen. Nachtrag. Leipzig 1891, S. 22—54.

Literatur: H. Boegehold, Die Lehre von der Beugung bis zu Fresnel und Fraunhofer. In: Die Naturwissenschaften. Jg 14, 1926, S. 523—533; E. A. Fellmann, Ein Beitrag zur Geschichte der Beugungstheorie des Lichtes am Spalt. In: Verhandlungen d. Naturforschenden Gesellschaft in Basel. Bd 71, 1960, S. 96—105; Jiri Marek, Observation of diffraction of light through a lattice in 1648. In: Nature. Bd 190, 1961, S. 1092.

J. M.

Bewegung. Schon in der Antike war der Sternenlauf sehr genau beobachtet worden. Als die Grundform der B. am Himmel betrachtete man den Kreis; man beobachtete ja, daß Sonne und Fixsterne einmal in 24 Stunden um die Erde rotieren. Um insbesondere auch die verschlungenen Figuren verständlich zu machen, die die Planeten im Laufe von Jahren am Himmelsgewölbe beschreiben, war von Ptolemäus ein umfangreiches System von ineinandergreifenden Kreisbewegungen ersonnen worden.

In der Welt unter dem Monde sah man eine andere Form der Bewegung realisiert. Aristoteles unterschied hier zwischen den natürlichen Bewegungen (Fallbewegung der schweren Körper nach unten zum natürlichen Ort) und den zwangsweise ablaufenden Bewegungen, z. B. dem Wurf.

Mit dem Beginn der Neuzeit wurde sowohl die Trennung zwischen den himmlischen und irdischen Bewegungen aufgehoben, wie die Spaltung der letzteren in natürliche und künstliche (→ Kunst). Als die natürliche Form der Bewegung erkannte Galilei als Grenzgesetz seiner Fallversuche (→ Fallgesetze) mit der schiefen Ebene die Trägheitsbewegung mit gleichförmiger Geschwindigkeit (→ Trägheitsgesetz). Galilei wurde durch Ableitung des Fallgesetzes der Begründer der Lehre von der B., der Kinematik, die er, neben der Festigkeitslehre, als eine der beiden „neuen Wissenschaften" bezeichnete. Erst Newton schuf, unter Berücksichtigung der wirkenden Kräfte, die Grundlagen der Dynamik.

Literatur: Edward Grant, Aristotle, Philoponos, Avempace, and Galileo's Pisan Dynamics. In: Centaurus. Vol. 11, 1965, S. 79—95; August Nitschke, Naturerkenntnis und politisches Handeln im Mittelalter. Stuttgart 1967; Friedrich Kaulbach, Der philosophische Begriff der Bewegung. Studien zu Aristoteles, Leibniz und Kant. Köln und Graz 1965; A. Rupert Hall, Galileo and the science of motion. In: British Journal for the History of Science. Vol. 2, 1965, S. 185—199.

Bewegungsgröße (Impuls). Es entsprach den neuplatonischen Gedankengängen im 17. Jh., hinter den auf der Erde vor sich gehenden ständigen Veränderungen das Wirken unwandelbarer Gesetzmäßigkeiten zu suchen. Aus der Vollkommenheit Gottes schloß René Descartes in seinen Principia philosophiae von 1644, „daß Gott nicht nur an sich selbst unveränderlich (immutabilis) ist, sondern auch auf eine höchst beständige und unveränderliche Weise wirkt". Angeregt von den schon in der Antike (pseudo-Aristotelische mechanische Probleme) bekannten und von Galilei genauer analysierten Gleichgewichtsbedingungen, z. B. bei der Waage (→ d'Alembertsches Prinzip), postulierte Descartes einen Erhaltungssatz für die B., die quantitas motus: „Wir erkennen unschwer, daß diese in der Naturgesamtheit stets die gleiche bleiben kann, auch wenn sie sich bei ihren einzelnen Teilen ändert. Dies geht unserer Meinung nach in der Art vor sich, daß immer, wenn ein Teil des Stoffes sich doppelt so schnell bewegt wie ein anderer und dieser andere doppelt so groß ist wie der erste, dem kleineren genau soviel Bewegung innewohnt wie dem größeren, und daß um ebensoviel, wie die Bewegung eines Teiles sich verlangsamt, die Bewegung eines anderen, ihm gleichen, schneller wird."

Wir wissen heute, daß die quantitas motus, die Größe $m \cdot v$, tatsächlich nur dann erhalten bleibt, wenn man auf den Vektorcharakter achtet. Bei eindimensionalen Bewegungen heißt das, daß das Vorzeichen berücksichtigt werden muß. Darauf hat Christiaan Huygens 1668 hingewiesen: „Die Bewegungsgröße zweier Körper kann durch ihren Zusammenstoß zunehmen oder abnehmen; aber nach derselben Seite gerechnet bleibt sie immer dieselbe, indem man nämlich die Quantität der entgegengesetzten Bewegung subtrahiert."

Leibniz bekräftigte die Existenz eines Erhaltungssatzes, meinte aber noch 1686, daß **nicht** die quantitas motus, sondern nur die vis viva (→ Energie) in der Natur unverändert bleibe. Das führte zu einem langdauernden Streit zwischen Cartesianern und Leibnizianern um das richtige Maß der „Kraft". Später sprach auch Leibniz neben der Erhaltung der vis viva von der Erhaltung des Impulses (quantité du progrès).

Die Unveränderlichkeit der B. trat in der ihr beigemessenen Bedeutung gegenüber der Energieerhaltung zurück. Erst mathematische Untersuchungen über kontinuierliche Transformationsgruppen und Integralinvarianten (Sophus Lie, Felix Klein, Emmy Noether) stellten beide Erhaltungssätze auf die gleiche Ebene. Während die Erhaltung der Energie aus der Invarianz der Naturgesetze gegenüber zeitlichen Verschiebungen folgt, so die Erhaltung der B. aus der Invarianz gegenüber räumlichen Translationen.

Quelle: René Descartes, Philosophische Werke (Hrsg. A. Buchenau). 4 Bde. Leipzig 1906—1908.

Literatur: → Energie.

Biot, Jean-Baptiste (* 21. April 1774 in Paris, † 3. Februar 1862 in Paris). Mathematiker, Astronom, Geodät, Physiker, Chemiker und Wissenschaftshistoriker, war er zuerst Handelslehrling, dann Kanonier der Nordarmee, dann Student des ersten Jahrganges der Ecole Polytechnique. Hier wurde er Schüler und Schützling von Gaspard Monge und Pierre-Simon Laplace. Er wirkte 1800 bis 1862 als Professor der mathematischen Physik am Collège de France, 1809—1848 zugleich als Professor der Astronomie an der Universität Paris. Seine mehrbändigen Lehrbücher bekunden den guten Darsteller. Als Historiker schrieb er schon 1803 eine Geschichte der Wissenschaften während der Revolution; später befaßte er sich mit Newton und mit der Astronomie der Ägypter und der Chinesen.

1804 unternahm er mit Gay-Lussac einen Ballonaufstieg zur Feststellung der Abnahme der erdmagnetischen Kraft in der Höhe, 1805 mit Arago Untersuchungen über Lichtbrechung in Gasen und hernach geodätische Messungen in Spanien. Vor allem galt sein Schaffen der Optik. Er schuf die Theorie der chromatischen Polarisation und machte viele Entdeckungen zur Drehung der Polarisationsebene des Lichtes in Flüssigkeiten und Dämpfen; auch erfand er das Polarimeter. Mit Félix Savart fand er das nach beiden genannte Gesetz der elektromagnetischen Wirkung von Stromelementen.

Werke: Eine Gesamtausgabe existiert nicht. Essai sur l'histoire des sciences pendant la révolution française. Paris 1803; Traité élémentaire d'astronomie physique. 2 Bde. Paris 1805. 2. Auflage in 3, 3. Auflage in 4 Bänden; Traité de physique expérimentale et mathématique. 4 Bde. Paris 1816; Précis élémentaire de physique expérimentale. 2 Bde. Paris 1818 und 1821. Deutsche Ausgaben: Anfangsgründe der Erfahrungs-Naturlehre. Übersetzt von Friedrich Wolff. 2 Bde. Berlin 1819; Lehrbuch der Experimental-Physik oder Erfahrungs-Naturlehre. Übersetzt von

Gustav Theodor Fechner. 4 Bde. ³Leipzig 1824/ 1825; mit François Arago: Recueil d'observations géodésiques, astronomiques et physiques, exécutées par ordre du bureau des longitudes de France, en Espagne et en Ecosse. Paris 1821; Mélanges scientifiques et littéraires. 3 Bde. Paris 1858.

Literatur: J.-B. B. In: Illustrierte Zeitung. Leipzig 1862. S. 125 f.; Charles Sainte-Beuve, Nouveaux lundis, 24 février et 3 mars 1862; Francisque Lefort, Notice sur la vie et les travaux de J.-B. B. Paris 1867; Ecole Polytechnique. Livre du Centenaire 1794—1894. Bd 1, Paris 1895, S. 256—263; Emile Picard, La vie et l'oeuvre de J.-B. B. Paris 1927; Maurice d'Ocagne, Hommes et choses de science. Bd 2, Paris 1932; J.-B. B. In: Endeavour. Bd 21, 1962, S. 63 f.; James Riddick Partington, A history of chemistry. Vol. 4, New York 1964; Maurice P. Crosland, The Society of Arcueil. London 1967.

H. B.

Blitzableiter. Die Gesetze der Blitzableitung sollen bereits den alten Kulturvölkern bekannt gewesen sein. In der Neuzeit kam es erst zum Bau von B., als in der ersten Hälfte des 18. Jh.s die elektrische Natur des Blitzes erkannt und nachgewiesen werden konnte. 1747 fand Benjamin Franklin eine Erklärung für die elektrische Spitzenwirkung. Das brachte ihn zwei Jahre später auf die Idee, das „elektrische Feuer" der Wolken mittels zugespitzter eiserner Stangen abzuleiten, um „Häuser, Kirchen, Schiffe etc. vor dem Blitzschlage" zu bewahren. 1752 untersuchte er mit Hilfe eines Drachens und einer Wetterstange die atmosphärische Elektrizität. Ein Jahr darauf machte er — wie auch Johann Heinrich Winkler — genaue Vorschläge zur Errichtung von Blitzableitern.

Angeregt durch die Schriften Winklers, stellte Pater Procopius Diviš 1754 bei Znaim in Mähren einen B. auf, der aber bald von den abergläubischen Bauern zerstört wurde. Der Weiterverbreitung des B.s stand neben den Kosten lange Zeit der Volksglauben entgegen, daß die Ableitung des Blitzes frevelhaft sei. Die ersten größeren Anlagen in Europa wurden auf dem Eddystone-Leuchtturm vor Plymouth (1760) und auf der Jakobikirche in Hamburg (1769 von Johann Reimarus) errichtet. Jakob Hemmer, Hofkaplan in Mannheim, verbesserte den B. und baute seit 1776 Anlagen in Süddeutschland.

Im 19. Jh. wurde der B. weiterentwickelt und auf eine wissenschaftliche Grundlage gestellt, in Deutschland von Helmholtz, Werner Siemens, Leonhard Weber, F. Findeisen u. a. 1901 veröffentlichte der Verband Deutscher Elektrotechniker (VDE) die „Leitsätze über den Schutz der Gebäude gegen den Blitz".

Quellen: Benjamin Franklins sämtliche Werke. Dt. von G. T. Wenzel. Dresden 1780; F. Findeisen, Rathschläge über den Blitzschutz der Gebäude. Berlin 1899.

Literatur: Heinrich Meidinger, Geschichte der B. Karlsruhe 1888; Richard Hennig, Aus der Gesch. des B. In: Beiträge zur Gesch. der Technik und Industrie. Bd 16, 1926, S. 183—199; J. Bernard Cohen u. Robert Schofield, Did Diviš erect the first European protective lightning rod, and was his invention independent? In: Isis. Vol. 43, 1952, S. 358—364; Mel Gorman, Faraday on lightning rods. In: Isis. Vol. 58, 1967, S. 96—98.

L. S.

Bohr, Niels (* 7. Oktober 1885 in Kopenhagen, † 18. November 1962 in Kopenhagen). Sohn des Physiologen Christian B., Bruder des Mathematikers Harald B. Bereits seiner ersten Forschungsarbeit (einer Präzisionsmessung der Oberflächenspannung von Wasser) wurde im Jahre 1906 eine Goldmedaille der Königlich Dänischen Akademie der Wissenschaften verliehen. Bohr promovierte 1911 mit einer Arbeit über die Theorie der Metallelektronen, in der er zeigte, daß die magnetischen Eigenschaften der Metalle mit den Vorstellungen der klassischen Physik nicht verstanden werden könnten. Er ging im Oktober desselben Jahres nach England, zuerst zu Joseph John Thomson, bald aber (im März 1912) nach Manchester zu Ernest Rutherford, mit dem ihn bald eine tiefgehende Freundschaft verband.

Im Zusammenwirken mit der Arbeitsgruppe in Manchester griff B. rasch die Vorstellungen Rutherfords vom Atom, die dieser Ende 1910 aufgrund der Weitwinkelstreuung von α-Teilchen in dünnen Materieschichten entwickelt hatte, auf, da ihn die Möglichkeit faszinierte, die Eigenschaften der Elemente aus einer einzigen Zahl, der Kernladung oder Ordnungszahl, abzuleiten. Er unterschied auch bereits früh zwischen den chemischen Eigenschaften und den Phänomenen der Radioaktivität, die im Kern ihren Ursprung haben. Seine Schlüsse auf die Existenz der Isotopie und das Bestehen der etwa gleichzeitig von Kasimir Fajans und Frederick Soddy entdeckten radioaktiven Verschiebungsgesetze konnte er im Sommer 1912 nicht veröffentlichen, da Rutherford der Meinung war, daß diese Folgerungen aus seinem Atommodell zu gewagt seien. Da in jener Zeit noch keine Klarheit herrschte über die Zahl der in den einzelnen Atomen enthaltenen Elektronen, entwickelte Bohr zunächst eine Theorie der Bremsung von α-Teilchen, deren Anwendung auf Wasserstoff und Helium zeigte, daß in diesen beiden Elementen 1 bzw. 2 Elektronen vorhanden sind. Darüber hinaus war Bohr unter dem Eindruck des 1. Solvay-Kongresses in Brüssel überzeugt, daß der Schlüssel zum Verständnis des Atombaues im Planckschen Wirkungsquantum zu suchen sei. So konnte er unter Verwendung einer dem Planckschen Vorgehen beim harmonischen Oszillator analogen Formel zeigen, daß wohl ein Wasserstoff-, nicht aber ein Heliummolekül existieren kann.

Nachdem Bohr im Herbst 1912 an der Universität von Kopenhagen Assistent geworden war, bemühte er sich um eine zusammenfassende Darstellung der in Manchester über den Atombau gesammelten Ideen. Noch im Januar des Jahres 1913 hatte er die Spektralgesetze, weil sie ihm zu kompliziert schienen, nicht berücksichtigt, aber im darauffolgenden Monat bezog er sie, angeregt durch die Lektüre eines Buches von Johannes Stark (Prinzipien der Atomdynamik II) und eine Bemerkung des Spektroskopikers Hans Marius Hansen, der ihn auf die Einfachheit der Balmerformel aufmerksam machte, in seine Theorie ein. Im März 1913 übersandte er Rutherford den ersten Teil seiner im Philosophical Magazine Vol. 26 erschienenen berühmten Arbeit „On the Constitution of Atoms and Molecules", in der erstmals die Balmerserie aus der Vorstellung diskreter Atomzustände abgeleitet wurde. In derselben Abhandlung zeigte Bohr, daß gewisse von Edward Pickering in den Spektren ferner Sterne beobachtete und bisher dem Wasserstoff zugeschriebene Spektrallinien dem ionisierten Helium zuzuordnen sind. Die experimentelle Entscheidung dieser Frage durch Evan Jenkin Evans zugunsten der Bohrschen Ansicht trug wesentlich dazu bei, daß die neue Theorie sich rasch durchsetzte. Während die experimentelle Forschung mit den Versuchen von James Franck und Gustav Hertz (die Bohr erstmals richtig deutete) sowie von Henry G. J. Moseley weitere gewichtige Argumente für seine Theorie beisteuerte, bemühte sich Bohr beständig um eine Klärung der ihr zugrundeliegenden Prinzipien.

Einen wesentlichen Fortschritt in dieser Richtung brachten Arnold Sommerfelds Arbeiten über die doppelte Quantelung im Jahre 1915, die Bohr mit Hilfe der Hamiltonschen Mechanik zu einer Theorie der mehrfach-periodischen Bewegungen erweiterte. Trotz gewisser Teilerfolge blieb die feinere Struktur der Spektren zwar weiterhin unaufgeklärt, es gelang Bohr aber, mit Hilfe des 1913 schon (in Gestalt einer Analogie der Quantenmechanik zur klassischen Physik) eingeführten → Korrespondenzprinzips auch das Problem der Auswahlregeln und der Linienintensitäten in Angriff zu nehmen. Die Entwicklung bis zu diesem Punkt spiegelt sich in Bohrs in den Jahren 1918 bis 1922 publizierten Arbeiten unter dem Titel „On the Quantum Theory of Line Spectra" wider.

Der äußere Lebensweg Bohrs verlief in dieser Zeit über die folgenden Stationen: 1913 wurde er Dozent an der Universität Kopenhagen, von 1914 bis 1916 war er auf Einladung Rutherfords wieder in Manchester, danach ging er als Professor nach Kopenhagen zurück, wo ihm 1920 das Institut für theoretische Physik eingerichtet wurde, dem er zeitlebens als Direktor vorgestanden hat. 1922 erhielt Bohr den Nobelpreis. Im Jahre 1931 überließ die dänische Regierung Niels Bohr in Anerkennung seiner großen Leistungen den Carlsberg-Ehrenwohnsitz, der nach dem Willen der Stiftung dem jeweils bedeutendsten dänischen Wissenschaftler zugehören soll.

Einen gewissen Wendepunkt auf dem Wege zur Klärung der quantentheoretischen Grundlagen stellte die von Bohr gemeinsam mit Hendrik Antony Kramers und John Clarke Slater 1924 verfaßte Arbeit „The Quantum Theory of Radiation" dar, in der angenommen wurde, daß Impuls- und Energiesatz nur statistische Gültigkeit besäßen. Daß diese Annahme nicht zu halten war, zeigten sehr bald die Experimente von Hans Geiger und Walter Bothe sowie von Arthur Holly Compton und Alfred W. Simon, die nachwiesen, daß die Erhaltungssätze auch den einzelnen Elementarprozeß beherrschen.

Im Anschluß an diese Arbeit gelang Werner Heisenberg 1925 die Formulierung der Quantenmechanik. Damit trat die Quantentheorie in ihr Schlußstadium. Es folgten nun rasch aufeinander: 1926 Erwin Schrödingers Wellenmechanik und Max Borns statistische Interpretation der Wellenfunktion, 1927 Heisenbergs Unschärferelation und Bohrs Vorstellung der Komplementarität. Die Unschärferelation und die Idee der Komplementarität stellen den Inhalt der sog. „Kopenhagener Deutung" der Quantentheorie dar. Sie gingen hervor aus Bohrs und Heisenbergs — Heisenberg war damals Lektor am Kopenhagener Institut Bohrs — gemeinsamem Bemühen um eine widerspruchsfreie Formulierung des begrifflichen Inhalts der Theorie. Während Heisenberg dabei zu dem Ergebnis geführt wurde, daß der Genauigkeit, mit welcher kanonisch konjugierte Größen (wie Ortskoordinate und Impuls) gleichzeitig gemessen werden können, durch die Natur im Planckschen Wirkungsquantum eine Grenze gesetzt ist, kam Bohr zu der Ansicht, daß die Natur zu ihrer vollständigen Beschreibung den Gebrauch sich zwar gegenseitig ausschließender, sich aber andererseits gegenseitig ergänzender (zueinander komplementärer) Vorstellungen zuläßt (wie z. B. das Teilchen- und Wellenbild zur Beschreibung des Verhaltens von Licht und Materie). Bohr hat diesen Gedanken später auch in gewisse Bereiche der Biologie und Philosophie übertragen, indem er darauf hinwies, wie auch dort zur Erfassung von bestimmten Sachverhalten komplementäre Betrachtungsweisen angewandt werden. Nach Lösung des Problems der Meßbarkeit der elektrodynamischen Feldgrößen (1931—1933) beschäftigte sich Bohr 1936—1943 mit Fragen der Kernphysik und entwickelte u. a. das sog. Tröpfchenmodell des Kerns sowie eine Theorie der von Otto Hahn und Fritz Straßmann entdeckten Kernspaltung.

Im Jahre 1943 nahm Bohrs Leben eine dramatische Wendung. Von Freunden gewarnt, verließ er seine seit 1940 besetzte Heimat und floh im Segelboot über den Öresund nach Schweden. Von dort holte ihn der britische Geheimdienst nach England. Später kam er in die Vereinigten Staaten und wurde am Atombombenprojekt beteiligt. 1945 kehrte er nach Kopenhagen zurück. Nach der Gründung des großen europäischen Kernforschungszentrums CERN brachte man die theoretische Abteilung zunächst in Bohrs Institut unter. Als Bohr 1962 starb, mußte er die Theorie der Supraleitung, seinen letzten Forschungsgegenstand, ungelöst zurücklassen. Sein Nachfolger in der Leitung des berühmten Kopenhagener Instituts für theoretische Physik wurde sein Sohn Aage Bohr.

Werke: Eine kritische Edition der Werke und Briefe Bohrs wird gegenwärtig (1970) in Kopenhagen unter Leitung von Léon Rosenfeld vorbereitet; On the constitution of atoms and molecules. In: Philosophical Magazine. Vol. 26, 1913, S. 1—25, 476—502, 857—875. Deutscher Nachdruck in: Das Bohrsche Atommodell (= Dokumente der Naturwissenschaft. Bd 5). Stuttgart 1964. Englischer Nachdruck mit Einführung von Léon Rosenfeld. Kopenhagen und New York 1963; Der Bau der Atome und die physikalischen und chemischen Eigenschaften der Elemente. In: Zeitschrift für Physik. Bd 9, 1922, S. 1—67; The theory of spectra and atomic constitution. Cambridge 1922—1924; Atomic theory and the description of nature. Cambridge 1964; Atomphysik und menschliche Erkenntnis. 2 Bde. Braunschweig 1964.

Literatur: Carl Friedrich von Weizsäcker, Gedenkworte für Arthur Holly Compton und Niels Bohr. In: Reden und Gedenkworte — Orden Pour le Mérite. Bd 5, 1962, S. 105—120; John Douglas Cockcroft, Niels Hendrik David Bohr 1885—1962. In: Biographical Memoirs of Fellows of the Royal Society. Vol. 9, 1963, S. 37—53 (mit Werkverzeichnis); Friedrich Hund, Geschichte der Quantentheorie. Mannheim 1967; Stefan Rozental (Hrsg.), N. B., his life and work as seen by his friends and colleagues. Amsterdam 1968; Armin Hermann, Frühgeschichte der Quantentheorie. Mosbach 1969 (mit Literaturverzeichnis); Ruth Moore, N. B. Ein Mann und sein Werk verändern die Welt. München 1970. U. H.

Bohr-Sommerfeldsche Atomtheorie. Seit der Entdeckung der → Spektralanalyse durch Gustav Kirchhoff und Robert Bunsen (1859) war bekannt, daß jedes Element (z. B. in Gasentladungen oder Sternatmosphären) charakteristische Spektrallinien aussendet. Obwohl Johann Jakob Balmer schon 1884 eine einfache Formel für die im Sichtbaren gelegenen Linien des Wasserstoffs aufstellte und die durch Johannes Rydberg u. a. gesammelten empirischen Daten der Spektroskopie gegen Ende des 19. Jahrhunderts gewaltig angewachsen waren, sollte es bis zum Jahr 1913 dauern, ehe es Niels Bohr gelang, eine theoretische Klärung der Phänomene anzubahnen und für die einfachsten Fälle eine mathematische Formulierung direkt anzugeben. Da Bohr sah, daß die klassischen Theorien der Mechanik und Elektrodynamik, angewandt auf das inzwischen (1910) von Ernest Rutherford entdeckte Kernmodell des Atoms, weder die Größe, noch die Stabilität, noch die Diskretheit der Spektrallinien begründen konnten — im klassischen Bilde mußten z. B. um den Kern kreisende Elektronen beständig Energie abstrahlen und schließlich in den subatomaren Kern stürzen —, suchte er, ähnlich wie auch Arthur Erich Haas 1910, den Schlüssel zur Lösung des Atomproblems in dem von Planck im Jahre 1900 in die Theorie der Strahlung eingeführten Wirkungsquantum h. In Analogie zu dem beim harmonischen Oszillator angewandten Quantensatz Plancks für die Energiestufen $E = n h \nu$ (ν Eigenfrequenz des Oszillators, n ganzzahlig), nahm Bohr für diese im Falle eines mit der Frequenz ω im Coulombfeld um den Kern kreisenden Elektrons (da hier im Gegensatz zum harmonischen Oszillator die Umlaufsfrequenz von der Energie abhängig ist) an:

(1) $$E_n = f(n) h \omega$$

Aus der klassischen Beziehung zwischen Energie und Frequenz

(2) $$\omega = \frac{\sqrt{2}}{\pi} \frac{E^{3/2}}{Z e^2 \sqrt{m_0}}$$

(e, $Z e$: Ladung von Elektron und Kern, m_0: Masse des Elektrons) konnte er zusammen mit dem Quantensatz (1) und dem später sog. Korrespondenzprinzip die Energiestufen des Elektrons im Coulombfeld berechnen:

(3) $$E_n = \frac{2 \pi^2 m_0 e^4 Z^2}{n^2 h^2}$$

Die Anwendung des von Walther Ritz 1908 aufgestellten sog. Kombinationsprinzips, das jede Spektralfrequenz als Differenz zweier Terme darstellt, legte den folgenden Schluß nahe:

(4) $$h \nu = E_m - E_n = \frac{2 \pi^2 m_0 e^4 Z^2}{h^2} \left(\frac{1}{m^2} - \frac{1}{n^2} \right)$$

Mit $Z = 1$ und $m = 2$ ergaben sich daraus die Rydbergkonstante R

(5) $$R = \frac{2 \pi^2 m_0 e^4}{h^3}$$

und die Balmerserie. Bohr zeigte auch, daß gewisse dem Wasserstoff mit halbzahliger Termlaufzahl zugeschriebene Linien gemäß seiner Theorie dem ionisierten Helium zuzuordnen seien. Dieses Ergebnis wurde sehr bald durch die experimentellen Untersuchungen von Evan Jenkin Evans bestätigt und festigte das Vertrauen in die Theorie.

Neben diesen Leistungen, die zum bleibenden Bestand der Physik gehören, war den im gleichen Zusammenhang angestellten Betrachtungen Bohrs über den Atombau i. a. nicht derselbe Erfolg beschieden. Sie wurden von der späteren Entwicklung der Quantentheorie überholt. Einen neuen Fortschritt brachte die Jahreswende 1915/16 in Gestalt einer von Arnold Sommerfeld entwickelten Theorie, nach welcher die Auswahl der quantentheoretisch zulässigen Bahnen in einem System mit mehreren Freiheitsgraden durch die Wirkungsintegrale $\int p_k \, dq_k = n_k \, h$ festgelegt wurde (q_k, p_k: konjugierte Koordinaten und Impulse des Problems). Die Anwendung dieser Vorschrift auf den Wasserstoff führte in ebenen Polarkoordinaten auf zwei Quantenzahlen (die azimutale n_φ und die radiale n_r) entsprechend Ellipsen verschiedener Energie und Exzentrizität; jedoch gingen beide nur als Summe in den Energieterm ein, so daß sich an dem Bohrschen Ausdruck (3) zunächst nichts änderte. Diese Situation wandelte sich beim Übergang von der klassischen zur relativistischen Mechanik. Die relativistische Behandlung lieferte von n_r und n_φ einzeln abhängige Energieterme, welche eine Feinstruktur der Balmerlinien zur Folge hatten wie sie in der Tat bereits beobachtet worden war. 1916 führte Sommerfeld die Rechnung auch in räumlichen Polarkoordinaten aus und zeigte, daß bei (etwa durch ein magnetisches Feld) vorgegebener Vorzugsrichtung eine dritte Quantenzahl n_φ nötig wird, die mit einer Richtungsquantelung der Ebenen, in welchen die Keplerellipsen liegen, verbunden ist. Derselbe Gedanke der drei Quantenzahlen war kurz zuvor bereits von Paul Epstein in einer theoretischen Abhandlung über den Starkeffekt ausgesprochen worden. Epstein entschied auch zusammen mit Karl Schwarzschild 1916 die Frage, welche Koordinaten den Sommerfeldschen Quantenbedingungen zu unterwerfen seien. Wenn die Hamilton-Jacobische Differentialgleichung $H(q_i, \frac{\partial s}{\partial q_i}) = E$ in den q_i separierbar ist, dann soll für diese Koordinaten gelten $\oint p_i \, dq_i = n_i \, h$. Bohr hat auf der Grundlage dieser Theorie (der mehrfachperiodischen Bewegungen) anknüpfend an seine Gedanken über den Atombau von 1913 im Jahre 1922 während der sog. Göttinger „Bohr-Festspiele" eine zusammenfassende Erklärung des Periodensystems gegeben, in der allerdings noch wesentliche Fragen (Multiplettstruktur der Spektren und Schalenabschluß) ungelöst blieben. Diese sind endgültig durch die Quantentheorie aufgeklärt worden, nachdem Wolfgang Pauli das Ausschlußprinzip und Samuel Goudsmit und George Uhlenbeck den Eigendrehimpuls (Spin) des Elektrons entdeckt hatten.

Quellen: Originalabhandlungen Bohrs → Niels Bohr; Originalabhandlungen Sommerfelds → Arnold Sommerfeld; Paul Epstein, Zur Theorie des Stark-Effekts. In: Annalen der Physik. Bd 50, 1916, S. 489—520; Karl Schwarzschild, Zur Quantenhypothese. In: Sitzungsberichte der Königlich Preußischen Akademie der Wissenschaften. Jg 1916, S. 548—568.

Literatur: Max Jammer, The conceptual development of quantum mechanics. New York 1966, S. 69—133; Friedrich Hund, Geschichte der Quantentheorie. Mannheim 1967, S. 58—102; Armin Hermann, Frühgeschichte der Quantentheorie. Mosbach 1969, S. 163—179; Paul Forman, The doublet riddle on atomic physics circa 1924. In: Isis. Vol. 59, 1968, S. 156—174; John L. Heilbron, The Kossel-Sommerfeld theory and the ring atom. In: Isis. Vol. 58, 1967, S. 450—485.

U. H.

Boltzmann, Ludwig (* 20. Februar 1844 in Wien, † 5. September 1906 in Duino bei Triest). Er studierte an der Universität Wien Physik, promovierte 1866, habilitierte sich 1867, war zwei Jahre Assistent Josef Stefans und wurde 1869 Professor für mathematische Physik an der Universität Graz. Danach hatte er Lehrstühle abwechselnd in Wien, München und Leipzig inne. Svante Arrhenius, Walther Nernst, Fritz Hasenöhrl und Lise Meitner zählten zu seinen Schülern. Boltzmann war ein Physiker von ungewöhnlicher Vielseitigkeit. In jüngeren Jahren arbeitete er erfolgreich auf experimentellem Gebiet (er bestätigte 15 Jahre vor Hertz die Maxwellsche Lichttheorie, indem er den von Maxwell geforderten Zusammenhang zwischen Brechungsindex und Dielektrizitätskonstante bei Schwefel nachwies), so daß Ernst Mach, selbst ein ausgezeichneter Experimentalphysiker, ihn einen „kaum zu übertreffenden Experimentator" nannte. Gegen Ende seines Lebens hat er sich stark mit philosophischen Fragen (Materialismus contra Idealismus) beschäftigt, doch galt zeitlebens sein Hauptinteresse der theoretischen Physik: „Ihr zum Preise ist mir kein Opfer zu groß, sie, die den Inhalt meines ganzen Lebens ausmacht."

Das zentrale Problem seiner theoretischen Lebensarbeit war die Rückführung der Thermodynamik auf die Mechanik und die dabei nötig werdende Beseitigung des Widerspruchs zwischen der Umkehrbarkeit mechanischer Vorgänge und der Einseitigkeit thermodynamischer Prozesse. Er erreichte dieses Ziel, indem er die Entropie S mit der Zustandswahrscheinlichkeit W in Zusammenhang brachte derart, daß die Zunahme der Entropie in einem abgeschlossenen System einem Übergang von einem weniger wahrscheinlichen in einen wahrscheinlicheren Zustand korrespondiert. Die (übrigens erst von Max Planck in dieser Weise geschriebene) Formel, welche als Inbegriff des Lebenswerks Boltzmanns auch dessen Ehrengrab auf dem Wiener Zentralfriedhof schmückt, heißt

$$S = k \ln W \quad (k: \text{Boltzmann-Konstante}).$$

Von dieser Formel sagte Fritz Hasenöhrl: „Der Satz, daß die Entropie dem Logarithmus der Wahrscheinlichkeit proportional ist, ist einer der allertiefsten, schönsten der theoretischen Physik, ja der gesamten Naturwissenschaften." Dem entspricht es, daß die Entwicklung der modernen Physik ohne ihn nicht denkbar wäre. Er bildete den Ausgangspunkt der Quantentheorie sowohl in der Formulierung, welche ihr Max Planck im Jahre 1900 gab, als auch in der erweiterten Fassung, die von Albert Einstein stammt (1905). Andere bedeutende Leistungen Boltzmanns sind seine in voller Allgemeinheit aus statistischen Erwägungen abgeleiteten Verteilungsformeln für die Energie sich frei oder in Kraftfeldern bewegender Atome (Maxwell-Boltzmann-Verteilung) sowie die theoretische Begründung des von seinem Lehrer Josef Stefan auf empirischem Wege gefundenen Gesetzes über die Gesamtstrahlung des schwarzen Körpers (Stefan-Boltzmannsches Gesetz 1884).

Boltzmann war ein entschiedener Verfechter der Atomlehre, und die geringe Resonanz, ja Ablehnung, auf die er mit seinen Ansichten selbst bei hervorragenden Fachkollegen wie Wilhelm Ostwald, Ernst Mach und Max Planck stieß, bedeutete für ihn zeitlebens eine schlimme Enttäuschung. Seine Gegner wollten den Atomen nicht mehr als den Rang einer in der Chemie allerdings sehr fruchtbaren Arbeitshypothese zugestehen, während er auf deren realer Existenz bestand und 1897 Galileis berühmte (legendäre) Worte in seinem Sinne anwandte: „Doch glaube ich von den Molekülen beruhigt sagen zu können: Und dennoch bewegen sie sich." Den eigentlichen Siegeszug der Atomtheorie, den Einstein 1905 mit seiner Theorie der Schwankungserscheinungen einleitete, hat er nicht mehr erlebt, obwohl er selbst es war, der bereits 1878 das Auftreten von Ungleichgewichten als notwendige Folge der statistischen Theorie vorausgesagt hatte (und die Brownsche Molekularbewegung ihm durchaus nicht unbekannt war).

Boltzmanns Vielseitigkeit erstreckte sich auch auf künstlerisches Gebiet. Er hat bei Anton Bruckner Musikstunden genommen, war ein glühender Verehrer der Klassiker (Shakespeares, Goethes, insbesondere aber Schillers) und hat nicht zuletzt eine der humorvollsten deutschen Reiseschilderungen geschrieben (Reise eines deutschen Professors ins Eldorado). Vielleicht hängt es mit der beginnenden Abnahme seiner geistigen Kräfte (und weniger mit Mangel an Anerkennung, denn letztere hat er in reichem Maße gefunden) zusammen, daß er 1906 während eines Sommeraufenthaltes in Duino im Alter von 62 Jahren seinem Leben ein Ende setzte.

Werke: Vorlesungen über Gastheorie. Leipzig 1895—1898; Vorlesungen über die Principe der Mechanik. 3 Bde. Leipzig 1897—1920; Wissenschaftliche Abhandlungen. 3 Bde. Leipzig 1909; Populäre Schriften. Leipzig 1905.

Literatur: Philipp Lenard, Große Naturforscher. München 1929, S. 311—316; Arnold Sommerfeld, Das Werk B's. In: Wiener Chemikerzeitung. Bd 47, 1944, S. 25—28; Ludwig Flamm, Die Persönlichkeit B's. Ebd. S. 28—30; Clemens Schaefer, L. B. In: Die Naturwissenschaften. Jg 33, 1946, S. 33—37; Hans Thirring, L. B. in seiner Zeit. In: Naturwiss. Rundschau, Jg 10, 1957, S. 411—415; Engelbert Broda, L. B. Berlin 1957; René Dugas, La théorie au sens de B. et ses prolongements modernes. Neuchâtel 1959; Manfred Grunwald, Die philosophischen Ansichten L. Bs. In: Wissenschaftliche Zeitschrift der Friedrich Schiller-Universität Jena. Jg 11, 1962, Math.-nat. Reihe, S. 279—300; Stephen B. Brush, Foundations of statistical mechanics. 1845—1915. In: Archive for History of Exact Sciences. Vol. 4, 1967, S. 145—183. U. H.

Borelli, Giovanni Alfonso (* 28. Januar 1608 in Castelnuovo bei Neapel, † 31. Dezember 1679 im Kloster St. Pantaleone in Rom). Als Universalgelehrtem gelang es Borelli, Bedeutendes im Bereich der Physik, der Astronomie, der Mathematik sowie der Anatomie zu leisten.

B. studierte — ebenso wie Torricelli und Cavalieri — in Rom unter Benedetto Castelli Mathematik; er wurde Professor dieser Disziplin, zunächst an der Universität in Messina und 1658 in Pisa. Dorthin kam bald darauf auch der später sehr bedeutende Anatom Marcello Malpighi. Dessen Bekanntschaft nahm B. vermutlich zum Anlaß, sich näher mit der Anatomie zu befassen. Als Mitglied der 1657 in Florenz gegründeten Accademia del Cimento trug er zu deren Prägung und Blüte bei. Nach der Auflösung 1667 ging Borelli wieder nach Messina, mußte aber die Stadt sieben Jahre später wegen einer politischen Verschwörung für immer verlassen und nach Rom fliehen. Hier gehörte er dem Gelehrtenkreis um die schwedische Ex-Königin Christina an.

Durchdrungen von der mechanistischen Denkweise seiner Zeit, war B. unermüdlich bestrebt, die Prinzipien der → Mechanik, wie sie sich so glänzend bei seinem großen Landsmann Galilei bewährt hatten, zur Erklärung der verschiedensten Erscheinungen der belebten und unbelebten Natur anzuwenden. Sein physikalisches Hauptwerk „De vi repercussionis..." beinhaltet u. a. Probleme der Pendelbewegung, der Elastizität und des Stoßes der Körper sowie der Kapillarität. Die kapillaren Erscheinungen versuchte B. mit Hilfe einer Analogie zur Balkentheorie zu deuten. Er dachte sich die Kapillarflüssigkeit (Wasser) aus Korpuskeln zusammengesetzt, deren eine Seite sich in der Kapillarwandung verzahnt und damit als einarmiger Hebel wirkt, womit nur noch ein Teil des Korpuskelgewichts auf die Wassersäule drückt. Das in diesem Zusammenhang bedeutsamste Resultat der Untersuchungen B.s war: Die Kapillarerscheinungen sind vom Luftdruck unabhängig; die kapillaren Steighöhen verhalten sich umgekehrt wie die Durchmesser der Röhren.

Große Aufmerksamkeit widmete B. physiologischen Studien. Obwohl bereits vor ihm seine Zeitgenossen Harvey, Descartes, Steno u. a. physikalische Betrachtungsweisen in die Physiologie und Anatomie eingeführt hatten, so war es doch vor allem B., der durch die konsequente Anwendung der mechanischen Gesetze auf den lebenden Organismus zum eigentlichen Begründer der Iatrophysik wurde. In seinem berühmtesten Werk, dem erst ein Jahr nach seinem Tode erschienenen „De motu animalium", analysierte B. Muskelkontraktionen, berechnete Muskelkräfte mit Hilfe der Hebelgesetze, untersuchte den Atmungsvorgang sowie die Bewegungsmechanismen beim Gehen, Schwimmen, Fliegen usw. Der physikalischen Erklärung des Tauchvermögens der Fische fügte er die Konzeption eines Tauchbootes bei, ein Zeichen für sein Bestreben, wissenschaftliche Erkenntnisse technisch zu nutzen. So erfand er bei den Untersuchungen der Akademie zur Ermittlung der Lichtgeschwindigkeit den Heliostat.

Auf Beobachtungen der von Galilei entdeckten Jupitermonde stützt sich sein astronomisches Werk „Theoricae mediceorum planetarum...". Dieses weist B. als einen Wegbereiter der → Gravitationstheorie aus. Ohne die mathematische Gesetzmäßigkeit zu finden, sprach er von Attraktions- und Zentrifugalkräften, die sich bei der Zentralbewegung von Himmelskörpern um ein Zentralgestirn in ihrer Wirkung gegenseitig aufheben.

Werke: Theoricae mediceorum planetarum ex causis physicis deductae. Florenz 1666; De vi repercussionis et motionibus naturalibus a gravitate pendentibus. Reggio 1670; De motu animalium. Rom 1680/81, Leiden 1710.

Literatur: Kurd Laßwitz, Geschichte der Atomistik vom Mittelalter bis Newton. Leipzig 1926 (Nachdruck Darmstadt 1963), Bd 2, S. 300—328; Angus Armitage, B.s hypothesis. In: Annals of Science. Vol. 6, 1948, S. 268—282; Alexandre Koyré, La mécanique céleste de J. A. B. In: Revue d'Histoire des Sciences. Bd 5, 1952, S. 101 bis 138; ders., La revolution astronomique. Copernic, Kepler, Borelli (= Histoire de Pensée. Bd 3). Paris 1961.
L. S.

Born, Max (* 11. Dezember 1882 in Breslau, † 5. Januar 1970 in Göttingen). Nach vier Semestern in Breslau und zwei Sommersemestern in Heidelberg und Zürich bezog B. 1904 die Universität Göttingen, wo sich sogleich enge Beziehungen zu David Hilbert und Hermann Minkowski ergaben. Beide Mathematiker waren seine eigentlichen akademischen Lehrer. Als Physiker wurde das verehrte Vorbild Albert Einstein, mit dem ihn seit etwa 1914 eine herzliche Freundschaft verband. Nach Einsteins Ansatz von 1907 begründete B. zusammen mit Theodore von Kármán (gleichzeitig mit und unabhängig von Peter Debye) die Quantentheorie der spezifischen Wärme. Die ebenfalls 1912 erfolgte Entdeckung der Röntgeninterferenzen durch Max von Laue lieferte dabei ein willkommenes (aber doch nur nachträgliches) Argument für die Berechtigung der Bornschen Methode.

B. unternahm es nun, eine einheitliche Kristallphysik auf atomistischer Grundlage aufzubauen. In seinem 1915 veröffentlichten Buch „Dynamik der Kristallgitter" und in seinem Artikel in der Mathematischen Enzyklopädie, der als selbständige Monographie unter dem Titel „Atomtheorie des festen Zustandes" 1923 erschien, wurde das Gebiet der Gitterdynamik in einheitlicher und klarer Weise zusammengefaßt und damit einer der Grundsteine für die Festkörperphysik gelegt. Mit der Berufung B.s auf den Lehrstuhl des Zweiten Physikalischen Instituts in Göttingen 1921 begann die glänzendste Epoche der Physik in Deutschland. Angeregt von den „Bohr-Festspielen" — einem großen Vortragszyklus von Niels Bohr in Göttingen 1922 —, beteiligte sich auch B. an der Suche nach einer neuen Atomtheorie; Ergebnisse seiner Kristallphysik hatten ihn schon länger überzeugt, daß das Bohrsche Atommodell nur einen begrenzten Wert besitzt.

1925 formulierte Werner Heisenberg, der damals 24jährige Assistent B.s, einen Ansatz, an den anknüpfend — in Zusammenarbeit mit Pascual Jordan und Heisenberg — B. die geschlossene mathematische Theorie der Quantenmechanik entwickeln konnte: „Heisenbergs Multiplikationsregel ließ mir keine Ruhe, und nach acht Tagen intensiven Denkens und Probierens erinnerte ich mich plötzlich an eine algebraische Theorie, die ich von meinem Lehrer Professor Rosanes in Breslau gelernt hatte ... Dies Resultat bewegte mich etwa wie einen Seefahrer, der nach langer Irrfahrt von fern das ersehnte Land sieht ... Ich war vom ersten Augenblick an überzeugt, daß wir auf das Richtige gestoßen waren."

Einen fundamentalen Beitrag zur physikalischen Interpretation dieses Kalküls und damit zum Verständnis der dem gewöhnlichen menschlichen Denken so eigenartige Schwierigkeiten bereitenden „Logik der Atome" lieferte B. 1926. Seine Vermutung, daß die neue Quantentheorie eine statistische Beschreibung der Natur beinhaltet, konnte er am Beispiel der Stoßvorgänge beweisen. Diese Leistung bereitete mit den Weg zur → Kopenhagener Deutung. In einem Brief an B. urteilte Wolfgang Pauli: „Ich bin gewiß, daß der statistische Charakter der Naturgesetze

— auf dem Sie von Anfang an gegen Schrödingers Widerstand bestanden haben — den Stil der Gesetze wenigstens für einige Jahrhunderte bestimmen wird."

Eine gewaltige Anziehungskraft strahlte damals Göttingen aus; um B. versammelten sich hervorragende Schüler und Mitarbeiter aus der ganzen Welt. Viele davon begründeten später selbst eigene wissenschaftliche Schulen oder kamen durch epochemachende Leistungen zu Weltruhm. Zum Göttinger Kreis um B. gehörten unter anderen: Max Delbrück, Maria Göppert-Mayer, Werner Heisenberg, John von Neumann, J. Robert Oppenheimer, Wolfgang Pauli, Edward Teller, Victor F. Weißkopf und Eugen P. Wigner.

1933 wurde B. in die Emigration gezwungen. Er ging nach Cambridge in England, dann nach Edinburgh, wo er nochmals 17 Jahre theoretische Physik lehrte. Nach seiner Emeritierung 1953 kehrte er wieder nach Deutschland zurück und lebte zuletzt zurückgezogen in Bad Pyrmont. Er hat ein gewaltiges Lebenswerk hinterlassen: Zwanzig wissenschaftliche und wissenschaftsphilosophische Bücher, über 300 Aufsätze in Fachzeitschriften, die von ihm allein stammen oder in Zusammenarbeit mit Schülern und Freunden entstanden sind. Er blieb bis ins hohe Alter hinein aktiv tätig. Als sein Name durch die Verleihung des Nobelpreises — verspätet 1954 — weiten Kreisen bekannt geworden war, entdeckte er eine neue Lebensaufgabe: auf die Gefahren aufmerksam zu machen, die die Existenz der Menschheit im Atomzeitalter bedrohen. Später verfaßte er aus der Erinnerung zahlreiche historische Aufsätze und gab, von ausführlichen Kommentaren begleitet, seinen Briefwechsel mit Albert Einstein heraus.

Werke: 1. Auswahl der wichtigsten Zeitschriftenaufsätze: Max Born, Ausgewählte Abhandlungen. 2 Bde. Göttingen 1963 (hier Bibliographie Bd 2, S. 695—706); 2. Auswahl der wichtigsten Bücher: Die Relativitätstheorie Einsteins und ihre physikalischen Grundlagen. Berlin 1920; Vorlesungen über Atommechanik. Berlin 1925; Probleme der Atomdynamik. 2 Bde. Berlin 1926; Elementare Quantenmechanik. Berlin 1930; Physik im Wandel meiner Zeit (= Die Wissenschaft. Bd 111). Braunschweig 1957 (4. erw. Aufl. 1966); Principles of optics. London 1959; Von der Verantwortung des Naturwissenschaftlers. München 1965; Experiment und Theorie in der Physik. Mosbach/Baden 1969 (1. Auflage Cambridge 1943); Der Luxus des Gewissens. Erlebnisse und Einsichten im Atomzeitalter. München 1969; Albert Einstein / Hedwig und M. B., Briefwechsel 1916—1955, kommentiert von M. B. München 1969.

Literatur: Armin Hermann, M. B. Eine Biographie. In: M. B., Zur statistischen Deutung der Quantentheorie (= Dokumente der Naturwissenschaft. Bd 1). Stuttgart 1962 (hier Bibliographie S. 120—130); Friedrich Herneck, M. B. In: Bahnbrecher des Atomzeitalters. Große Naturforscher von Maxwell bis Heisenberg. [Ost-]Berlin 1965.

Boscovich, Roger Joseph (* 18. Mai 1711 in Ragusa, † 13. Februar 1778 in Mailand). B. studierte am Collegio Romano in Rom, wo er 1740 eine Professur übernahm; der Jesuit war dann in Pavia, Paris und zuletzt in Mailand tätig. B. verfaßte eine große Zahl von optischen und astronomischen Traktaten. Besonders bedeutungsvoll wurde seine Atomtheorie: Er faßte die Atome als ausdehnungslose, mathematische Punkte auf, die von einer Kraftatmosphäre umgeben sind. Die Wichtigkeit, die B. der Frage nach den kleinsten Teilchen beimaß und seine dynamische Auffassung (→ Dynamismus) waren von großem Einfluß bis zur Mitte des 19. Jh.s (Faraday).

Literatur: Lancelot Law Whyte, R. J. B. Studies of his life and work etc. London 1961 (mit Bibliographie); Robert Siegried, B. and Davy: Some cautionary remarks. In: Isis. Vol. 58, 1967, S. 236—238; Roger Hahn, The B. Archives at Berkeley. In: Isis. Vol. 56, 1965, S. 70—78; Josef Smolka, B. und die Entwicklung der Physik in den böhmischen Ländern um die Mitte des 18. Jh.s. In: NTM. Jg 2, 1965, S. 24—38; J. Brookes Spencer, B.'s theory and its relation to Faraday's researches etc. In: Archive for History of Exact Sciences. Vol. 4, 1967/68, S. 184—202.

Bothe, Walter (* 8. Januar 1891 in Oranienburg bei Berlin, † 8. Februar 1957 in

Heidelberg). Als Schüler Max Plancks promovierte B. mit einer Dissertation über theoretische Optik, und unter dem Einfluß von Hans Geiger lernte er mit den Phänomenen der Radioaktivität experimentell umzugehen. Er entwickelte sich so zu einem theoretisch wie experimentell besonders gut vorgebildeten Kernphysiker.

In Zusammenarbeit mit Hans Geiger bildete B. die Methode der Koinzidenzen zu großer Vollendung aus. Nachweisgeräte, die den Durchgang eines Teilchens durch einen elektrischen Impuls anzeigen, wurden so zusammengeschaltet, daß gerade nur immer das gesuchte „Ereignis" gezählt wurde. Eine wichtige Anwendung fand die Methode bei der Analyse der Höhenstrahlung und bei der Prüfung des Compton-Effektes, wo Anfang 1925 eine Hypothese von Bohr, Kramers und Slater über die nur statistische Gültigkeit von Energie- und Impulssatz im atomaren Bereich widerlegt werden konnte.

Bei der Kernreaktion zwischen Bor und α-Teilchen beobachtete B. zwei verschiedene Gruppen von Protonen, die eine Energiedifferenz von 3 MeV aufwiesen. 1930 fand er durch systematisches Suchen eine isotrope Gammastrahlung: Damit war die wichtige Entdeckung der Kernanregung geglückt. Wie in der Atomhülle gibt es auch für den Atomkern verschiedene Anregungsstufen, und der Kern geht unter Aussendung elektromagnetischer Wellen (γ-Quanten) in einen energetisch niedrigeren Zustand über.

Bei der Wiederholung dieser Versuche benutzten Irène Curie und Frédéric Joliot andere Meßapparate und deuteten ihre Versuche zunächst falsch, was dann James Chadwick zur Entdeckung des Neutrons geführt hat. Die verbreitete Meinung, daß B. eine Neutronenstrahlung beobachtet, sie aber als Gammastrahlung gedeutet habe, entspricht nicht den Tatsachen. Leider hat diese irrige Auffassung dazu beigetragen, daß B. erst 24 Jahre nach seiner wichtigen Entdeckung, im Jahre 1954, als er bereits schwer erkrankt war, der Nobelpreis für Physik verliehen wurde. Seit 1934 war er Direktor des Institutes für Physik am Kaiser-Wilhelm-Institut für medizinische Forschung, ab 1954 zugleich o. Professor an der Universität Heidelberg. Bis zu seinem Tode ist er um sein Institut besorgt gewesen und hat es vom Krankenbett aus bis zuletzt geleitet.

Werke: Künstliche Erregung von Kern-γ-Strahlen (mit Herbert Becker). In: Zeitschrift für Physik. Bd 66, 1930, S. 289—306; Die in Bor und Beryllium erregten γ-Strahlen (mit Herbert Becker). Ebd. Bd 76, 1932, S. 421—438; Atlas typischer Nebelkammeraufnahmen. Berlin 1940; Der Physiker und sein Werkzeug. Berlin 1944.

Literatur: Rudolf Fleischmann, W. B. und sein Beitrag zur Atomkernforschung. In: Die Naturwissenschaften. Jg 44, 1957, S. 457—460; ders., Zur Entwicklungsgeschichte der künstlichen Kern-γ-Strahlung. Ebd. Jg 38, 1951, S. 465—467.

Bouguer, Pierre (* 16. Februar 1698 in Croisic/Bretagne, † 15. August 1785 in Paris). Zwar gilt allgemein Johann Heinrich Lambert als Begründer der → Photometrie, doch hat schon vor ihm P. B. systematisch photometriert, um die → Absorption von Licht für verschiedene Medien zu bestimmen. Er fand das richtige Absorptionsgesetz, d. h. die Schwächung „in geometrischer Progression" mit der Eindringtiefe x, modern geschrieben

$$J(x) = J(0) \exp(-a \cdot x).$$

Werke: Traité d'optique. Paris 1760 (lat. Wien 1762); La figure de la terre. Paris 1749.

Literatur: W. E. Knowles Middleton, B., Lambert, and the theory of horizontal visibility. In: Isis. Vol. 51, 1960, S. 145—149; Gilles Maheu, ... publication des lettres de B. à Euler. In: Revue d'Histoire des Sciences. Bd 19, 1966, S. 206—246.

Bibliographie: Gilles Maheu, Bibliographie de P. B. In: Revue d'Histoire des Sciences. Bd 19, 1966, S. 193—205.

Boyle, Sir Robert (* 25. Januar 1627 in Lismore, Irland, † 30. Dezember 1691 in London). Das Leben B.s war eng mit der Gründung der Royal Society verbunden. Er gehörte schon der Wissenschaftlergesellschaft an, die den Namen „Invisible College" trug und aus der im Jahre 1662 die „Royal Society of London for improving natural knowledge" entstand. B. war eines ihrer hervorragendsten Mitglieder und wurde im Jahre 1680 zum Präsidenten gewählt, lehnte aber das Amt ab. Diese Ehre verdankte B. seinen erfolgreichen physikalischen und chemischen Untersuchungen.

In der Physik wurde er mit seinen Luftpumpen und den Arbeiten über die Eigenschaften der Gase bekannt (→ Boyle-Mariottesches Gesetz). Er beschäftigte sich auch mit der Untersuchung von Farberscheinungen und veröffentlichte im Jahre 1663 in dem Buche „Considerations upon Colours" seine Beobachtungen von Farben dünner Schichten (→ Interferenz).

Als Chemiker wurde Boyle durch sein Buch „The Sceptical Chemist" (1661) berühmt, in dem er sich als einer der ersten mit der qualitativen chemischen Analyse beschäftigte. Er lehnte den Gedanken der Aristotelischen Elemente ab und definierte das Element als das Endprodukt der Analyse. Er widerlegte die damalige Auffassung, daß das Feuer der beste chemische Analysator sei und führte das „nasse" Analysenverfahren ein. Boyle war Anhänger des mechanistischen Atomismus. Nach seinen Vorstellungen besteht die Materie aus Teilchen, welche sich durch Größe, Form und Bewegung unterscheiden.

Werke: The sceptical chemist. Oxford 1661; Experiments and considerations upon colours, with observations on a diamond that shines in the dark. Oxford 1663; Hydrostatical paradoxes. Oxford 1666; Origin of forms and qualities according to the corpuscular philosophy. Oxford 1666; The works (Hrsg. Thomas Birch). 5 Bde. London 1744.

Literatur: L. T. More, The life and works of the honourable R. B. New York 1944; Marie Boas, La méthode scientifique de R. B. In: Revue d'Histoire des Sciences. Bd 9, 1956, S. 105—125; Robert Kargon, Walter Charlton, R. B. and the acceptance of Epicurean atomism in England. In: Isis. Vol. 55, 1964, S. 184—192; Marie Boas-Hall (Hrsg.), R. B. on natural philosophy. Bloomington 1965; D. C. Firth, R. B. In: Late seventeenth century scientists (Hrsg. Donald Hutchings).

Oxford 1969, S. 107—131; R. E. W. Maddison, The life of the honourable R. B. London und New York 1969.

Bibliographie: J. F. Fulton, Bibliography of the honourable R. B., F. R. S. New Haven 1932.

J. M.

Boyle-Mariottesches Gesetz. Nachdem 1658 die Erfindung Guerickes durch die Veröffentlichung Kaspar Schotts bekanntgeworden war, entwickelte auch Robert Boyle in Zusammenarbeit mit Robert Hooke eine Reihe von Luftpumpen; die damit ausgeführten Versuche beschrieb er 1660. Auf Einsprüche, die sich gegen seine Auffassung des Luftdruckes richteten (→ Barometer, → Vakuum), konstruierte Boyle ein U-Rohr mit einem langen offenen und einem kurzen geschlossenen Schenkel, das mit Quecksilber gefüllt wurde. Im kurzen Schenkel war ursprünglich Luft von Atmosphärendruck eingeschlossen, so daß das Quecksilber auf beiden Seiten gleich hoch stand. Durch Zugießen von Quecksilber verkleinerte sich laufend das im kurzen Schenkel eingeschlossene Volumen. So demonstrierte Boyle an Hand einer kleinen Tabelle, daß die Luft mit zunehmender Kompression einer immer höheren Quecksilbersäule das Gleichgewicht halten kann.

Diese Ergebnisse veröffentlichte Boyle 1661; aus den mitgeteilten Werten las Richard Townley die Gesetzmäßigkeit zwischen dem Volumen der eingeschlossenen Luft und dem auf sie ausgeübten Druck ab. In der 2. Auflage seiner „Defense of the Doctrine touching the Spring and Weight of the Air" von 1669 teilte Boyle diesen Zusammenhang als „Townleysches Gesetz" mit. Erst im Jahre 1676 veröffentlichte auch Edme Mariotte mit einem ähnlichen U-Rohr ausgeführte Experimente und das Gesetz in der Proportion

$$p : p' = v' : v.$$

Quellen: Robert Boyle, New experiments physico-mechanical touching the spring of the air and its effects. London 1660; ders., Defensio de elatere et gravitate aeris ... London 1661. 2. Aufl. Rotterdam 1669; Edme Mariotte, Discours de la nature de l'air [1676]. Nachdruck Paris 1923.

Literatur: James Bryant Conant, Robert Boyle's experiments in pneumatics (= Harvard Case Histories in Experimental Science. Case 1). Cambridge 1950; Douglas McKie, La loi de Boyle. In: Schweizerische Technische Zeitschrift. Jg 50, 1953, S. 166—169; Roy G. Neville, The discovery of Boyle's law. In: Journal of chemical education. Vol. 39, 1962, S. 356—359; Rupert A. Hall, Die Geburt der naturwissenschaftlichen Methode. Gütersloh 1965; C. Webster, The discovery of Boyle's law, and the concept of the elasticity of air etc. In: Archive for History of Exact Sciences. Vol. 2, 1965/66, S. 441—502.

Bragg, William Henry, Sir (* 2. Juli 1862 in Westward bei Wigton, England, † 12. März 1942 in London). War seit 1886 Professor der Mathematik und Physik in Adelaide (Australien), wo er seine ersten Forschungen auf dem Gebiet der Radioaktivität (Messung der Reichweite von Alphastrahlen) ausführte. Später befaßte er sich mit Röntgenstrahlen, die er zunächst für elektrisch neutrale Teilchen hielt. Nach Max von Laues Entdeckung der Röntgenstrahlinterferenz an Kristallen widmete er sich zusammen mit seinem Sohn der röntgenographischen Analyse des Kristallbaus. Aufgrund dieser Arbeiten erhielten Vater und Sohn 1915 den Nobelpreis für Physik; 1932 wurde B. als Nachfolger von James Dewar Professor der Chemie an der Royal Institution (und Direktor des Faraday-Davy-Forschungslaboratoriums). Von 1935 bis 1940 war er Präsident der Royal Society.

Werke: Was ist Materie? Leipzig 1931; Die Welt des Lichtes. Braunschweig 1935; An introduction to crystal analysis. New York 1949; Durchgang der α-, β-, γ- und Röntgenstrahlen durch Materie. Leipzig 1965.

Literatur: Roger H. Stuewer, W. H. B.'s corpuscular theory of x-rays and γ-rays. In: British Journal for the History of Science. Im Druck; Peter Paul Ewald, W. H. B. and the new crystallography. In: Nature. Vol. 195, 1962, S. 320 bis 325; Sir Lawrence Bragg and Gwendolen Caroe, Sir W. B. F.R.S. In: Notes and Records of the Royal Society. Vol. 17, 1962, S. 169—182.

U. H.

Bragg, William Lawrence, Sir (* 31. März 1890 in Adelaide, Australien). Er erhielt 1915 zusammen mit seinem Vater William Henry Bragg den Nobelpreis für Physik „in Anerkennung ihrer Verdienste um die Kristallanalyse mit Hilfe von Röntgenstrahlen". Er war von 1919 bis 1937 Professor der Physik in Manchester, danach in Cambridge und ist seit 1954 daneben Direktor der von Graf Rumford 1799 gegründeten Royal Institution. Er erfand ein einfaches Verfahren zum Nachweis von Röntgenstrahlen und zur Bestimmung ihrer Wellenlänge (Braggsche Drehkristallmethode) und erforschte insbesondere den Aufbau der Minerale und Legierungen. Die Debyesche Theorie über den Einfluß der Wärmebewegung der Gitterzentren auf die Röntgenstreuung wurde von ihm experimentell bestätigt.

Werke: Die Beugung von X-Strahlen durch Kristalle. Nobelvorlesung. Leipzig 1923; Geschichte der Röntgenspektralanalyse. Berlin 1947; Elektrizität. Wien 1951; The cyrstalline state. London 1965.

Literatur: Peter Paul Ewald (Hrsg.), Fifty years of x-ray diffraction. Utrecht 1962; James D. Watson, Die Doppel-Helix. Hamburg 1969.

U. H.

Brahe, Tycho (* 14. Dezember 1546 in Knudstrup auf Schonen, † 24. Oktober 1601 in Benatky/Böhmen). Brahe war der letzte große Astronom, der ohne das später von Galilei für astronomische Beobachtungen eingeführte Fernrohr arbeiten mußte. B. beobachtete mit bloßem Auge. Er tat dies mit solcher Präzision und mit so guten, 1598 beschriebenen Instrumenten, daß Johannes Kepler die Ergebnisse seiner Marsbeobachtungen zur Bestimmung der Gesetze der Planetenbewegung benutzen konnte.

Brahe hatte zunächst mit dem Studium der Rechte begonnen. Als er aber ein Vermögen erbte, widmete er sich der Astronomie in Kopenhagen, Leipzig, Rostock und Augsburg. Durch seine Arbeit über die Entdeckung der „Nova Cassiopeiae", eines neuen Sternes, im Jahre 1572 wurde er dann bekannt. In Dänemark baute Brahe mit Unterstützung des dänischen Königs Friedrich II. die berühmte Sternwarte „Uranienborg" auf der Insel Ven (Hveen) im Öresund. Friedrichs Nachfolger, Christian IV., war Brahe nicht wohlgesonnen, und so verließ dieser Uranienborg im Jahre 1597. Nach kurzem Aufenthalt in Deutschland kam er 1599 nach Prag an den Hof des Kaisers Rudolf II., wo er seine Arbeit bis zum Tode fortsetzte. Es war eine glückliche Fügung, daß im Jahre 1600 Kepler zu ihm nach Prag kam. Kepler veröffentlichte nach Brahes Tod dessen Hauptwerk „Astronomiae instauratae progymnasmata" in Prag in den Jahren 1602 bis 1603 (der erste Teil dieses Buches war schon früher, im Jahre 1588, noch in Uranienborg unter dem Titel „De mundi aetherei recentioribus phaenomenis" gedruckt worden).

Bekannt ist Brahe auch durch seine Theorie des Weltsystems, nach der Sonne und Mond um die im Mittelpunkt des Weltalls ruhende Erde kreisen, und die übrigen Planeten die bewegte Sonne umkreisen. Mit dieser Theorie versuchte Brahe die beiden damals widerstreitenden Theorien, die Ptolemäische und die Kopernikanische, durch einen Kompromiß zu ersetzen.

Werke: Tychonis Brahe Dani opera omnia (Hrsg. John L. E. Dreyer). 15 Bde. Kopenhagen 1913—1929.

Literatur: John L. E. Dreyer, Tycho Brahe. Edinburg 1890. Neudruck New York 1963; Frederic Reinholdt Friis, T. B. Kopenhagen 1871; Hans Raeder (Hrsg.), T. B.'s description of his instruments and scientific work. Kopenhagen 1946; John Allyne Gade, The life and times of T. B. New York 1947; C. Doris Hellman, Was T. B. as influential as he thought? In: British Journal for the History of Science. Vol. 1, 1963, S. 295—324; Victor E. Thoren, An early instance of deductive discovery: T. B.'s lunar theory. In: Isis. Vol. 58, 1967, S. 19—36; John Christianson, T. B. at the University of Copenhagen, 1559 to 1562. In: Isis: Vol. 58, 1967, S. 198—203; ders., T. B.'s cosmology from the "Astrologia" of 1591. In: Isis. Vol. 59, 1968, S. 312—318.

J. M.

Braun, Karl Ferdinand (* 6. Juni 1850 in Fulda, † 20. April 1918 in New York). Seine erste große Entdeckung veröffentlichte Ferdinand B., als er — vierundzwanzigjährig — nach seinem Physikstudium und der Assistententätigkeit bei Quincke in Würzburg eine Lehrerstelle am Thomas-Gymnasium in Leipzig antrat: Es war die Entdeckung des Gleichrichtereffekts bei → Halbleitern, auf der heute ein ganzer Industriezweig, die Transistorentechnik, fußt.

Als ebenso fruchtbar erwiesen sich B.s Erfindungen. Seine Kathodenstrahlröhre, die „Braunsche Röhre" (1897) ist für die messende Physik, für Radaranlagen, vor allem aber als Fernsehbildröhre unersetzlich geworden. Mit der Einführung eines gekoppelten Kondensatorkreises (1898) und des Kristall-Detektorempfängers in die junge von Marconi begründete Technik der drahtlosen Telegraphie ermöglichte B. den weltweiten Funkverkehr. Hierfür erhielt er 1909 zusammen mit Marconi den Nobelpreis für Physik. 1913 erfand B. die Rahmenantenne zur Festlegung der Ausbreitungsrichtung elektromagnetischer Wellen. Die Ergebnisse seiner Erfindertätigkeit vermochte B. — in Zusammenarbeit mit der „Braun-Siemens"-Gesellschaft und der durch Fusion mit einer AEG-Tochterfirma 1903 entstandenen Firma „Telefunken" — bereits technisch zu nutzen.

B. war — zunächst als a. o. Prof. der Physik in Marburg und Straßburg, seit 1883 als o. Prof. in Karlsruhe, Tübingen und Straßburg — vor allem Lehrer und Forscher. Als solcher wurde er zum Haupt der „Braunschen Schule", die die theoretische Entwicklung der Hochfrequenzphysik zum Thema hatte. Sein Name ist darüber hinaus mit dem Le Châteliers verbunden, dessen „Prinzip des kleinsten Zwanges" er zum „Le Châtelier-Braunschen Prinzip" (1887) erweiterte.

Werke: Über die Stromleitung durch Schwefelmetalle. In: Annalen der Physik. Bd 153, 1874, S. 556—571; Drahtlose Telegraphie durch Wasser und Luft. Leipzig 1901.

Literatur: Jonathan Zenneck, Erinnerungen eines Physikers. Privatdruck München 1961;

Friedrich Kurylo, F. B. München 1965 (enthält umfangreiches Literaturverzeichnis). L. S.

Braunsche Röhre. Die B. R. ist ein Kathodenstrahl-Oszillograph, wie sie auch und vorwiegend im Ausland genannt wird. Die erste Ausführung der Röhre besaß eine kalte Kathode, ein mäßiges Vakuum und benötigte daher eine sehr hohe Anodenspannung von 30 000 bis 100 000 Volt; die Spur der elektrisch oder magnetisch abgelenkten Kathodenstrahlen wurde auf dem phosphoreszierenden Auffangschirm aufgezeichnet. Die Kathodenstrahlen wurden zunächst nur in einer Richtung ausgelenkt, so daß man die Bewegung des Leuchtpunktes durch einen Drehspiegel betrachten mußte, um ein Kurvenbild, z. B. einer Wechselspannung, zu erhalten. Eine dazu senkrechte Ablenkung verwirklichte Brauns Mitarbeiter Jonathan Zenneck bereits 1899, in dem er durch eine Kippschaltung eine Spannung mit sägezahnförmigem zeitlichen Verlauf erzeugte und diese zur senkrechten Ablenkung der Kathodenstrahlen benutzte.

Die Trägheitslosigkeit der Wiedergabe des zeitlichen Verlaufes auch hochfrequenter elektromagnetischer Größen zeichnete die Braunsche Röhre gegenüber den älteren Schleifenoszillographen aus. Durch viele Verbesserungen, wie die Glühkathode (1903), die Entwicklung der Hochvakuumtechnik und die Konzentration des Elektronenstrahlbündels innerhalb der Röhre, entwickelte sich diese zu einem Universalwerkzeug der Physik und Technik.

Quellen: Ferdinand Braun, Über ein Verfahren zur Demonstration und zum Studium des zeitlichen Verlaufes variabler Ströme. In: Annalen der Physik. Bd 60, 1897, S. 552—559.

Literatur: Jonathan Zenneck, Zum 50jährigen Jubiläum der Braunschen Röhre. In: Die Naturwissenschaften. Jg 35, 1948, S. 33—38.

L. v. M.

Braunscher Sender. Nachdem die erfolgreichen Versuche mit drahtloser Telegraphie von Guglielmo Marconi bekannt geworden waren, begann 1898 Ferdinand Braun mit den Arbeiten an dem nach ihm benannten Sender, welcher wohl komplizierter, aber wirkungsvoller als der Marconische war. Zunächst sollte Braun als Physik-Professor der Universität Straßburg eine elektrotechnische Erfindung, die es ermöglichte, drahtlos eine gewisse Entfernung durch Wasser zu telegraphieren, prüfen und erklären. Dies gab ihm die äußere Anregung zur eigenen Erfindung. Sein Sender, wie er 1898 erstmals in Straßburg vorgeführt wurde, war als sog. gekoppelter Sender aus zwei Kreisen aufgebaut. Der Primärkreis bestand aus einem Kondensatorkreis mit Funkenstrecke, der die Schwingungen erzeugt und durch Induktion auf den Sekundärkreis, eine Induktionsspule und Antenne, überträgt. Hierdurch ließ sich die Energie der abgestrahlten Schwingungen und damit die Senderreichweite gegenüber dem Marconischen Sender wesentlich steigern.

Beide Sender erzeugten nur gedämpfte Schwingungen, da die Funken, welche im Primärkreis des Induktors durch einen Taster entsprechend den zu übertragenden Morsezeichen ausgelöst wurden, eine starke Dämpfung besitzen. Braun versuchte vergeblich, zu ungedämpften Schwingungen überzugehen.

Für seinen gekoppelten „drahtlosen Sender" erhielt er zusammen mit Marconi den Nobelpreis von 1909.

Quellen: Ferdinand Braun, Telegraphiersystem ohne fortlaufende Leitung. Deutsches Reichspatent (DRP) Nr 115 081 vom 12. 7. 1898; ders., Schaltungsweise des mit einer Luftleitung verbundenen Gebers für Funkentelegraphie. DRP Nr 111 578 vom 14. 10. 1898; ders., Drahtlose Telegraphie durch Wasser und Luft. Leipzig 1901.

L. v. M.

Brechungsgesetz. Durch die Lichtbrechung in der Atmosphäre sind die astronomischen Positionsbeobachtungen, insbesondere der tief am Horizont stehenden Sterne, mit Fehlern behaftet. Man bemühte sich also frühzeitig um eine rechnerische Erfassung des Fehlers. Da das B. unbekannt war, wurden Tafeln für verschiedene Werte des Einfallswinkels aufgestellt. Solche Tafeln sind z. B. schon von

Ptolemäus (2. Jh.) und Witelo (13. Jh.) bekannt. Johannes Kepler wandte für die Formulierung des Brechungsgesetzes viel Mühe auf, aber vergebens; er konnte nur eine Näherungsformel für kleine Werte des Einfallswinkels finden.

Erst René Descartes publizierte in der Schrift La Dioptrique von 1637 die richtige Formel. Allerdings war schon vorher (um 1609) Willebrord Snellius auf empirischem Wege zur richtigen Formel gelangt, während Descartes eine theoretische Ableitung gab. Descartes benutzte dabei die Emissionstheorie des Lichtes und die Annahme, daß sich das Licht im dichteren Medium **schneller** fortpflanzt als im dünneren.

Gegen die Descartessche Ableitung wandten sich Pierre Fermat und Christiaan Huygens. Dieser legte die Wellentheorie zugrunde, Fermat sein → Minimalprinzip der kürzesten Ankunft, und beide kamen unter der Voraussetzung, daß die Lichtgeschwindigkeit im dichteren Medium **kleiner** ist, zum richtigen Sinusgesetz. Eine **experimentelle** Entscheidung zwischen beiden Auffassungen war erst Mitte des 19. Jh.s durch die Versuche von Fizeau und Foucault möglich, als sich die Wellentheorie gegenüber der Emissionstheorie bereits durchgesetzt hatte.

Quellen: Johannes Kepler, Gesammelte Werke. Bd II (Hrsg. Franz Hammer). München 1939. Nachbericht; René Descartes, Discours de la méthode ... Leiden 1637; Vitellionis Opticae. Liber X. Basel 1572.

Literatur: J. A. Vollgraff, Snellius' notes on the reflection and refraction of rays. In: Osiris. Vol. 1, 1936, S. 718—725; Carl B. Boyer, Refraction and the rainbow in antiquity. In: Isis. Vol. 47, 1956, S. 383—386; Johannes Lohne, Zur Geschichte des Brechungsgesetzes. In: Sudhoffs Archiv. Bd 47, 1963, S. 152—172; ders., Newton's "proof" of the sine law etc. In: Archive for History of Exact Sciences. Vol. 1, 1960/62, S. 389—405; A. I. Sabra, The authorship of the liber Crepusculis, an eleventh century work on atmospheric refraction. In: Isis. Vol. 50, 1967, S. 77—85; ders., Theories of light from Descartes to Newton. London 1967; Bruce S. Eastwood, Grosseteste's quantitave law of refraction. In: Journal of the History of Ideas. Vol. 28, 1967, S. 403—414; David C. Lindberg, The cause of refraction in medieval optics. In: British Journal for the History of Science. Vol. 4, 1968, S. 23 bis 38.

Brewster, David (* 11. Dezember 1781 in Jedburgh, Schottland, † 10. Februar 1868 in Allerby, Schottland). B. studierte ursprünglich Theologie; seine naturwissenschaftlichen Interessen hinderten ihn aber, ein geistliches Amt anzunehmen. Er wurde Advokat und später Professor der Physik in St. Andrews (Schottland). Im Katalog der Royal Society sind 299 Arbeiten von ihm aufgeführt. Die bedeutendsten davon betreffen die Optik (Reflexion, Absorption und Polarisation des Lichtes). 1915 entdeckte er das nach ihm benannte Gesetz über die vollständige Polarisation von Licht, das an Glasflächen reflektiert und gebrochen wird. Er trat auch als Schriftsteller biographischer Werke hervor, war Herausgeber verschiedener wissenschaftlicher Zeitschriften und trug wesentlich zur Popularisierung der Naturwissenschaft in seiner Zeit bei.

Werke: Sir Isaac Newton's Leben nebst einer Darstellung seiner Entdeckungen. Leipzig 1833; Memoirs of the life, writings, and discoveries of Sir Isaac Newton. Nachdruck der Ausgabe von 1855. New York 1967; Beschreibung einer Doppelkamera etc. (= Ostwalds Klassiker, Nr 168). Leipzig 1908; Double Refraction and Polarization of Light. London 1860.

Literatur: Mrs. Brewster-Gordon, The home life of Sir D. B. Edinburgh 1869. U. H.

Bremsstrahlung. Die Bremsstrahlung ist der kontinuierliche Teil im Spektrum der Röntgenstrahlung. Der Name wurde von Arnold Sommerfeld eingeführt und hat sich als terminus technicus auch im angelsächsischen Sprachraum durchgesetzt. Die Vorstellung, daß die Röntgenstrahlen durch Abbremsung von Elektronen in der Antikathode der Röntgenröhre gemäß den Gesetzen der klassischen Elektrodynamik entstehende elektromagnetische Impulse sind, bildeten sich schon 1896, kurz nach deren Entdeckung, unabhängig voneinander George Stokes, Alfred Liénard und

Emil Wiechert. Der experimentelle Nachweis für die Richtigkeit dieser Vermutung wurde erst 1912 durch Max von Laues Entdeckung der Röntgenstrahlinterferenz an Kristallen möglich. Zunächst zeigte Charles Glover Barkla 1905 durch Polarisationsversuche, daß die Strahlung, wenn sie Wellencharakter habe, nur transversal sein könne. 1909 entdeckte derselbe Forscher die sich der Bremsstrahlung überlagernde (unpolarisierte) sog. „charakteristische Strahlung". Das Gesetz, daß die Bremsstrahlung eine scharfe kurzwellige Grenze besitzt, die in einfacher Beziehung zur Spannung der Röntgenröhre steht, wurde 1915 von William Duane und Franklin Hunt entdeckt. (Von Johannes Stark war es bereits 1907 aus quantentheoretischen Betrachtungen gefolgert worden.) Am Ausbau der Theorie der Bremsstrahlung waren wesentlich Arnold Sommerfeld, Hans Bethe und Walter Heitler beteiligt.

Quellen: Werner Heisenberg, Vorträge über kosmische Strahlung. Berlin 1953; Walter Heitler, Quantum theory of radiation. Oxford 1957; Arnold Sommerfeld, Gesammelte Schriften. Bd IV. Braunschweig 1968; Peter Paul Ewald (Hrsg.), Fifty years of x-ray diffraction. Utrecht 1962, S. 11−17.   U. H.

Brillouin, Léon (* 7. August 1898 in Sèvres). Der Sohn des Physikers Marcel Brillouin war seit 1928 Professor der theoretischen Physik an der Sorbonne und am Collège de France. Sein Hauptinteresse galt der Wellenmechanik (Wentzel-Kramers-Brillouin-Methode, Brillouinsche Zonenkonstruktion), der Quantenstatistik, der Spektraltheorie und der Ausbreitung elektromagnetischer Wellen.

Werke: Conductibilité électrique et thermique des métaux. Paris 1934; Les électrons dans les métaux du point de vue ondulatoire. Paris 1934; Notions de mécanique ondulatoire. Les méthodes d'approximation. Paris 1932; Science and information theory. New York 1962; Scientific uncertainty and information. New York 1964.

Literatur: D. W. Harding, B. In: Physics Education, Vol. 4, 1969, S. 46−48.   U. H.

Broglie, Louis Victor Prince de (* 15. August 1892 in Dieppe). Mit Begeisterung studierte B. die Abhandlungen des 1. Solvay-Kongresses (Brüssel Ende 1911) und entwickelte selbständige Überlegungen zur Quantentheorie. Der Ausbruch des 1. Weltkrieges beendete diesen Ansatz. — Seit 1919 wieder physikalisch tätig, empfing B. viele Anregungen von seinem um 17 Jahre älteren Bruder Maurice, der in Paris ein Privatlaboratorium unterhielt, wo vornehmlich über Röntgenspektroskopie und Radioaktivität gearbeitet wurde. Ende 1923 konzipierte B. seine grundlegenden Ideen über die Dualität von Welle und Korpuskel, die am 25. November 1924 in der berühmten Doktordissertation „Recherches sur la Théorie des Quanta" an der Sorbonne verteidigt wurden.

Albert Einstein hatte schon 1905 von den korpuskularen Eigenschaften des Lichtes gesprochen; de Broglie ordnete nun umgekehrt jedem materiellen Teilchen mit der Energie E und dem Impuls p eine Wellenerscheinung zu mit der Frequenz $\nu = E/h$ und der Wellenlänge $\lambda = h/p$. Damit wird die Bohrsche Quantisierungsvorschrift anschaulich verständlich: Es breitet sich auf der „Bahn des Elektrons" um den Atomkern eine Welle aus. Stabile „Bahnen" sind solche, bei denen sich die Wellen nicht selbst durch Interferenz auslöschen, für die also (im Falle von Kreisbahnen) gilt $n\lambda = 2\pi r$. Diese Bedingung entspricht dem Bohrschen Postulat, so daß de Broglie schreiben konnte: „Nous croyons que c'est la première explication physiquement plausible proposée pour ces conditions de stabilité de Bohr-Sommerfeld."

Als Professor der theoretischen Physik am 1929 gegründeten Institut Henri Poincaré arbeitete B. weiter auf dem Gebiet der Quantenelektrodynamik und der Elementarteilchentheorie. Er entwickelte u. a. die „Fusionsmethode" zur Behandlung von Elementarteilchen mit einem Spin, der gleich einem beliebigen Vielfachen von $1/2$ ist. B. gehört zu den namhaftesten Gegnern der → Kopenhagener

Deutung. Er hat zahlreiche Versuche einer anderen Interpretation der Quantentheorie unternommen.

Werke: Einführung in die Wellenmechanik. Leipzig 1929; Physik und Mikrophysik. Hamburg 1950; Savants et découvertes. Paris 1951; Licht und Materie. Ergebnisse der Neuen Physik. I. Teil. Hamburg 1951; Die Elementarteilchen. Individualität und Wechselwirkung. Ergebnisse der Neuen Physik. II. Teil. Hamburg 1954; Ondes électromagnétiques et photons. Paris 1968.

Literatur: Louis de Broglie und die Physiker. Hamburg 1955 (mit biographischen und autobiographischen Aufsätzen und Bibliographie); Johannes Gerber, Geschichte der Wellenmechanik. In: Archive for History of Exact Sciences. Vol. 5, 1969, S. 349—416.

Brown, Robert (* 21. Dezember 1773 in Montrose (Schottland), † 10. Juni 1858 in London). War nach Beendigung seiner Studien zunächst Regimentsarzt. Seine Erfolge als Botaniker verdankte er vor allem der Anwendung des Mikroskops. Dieses verhalf ihm auch zu seiner bedeutendsten Entdeckung, der sog. Brownschen Molekularbewegung. Er veröffentlichte diese Beobachtung 1828 unter dem Titel: „A brief account of microscopical observations ... on the particles contained in the pollen of plants, and on the general existence of active molecules in organic and inorganic bodies." Daß diese Beobachtung tatsächlich eine Hauptstütze der atomistischen Auffassung der Materie darstellt, wurde erst mit Albert Einsteins Arbeit von 1905 („Die von der molekularkinetischen Theorie der Wärme geforderte Bewegung von in ruhenden Flüssigkeiten suspendierten Teilchen") etwa 50 Jahre nach Robert Browns Tode zur Gewißheit.

Werke: Vermischte botanische Schriften (Hrsg.: Christian Gottfried Nees von Esenbeck). Schmalkalden, Leipzig, Nürnberg 1825—1834; The miscellaneous botanical works of Robert Brown. 2 Bde. London 1866/67.

Literatur: Francis Wall Oliver, A collection of biographies by living botanists. Cambridge 1913. U. H.

Bruno, Giordano, Taufname Filippo (*1548 in Nola bei Neapel, † 17. Februar 1600 in Rom). Leidenschaftlich für seine Ideen streitend, in viele Polemiken verstrickt, verbrachte der Philosoph, Dichter und Mystiker 15 Jahre eines unsteten Wanderlebens ständig auf der Suche nach immer neuen Freundschaften. Als er 1591 nach Italien zurückkehrte, wurde er bald darauf in Venedig verhaftet und — obwohl er zunächst seine Lehren widerrief — 1593 der Inquisition in Rom ausgeliefert. Dort wurde der abtrünnige Dominikaner nach sieben Jahren Kerkerhaft auf dem Campo de' Fiori verbrannt.

In seinen vor allem in Paris, London und Helmstedt verfaßten Schriften und Lehrgedichten entwickelte B. die Vorstellung, daß es unendlich viele Welten im unendlichen All gebe. Ein Weltenzentrum war damit nicht mehr fixierbar. Zwar gewann der bisher in den Sphären der Himmelskörper eingeschlossene Mensch mit deren Bersten an Freiheit, B.s Lehre von einer räumlich unermeßlichen Schöpfung stürzte ihn indessen auch in Furcht und Glaubensnot. Theologen beider Konfessionen widersprachen sofort: Eine unendliche Schöpfung hieße, neben die Unendlichkeit Gottes etwas Gleichwertiges zu stellen.

Von B.s Perspektiven fasziniert, sahen Johannes Kepler, Athanasius Kircher und René Descartes das Universum als unermeßlich für den Menschen an, nicht aber für mathematisch unendlich. B.s kämpferisches Eintreten für seine Ideen, die in Ansätzen bereits bei Nikolaus von Kues geprägt waren, stellten die tradierte Ordnung radikaler als je zuvor in Frage; hierdurch erhielten sie neben der geistigen auch eine politische Komponente. Das Kopernikanische Weltbild entwickelte sich so zu einem revolutionären Konzept.

B.s naturphilosophische Gedanken wurden auch später immer wieder aufgenommen; Leibniz entlehnte von ihm den Begriff der Monade; beträchtlich war seine Wirkung auf Goethe, Herder, Friedrich Heinrich Jacobi u. a.

Werke: Opera latine conscripta. Hrsg. von Francesco Fiorentino. 3 Bde. Neapel, Florenz

1879—1891 (Neudruck in 8 Bden. Stuttgart 1962); Opere italiane. Hrsg. von Paul de Lagarde, 2 Bde. Göttingen 1888/89.

Literatur: Leonardo Olschki, G. B. Bari 1927; Werner Saenger, Goethe und G. B. Berlin 1930 (Nachdruck 1967); Dietrich Mahnke, Unendliche Sphäre und Allheilmittelpunkt. Halle 1937; Robert Prechtel, G. B. und Galilei. Prozesse um ein Weltbild. München 1947; Walter Pagel, G. B., the philosophy of circles and the circular movement of the blood. In: Journal of the history of medicine. Vol. 6, 1951, S. 116—124; Paul-Henri Michel, La cosmologie de G. B. Paris 1962.

L. S.

Bunsen, Robert Wilhelm (* 30. März 1811 in Göttingen, † 16. August 1899 in Heidelberg). Er studierte in Göttingen Chemie bei Friedrich Stromeyer (dem Entdecker des Cadmiums) und promovierte schon 1831 mit einer lateinischen Abhandlung über Hygrometer. 1836 kam er als Nachfolger Friedrich Wöhlers an die Gewerbeschule nach Kassel; weitere Stationen wurden 1839 Marburg, 1851 Breslau und 1852 Heidelberg.

Mit gefährlichen Untersuchungen über Arsenverbindungen leistete er einen Beitrag zur organischen Chemie. Es folgten Prüfungen der Vorgänge in Hochöfen, wobei er nicht nur eine bessere Ausnützung der Heizkraft anbahnte, sondern neue quantitative Bestimmungsverfahren der Gasanalyse schuf. 1841 erfand er seine Zink-Kohle-Batterie (Bunsen-Element) und gewann damit elektrolytisch Aluminium, Chrom und Magnesium. Auf einer Forschungsreise nach Island 1846 erklärte er die Geysire. Als in Heidelberg das Leuchtgas eingeführt wurde, konstruierte er 1855 den Bunsenbrenner. Von 1855—1859 untersuchte er mit Henry Roscoe am Chlorknallgas die chemischen Wirkungen des Lichtes. Dabei erfand er auch das Fettfleck-Photometer. Bei Bemühungen um die Vervollkommnung der Lötrohranalyse bestimmte er die Färbungen, die gewisse Salze der farblosen Flamme erteilen, und bediente sich dabei auf Rat seines Freundes Gustav Kirchhoff eines Prismas. Gemeinsam erfanden sie 1859 die Spektralanalyse, mit der B. 1860 Caesium und 1861 Rubidium als neue Elemente entdeckte. Er zeichnete auch die Funkenspektren der Alkali-, Erdalkalimetalle und seltener Erden. 1868 erdachte er die Wasserstrahl-Luftpumpe. Bei kalorimetrischen Untersuchungen erfand er 1870 ein Eis- und 1878 ein Dampfkalorimeter.

Er war scharfsinnig im Erdenken der Versuche, geduldig in der Ausführung, weitblickend in den Folgerungen. „Er hat Erstaunliches geleistet und findet als experimenteller Forscher unter den Zeitgenossen wohl nur in Michael Faraday seinesgleichen, einem Manne, dem er an Erfindungsgabe, Fleiß und Adel der Persönlichkeit am meisten ähnelt" (Schimank 1956).

Werke: R. W. B. und Arnold Adolph Berthold, Eisenoxydhydrat, das Gegengift des weißen Arseniks oder der arsenigen Säure. Göttingen 1834; Gasometrische Methoden. Braunschweig 1857; Flammenreactionen. Heidelberg 1880; Gesammelte Abhandlungen. Hrsg. von Wilhelm Ostwald und Max Bodenstein. 3 Bde. Leipzig 1904 (mit den Gedenkreden von Henry Roscoe, Bernhard Rathke und Wilhelm Ostwald in Bd 1).

Literatur: Heinrich Debus, Erinnerungen an R. W. B. und seine wissenschaftlichen Leistungen. Cassel 1901; Bunseniana. Heidelberg 1904; Wilhelm Ostwald, R. W. B. (= Männer der Wissenschaft. Heft 2). Leipzig 1905; Felix Kuh, Erinnerungen an R. B. In: Die Welt der Technik. Jg 1911, S. 162—165; Leo Koenigsberger, Mein Leben. Heidelberg 1919, S. 90—99 und 122—125; Henry Roscoe, Ein Leben der Arbeit. Erinnerungen. Leipzig 1919; Ludwig Darmstaedter, Naturforscher und Erfinder. Bielefeld 1926, S. 25—28; Heinrich Biltz, Zur Geschichte des Bunsenbrenners. In: Zeitschrift für angewandte Chemie. Bd 41, 1928, S. 112 f.; Günther Bugge, Das Buch der großen Chemiker. Bd 2. Berlin 1930 (Neudruck Weinheim 1965), S. 78—91; Karl Freudenberg, R. Bunsens Briefe von der Reise nach Island. In: Verhandlungen des naturhistorisch-medizinischen Vereins zu Heidelberg. N. F. 18, 1935—1941, S. 119—137; Georg Lockemann, R. W. B. Lebensbild eines deutschen Naturforschers (= Große Naturforscher. Bd 6). Stuttgart 1949; Hans Schimank, R. W. B. In: Physikal. Blätter. Jg 5, 1949, S. 489—493; Heinrich Rheinboldt, Bunsens Vorlesung über allgemeine Experimentalchemie. In: Chymia. Vol. 3, 1950, S. 223—241; Theodor Heuss, Deutsche Gestalten. Studien zum 19. Jh. Tübingen 1951, S. 220—228; Georg Lockemann und Ralph E. Oesper, Bunsen's transfer from Cassel to Marburg. In: Journal of chemical education. Vol. 32, 1955, S. 456—460; Hans Schimank, R. W. B. In: Die großen Deutschen. Bd 3. Berlin 1956, S. 421—432; Bettina Holzapfel und Heinz Balmer, Antlitze großer Schöpfer. Basel 1961, S. 189—198. H. B.

C

Camera obscura (Lochkamera). Im Prinzip war die Camera obscura schon im Altertum bekannt, wo sie besonders von Künstlern als Zeichenhilfe benutzt wurde. Zu astronomischen Beobachtungen in der lateinischen Welt wurde die Camera obscura von Michael Mästlin und besonders von seinem Schüler Johannes Kepler benutzt. Das Werk „Ad Vitellionem paralipomena..." (1604) verfaßte Kepler auf der Grundlage seiner Beobachtungen mit der Camera obscura. Im Jahre 1611 entdeckten Johannes Fabricius und Christoph Scheiner mit der C. o. — beide unabhängig von Galilei — die Existenz von Sonnenflecken. Ihre Camerae waren jedoch noch nicht lichtdicht. Nach Beseitigung dieses Mangels konnte im Jahre 1646 Balthasar Conrad die Interferenz des Lichtes in höherer Ordnung beobachten. Erst später wurde klar, daß es sich bei der Projektion durch den engen Spalt um die Erscheinung der Lichtbeugung handelt. Im Jahre 1551 benutzte Girolamo Cardano statt der bloßen Öffnung eine Linse. Eine solchermaßen verbesserte Camera obscura wurde im Jahre 1839 von Louis Daguerre und William F. Talbot zu ersten photographischen Aufnahmen benutzt.

Quellen: Johannes Kepler, Ad Vitellionem paralipomena ... Frankfurt 1604; Christoph Scheiner, Rosa Ursina ... Bracciano 1625—1630; Balthasar Conrad, Melchior Balthasar Hanel, De natura iridos. Prag 1646.

Literatur: Matthias Schramm, Ibn al-Haythams Weg zur Physik. Wiesbaden 1963; David C. Lindberg, The theory of pinhole images from antiquity to the thirteenth century. In: Archive for History of Exact Sciences. Vol. 5, 1968, S. 154 bis 186. J. M.

Carnot, Sadi Nicolas Léonard (* 1. Juni 1796 in Paris, † 24. August 1832 ebd.). C. besuchte von 1812 bis 1814 die „Ecole polytechnique" und wurde Ingenieur-Offizier. Als sein Vater, der Mathematiker, Ingenieur-Offizier und Staatsmann Lazare Nicolas Marguerite Carnot aus politischen Gründen vor den Bourbonen fliehen mußte, folgte ihm 1821 der junge C. nach Magdeburg, um sich ganz seinen naturwissenschaftlich-technischen Studien zu widmen. Hier entstand seine einzige Druckschrift: „Réflexions sur la puissance motrice du feu et sur les machines propres à développer cette puissance" (Betrachtungen über die bewegende Kraft des Feuers und die zur Entwicklung dieser Kraft geeigneten Maschinen), die 1824 in Paris erschien und den Autor später berühmt machte. 1826 nach Paris zurückberufen, nahm C. zwei Jahre darauf als Ingenieur-Kapitän seinen Abschied. Erst 36jährig, starb er 1832 an der Cholera.

In seiner klassisch gewordenen Schrift von 1824 beabsichtigte C., der damals bereits weit verbreiteten Dampfmaschine eine energetische Theorie zu geben und insbesondere „das Maximum an bewegender Kraft, welches sich aus der Anwendung des Dampfes ergibt", zu bestimmen, was — modern gesprochen — auf die Begriffe Höchstleistung und maximaler Wirkungsgrad hinzielte. C. ging dabei davon aus, daß es kein Perpetuum mobile geben kann und daß eine Temperaturdifferenz die unumgängliche Voraussetzung für die Umwandlung von Wärme in Arbeit ist (auch Carnotsches Prinzip genannt): „Überall, wo ein Temperaturunterschied besteht, kann die Erzeugung von bewegender Kraft stattfinden." Seine Überlegungen gipfelten in der fruchtbaren Vorstellung eines ideal gedachten, thermischen Kreisprozesses, bei dem alle Zustandsänderungen umkehrbar verlaufen, dem sog. → Carnotschen Kreisprozeß. Mit diesem verband er aber noch die alte Vorstellung eines Wärmestoffes, von dessen Quantität während des Prozesses nichts verloren gehen darf, gerade so wie bei dem Sturz eines Wasserfalles kein Wasser verschwindet.

C. leugnete daher, wie später auch noch Emile Clapeyron, den Verbrauch von Wärme bei der Erzeugung mechanischer Arbeit, was erst Rudolf Clausius 1850 richtigstellte. Aus Aufzeichnungen C.s, die sein jüngerer Bruder dem Nachdruck seiner seltenen Schrift 1878 angefügt hat, geht indessen hervor, daß sich C. wenige Zeit später zur kinetischen Gastheorie durchgerungen und — den Energiesatz in gewisser Weise vorwegnehmend — das mechanische Äquivalent der Wärme berechnet hatte. Die von C. 1824 veröffentlichten Gedanken, die die Entwicklung der Thermodynamik begründeten, wurden erst 1834 durch Clapeyron und 1850 durch Clausius aufgegriffen.

Werke: Réflexions sur la puissance motrice du feu et sur les machines propres à développer cette puissance. Paris 1824. 2. Auflage (durch nachgelassene Schriften und biographische Mitteilungen ergänzt) Paris 1878. Diese Ergänzungen sind mit Faksimiles gesondert wiedergegeben in: S. C., Biographie et Manuscrit. Paris 1927. Eine weitere ergänzte Auflage der „Réflexions..." erschien in Paris 1953. Dt. Übersetzung der 1. Auflage in: Ostwalds Klassiker. Nr 37, Leipzig 1892.

Literatur: Conrad Matschoss, Männer der Technik. Berlin 1925; Eric Mendoza, Contributions to the study of S. C. and his work. In: Archives Internationales d'Histoire des Sciences. Bd 12, 1959, S. 377—396; E. Ariès, L'oeuvre scientifique de S. C. Paris 1921; Jacques Payen, Une source de la pensée de S. C. In: Archives Internationales d'Histoire des Sciences. Bd 21, 1968, S. 15—37.

L. v. M.

Carnotscher Kreisprozeß. Der C. K. bezeichnet in der Thermodynamik den von Sadi Carnot 1824 angegebenen idealen Kreisprozeß, der aus einer Folge reversibler Zustandsänderungen besteht, die zum Ausgangspunkt wieder zurückführen. Der klassische C. K. besteht aus zwei Isothermen und zwei Adiabaten, die in der Reihenfolge isotherme Expansion, adiabatische Expansion, isotherme Kompression und adiabatische Kompression oder in umgekehrter Folge fortgesetzt durchlaufen werden können. Dabei verläuft der Prozeß, wie Carnot erkannte, unabhängig vom Arbeitsmittel. In dem Unterschied der Temperaturgrenzen $\Delta T = T - T_0$ des Kreisprozesses sah Carnot den entscheidenden Faktor für die Umwandelbarkeit von Wärme in mechanische Arbeit. Rudolf Clausius berichtigte diese Erkenntnis 1850, indem er den C. K. von der alten Wärmestofftheorie löste und auf den Boden des 2. Hauptsatzes stellte, gemäß dem der thermische Wirkungsgrad eines C. K. zu $\eta = (T - T_0)/T$ bestimmt ist. Die graphische Darstellung des C. K. im pv-Diagramm sowie die mathematische Formulierung gelang zuerst Emile Clapeyron 1834.

Quellen: → Carnot.

Literatur: Ernst Mach, Die Prinzipien der Wärmelehre. [4]Leipzig 1923; Rudolf Plank, N. L. S. Carnot. In: Zeitschrift des Vereins Deutscher Ingenieure. Bd 76, 1932, S. 821—822; M. K. Barnett, Sadi Carnot and the second law of thermodynamics. In: Osiris. Jg 13, 1958, S. 327—357.

L. v. M.

Cassini. Generationenfolge von vier Astronomen, die von der Gründung der Pariser Sternwarte (1669) bis zur Revolution (1793) nacheinander ununterbrochen die Leitung der Sternwarte innehatten.

Der erste und bedeutendste war Giovanni Domenico (* 8. Juni 1625 in Perinaldo bei Nizza, † 14. September 1712 in Paris). Er wurde schon mit 25 Jahren Professor der Astronomie in Bologna. Die bisher nur vermutete Rotation der Planeten wurde von ihm zuerst nachgewiesen. Er beobachtete lange die Ein- und Austritte der Jupitermonde in den Jupiterschatten und lieferte in einem Tafelwerk 1668 dafür Vorausberechnungen oder Ephemeriden. 1669 wurde er an die im Bau begriffene Sternwarte in Paris berufen. Hier entdeckte er mit guten Fernrohren zu dem von Huygens gefundenen Saturnmond 1671 einen zweiten, äußeren und 1672 einen dritten, inneren, endlich im März 1684 noch zwei andere weiter innen. Von 1683 an verfolgte er mehrere Jahre das Zodiakallicht. 1693 fand er das Cassinische Gesetz betreffend die Libration, d. h. die Bewegung des Mondes um seine Achse. Außer Büchern veröffentlichte er 176 Abhandlungen.

Sein Sohn Jacques (* 18. Februar 1677 in Paris, † 16. April 1756 in Thury bei Clermont, Dép. Oise) schrieb Arbeiten über Elektrizität, Barometer, Brennspiegel und 1717 ein Werk über die Neigung der Bahnen der Monde und des Ringes des Saturn. Mit seinem Vater setzte er Jean Picards Gradmessung fort und schrieb „Traité de la grandeur et de la figure de la terre". 1740 veröffentlichte er in zwei Quartbänden „Eleméns d'astronomie et tables astronomiques".

Dessen Sohn César-François (* 17. Juni 1714 in Paris, † 4. September 1784 in Paris) unternahm eine trigonometrische und topographische Aufnahme von ganz Frankreich. Die Carte de la France (oder „Cassini-Karte") erschien von 1744 an; sie war in Europa führend und vertrat die Schraffenmanier. Ihr Schöpfer berichtete über die Entstehung in der „Description géométrique de la France" (Paris 1784).

Jacques-Dominique (* 30. Juni 1748 in Paris, † 18. Oktober 1845 in Thury bei Clermont), in der vierten Generation, vollendete die Karte seines Vaters César-François und konnte 1793 mit Blatt 180 ihre Veröffentlichung abschließen. Noch im gleichen Jahr wurde er von der Revolutionsregierung ins Gefängnis geworfen. Nach seiner Freilassung lebte er zurückgezogen auf seinem Landgut und schrieb: Mémoires pour servir à l'histoire des sciences et à celle de l'Observatoire Royal de Paris, Paris 1810 (mit der Selbstbiographie Giovanni Domenico Cassinis).

Literatur: Jean-Sylvain Bailly, Histoire de l'astronomie moderne. 3 Bde. Paris 1779—1782; Franz Arago's sämmtliche Werke. Bd 3. Leipzig 1855, S. 252—255; Johann Adolf Repsold, Zur Geschichte der astronomischen Meßwerkzeuge von Purbach bis Reichenbach 1450 bis 1830. Leipzig 1908; Charles-Joseph-Etienne Wolf, Histoire de l'Observatoire de Paris de sa fondation à 1793. Paris 1902; T. Derenzini, Alcune lettere di Giovanni Alfonso Borelli à Giovanni Domenico Cassini. In: Physis. Jg 2, 1960, S. 235—241; Clark R. Chapman, The discovery of Jupiter's red spot. In: Sky and telescope. Vol. 35, 1968, S. 276—278.

H. B.

Cauchy, Augustin-Louis (* 21. August 1789 in Paris, † 22. Mai 1857 in Sceaux). Der Vater, der in den Wirren der französischen Revolution Paris mit seiner Familie verlassen hatte, um sie auf diese Weise vor Unheil zu schützen, übernahm den ersten Unterricht des Sohnes. C. begann zunächst mit dem Studium der Mathematik, wurde dann Ingenieur beim Straßen- und Brückenbau und kehrte nach drei Jahren seiner angegriffenen Gesundheit wegen zur reinen Forschung zurück. 1811 und 1812 löste er in zwei großen Abhandlungen über die Theorie des Polyeder ein Problem, an dem noch Leonhard Euler gescheitert war. Es folgten Arbeiten über symmetrische Funktionen, die Theorie der bestimmten Integrale und Zahlentheorie. 1816 erhielt er den ersten Preis der französischen Akademie für seine Lösung des Problems „der Ausbreitung von Wellen an der Oberfläche einer schweren Flüssigkeit von unendlicher Tiefe". Sein Lebenswerk umfaßt 789 Abhandlungen, von denen die bedeutendsten die Grundlagen der Analysis und der Funktionentheorie betref-

Cavendish, Henry

fen (Cauchysches Konvergenzkriterium, Hauptsatz der Funktionentheorie und Residuenkalkül). Doch hat er auch zur Optik und Kontinuumsmechanik wichtige Beiträge geliefert. Neben Lagranges und Vergils Werken, die er als junger Ingenieur beständig mit sich führte, liebte er besonders Thomas a Kempis Buch „Von der Nachfolge Christi". Dem entspricht es, daß eine Anzahl karitativ-sozialer Einrichtungen C. ihren Ursprung verdanken. 1830 zwang ihn die Juliregierung außer Landes (nach Turin) zu gehen. 1838 kehrte er nach Paris zurück. Napoleon III. mußte ihn wie auch François Arago vom Treueeid dispensieren.

Werke: Oeuvres complètes. 27 Bde. Paris 1882 bis 1938; Abhandlung über bestimmte Integrale zwischen imaginären Grenzen (= Ostwalds Klassiker. Nr 112). Leipzig 1900.

Literatur: Felix Klein, Vorlesungen über die Entwicklung der Mathematik im XIX. Jahrhundert. 2 Bde. 1926—1927; Gino Loria, Storia delle mathematiche. Mailand 1950; Dictionnaire de biographie française. Bd VII. Paris 1956. Daselbst auch weitere Literaturangaben; J. M. Dubbey, Cauchy's contribution to the establishment of the calculus. In: Annals of Science. Vol. 22, 1966, S. 61—67. U. H.

Cavendish, Henry (* 10. Oktober 1731 in Nizza, † 24. Februar 1810 in London). Der Physiker, Chemiker, Astronom und Meteorologe gehörte einer der ältesten und reichsten Familien des englischen Hochadels an. Ein Anekdotenkranz windet sich um das ganz der Wissenschaft gewidmete Leben des menschenscheuen Sonderlings, dessen weltfremde Selbstvergessenheit im Gegensatz zu seinen irdischen Gütern stand. Er war ein Experimentator von vollendeter Genauigkeit. Über „ganz gewöhnliche Stoffe wie Luft und Wasser machte er die erstaunlichsten Entdeckungen". Da er nur Vollendetes geben wollte, war er sehr zurückhaltend. Erst die Entdeckung des Wasserstoffs schien ihm 1766 wichtig genug zur Veröffentlichung. Er gewann ihn durch Einwirkung von Schwefel- oder Salzsäure auf Metalle wie Eisen, Zink und Zinn und be-

Abb. 2. Cavendishs Drehwaage. Philosophical Transactions 1798. S. 526

stimmte sein spezifisches Gewicht, indem er die Luftarten in Tierblasen wog. Dabei setzte er Luft = 1 und fand für Kohlensäure = 1,57, für Wasserstoff = 0,09. 1772 leitete er Luft über glühende Holzkohle und anschließend über Ätzkalk, so daß der Sauerstoff fortgenommen wurde. Was übrigblieb, war Stickstoff. C. stellte sich die Aufgabe, die beiden Luftbestandteile in ihrem genauen Verhältnis zu bestimmen. An 60 Tagen nahm er über 400 Ermittlungen vor und fand, daß Sauerstoff 20,84% der Luft ausmache. 1781 entdeckte er, daß Sauerstoff und Wasserstoff, wenn sie infolge eines durchschlagenden elektrischen Funkens miteinander verbrennen, Wasser bilden. Es war ganz unerwartet, daß zwei Gase zusammen eine Flüssigkeit ergeben. C. erkannte, daß auf einen Raumteil Sauerstoff zwei Raumteile Wasserstoff nötig waren. 1784 entdeckte er weiter, daß Sauerstoff, Wasserstoff und Stickstoff zusammen beim Durchschlagen des Funkens Salpetersäure bilden.

1798 veröffentlichte er seine geniale Bestimmung der Erddichte mit Hilfe der Drehwaage. Dabei gravitieren und „fallen" die Kügelchen am Drehbalken gleichsam waagrecht gegen große Bleikugeln, und indem man ihre Fallbeschleunigung in Vergleich zu der gegenüber der Erde setzt und ebenso die anziehenden Massen vergleicht, erhält man durch eine Proportion die mittlere Erddichte. C. lieferte auch Beiträge zur elektrischen Natur des Zitterfisches, bestimmte die spezifische Wärme vieler Stoffe, schrieb eine Abhandlung über die Stärke der Schwefelsäure. Vieles ließ er unveröffentlicht, und erst später erkannte man, wie weit er seiner Zeit vorausgewesen war.

Werke: Scientific papers. 2 Bde. Cambridge 1921.

Literatur: George Wilson, The life of the honourable H. C. London 1851; A. J. Berry, H. C. His life and scientific work. London 1960; Humphry Davy, Sketch of the charakter of Mr. C. In: The collected works of Sir Humphry Davy. London 1839—1841, Bd 7, S. 127—139; William Ramsay, Vergangenes und Künftiges aus der Chemie. Deutsche Ausgabe von Wilhelm Ostwald. Leipzig 1909, S. 68—80; Georg Lockemann, H. C. In: Günther Bugge, Das Buch der großen Chemiker. Bd 1. Berlin 1929, S. 253—262; Russell McCormmach, H. C. A study of rational empiricism in eighteenth-century natural philosophy. In: Isis. Vol. 60, 1969, S. 293—306. H. B.

Celsius, Anders (* 27. November 1701 in Uppsala, † 25. April 1744 ebd.). C. war seit 1730 Professor der Astronomie an der Universität Uppsala. Er nahm 1736—1737 an der französischen Lappland-Expedition teil (→ Erdgestalt). Er zeichnete systematisch die Variation der magnetischen Deklination im Verlauf eines Tages auf, deren Zusammenhang mit dem Nordlicht er vermutete. Die von C. 1742 vorgeschlagene Thermometerskala ist, ebenso wie diejenige von Réaumur, nach Gefrier- und Siedepunkt des Wassers geeicht, wobei er den Siedepunkt mit 0° und den Gefrierpunkt mit 100° angab. Außerdem schlug er vor, Quecksilber anstelle des durch Réaumur wieder eingeführten Weingeistes zu verwenden. Die Skala wurde später von Märten Stömer umgekehrt, wie sie heute üblich ist.

Werke: De observationibus pro figura telluris etc. Uppsala 1738; Observationes de lumine boreali. Nürnberg 1733.

Literatur: Rudolf Wolf, Handbuch der Astronomie. Zürich 1892; A. Wolf, A history of science, technology and philosophy in the 18th century. [3]London 1962; Nils Viktor Emanuel Nordenmark, A. C. — Professor i Uppsala. Uppsala 1936. H. M.

Chadwick, James (* 20. Oktober 1891 in Manchester). Ch. war Schüler von Ernest Rutherford und Hans Geiger und seit 1935 Prof. an der Universität Liverpool; er arbeitete vorwiegend auf dem Gebiet der Radioaktivität und Kernphysik. 1932 wies er (indirekt) mit einer Ionisationskammer die Existenz eines ungeladenen Elementarteilchens mit einer etwa dem Proton entsprechenden Ruhemasse nach. Da Rutherford bereits 1920 von einem solchen Teilchen hypothetisch gesprochen und es → „Neutron" genannt hatte, lag der Name bereits fest. Ch. erhielt 1935 den Nobelpreis.

Werke: Radiations from radioactive substances (mit Rutherford und Ellis). London 1930; Possible existence of a neutron. In: Nature. Vol. 129, 1932, S. 312—313; The existence of a neutron. In: Proceedings Royal Society. Vol. A 136, 1932, S. 692—708; Radioactivity and radioactive substances. London 1953.

Literatur: Les Prix Nobel en 1935. Stockholm 1936.

Châtelet, Gabrielle-Emilie Marquise du (* 17. Dezember 1706 in Paris, † 10. September 1749 in Lunéville). Von Voltaires Begeisterung für die Newtonsche Physik ergriffen, gewann die äußerst gebildete und hochintelligente Geliebte Voltaires rasch einen selbständigen Standpunkt. Obwohl völlig auf dem Boden des Newtonschen Empirismus, vermied sie dessen Überspitzungen und kam zur Anerkennung des Leibnizschen universellen Energieprinzips. Die Marquise veranlaßte u. a. Friedrich II. (damals Kronprinz von Preußen), sich mit physikalischen Problemen zu befassen.

Werke: Institutions de physique. Paris 1740; Principes Mathématiques de la Philosophie Naturelle etc. (Übersetzung und Überarbeitung der Newtonschen Principia). Paris 1759; Les Lettres. Publiées par Theodore Besterman. 2 Tle. Genf 1958.

Literatur: Emil Du Bois-Reymond, Voltaire als Naturforscher. In: Ders., Reden. Bd 1. ²Leipzig 1912, S. 318—348; Hans Schimank, Die Frau als Naturforscherin in Vergangenheit und Gegenwart. In: Zentralblatt für Gynäkologie. Jg 1959, S. 314 bis 334.

Chladni, Ernst Florens Friedrich (* 30. November 1756 in Wittenberg, † 3. April 1827 in Breslau). Als Sohn eines Juristen studierte er zunächst die Rechte, wandte sich aber nach dem Tode des Vaters den Naturwissenschaften zu, lebte ohne Amt (seine Hoffnung auf eine Professur für Mathematik in Wittenberg erfüllte sich nicht) nur von den Einkünften seiner Werke und Vorlesungen. Er gilt als der beste deutsche Experimentalphysiker seiner Zeit. Die Lehre vom Schall und von den Meteoriten stellte er auf eine neue Grundlage. 1787 veröffentlichte er in seiner Schrift „Entdeckungen über die Theorie des Klanges" die erste Mitteilung über die nach ihm benannten Klangfiguren schwingender Platten sowie über die Töne longitudinal angeregter Saiten. 1802 erschien sein Hauptwerk „Die Akustik", dessen Übertragung ins Französische („Traité d'Acoustique") von Napoleon mit 6000 Goldfranken honoriert wurde. Im Zusammenhang mit seiner akustischen Forschung hat Chladni auch verschiedene Musikinstrumente erfunden (1792 das Euphon und 1800 den Clavizylinder). 1821 erschienen seine „Beiträge zur praktischen Akustik und zur Lehre vom Instrumentenbau..."

Der Bekanntschaft mit Johann Christoph Lichtenberg verdankte er die Anregung zur Erforschung der Meteoriten, deren kosmischen Ursprung er 1794 erkannte.

Werke: Entdeckungen über die Theorie des Klanges. Leipzig 1787; Über den Ursprung der von Pallas entdeckten Eisenmasse und einige damit im Zusammenhang stehende Naturerscheinungen. Riga, Leipzig 1794; Die Akustik. Leipzig 1802; Neue Beiträge zur Akustik. Leipzig 1817; Beiträge zur praktischen Akustik und zur Lehre vom Instrumentenbau ... Leipzig 1821.

Literatur: Wilhelm Weber, Lebensbild E. F. F. Ch.s. In: Wilhelm Webers Werke. Bd 1. Berlin 1892, S. 168—197; Hans Schimank, Beiträge zur Lebensgeschichte von E. F. F. Ch. In: Sudhoffs Archiv. Bd 37, 1953, S. 370—376; Heinrich Kühne, Ch., der Entdecker der Herkunft der Meteoriten. In: Die Sterne. Jg 40, 1964, S. 136—140.

U. H.

Clairaut, Alexis Claude (* 13. Mai 1713 in Paris, † 17. Mai 1765 ebd.). Als Mitglied der Akademie beteiligte er sich an den Meridianmessungen der Lappland-Expedition (→ Erdgestalt). Er setzte sich nachdrücklich für die Newtonsche Mechanik und Methode ein und gab mit G.-E. du Châtelet die „Principia" in französischer Übersetzung heraus.

Literatur: Pierre Brunet, La vie et l'oeuvre de C. Paris 1952.

Clapeyron, Benoit Pierre Emile (* 21. Februar [?] 1799 in Paris, † 28. Januar 1864 ebd.). Nach dem Studium an der Ecole polytechnique und der Ecole des mines war C. zunächst als Ingenieur und Mathematiklehrer zusammen mit dem Physiker Gabriel Lamé in Petersburg tätig (1820–1830), ehe er sich als Bauingenieur und späterer Prof. für Maschinentechnik und Mechanik an der Ecole des ponts et chaussées um den Lokomotiv-, Brücken- und Eisenbahnbau sehr verdient machte. Ihm verdankt Frankreich u. a. die erste Eisenbahn (1835 von Paris nach St. Germain).

Gleichermaßen an praktischen wie theoretisch-physikalischen Fragen interessiert, befaßte er sich mit statischen Problemen (C.sche Dreimomentengleichung für durchlaufende Balken) sowie mit der Thermodynamik. Auf der Grundlage der Arbeiten Sadi Carnots entwickelte C. in seiner 1834 veröffentlichten Abhandlung „Mémoire sur la puissance motrice de la chaleur" das Verfahren der graphischen Darstellung thermodynamischer Vorgänge, wie es seitdem geläufig ist. Der → Carnotsche Kreisprozeß wurde von ihm mathematisch formuliert und im pv-Diagramm veranschaulicht, die Zustandsgleichung idealer Gase in die heute gebräuchliche Fassung überführt: $pv = RT$, wobei $T = 267 + t$ gesetzt wurde.

Eine weitere Beziehung, in der C. die Verdampfungswärme mit der Volumenänderung und dem Druckgradienten verknüpfte, konnte Rudolf Clausius 1850 verallgemeinern (Clausius-Clapeyronsche Gleichung).

Werke: Abhandlung über die bewegende Kraft der Wärme [Paris 1834]. Übersetzt und mit Anmerkungen versehen von Karl Schreber (= Ostwalds Klassiker. Nr 216). Leipzig 1926.

Literatur: Ernst Mach, Die Prinzipien der Wärmelehre. [4]Leipzig 1923; Conrad Matschoß, Männer der Technik. Berlin 1925; Dictionnaire de Biographie Francaise. Bd 8. Paris 1959.

L. S.

Clausius, Rudolf (* 2. Januar 1822 in Köslin, † 24. August 1888 in Bonn). C. stammte aus kursächsischem Pfarrergeschlecht, studierte seit 1840 an der Universität Berlin, war Lehrer am Friedrich Werderschen Gymnasium und promovierte 1848 mit einer Dissertation über den Regenbogen, die dessen Theorie zum Abschluß brachte. 1850 wurde er Privatdozent an der Universität Berlin, 1855 Professor für Physik an der Technischen Hochschule Zürich, 1867 in Würzburg und 1869 in Bonn.

Daß Wärme nicht von tieferer zu höherer Temperatur übergehen kann, ohne daß eine kompensierende Veränderung in den beteiligten Körpern zurückbleibt, hatten 1824 Sadi Carnot und 1834 Benoit Clapeyron klar ausgesprochen. Sie hatten aber die Wärme noch für eine Substanz gehalten. 1850 wandte C. den gerade entdeckten Energiesatz auf den umkehrbaren Kreisprozeß an und kam zu der Überzeugung, daß die Umwandlung von Wärme in Arbeit nicht von der Substanz abhängt, sondern in universeller Beziehung steht

Abb. 3. Manuskript von Clausius für eine wärmetheoretische Vorlesung vom Sommer 1866

zu den beiden Temperaturen, bei denen Wärme aufgenommen und abgegeben wird. Diese Erkenntnis führte ihn 1865 zur Entdeckung des zweiten Hauptsatzes der Thermodynamik (nämlich zur Auffindung einer neuen Zustandsvariablen, der sog. Entropie, die zusammen mit der Energie das Rückgrat der Wärmelehre darstellt). C.s zweite große Leistung war der Ausbau der kinetischen Gastheorie (seit 1857), die zwar bereits von Daniel Bernoulli begründet, dann aber rasch wieder vergessen und von August Krönig 1856 erneuert worden war. Er führte die Begriffe der mittleren freien Weglänge, des mittleren Impulses und der mittleren Energie in die Physik ein, stellte diese letztere in eine enge, weit über die Gastheorie hinaus gültige Beziehung zur absoluten Temperatur und eröffnete das Verständnis der Reibung, Wärmeleitung und Diffusion der Gase.

Werke: Der zweite Hauptsatz der Wärmetheorie. Braunschweig 1867; Die mechanische Wärmetheorie. 3 Bde. Braunschweig 1876—1891.

Literatur: Eduard Riecke, R. C. Abh. d. Ges. d. Wiss. z. Göttingen, Math.-phys. Kl. 35 (1888) (vollst. Werkverzeichnis); Friedrich Krüger, R. C. 1822—1888. In: Pommersche Lebensbilder. Bd 1, 1934, S. 208—211; Grete Ronge, Die Züricher Jahre des Physikers R. C. In: Gesnerus. Jg 12, 1955, S. 73—108; Grete Ronge, R. C., ein Physiker des 19. Jahrhunderts. In: Urania. Jg 19, 1956, S. 231—238. U. H.

Cockcroft, Sir John Douglas (* 27. Mai 1897 in Todmorden/England). Als Schüler Ernest Rutherfords entwickelte C. zusammen mit Ernest T. S. Walton den ersten Apparat für Kernzertrümmerungsversuche. Seit 1939 war er Prof. in Cambridge, 1941—1944 Leiter der Forschungsabteilung für Luftverteidigung im brit. Versorgungsministerium, bis 1946 Direktor der Abt. Atomforschung des Nationalen Forschungsrates in Kanada, seit 1946 Direktor des brit. Atomforschungszentrums Harwell. C. erhielt 1951 den Nobelpreis für die zahlreichen künstl. Kernumwandlungen, die er (zusammen mit Walton) mit Hilfe von hochbeschleunigten Protonen und α-Teilchen erzielte.

Werke: Experiments with high velocity positive ions. In: Proceedings Royal Society. Vol. A 137, 1932, S. 229—240; Die friedl. Anwendung der Atomenergie. London 1956; Die wiss. u. techn. Leistungen von Hochfluß-Forschungsreaktoren. London 1964.

Literatur: Les Prix Nobel en 1951. Stockholm 1952.

Colding, Ludvig August (* 13. Juli 1815 in Arnakkegaard bei Holbaek, † 21. März 1888 in Kopenhagen). C. entwickelte seit etwa 1840, unter dem Einfluß von Hans Christian Oersted, Vorstellungen über die gegenseitige Verwandelbarkeit der Naturkräfte (→ Dynamismus). Damit kam er unabhängig von anderen dem Gesetz der Energieerhaltung nahe.

Literatur: Per F. Dahl, Ludvig A. Colding and the conservation of energy. In: Centaurus. Vol. 8, 1963, S. 174—188.

Compton, Arthur Holly (* 10. September 1892 in Wooster, Ohio, † 15. März 1962 in Berkeley, Kalifornien). C. war 1923—1945 Professor an der Universität Chicago, 1945 bis 1954 Kanzler der Washington Univ. in St. Louis. Hauptarbeitsrichtung bildete die Röntgenspektroskopie. 1922 entdeckte er den → Compton-Effekt, der von ihm kurz darauf theor. gedeutet wurde. Er erhielt dafür 1927 den Nobelpreis.

Werke: X-rays in theory and experiment. ²New York 1935; Die Atombombe und ich. Ein persönlicher Erlebnisbericht. Frankfurt/Main 1958.

Literatur: Samuel K. Allison, A. H. C. In: Biographical Memoirs National Academy of Sciences of the U.S.A. Vol. 39, 1963, S. 81—110 (mit vollst. Bibliographie); Marjorie Johnston (ed.), The cosmos of A. H. C. New York 1967; James R. Blackwood, The house on College Avenue. Cambridge Mass. 1969.

Compton-Effekt. Bei der Analyse der bei Bestrahlung von Kristallen mit harten Röntgenstrahlen entstehenden Streustrahlung konstatierte Arthur Holly Compton 1922: „There appeared in the secondary rays a type of fluorescent radiation, whose wavelength was nearly independent of the substance used as radiator, depending only upon the wavelength of the incident rays and the angle at which the secondary are examined." Die zuerst versuchte Erklärung mittels Doppler-Effekt erwies sich als unmöglich; deshalb prüfte Compton, „what would happen if each quantum of X-ray energy were concentrated in a single particle and would act as a unit on a single electron". Mit dieser korpuskularen Auffassung der Röntgenstrahlung konnte Compton seinen Effekt als Stoß zwischen einem (praktisch freien) Elektron und einem γ-Quant verstehen. Aus Energie- und Impulssatz leitete er die Winkelverteilung der Streustrahlung her, die er Anfang 1923 experimentell bestätigte. — Peter Debye hatte fast gleichzeitig die Idee zu ähnlichen Versuchen; im übrigen aber wurde die Comptonsche Auffassung (fast zwei Jahrzehnte nach Einsteins Lichtquantenhypothese!) recht einhellig abgelehnt. Erst die Wellenmechanik verhalf dem Prinzip der → Dualität zum Durchbruch.

1924 vermuteten Niels Bohr, Hendrik Antony Kramers und John C. Slater, daß bei Wechselwirkungen zwischen Elementarteilchen, insbesondere beim C.-E., Energie- und Impulssatz nicht beim Einzelprozeß, sondern nur im statistischen Mittel gültig sind. Diese Hypothese wurde durch genaue Messungen mit dem Geigerschen Spitzenzähler von Hans Geiger und Walter Bothe widerlegt.

Quellen: Arthur Holly Compton, The spectrum of secondary rays. In: Physical Review. Vol. 19, 1922, S. 267—268; ders., A quantum theory of the scattering of x-rays etc. Ebd. Vol. 21, 1923, S. 483—502.

Literatur: Max Jammer, The conceptual development of quantum mechanics. New York 1966, S. 160—162; Roger H. Stuewer, A. H. C. and the discovery of the total reflection of x-rays. In: Actes du XIIe Congrès International d'Histoire des Sciences (Paris 1968). Im Druck.

Comte, Auguste (* 19. Januar 1798 in Montpellier, † 5. September 1857 in Paris). Der bedeutende französische Philosoph baute die Soziologie als Wissenschaft aus und gilt als Begründer eines systematischen → Positivismus. C., der auch Wissenschaftshistoriker war, hat damit den modernen Wissenschaftsbegriff maßgeblich mitgeprägt.

Nach dem Besuch der polytechnischen Schule in Montpellier ging C. 1816 nach Paris, besuchte dort die Ecole Polytechnique und wurde ein begeisterter Anhänger der Gesellschaftslehren des Grafen Claude-Henri Rouveroy de Saint-Simon (1760—1825), dessen Sekretär er bis 1822 war. Im selben Jahr veröffentlichte er seine erste Schrift einer eigenen Lehre: „Plan des travaux scientifiques nécessaires pour réorganiser la société". 1822 vertrat er auch erstmalig das bereits bei Robert Turgot und Claude-Henri de Saint-Simon im Fortschrittsgedanken implizit enthaltene Dreistadiengesetz, wonach jede Wissensdisziplin und damit die Menschheit insgesamt drei Stadien durchläuft: das theologische oder fiktive Stadium, dann das metaphysische oder abstrakte und schließlich das wissenschaftliche oder positive Stadium. Positiv bedeutet soviel wie: verifizierbar, sicher, objektiv gegeben und nur auf erforschten Tatsachen beruhend, auf jeden Fall aber frei von Metaphysik.

C. entwickelte systematisch den Positivismus, den bereits Jean le Rond → d'Alembert in der großen französischen → Enzyklopädie vertreten hatte, in seinem sechsbändigen Hauptwerk „Cours de philosophie positive", das 1830—1842 erschien. Darin stützte sich C. nicht nur auf das Dreistadiengesetz, sondern formulierte darüber hinaus ein enzyklopädisches Gesetz, welches die positiven Wissenschaften in einer „natürlichen Hierarchie" anordnet. An oberster Stelle steht als allgemeinste und abstrakteste Wissenschaft die Mathematik. Mit abnehmender Allgemeinheit und Mathematisierbarkeit folgen: Astronomie, Physik, Chemie, Biologie und die Soziologie, ein Ausdruck, den C. 1838 für die Lehre von der menschlichen Gesellschaft prägte. Diese Reihenfolge der Wissenschaften soll auch die Reihenfolge der Studien, die man betreibt, leiten. Das Ziel aller Wissenschaften ist, wie es C. im Geiste de Saint-Simons aussprach: Wissen um vorauszusehen („savoir pour prévoir").

Aber allein eine vollständig positive Wissenschaft wie die Mathematik verwandelt das vage Voraussehen in ein sicheres Vorausberechnen. Der C.sche Wissenschaftsbegriff wirkte über Ernst Mach und Wilhelm Ostwald auch auf den deutschen Positivismus. „Die Liebe als Prinzip, die Ordnung als Grundlage, den Fortschritt als Ziel", lautete ein C.scher Kernsatz, hinter dem der feste Glaube an die Herrschaft des Geistes und der positiven Wissenschaften stand.

Von 1832—1842 war C. Repetitor und dann Prüfer für Aufnahmezöglinge an der Ecole Polytechnique. Nachdem er diese Stelle verloren hatte und zunehmend kritisiert wurde, lebte er von einer Unterstützung seiner englischen Anhänger, unter ihnen John Stuart Mill. C.s Bemühungen um einen Lehrstuhl für Geschichte der Naturwissenschaften schlugen wegen seines „mathematisierenden Materialismus" und aus politischen Gründen 1832 fehl. Lange nach seinem Tode setzte man ihm 1902 ein Denkmal vor der Pariser Universität.

Werke: Cours de philosophie positive. 6 Bde. Paris 1830—1842, dt. ²Jena 1923; Traité élémentaire de géometrie analytique. Paris 1843; Traité philosophique d'astronomie populaire. Paris 1844; Discours sur l'esprit positif. Paris 1844, dt.-franz. Parallelausg. Hamburg 1956; Calendrier positiviste etc. Paris 1849; Système de politique positive, ou traité de sociologie. 4 Bde. Paris 1851 bis 1854, Nachdruck Osnabrück 1967; Catéchisme positiviste ou sommaire exposition de la religion universelle. Paris 1852.

Literatur: H. Gonhier, La vie de A. C. ⁸Paris 1931; Wilhelm Ostwald, A. C., der Mann und sein Werk. Leipzig 1914; George Sarton, A. C. historian of science. In: Osiris. Bd 10, 1952, S. 328—357; A. Cresson, A. C., sa vie, son oeuvre avec un exposé un exposé de sa philosophie. Paris 1957; Otwin Massing, Fortschritt und Gegenrevolution. Die Gesellschaftslehre C.s in ihrer sozialen Funktion. Stuttgart 1966.
L. v. M.

Conrad, Balthasar (* 1599 in Neisse, † 1660 in Glatz). C. lehrte an den Universitäten in Olmütz und Prag Theologie und Mathematik, und gegen Ende seines Lebens war er Rektor der Schulen des Jesuitenordens in Glatz. C. interessierte sich besonders für die Optik. Es existiert zwar nur **ein** von ihm selbst verfaßtes Buch, aber von seinen Schülern sind Dissertationen erhalten, bei denen er maßgeblich als Autor beteiligt war. Noch kurz vor seinem Tode veröffentlichte er einen Brief „Epistola ad omnis Europae mathematicos", in dem er seine wichtigsten Verbesserungen am Fernrohr beschrieb und zu einer internationalen wissenschaftlichen Zusammenarbeit aufrief.

Werke: Nova tabularum chronographicarum ratio. Prag 1650; Epistola ... In: Kaspar Schott, Technica curiosa. Würzburg 1664, S. 853—856.

Literatur: Carlos Sommervogel, Bibliothèque de la Compagnie de Jésus. Brüssel 1891. Bd 2, S. 1371; Jiri Marek, An observation of the interference of light of higher orders in 1646 and its response. In: Nature. Bd 201, 1964, S. 110.
J. M.

Coulomb, Charles Auguste de (* 14. Juni 1736 in Angoulême, † 23. August 1806 in Paris). Nach einer neunjährigen Tätigkeit als Ingenieuroffizier in Martinique und zuletzt als Oberstleutnant des Geniecorps kehrte Coulomb 1779 nach Frankreich zurück und wurde 1781 in die Académie des Sciences aufgenommen. In der Zeit von 1784—1789 schrieb er seine grundlegenden Arbeiten auf dem Gebiet der Elektrizitätslehre und des Magnetismus (→ Coulombsches Gesetz). Bei Ausbruch der französischen Revolution legte er alle seine Ämter nieder, kehrte später aber wieder nach Paris zurück, nachdem er die Stadt vorübergehend verlassen hatte.

In seinem ersten Werk „Théorie des machines" (Paris 1785) beschäftigte er sich mit mechanischen Problemen, insbesondere mit Fragen der Reibung, der Torsion und der Festigkeit, sowie mit Problemen der Baustatik und mit der Konstruktion eines Schiffskompasses. Die Untersuchung über die Messung kleiner Kräfte durch die Tordierung eines Fadens bildete die Grundlage zum Bau einer Drehwaage, mit deren Hilfe Coulomb die nach ihm benannten Gesetze der Elektro- und Magnetostatik quantitativ untersuchte.

Werke: Mémoires de C. Paris 1884; Sur l'électricité et le magnétisme. In: Histoire et Mémoires de l'Académie Royale des Sciences. 1785—1789, Deutsche Übersetzung (Hrsg. Walter König). Leipzig 1921 (= Ostwalds Klassiker. Nr 13).

Literatur: Stanley B. Hamilton, C. A. C.: A bicentenary appreciation of a pioneer in the science of construction. In: The Newcomen Society. Transactions. Vol. 17, 1936/37, S. 27—49.

A. M.

Coulombsches Gesetz. Aus verschiedenen Versuchen schlossen 1766 Joseph Priestley und 1772 ebenso Henry Cavendish, daß die Kraft zwischen zwei elektrischen Ladungen umgekehrt proportional dem Quadrat ihres Abstandes ist.

Charles Auguste Coulomb gelang es dann, den experimentellen Nachweis mit einer von ihm konstruierten Drehwaage zu liefern, nachdem er gezeigt hatte, daß das Drehmoment bei der Tordierung eines Fadens dem Drehwinkel linear proportional ist. In ausführlichen Meßreihen konnte er zeigen, daß sich zwei gleichnamige elektrische Ladungen mit einer Kraft abstoßen, die dem Quadrat des Abstandes der Ladungen umgekehrt proportional ist. In Analogie zum Gravitationsgesetz wies Coulomb dann nach, daß man sich die Ladung einer Kugel in deren Mittelpunkt vereinigt denken kann. Das experimentelle Ergebnis konnte damit für zwei punktförmige Ladungen formuliert werden. Coulomb übertrug das von ihm gefundene Gesetz auf den Magnetismus und bestätigte es experimentell.

C. nahm die anziehende Kraft zwischen zwei elektrischen Ladungen wiederum in Analogie zum Gravitationsgesetz proportional dem Produkt der beiden Ladungen an, konnte dafür aber keinen Beweis erbringen, weil er noch kein Meßgerät zur quantitativen Bestimmung der elektrischen Ladung besaß. Der Vorschlag, das Coulombsche Gesetz zur Definition der elektrischen Ladung heranzuziehen, stammt von Carl Friedrich Gauß.

Coulomb führte seine Messungen ausschließlich in Luft durch. Erst die Erkenntnisse über die Kapazität eines Kondensators führten auf den Gedanken, das Coulombsche Gesetz durch einen Faktor zu vervollständigen, der das umgebende Dielektrikum berücksichtigt. Das Coulombsche Gesetz bildete dann die Grundlage zur theoretischen Behandlung der Elektrostatik, die von Siméon-Denis Poisson im Jahre 1811 begonnen und durch Anwendung der Potentialtheorie von Gauß im Jahre 1839 vollendet wurde.

Quellen: Joseph Priestley, The history and present state of electricity. London 1767; Henry Cavendish, The electrical researches (Hrsg. James Clerk Maxwell). Cambridge 1879; → Coulomb.

A. M.

Crookes, Sir William (* 17. Juni 1832 in London, † 4. April 1919 in London). 1861 entdeckte Crookes mit der neuen Spektralanalyse in Selenrückständen das Element Thallium und untersuchte in jahrelanger Arbeit die Eigenschaften. 1874 fand er das Phänomen der „Radiometerkräfte" und demonstrierte es durch Erfindung der „Lichtmühle". C. ließ ab 1879 eine große Anzahl von Entladungsröhren bauen („Crookessche Röhren"), mit deren Hilfe er nachwies, daß die Kathodenstrahlung, auf einen Punkt der Gegenkathode konzentriert, Rotglut erzeugen und daß diese Strahlen „Kräfte" (d. h. Impulse) übertragen. Er betrachtete die Kathodenstrahlen als elektrisch geladene Moleküle und sprach von einem „vierten Aggregatzustand". Der unabhängige Privatgelehrte fand 1903 noch die Szintillationswirkung von α-Teilchen.

Werke: Select methods in chemical analysis. London 1871; Strahlende Materie oder der vierte Aggregatzustand. Leipzig 1897.

Literatur: E. E. Fournier D'Albe, The life of Sir W. C. London 1923; Karl Przibram, C. In: Das Buch der großen Chemiker. Bd 2. Nachdruck Weinheim 1955. Hier S. 288—297; A. E. Woodruff, W. C. and the radiometer. In: Isis. Vol. 57, 1966, S. 188—198; Philipp Lenard, Über Kathodenstrahlen. Nobel-Vortrag. ²Berlin und Leipzig 1920.

Curie, Marie (geb. Skłodowska, * 7. November 1867 in Warschau, † 4. Juli 1934 in Sancellemoz/Schweiz). Die Tochter eines Physiklehrers war von 1885 bis 1891 als Gouvernante in ihrer Heimatstadt tätig. 1891 ging sie nach Paris, wo ihre ältere Schwester Bronislawa Medizin studierte. 1895 heiratete sie den französischen Physiker Pierre Curie. Als Assistentin Henri Becquerels beteiligte sich Mme. C. an dessen Untersuchungen über Uranstrahlung. Das Studium der Radioaktivität – dieser Ausdruck wurde von ihr geprägt – der Pechblende führte sie zu der Annahme, daß ein neues Element darin enthalten sein müsse, dessen Aktivität vielmals stärker ist als die des ebenfalls darin vorhandenen Urans und des Thoriums. Daraufhin gab Pierre Curie seine eigenen Untersuchungen auf und beteiligte sich an Marie Curies radioaktiven Arbeiten, die mit einem von ihm und seinem Bruder Jacques erfundenen Elektrometer (auf piezoelektrischer Grundlage) durchgeführt wurden. Im Juli 1898 isolierten sie das neue Element Polonium, im Dezember Radium. Nach fast vierjähriger mühevoller Arbeit hatten sie 1902 ein Zehntelgramm Radiumchlorid hergestellt. Im Jahr 1903 promovierte M. C. mit einer Arbeit über die Ergebnisse ihrer radioaktiven Forschungen (Recherches sur les substances radioactives). Im gleichen Jahr wurde ihr zusammen mit Pierre Curie und Henri Becquerel der Nobelpreis für Physik verliehen. Im Jahr 1911 erhielt sie auch den Nobelpreis für Chemie. Während des ersten Weltkrieges leitete sie ein röntgenmedizinisches Frontlabor. Sie starb, nahezu erblindet, an Leukämie, die sie sich

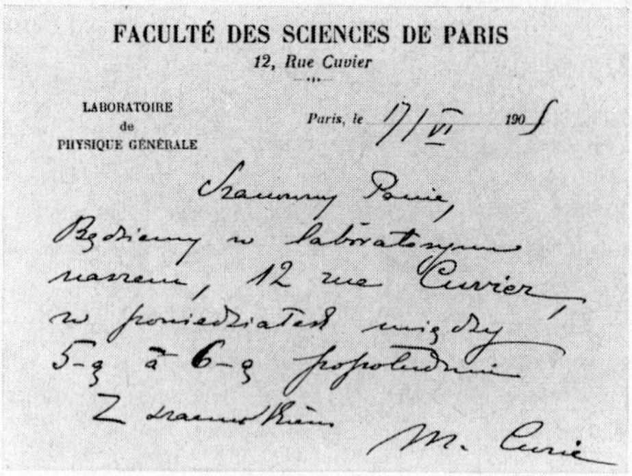
FACULTÉ DES SCIENCES DE PARIS
12, Rue Cuvier

LABORATOIRE de PHYSIQUE GÉNÉRALE

Paris, le 17/VI 1905

Szanowny Panie,
Będziemy w laboratoryum naszem, 12 rue Cuvier, w poniedziałek między 5-tą a 6-tą popołudniu.
Z szacunkiem M. Curie

Abb. 4. Handschrift von Marie Curie. 17. Juni 1905

durch ihre lebenslange Beschäftigung mit radioaktiven Substanzen zugezogen hatte.

Werke: Oeuvres. Herausgegeben von Irène Joliot-Curie. Warschau 1954; Untersuchungen über die radioaktiven Substanzen. Braunschweig 1904; Die Radioaktivität. Leipzig 1912 und 1960; Les rayons α, β, γ des corps radioactifs en relation avec la structure nucléaire. Paris 1933; Selbstbiographie. Leipzig 1962.

Literatur: Albert Einstein. In memoriam M. C. In: Aus meinen späten Jahren. Stuttgart 1953, S. 231–232; Eve Curie, Madame Curie. Frankfurt 1966; Gerhard Hiltner, M. C. – Frauenschicksal an der Jahrhundertwende. In: Die Drei. Jg 37, 1967, S. 367–381; Werner Braunbek, Sie entdeckte eine neue Welt. Madame Curie zum 100. Geburtstag. In: Kosmos. Jg 63, 1967, S. 467–470; Piero Caldirola, L'influenza di Maria Sklodowska Curie sullo sviluppo della fisica nucleare. In: Museoscienza. Jg VIII, 1968, S. 14 bis 23; Margot Becke, M. C. In: Universitas. Jg 23, 1968, S. 367–372; M. S.-C.: Centenary Lectures [Vorträge von Francis Perrin, John A. Wheeler u. a.]. Wien 1968. U. H.

D

Dalton, John (* 6. September 1766 in Eaglesfield/Cumberland, † 27. Juli 1844 in Manchester). D. hatte zeitlebens nur bescheidene Lehrerstellungen inne; bei seinen Schülern fand er kaum Anerkennung, dafür bei den Gelehrten des Landes.

Anfang des 19. Jh.s wies D. nach, daß der Druck eines Gasgemisches gleich der Summe der Partialdrucke der einzelnen Komponenten ist und bearbeitete anschließend das Problem der Gasabsorption in Flüssigkeiten. Am Ende der am 21. Oktober 1803 vor der „Literary and Philosophical Society of Manchester" gelesenen Abhandlung sprach Dalton die berühmt gewordenen Worte: „Nachforschungen über die verhältnismäßige Schwere der kleinsten Teilchen der Körper sind, so viel ich weiß, ein ganz neuer Gegenstand. Ich habe vor kurzem diese Untersuchung mit einigem Erfolg unternommen..." Daran schließt sich eine kleine Aufstellung „Verhältnis der Gewichte der kleinsten Teilchen von gasförmigen und anderen Körpern", tatsächlich die erste Atomgewichtstabelle.

In seinem Lehrbuch „A new system of chemical philosophy" definierte D. — bis heute gültig — das Wesen chemischer Umwandlung als Verbinden und Trennen von Atomen: „Die chemische Synthese und Analyse geht nicht weiter, als bis zur Trennung der Atome, und ihrer Wiedervereinigung. Keine Neuerschaffung oder Zerstörung des Stoffes liegt im Bereich chemischer Wirkung. Wir können ebensowohl versuchen, einen neuen Planeten dem Sonnensystem einzuverleiben, oder einen vorhandenen zu vernichten, als ein Atom Wasserstoff zu erschaffen oder zu zerstören. Alle Änderungen, welche wir hervorbringen können, bestehen in der Trennung von Atomen... und in der Vereinigung solcher..."

Die Daltonsche Atomtheorie lieferte die Erklärung für die stöchiometrischen Gesetze (multiple Proportionen) von Jeremias Benjamin Richter. Damit wurde die bis auf die griechischen Naturphilosophen Demokrit und Leukipp zurückreichenden Atomvorstellungen mit den experimentellen Ergebnissen der neuzeitlichen Naturwissenschaften verschmolzen (→ Atom). Auf der neuen Grundlage unternahm Jöns Jacob Berzelius ein großes Analysenprogramm zur exakten Bestimmung der Äquivalentgewichte.

D. wie Berzelius lehnten die Avogadrosche Hypothese ab, was die endgültige Klärung der Begriffe (Atom-, Äquivalent-, Molekulargewicht) lange verzögerte.

Werke: Experimental enquiry into the proportion of the several gases etc. Dt. in: Ostwalds Klassiker der exakten Wissenschaften. Nr 3; A new system of chemical philosophy. 3 Tle. Manchester 1808—1827; dt. Berlin 1812—1813 (Tl 1 u. 2).

Literatur: A. L. Smith, J. D. 1766—1844. A bibliography of works by and about him. Manchester 1966; Frank Greenaway, J.D. In: Endeavour. Bd 55, 1966, S. 73—88; ders., John Dalton and the atom. Ithaca 1966; John Dalton and the progress of science. Papers presented to a conference of historians of science... Manchester 1968; Arnold W. Thackray, Fragmentary remains of J.D. In: Annals of Science. Vol. 22, 1966, S. 145—174; ders., The emergence of Dalton's chemical atomic theory. In: British Journal for the History of Science. Vol. 3, 1966, S. 1—23.

Davisson, Clinton Joseph (* 22. Oktober 1881 in Bloomington, Illinois, † 1. Februar 1958 in Charlottesville, Virginia). Als Mitarbeiter der Bell Telephone Laboratories wies D. zusammen mit Lester H. Germer die Elektronenbeugung an Kristallen nach, erstmals veröffentlicht am 16. April 1927 in der Zeitschrift „Nature".

Werke: Diffraction of electrons. In: Physical Review. Bd 30, 1927, S. 705—740.

Literatur: Mervin J. Kelly, C. J. D. In: Biographical Memoirs National Academy of Sciences of the U.S.A. Bd 36, 1962, S. 51—84 (mit Bibliographie).

Davy, Humphry (* 17. Dezember 1778 in Penzance, Cornwall, † 29. Mai 1829 in Genf). D. wurde 1801 Lecturer, 1802 Professor an der von Graf Rumford (Benjamin Thomson) kurz zuvor gegründeten Royal Institution, die durch seine glänzenden Experimentalvorlesungen rasch eine Attraktion für alle Stände bildete. 1812 geadelt, sicherte ihm die Heirat im gleichen Jahr die finanzielle Unabhängigkeit, die er zu häufigen Reisen nutzte. So wurde der ursprünglich als Laborgehilfe eingestellte Michael Faraday (seine „größte Entdeckung") in der Royal Institution langsam sein Nachfolger. D. war seit 1803 Mitglied, 1807—1812 Sekretär, 1820—1827 Präsident der Royal Society.

Davy ist durch seine chemischen und elektrochemischen Entdeckungen und als Erfinder der Sicherheits-Grubenlampe (1815) berühmt geworden; tatsächlich war er ebenso ein Schöngeist, glänzender Redner und Gesellschafter, Dichter und spekulativer Geist wie erfolgreicher Experimentator. Seine Abhandlungen sind Meisterwerke der wissenschaftlichen Prosa.

Die → Elektrolyse von Pottasche und Soda war, wie die der entsprechenden Laugen, in wäßriger Lösung immer gescheitert. Davy schmolz mit Weingeistflamme und Gebläse wasserfreie Pottasche in einem Platinlöffel und verband den Löffel mit dem positiven Pol, einen Platindraht mit dem negativen Pol einer Batterie. Beim Eintauchen in die elektrolytische Schmelze sah D. am Draht ein helles Licht. Beim Umpolen stiegen aus der Schmelze „Bläschen" auf, flüssiges Kalium. So entdeckte er am 6. Oktober 1807 das neue Element Kalium und wenige Tage später Natrium. Im Jahr 1808 folgte die erstmalige Darstellung von Barium, Strontium, Kalzium und Magnesium.

Werke: The collected works. 9 Bde. London 1839—1840; Fragmentary remains. London 1858.

Literatur: Wilhelm Ostwald, Große Männer. [5]Leipzig 1919, S. 21—60; John Ayrtron Paris, The life of Sir H. D. London 1831; James Pickering Kendall, H. D. „Pilot" of Penzance. London 1954; Anne Treneer, The mercurial chemist. A life of Sir H. D. London 1963 (mit Bibliographie der Sekundärlit.); Harold Davy, H. D. London 1966.

Debye, Peter (* 24. März 1884 in Maastricht, † 2. November 1966 in Ithaca, N. Y.). Als Assistent Sommerfelds gelang D. 1910 die einfachste und durchsichtigste Ableitung der Planckschen Strahlungsformel. Er wirkte auf den zögernden Sommerfeld ein, sich von den traditionellen klassischen Vorstellungen zu lösen. Anfang 1912 (erstmalig vorgetragen am 9. März in Bern) entwickelte Debye seine Theorie der spezifischen Wärme mit dem richtigen T^3-Gesetz für $T \to 0$. Einstein hatte die Grundgedanken geliefert, war aber trotz mehrfacher Ansätze an der quantitativen Lösung gescheitert. Debye gelang es, mit genialen Näherungsmethoden die mathematischen Schwierigkeiten zu überwinden.

1912 leitete Debye als vielleicht bekannteste seiner Gleichungen die Temperaturabhängigkeit der Dielektrizitätskonstanten her. Das elektrische Feld bewirkt durch Verschiebung der Ladungsschwerpunkte ein „induziertes Dipolmoment". Es gibt aber auch natürliche „polare Moleküle", die eine Richtkraft im Feld erfahren; dieser Einstellung in Feldrichtung wirkt die Wärmebewegung entgegen. Damit begründete D. seinen Ruf als „master of the molecule". — Nach der Laueschen Entdeckung beschäftigte sich auch D. mit Röntgeninterferenzen. In unregelmäßiger Ordnung zusammengefügte Kristalle (Kristallpulver) ergeben bei Bestrahlung mit Röntgenlicht einheitlicher Frequenz scharfe Interferenzen (Debye-Scherrer-Diagramme). Die 1915 mit Paul Scherrer entwickelte Methode hat durch die bequem mögliche Handhabung der Kristallographie unschätzbare Dienste geleistet.

Debye erkannte, daß selbst in Flüssigkeiten keine regellose, statistische Verteilung der

$d\psi d\varphi = \Delta\, dp\, dq$ auftretende Funktionaldeterminante Δ ist äussert noch nichts näheres bekannt ist. Man kann nun leicht Δ so wählen [für die Energie eines Resonators], dass das Planck'sche Gesetz herauskommt, dazu muss Δ in Abständen, die dem Planck'schen h entsprechen [unendlich] schmale Erhebungen vom Flächeninhalt 1 besitzen. Was für eine Verallgemeinerung des Planck'schen Gesetzes die obige Fassung nahe legt sehen Sie. Den Uebergang zur specifischen Intensität der Strahlung macht man ueber die Planck'sche Mittelwertsbildung, die ja absolut unverändert bleiben kann, da ja nicht ausgeschlossen wurde, dass die Resonatoren jede beliebige stetig veränderliche Energiemenge annehmen. Die obige Verbindung zwischen Entropie und Wahrscheinlichkeit leistet aber mehr wie das obige. Zunächst kann man sich nämlich fragen, was tritt jetzt an Stelle der gleichmässigen Energieverteilung. Die Antwort lautet nicht mehr jeder Freiheitsgrad bekommt gleich viel, sondern jeder Freiheitsgrad bekommt nach Massgabe seiner Schwingungszahl ν die Energie

$$\frac{h\nu}{e^{\frac{h\nu}{kT}}-1}$$

Nimmt man nun dieses als Ausgangspunkt, so kann man die Jeans'sche Betrachtung ohne weiteres übertragen, sie führt dann aber auf das Planck'sche Gesetz. Das schöne daran ist, dass man weder die Resonatoren als Zwischenglied

Abb. 5. Peter Debye an Arnold Sommerfeld. 2. März 1910

Moleküle bzw. Atome existiert, sondern daß sich die Flüssigkeiten in einem sog. quasikristallinen Zustand befinden. Mit seinem Assistenten Erich Hückel entwickelte Debye seit 1923 die „Theorie der Elektrolyte", die vor allem die durch die Wechselwirkung der Ionen bedingte Abweichung von idealen „verdünnten" Lösungen betraf.

1936 erhielt D. den Nobelpreis für **Chemie** „für seine Beiträge zum Studium der Molekularstruktur durch seine Erforschung der Dipolmomente und der Beugung von Röntgenstrahlen und Elektronen in Gasen". Die Auszeichnung erfolgte also nicht für eine einzelne Entdeckung, sondern für eine 25jährige fruchtbare Tätigkeit. Als Ende der dreißiger Jahre die Nachfolge Sommerfelds in München zur Diskussion stand, bezeichnete man Debye gleichrangig neben Werner Heisenberg als den hervorragendsten Physiker in Deutschland.

Nach einer erfolgreichen Tätigkeit an Universitäten des deutschen und niederländischen Sprachraumes – Zürich 1911, Utrecht 1912, Göttingen 1914, Zürich 1920, Leipzig 1927 – übernahm D. 1935 das Institut für Physik der Kaiser-Wilhelm-Gesellschaft in Berlin. Ansprüche des Heereswaffenamtes veranlaßten ihn Ende 1939 zur Emigration. An der Cornell-Universität in Ithaca fand der international angesehene Gelehrte einen neuen großen Wirkungskreis.

Werke: Polare Molekeln. Leipzig 1929; The collected papers. New York 1954; Albert Einstein, Peter Debye et al., Die Theorie der spezifischen Wärme (= Dokumente der Naturwissenschaft. Bd 8). München 1966.

Literatur: Walther Gerlach, P. D. In: Bayer. Akademie der Wissenschaften. Jahrbuch. 1967. S. 218–230; Mansel Davies, P. J. W. D. In: Journal of chemical education. Vol. 45, 1968, S. 467–473; Friedrich Hund, P. D. In: Jahrbuch der Akademie der Wissenschaften in Göttingen. 1966. S. 59–64; Armin Hermann, Frühgeschichte der Quantentheorie. Mosbach/Baden 1969; Arnold Sommerfeld, Überreichung der Planck-Medaille für P. D. In: Physikal. Blätter. Jg 6, 1950, S. 509 bis 512.

Desaguliers, Jean-Théophile (* 12. März 1683 in La Rochelle, † 29. Februar 1744 in London). D. wurde wie sein Vater Pfarrer, studierte aber nebenher mit besonderer Neigung bei John Keill in Oxford Experimentalphysik und trat 1710 dessen Nachfolge an. 1713 kam er nach London, versah hier Pfarrstellen und betreute das physikalische Kabinett des Herzogs von Chandos. Bekannt war sein Planetarium. Er hielt Vorlesungskurse als Experimentalphysiker, worin er größte Geschicklichkeit besaß.

1717 trat D. in die Royal Society ein und wurde die rechte Hand Newtons, dessen erkenntnistheoretische Auffassung er vertrat. 1730 folgte er einer Einladung zu einer Vortragsreise nach Holland, wo ebenfalls die Experimentalphysik unter s'Gravesande und Musschenbroek blühte. D. leistete einen großen Beitrag zur allgemeinen Verbreitung wissenschaftlicher Kenntnisse und diente als Vermittler zwischen dem Festland und England, indem er große Werke wie Jacques Ozanams „Traité de la fortification" und s'Gravesandes „Physices elementa mathematica" ins Englische übertrug. Zuletzt war er Kaplan des Prinzen von Wales.

D.s schriftstellerisches Werk besitzt eine erstaunliche Ausdehnung. Das oft aufgelegte Hauptwerk „A course of experimental philosophy" (London 1725) umfaßt zwei stattliche Bände. Daneben treten andere Bücher, so über ein neues Verfahren, nicht rauchende Kamine zu bauen. Die Philosophical Transactions enthalten von ihm 56 Abhandlungen, vor allem über Experimente, so über Licht und Farben, das Barometer, den Luft- und Flüssigkeitswiderstand, die Kraft bewegter Körper, Wasserdampf und Wolkenbildung, Magnetismus und Elektrizität. Er erfand einen Seetiefemesser, einen Ventilator und vieles andere.

Werke: Physico-mechanical experiments. London 1717; A system of experimental philosophy, proved by mechanics. London 1719; Dissertation sur l'électricité. Bordeaux 1742.

Literatur: Alexandre Saverien, Histoire des philosophes modernes. 4 Bde. Paris 1760—1773; Johann Wolfgang Goethe, Materialien zur Geschichte der Farbenlehre. Historischer Teil.

H. B.

Descartes, René, lat. Form Renatus Cartesius (* 31. März 1596 in La Haye, Touraine, † 11. Februar 1650 in Stockholm). D. entstammte einem vornehmen Adelsgeschlecht und besuchte die Jesuitenschule in La Flèche. 1617 trat er in Militärdienste und nahm an Kämpfen in den Niederlanden, in Böhmen und Deutschland teil. Später lebte D. zurückgezogen meist in den Niederlanden; im Jahr 1649 ging er auf dringliche Einladung der Königin Christine nach Stockholm.

D. war der Begründer und maßgeblichste Exponent des modernen Rationalismus. Gegenüber dem auf Tradition und göttliche Offenbarung gestützten geistigen Herrschaftsanspruch der Kirche betonte er das Primat der Vernunft, der ratio. Die Philosophie emanzipierte sich damit von der Theologie („cartesische Zäsur"), aber noch blieben (bis Anfang des 19. Jh.s) Philosophie und Naturwissenschaft eine Einheit; D. beschäftigte sich viel mit ethischen Problemen, aber sein Interesse war primär auf die Naturerkenntnis gerichtet.

D.' Philosophie beginnt mit dem methodischen Zweifel. Die Möglichkeit, daß sich Verstand und Sinne täuschen, veranlaßte D. dazu, nichts als gesichert gegeben anzunehmen. Im Labyrinth des Irrtums findet D. endlich einen Anhaltspunkt: Unbezweifelbar bleibt das Faktum des Zweifelns als einer Art des Denkens. Es kann an der Tatsache, daß ich zweifle, nicht gezweifelt werden. So stößt D. zu dem berühmten Satz vor, dem Ausgangspunkt seines Systems: cogito, ergo sum. Ich denke, also bin ich. Damit ist ein Wahrheitskriterium gefunden, das zur regula universalis erhoben wird. Nichts ist uns so unmittelbar gegeben wie unser eigenes Denken, und in ihm ist die Wahrheit zu suchen und zu finden. Das Denken ist also ausschließliches Erkenntnismittel, auch über die Natur. Damit ist der Rationalismus in Reinkultur begründet; für empirische, erfahrungsmäßige Erkenntnis ist bei D. kein Platz. D. ist also erkenntnistheoretisch Antipode zu Francis Bacon.

Von der im „cogito, ergo sum" gefundenen Basis schloß D. auf die Existenz Gottes und weiter auf die Existenz der Welt. Diese ist geschieden in die denkende Substanz (res cogitans) und die körperliche Substanz (res extensiva). Die körperliche Substanz wird durch ihre Ausdehnung gekennzeichnet, ja die Substanz ist geradezu gleichbedeutend mit dem Raum, den sie einnimmt. Folglich gibt es eine unbeschränkte Teilbarkeit des Raumes; es kann keine Atome und auch kein Vakuum geben.

Alle Erscheinungen in der Natur führte Descartes auf Bewegungen von drei Arten von Materie (bzw. Raumteilen) zurück; die Mechanik, die in Antike und Mittelalter geradezu der Gegensatz zur Physik gewesen war, wird nun gleichbedeutend mit der Physik (mechanistisches System). Beispielsweise erklärte D. die Anziehung der Planeten durch die Sonne und zugleich ihre Achsendrehung durch Wirbel subtiler Materie (ähnlich wie leichte Holzstückchen in Wasserwirbeln mitgerissen und zugleich in Drehung versetzt werden). Das konkrete Modell D.s ist wertlos; geistesgeschichtlich um so bedeutender ist seine starke Überzeugung, daß alle Naturerscheinungen rational erfaßbar und erklärbar sind.

Im Geiste des christlichen Neuplatonismus glaubte D. an das Wirken unveränderlicher Gesetzmäßigkeiten hinter den sinnlich wahrnehmbaren, scheinbar chaotischen Veränderungen in der Welt. So kam D. zu einem wichtigen Erhaltungssatz: Die Bewegung eines Raumteiles kann sehr wohl verschwinden, dafür wird sie aber, z. B. durch Stoß, auf einen anderen Bereich übertragen. Es ist also die Bewegung des einzelnen Körpers höchst variabel, aber eine Abnahme in einem

Bereich wird immer durch eine entsprechende Zunahme bei einem anderen Körper kompensiert. Im Naturganzen hat die Bewegung, der motus, eine festgelegte Größe (certa et determinata quantitas).

So folgerte D. in den Principia philosophiae von 1644 aus der Vollkommenheit Gottes die Erhaltung der Bewegung $m \cdot v$, wobei er aber noch nicht den Vektorcharakter der Größe erkannt hatte und gelegentlich auch mit Bewegungen nicht $m v$, sondern die „Kraft" im Sinne von Arbeit meinte. Diese Unklarheit des hochbedeutsamen D.schen Ansatzes wurde in den folgenden Generationen beseitigt (→ Bewegungsgröße, → Energie, → Kraft).

Aus dem Erhaltungssatz suchte D. nun unter Zuhilfenahme weiterer Gesetze (z. B. des Trägheitsgesetzes) den Stoß zweier Massen vollständig zu behandeln, aber es gelang ihm die richtige Lösung nur in einigen ganz einfachen Fällen. Erst Christiaan Huygens vermochte das Problem des zentralen Stoßes in Allgemeinheit zu lösen.

Als seine wichtigste Entdeckung hat D. seine „mathesis universalis" angesehen. Gemeint ist die von François Vieta (1540–1603) als Algebra speciosa eingeführte Buchstabenalgebra, die von D. als universale Grundlage aller Wissenschaften aufgefaßt wurde. „Das hiermit aufgestellte Ideal einer Mathematisierung aller Naturwissenschaften bildet ein Arbeitsprogramm für Jahrhunderte" (Dijksterhuis). Immerhin hat D. mit der Begründung der analytischen Geometrie auch hier den entscheidenden ersten Schritt vollzogen; damit hat er der Einführung der mathematischen Formelsprache in die Physik vorgearbeitet, wo wieder Huygens den D.s Ansatz weiterführte.

Werke: Oeuvres de D. Hrsg. Charles Adam und Paul Tannery. 12 Bde. Paris 1897–1913; die wichtigsten Schriften: 1. Essais philosophiques. Leiden 1637. Hier die Abhandl. „Discours de la méthode", „Dioptrique", „Météores", „La géométrie"; 2. Meditationes de prima philosophia. Paris 1641; 3. Principia philosophiae. Amsterdam 1644; 4. Traité des passions de l'âme. Paris 1649; 5. Traité de la lumière. Paris 1677; 6. Opuscula physica et mathematica. Amsterdam 1701. Hier die 1629 verf. Abhandl. „Regulae ad directionem ingenii".

Literatur: Ernst Cassirer, D.' Lehre, Persönlichkeit, Wirkung. Stockholm 1939; Joseph Frederick Scott, The scientific work of R. D. London 1952 (mit Bibliographie); Eduard Jan Dijksterhuis, Die Mechanisierung des Weltbildes. Berlin 1956; Jules Vuillemin, Mathématique et métaphysique chez D. Paris 1960; A. Rupert Hall, Cartesian Dynamics. In: Archive for History of Exact Sciences. Vol. 1, 1960/62, S. 172–178; Richard J. Blackwell, D.' laws of motion. In: Isis. Vol. 57, 1966, S. 220–234; Ole Knudsen, Kurt M. Pedersen, The link between „determination" and conservation of motion in D.' dynamics. In: Centaurus. Vol. 13, 1968, S. 138 bis 186.

Determinismus. Dem Determinismus liegt die Annahme zugrunde, daß die Zukunft durch die Gegenwart (und diese durch die Vergangenheit) genau und eindeutig bestimmt ist. Der große Erfolg, der Newtons Theorie der Gravitation in der Astronomie durch die vollkommene Kongruenz von Rechnung und Beobachtung beschieden war, schien die Berechtigung dieser Annahme außer Zweifel zu stellen. Das Bemühen der klassischen Physik bestand demgemäß darin, die das Naturgeschehen beherrschenden Gesetze (i. a. in Form von Differentialgleichungen) aufzusuchen und durch Angabe der Anfangsbedingungen daraus das zukünftige Geschehen abzuleiten. Den Inbegriff dieser Naturauffassung stellt der Laplacesche Weltgeist dar, der unter der Voraussetzung, daß ihm die Anfangsbedingungen aller Atome des Universums bekannt wären, imstande sein sollte, die ganze Zukunft vorauszusehen. Die Tatsache, daß man schon im Rahmen der klassischen Physik gezwungen war, statistische Betrachtungen anzustellen, beruhte gerade auf dem Umstand, daß die Anfangsbedingungen i. a. (z. B. bei einer Vielzahl von Molekülen) nicht bekannt sind. Sie stellte also keinen Einwand gegen den Determinismus dar. Indessen kündigten die

Entdeckungen gewisser statistischer Gesetzmäßigkeiten beim radioaktiven Zerfall (z. B. der Umstand, daß man ihn durch keinerlei physikalische Agentien beeinflussen kann) und in der Hohlraumstrahlung (Einsteins Übergangswahrscheinlichkeiten für spontane Emission – ohne physikalische Ursache) eine Abkehr von der alten deterministischen Auffassung an. Die moderne Quantentheorie hat gezeigt, daß das Naturgeschehen in der Tat prinzipiell indeterminiert ist in dem Sinne, daß die Natur nur statistische Aussagen zuläßt. Der Grund dafür ist in den Heisenbergschen Unschärferelationen zu suchen, die eine unbegrenzte Genauigkeit in der gleichzeitigen Messung konjugierter Größen ausschließen. Gerade diese unbegrenzte Meß-Genauigkeit war aber eine wesentliche Voraussetzung des klassischen Determinismus. Max Born hat darauf aufmerksam gemacht, daß auch schon die klassische Physik infolge der mit den Beobachtungen verknüpften Fehler nicht mit einer strengen Determiniertheit des Naturgeschehens rechnen konnte.

Literatur: Max Born, Physik im Wandel meiner Zeit. Braunschweig 1958. Hier S. 160–166; ders., Die statistische Deutung der Quantenmechanik. Nobelvortrag. In: Zur Begründung der Matrizenmechanik (= Dokumente der Naturwissenschaft. Bd 2). Stuttgart 1962.   U. H.

Deutsche Physikalische Gesellschaft (DPG). Die Fachorganisation der deutschen Physiker wurde am 14. Januar 1845 als „Physikalische Gesellschaft zu Berlin" gegründet. Die sechs Gründungsmitglieder (W. Beetz, E. Du Bois-Reymond, E. Brücke, W. Heitz, G. Karsten, H. Knoblauch) waren junge Teilnehmer des 1843 von Gustav Magnus ins Leben gerufenen Berliner Physikalischen Kolloquiums. Im Lesezimmer des Kadettenhauses fanden regelmäßige Sitzungen statt, und Ende 1845 hatte die Gesellschaft schon 53 Mitglieder (u. a. H. Helmholtz und W. Siemens). Langsam stieg die Mitgliederzahl auf 200 (1886) und 300 (1901).

Als Bibliographie des physikalischen Schrifttums und Dokumentation der „reißenden Fortschritte" edierte die Gesellschaft ab 1847 die „Fortschritte der Physik" (seit 1920 „Physikalische Berichte"). Seit 1882 erschienen daneben die „Verhandlungen" mit Berichten über die wissenschaftlichen Sitzungen und die Geschäftssitzungen des Vorstandes.

1899 erfolgte die Umgründung aus einer lokalen Berliner Gesellschaft zur DPG; ein Übergewicht der Berliner Mitglieder (auch im Vorstand) blieb für Jahrzehnte bestehen. Überregionale Veranstaltungen führte die DPG zunächst nicht durch; vielmehr trafen sich die Physiker jährlich auf den Herbst-Versammlungen der Deutschen Naturforscher und Ärzte zu eigenen Sektionssitzungen. Nach Ende des Ersten Weltkrieges fanden dann die Naturforscherversammlungen nur noch jedes zweite Jahr statt, in den dazwischenliegenden Jahren gab es eine eigene Tagung der DPG. So fand die erste deutsche Physikertagung 1921 in Jena statt.

Literatur: Ernst Brüche, Aus der Geschichte der Berliner Physik. Mit 24 Physikbildern. Leipzig 1935; ders., Aus der Vergangenheit der Physikalischen Gesellschaft. In: Physikal. Blätter. Jg 16, 1960, S. 499–505; 616–621; Jg 17, 1961, S. 27–33; 120–127; 225–232; 400–410; Karl-Heinz Riewe, 120 Jahre DPG. In: Physikal. Verhandlungen DPG. Bd 5, 1965, S. 3–8.

Diderot, Denis (* 5. Oktober 1713 in Langres, † 30. Juli 1784 in Paris). Auf dem Jesuitenkolleg von Langres fiel der Sohn eines Messerschmiedes durch glänzende Begabung und zugleich durch Disziplinlosigkeit auf. Er lebte zeitweilig in schwierigen Verhältnissen und schlug sich als Hauslehrer und Anwaltsgehilfe durch. Seine freie Zeit widmete er den alten und neuen Sprachen und dem Studium der Mathematik. Das von ihm und anderen aus dem Englischen übersetzte naturwissenschaftliche Lexikon von Ephraim Chambers brachte ihn auf den Gedanken, etwas Ähnliches für das französische Sprachgebiet in Angriff zu nehmen. Es gelang ihm, für dieses Unternehmen den Mathematiker Jean le Rond d'Alembert zu gewinnen und

1746 auch das königliche Privileg dafür zu erhalten. Sein „Brief über die Blinden", in dem er die Unvollkommenheit der Natur behandelte, brachte ihn allerdings in Gegensatz zur herrschenden (kirchlichen) Meinung und infolgedessen 1749 ins Gefängnis, so daß der erste Band der → Enzyklopädie (Encyclopédie ou Dictionnaire des sciences, des arts et des métiers) erst 1751 erscheinen konnte und die Herstellung des Gesamtwerks — durch mehrfache parlamentarische Interventionen (der siebente Band sollte verbrannt werden) — sich über 20 Jahre hinzog. 1759 trat d'Alembert, durch die vielen Schwierigkeiten entmutigt, von dem Unternehmen zurück, und Diderot leitete es von diesem Zeitpunkt an allein. Die letzten zehn Bände mußten den Subskribenten schließlich heimlich ausgehändigt werden. 1765 verkaufte D. seine Bibliothek an die Zarin Katharina II., die ihn dafür zum Kaiserlichen Bibliothekar ernannte und ihm darüberhinaus eine Jahresrente von 1000 Pfund aussetzte. Neben der Arbeit an der Enzyklopädie hat D. noch zu zahlreichen anderen literarischen Werken (Erzählungen, Romanen, Dramen, Essays philosophischen, mathematischen und ästhetischen Inhalts) Zeit gefunden, die er z. T. aus Mangel an literarischem Ehrgeiz nie veröffentlicht hat. Durch seine universelle Bildung, seine Kritik an herkömmlichen religiösen und moralischen Vorstellungen und seinen widerspruchsvollen, zwischen Rationalismus und Sentimentalität schwankenden Charakter wurde er zum Repräsentanten der Aufklärungsepoche.

Werke: Ilse Lange und Max Bense, D. D. Gedanken über Philosophie und Natur. Weimar 1948; Alfred Antkowiak und Lothar Berthold (Hrsg.), Diderot. Ein Lesebuch für unsere Zeit. Weimar 1953; Theodor Lücke (Hrsg.), Philosophische Schriften. Berlin 1961; Mémoires sur différents sujets de mathématique. Paris 1966.

Literatur: Jean Rostand, D. et la Biologie. In: Revue d'Histoire des Sciences. Jg 5, 1952, S. 5—17; Herbert Dieckmann, The first edition of D.'s Pensées sur l'interprétation de la nature. In: Isis. Vol. 46, 1955, S. 251—272; Dictionnaire de Biographie Française. Bd XI, Paris 1967. Daselbst auch weitere Literaturangaben; Gerhard Rudolph, D.s Elemente der Physiologie. In: Gesnerus. Jg 24, 1967, S. 24—45.   U. H.

Dielektrizitätskonstante. Bei Ladungsversuchen mit beschichteten Glasplatten fiel Henry Cavendish auf, daß einige Werte nicht seinen Voraussagen entsprachen. Nach einer Reihe von Versuchen, bei denen er auch Verhältniszahlen für verschiedene Materialien angab, kam er zu dem Schluß, daß diese Abweichung mit der Eigenschaft des Materials zu tun habe. Diese Versuche waren 1773 abgeschlossen, wurden aber erst 1879 von James Clerk Maxwell veröffentlicht.

So wird Michael Faraday als der Entdecker der D. betrachtet. Er benannte 1838 isolierende Substanzen, durch die elektrische Kraft wirkt, „dielectrics". Um seine Hypothese zu stützen, daß die Influenz eine molekulare Aktion ist, die nicht durch Fernwirkung, sondern durch die zusammenhängenden Partikel des Dielektrikums zustande kommt, untersuchte er verschiedene Dielektrika. Die dabei gefundenen charakteristischen Verhältniszahlen nannte er „specific inductive capacity".

Die D. gewann 1873 Bedeutung in der theoretischen Physik durch die Maxwellsche Beziehung. James Clerk Maxwell faßte Licht als elektromagnetische Welle auf. Aus der mathematischen Behandlung dieser Auffassung und der allgemeinen Wellentheorie gelangte er zu dem Satz: Die D. eines durchsichtigen Stoffes ist gleich dem Quadrat seines Brechungsindex (unter der Annahme, daß die Permeabilität gleich 1 ist). Diese Beziehung galt als Prüfstein für die Richtigkeit der elektromagnetischen Lichttheorie. Für sichtbares Licht ergab sich allerdings eine schlechte Übereinstimmung. Die Maxwellsche Beziehung konnte erst mit Hertzschen Wellen von Ludwig Boltzmann verifiziert werden.

Quellen: Henry Cavendish, The electrical researches (Hrsg. James Clerk Maxwell). Cambridge 1879, § 377; Michael Faraday, Experimental researches in electricity. Berlin 1869—1891 (Deutsche Ausgabe), § 1168, 1252, 1277; James Clerk Maxwell, A treatise on electricity and magnetism. Oxford 1873, § 788.

Literatur: Karl Heinrich Wiederkehr, Die Vorstellungen vom molekularen Aufbau der Dielektrica in historischer Sicht. In: Sudhoffs Archiv. Bd 52, 1968, S. 67—78.   A. K.

Dispersion. Die Erscheinung der Dispersion des Lichtes gab in Gestalt des Regenbogens schon im Altertum zu vielerlei Spekulationen Anlaß, aber die Ursache blieb wie in anderen Fällen des Auftretens von Spektralfarben unbekannt. Erst im 17. Jh. gelang es, dieses Phänomen als Zerlegung weißen Lichtes in farbige Komponenten zu erklären.

Allgemein wird die Erklärung Isaak Newton zugeschrieben, der im Jahre 1672 seinen berühmten Traktat „New theory about light and colours" veröffentlichte. Aber schon vorher, im Jahre 1665, erschien in Bologna das Buch „Physico-mathesis de lumine, coloribus et iride" aus dem Nachlaß von Francesco Maria Grimaldi. Hier beschrieb Grimaldi, daß er das Experiment der Zusammensetzung farbigen Spektrums zu weißem Licht durchgeführt habe. Grimaldi hat also bereits erkannt, daß das weiße Licht eine Mischung aller Spektralfarben ist.

Quellen: Isaac Newton, New theory about light and colours. Nachdr. München 1956, dt. Übers. München 1969.

Literatur: Ernst Mach, Die Prinzipien der physikalischen Optik. Leipzig 1921; George Sarton, Discovery of the dispersion of light and of the nature of colour. In: Isis. Vol. 14, 1930, S. 326 bis 341.   J. M.

Doppelbrechung. Im Jahre 1669 erschien das erste fundamentale Buch über Kristallphysik, dessen Verfasser den Namen der damals in Dänemark auf dem Gebiet der Medizin bekannten Familie Berthelsen (Bartholinus) trug. Erasmus Bartholinus beschrieb hier die merkwürdigen Eigenschaften des isländischen Kalkspats: man konnte mit ihm doppelte, gegeneinander verschiebbare Bilder beobachten. — Schon 1678 hatte Huygens den Wellenbegriff eingeführt. Als er mit seinen Vorstellungen auch die Doppelbrechung erklären konnte, publizierte er die neue Theorie zusammen mit den früheren Abhandlungen im „Traité de la lumière" 1690. Für seine Erklärung benutzte Huygens zwei Voraussetzungen: 1. Das Licht hat Wellennatur. 2. Der Kristall ist aus kleinen geordneten Teilen aufgebaut, die die Form flacher Rotationsellipsoide haben und deren Hauptachse der Hauptachse des Kristalls parallel gerichtet ist. Huygens stellte fest, daß auch Bergkristall eine allerdings schwächere Doppelbrechung zeigt, und später wurden weitere Kristalle mit dieser Eigenschaft gefunden.

David Brewster entdeckte dann die zweiachsigen Kristalle und führte Versuche zur Doppelbrechung in Kristallen durch, die Druck ausgesetzt waren und im normalen Zustand diese Eigenschaft nicht zeigen. Er untersuchte auch die Färbung der gebrochenen Strahlen. Huygens hatte noch nicht alle damals bekannten Experimente erklären können, weil er voraussetzte, daß das Licht eine longitudinale Welle sei. Erst später entdeckte Thomas Young, daß man bessere Resultate mit der Annahme einer transversalen Welle erhält. Mit den Voraussetzungen der Emissionstheorie leitete Pierre-Simon Laplace die D. aus dem Prinzip der kleinsten Wirkung ab.

Als man die elektromagnetische Natur des Lichtes erkannte, beschäftigte sich James Clerk Maxwell auf der Grundlage dieser Theorie mit der Doppelbrechung. Er nahm an, daß der Wert der Dielektrizitätskonstanten in den Kristallen eine Funktion der Richtung sei. Mit dieser Voraussetzung konnte er ableiten, daß das Licht in beiden verschieden gebrochenen Strahlen zueinander senkrecht polarisiert sein muß.

Quellen: Erasmus Bartholinus, Experimenta crystalli islandici disdiaclastici ... Kopenhagen 1669; Christiaan Huygens, Traité de la lumière. Leiden 1690. Deutsche Übers. Karl Mieleitner (= Ostwalds Klassiker. Bd 205). Leipzig 1922.

Literatur: Edmund Hoppe, Geschichte der Optik. Wiesbaden 1967.   J. M.

Doppler, Christian (* 29. November 1803 in Salzburg, † 17. März 1853 in Venedig). Da D. nach seiner Assistententätigkeit bei dem Wiener Mathematiker Joseph Hantschl kein Lehramt fand, wollte er nach Amerika auswandern, als ihn 1835 die ständische Realschule Prag als Professor der Mathematik und Handlungsbuchhaltung berief. Seit 1837 hielt er nebenher Vorlesungen für höhere Mathematik an der ständisch-technischen Lehranstalt. 1841 übernahm er an ihr die Lehrstelle für Elementar-Mathematik und praktische Geometrie. In den Abhandlungen der königlich böhmischen Gesellschaft der Wissenschaften veröffentlichte er 1842 seine Arbeit „Über das farbige Licht der Doppelsterne". Sie enthielt die Entdeckung des → Doppler-Effektes.

1847 wurde D. Bergrat und Professor der mathematischen Physik und Mechanik an der Bergakademie Schemnitz. 1849 ging er als Nachfolger seines Lehrers Simon Stampfer an das Wiener Polytechnische Institut. Doch schon 1850 wurde in Wien das Physikalische Institut der Universität gegründet und Doppler als erster Direktor und Ordinarius für Experimentalphysik gewählt. Lungentuberkulose zwang ihn, 1852 Urlaub zu nehmen.

D. lebte ganz der Wissenschaft. Trotz anstrengender Lehrtätigkeit hat er 51 meist umfangreiche Arbeiten veröffentlicht. Die ersten betrafen Parallelentheorie, Kettenbrüche und analytische Geometrie. Aus seiner Unterrichtstätigkeit ging auch ein Lehrbuch der Arithmetik und Algebra hervor (Prag 1843 und Wien 1851). Andere Abhandlungen betrafen Akustik, Optik, Elektrizität und Magnetismus. Ebenso wie Stampfer erfand und verbesserte er mehrere Geräte, so zum Messen der Distanz und des Gesichtswinkels.

Werke: Versuch einer analytischen Behandlung beliebig begrenzter und zusammengesetzter Linien, Flächen und Körper. Prag 1839; Über das farbige Licht der Doppelsterne. Prag 1842 (Zur Feier des hundertsten Geburtstages Dopplers neu herausgegeben von Franz Josef Studnička. Prag 1903); Zwei Abhandlungen aus dem Gebiete der Optik. Prag 1845; Über eine wesentliche Verbesserung der katoptrischen Mikroskope. Prag 1845; Beiträge zur Fixsternkunde. Prag 1846; Versuch einer systematischen Classification der Farben. Prag 1846; Abhandlungen (= Ostwalds Klassiker. Nr 161). Leipzig 1907.

Literatur: Almanach der Kaiserlichen Akademie der Wissenschaften. Jg 1, Wien 1851, S. 169 bis 173 (Werkverzeichnis) und Jg 4, 1854, S. 112 bis 120 (Nachruf); Constant v. Wurzbach, Biographisches Lexikon des Kaiserthums Oesterreich (darin auch Stampfer). Bd 3. Wien 1858, S. 370 bis 372; Victor Quittner, C. D. In: Prometheus. Bd 15, 1904, S. 113—116; Heinrich Mache, Österreichs große Physiker und ihre Spitzenleistungen. Wien 1937, S. 4—7; Gustav Ortner, C. D. In: Österreichische Naturforscher und Techniker. Wien 1951, S. 41—43. H. B.

Doppler-Effekt. Unter allen Entdeckungen Dopplers ist das von ihm ausgesprochene und nach ihm benannte Prinzip am folgenreichsten geworden. Es fiel ihm auf, daß „man nicht sowohl danach fragen müsse, in welchen Zeiträumen und mit welchen Intensitätsgraden die Wellenerzeugung an und für sich vor sich gehe, — als vielmehr danach, in welchen Zeitintervallen und mit welcher Stärke diese Äther- oder Luftschwingungen vom Auge oder vom Ohre irgend eines Beobachters aufgenommen und empfunden werden". Von diesen subjektiven Bestimmungen, nicht vom objektiven Sachverhalt hängt die Farbe einer Lichtempfindung oder die Tonhöhe eines Schalles ab. Solange der Beobachter und die Quelle der Wellen ihren Ort beibehalten, fallen allerdings die subjektiven Bestimmungen mit den objektiven zusammen. „Wie aber", fragte Doppler, „wenn entweder der Beobachter oder die Quelle oder gar beide zugleich ihren Ort veränderten, sich voneinander entfernten oder sich einander näherten?" Zwei Wellenschläge müssen z. B. rascher aufeinanderfolgen, wenn der Beobachter ihnen entgegeneilt. Diese Bewegung hat eine Änderung in der Farbe des Lichtes, in der Höhe des Tones zur Folge.

1845 stellte der holländische Physiker Heinrich Buys-Ballot eine Versuchsreihe zur Prüfung des Effektes an. Er stellte längs der von Utrecht nach Maarsen führenden Eisenbahn Musiker auf und ließ einen Hornisten auf der Lokomotive mitfahren und einen Ton blasen. Die Musiker mußten die Tonhöhe sowohl bei der Annäherung wie beim Wegfahren abschätzen. Im umgekehrten Versuch schätzten Musiker auf der Lokomotive die Tonhöhe der Hörner, die längs der Bahnlinie geblasen wurden, beim Näherkommen und Enteilen. Die Geschwindigkeit der Lokomotive war bekannt. Die Ergebnisse bestätigten Dopplers Formeln.

Ernst Mach gab einen Vorlesungsversuch für den D.-E. an. Eine waagrechte Röhre rotiert um eine hohle senkrechte Achse. Am Ende der Röhre ist eine Pfeife, die durch Wind, der die senkrechte Achse und die Röhre durchströmt, angeblasen wird. Ein Beobachter in der Rotationsebene hört, sooft die Pfeife sich nähert, ein Maximum der Tonhöhe, und sooft sie sich entfernt, ein Minimum. Befindet man sich dagegen in der Verlängerung der Achse, so bleibt die Tonhöhe konstant.

Karl Rudolph König zeigte den Effekt mit zwei Stimmgabeln, deren eine durch aufgeklebtes Wachs leicht verstimmt war, so daß man vier Schwebungen in der Sekunde hörte. Streicht man beide an und eilt mit der tieftonigen gegen die Zuhörer, so wird deren Ton dem der andern ähnlich, und die Schwebungen werden langsamer. Entfernt man sich damit, so erscheint ihr Ton dem Zuhörer noch tiefer, und die Zahl der Schwebungen wächst.

Quellen: Christian Doppler, Über das farbige Licht der Doppelsterne. Prag 1842. In: Dopplers Abhandlungen (= Ostwalds Klassiker. Nr 161). Leipzig 1907.

Literatur: Karl Haas, Christian Doppler. In: Vierteljahrsberichte des Wiener Vereines zur Förderung des physikalischen und chemischen Unterrichtes. Jg 9, 1904, S. 9—22; Edward Neville da Costa Andrade, Christian Doppler und der D.-E. In: Endeavour. Bd 18, 1959, S. 14—19; Dieter B. Herrmann, Erkenntnis und Irrtum: Christian Doppler. In: Die Sterne. Jg 40, 1964, S. 17—23; ders., Ernst Mach zur Doppler-Theorie. In: Die Sterne. Jg 40, 1964, S. 155 f.

H. B.

Doppler-Effekt (optischer). Von Anfang an hat Doppler sein Prinzip auf die Optik angewendet. Er glaubte, damit die Farben der Doppelsterne erklären zu können. Unter den Astronomen fand er einen Anhänger in Benedetto Sestini. Dessen Farbenwahrnehmungen an Doppelsternen veranlaßten Doppler (in der Sitzung der Kaiserlichen Akademie der Wissenschaften vom 22. Januar 1852) zu dem Ausspruch, er lebe mehr als je der Überzeugung, daß der Farbenschmuck der Sterne einst dazu dienen werde, die Elemente der Bahnen von Himmelskörpern zu bestimmen, deren unermeßliche Entfernung uns nur noch die Anwendung rein optischer Hilfsmittel gestatte.

Mit der Entdeckung der Spektralanalyse entwickelte sich die Astrophysik. In ihr gelangte der D.-E. zu großer Bedeutung. William Huggins in London erkannte 1868, daß die Wasserstofflinien des Sirius im Vergleich mit irdischen Wasserstofflinien gegen Rot verschoben waren. Er berechnete daraus, daß dieser Stern sich mit 47 km in der Stunde von der Erde entferne. Angelo Secchi stellte 1870 fest, daß die Strahlen vom linken oder rechten Ende des Sonnenäquators einen Unterschied in der Lage der Spektrallinien aufwiesen, wie ihn die Rotation vermuten ließ. Hermann Carl Vogel berechnete daraus die Rotationsgeschwindigkeit und fand denselben Wert, den man aus der Beobachtung von Sonnenflecken kannte. Samuel Langley erfand eine Vorrichtung, womit man die Spektrallinien von Strahlen beider Gestirnsränder zugleich beobachten und vergleichen konnte. 1876 bestimmte man so die Rotationsdauer des Jupiter. Die Verschiebung der Natriumlinien ergab die Geschwindigkeit des Kometen von 1882. Die Bahngeschwindigkeit der Venus wurde 1889 von Hermann Carl Vogel spektroskopisch erfaßt.

Einen Triumph feierte der D.-E. bei der Untersuchung der Saturnringe durch James Edward Keeler. Man wußte nicht, ob die Ringe zusammenhängende Massen oder eine Schar einzelner Meteore seien. Im ersten Falle mußten die äußeren Ringteile, im zweiten die inneren sich rascher bewegen. Es ergab sich, daß die inneren im Spektrum stärkere Verschiebungen zeigten.

Abwechselnde, periodische Verschiebungen der Spektrallinien eines Fixsterns entdeckte Hermann Carl Vogel. Beschreibt der Stern eine elliptische Bahn, so wird dort, wo er sich von der Erde entfernt, eine Verschiebung nach Rot auftreten, die ein Maximum erreicht, dann abnimmt und schließlich, wenn der Stern sich wieder nähert, in eine Verschiebung nach Violett wandelt. Aus der Beobachtung der Periodizität läßt sich die Umlaufzeit bestimmen, aus dem Maximum der Verschiebung die Geschwindigkeit und aus beidem die Bahngröße.

Der Nachweis des D.-E. bei irdischen Lichtquellen gelang erstmalig 1905 Johannes Stark in Göttingen an einer Wasserstoff-Kanalstrahlröhre mit Geradsichtspektroskop. Einstein erklärte spätestens 1907, daß der Effekt in der 2. Ordnung, d. h. proportional $(v/c)^2$, als Beweis für die Spezielle Relativitätstheorie dienen kann; den (klassisch nicht vorhandenen) transversalen D.-E. bezeichnete er als „experimentum crucis der Relativitätstheorie". Die diesbezüglichen Bemühungen Starks scheiterten an den experimentellen Schwierigkeiten. Erst 1938 gelang anderen die Bewältigung.

Quellen: Hermann Carl Vogel, Untersuchungen über die Spectra der Planeten. Leipzig 1874.

Literatur: → Doppler-Effekt. → Doppler. Ferner: Arnold Sommerfeld, Elektrodynamik (= Vorlesungen über theoretische Physik. Bd 3). Wiesbaden 1948, S. 229.

Dreikörperproblem. Das Dreikörperproblem bezeichnet die Aufgabe, die Bewegung von drei Körpern, die sich gemäß dem Gravitationsgesetz anziehen, zu berechnen. Leonhard Euler glaubte 1771, im Zusammenhang mit seiner für die Pariser Akademie bestimmten Arbeit über die Mondbewegung eine allgemeine Lösung des Dreikörperproblems gefunden zu haben (Ankündigungen dieser Entdeckung waren bereits an alle Akademien versandt); doch stellte sich bald heraus, daß er einem Irrtum zum Opfer gefallen war. 1772 gab Joseph-Louis Lagrange spezielle Lösungen für gewisse Sonderfälle (der sog. Lagrangeschen Körper) an (wenn nämlich drei Körper auf einer Geraden liegen und mit konstanter Winkelgeschwindigkeit rotieren oder wenn drei Körper gleicher Masse die Ecken eines gleichseitigen, sich ebenfalls drehenden Dreiecks bilden). Das Dreikörperproblem hat seitdem viele Mathematiker interessiert (u. a. Henri Poincaré, Edmund Whittaker); neuerdings ist es in weiterem Sinne in der Kernphysik wieder aktuell geworden (Bau von ^{3}H und ^{3}He).

Literatur: Edmund Whittaker, Prinzipien der Störungstheorie und allgemeine Theorie der Bahnkurven in dynamischen Problemen. In: Encyklopädie der mathematischen Wissenschaften. Bd VI, 2 A. Leipzig 1905—1923, S. 512—556; Hans Happel, Das Dreikörperproblem. Vorlesungen über Himmelsmechanik. Leipzig 1941; Karl Ludwig Siegel, Vorlesungen über Himmelsmechanik. Berlin 1956; Otto Spiess, Leonhard Euler. Frauenfeld 1929, S. 192. U. H.

Druck (Flüssigkeitsdruck). Von Archimedes (3. Jh. v. Chr.) ist bekannt, daß er sich erfolgreich mit hydrostatischen Fragestellungen befaßte. Er wußte bereits, daß der Druck der Flüssigkeiten auf ihre Grundfläche von der Spiegelhöhe der Flüssigkeit abhängt.

Über Archimedes hinaus gelangte 1800 Jahre später der Holländer Simon Stevin mit der Erkenntnis, daß der Bodendruck einer Flüssigkeit — unabhängig von der Form des Gefäßes — dem Gewicht eines geraden Zylinders gleicher Füllhöhe und Grundfläche entspricht. Damit wurde zum ersten Male der Bodendruck von der absoluten Flüssigkeitsmenge im Gefäß geschieden. Stevin deutete auch die Fortleitbarkeit des Druckes in einer Flüssigkeit an (1586).

Vorbereitet durch die Arbeiten Torricellis, von Guerickes und Pascals über den Luftdruck (→ Barometer) begann sich hundert Jahre nach Stevin auch das Wissen um den Druck in Flüssigkeiten zu vertiefen. In seinen „Principia" behauptete Newton, daß der

Druck in einer inkompressiblen Flüssigkeit, die sich in Ruhe befindet und keinerlei Kräften unterworfen ist, nach allen Seiten hin gleich sei. Alexis Clairaut, der sorgfältig zwischen Kraft und Gewicht unterschied, benutzte als erster ein allgemeines Vektorfeld und führte den Begriff des Potentials sowie eine Theorie der Niveauflächen ein (1743). Die gleichzeitige Bestimmung von Druck und Geschwindigkeit bei eindimensionaler Flüssigkeitsströmung (Stromröhre) gelang Daniel und Johann Bernoulli (→ Hydrodynamik). Das führte zur Begründung der Begriffe „hydrostatischer" und „hydrodynamischer Druck". Johann Bernoulli, der Vater Daniel Bernoullis, schuf den Begriff des „inneren Druckes" in der Hydraulik; er unterschied klar zwischen Druck und Gewicht und trennte die kinematischen von den dynamischen Prinzipien (1743). Zum Höhepunkt der Entwicklung wurden die Arbeiten Leonhard Eulers zur Mechanik der Kontinua.

Bereits in seiner „Scientia Navalis" von 1749 (begonnen 1738) kam Euler zu einem Ausdruck der Art $F = \int_S \varrho g h \, dS$ (F = resultierende Kraft auf eine Fläche S in der Wassertiefe h). Für den Begriff des inneren Druckes fand er eine allgemeine Formulierung und berechnete auch bereits Kriterien für das Auftreten von Kavitation. Die von Euler hergeleiteten Bewegungsgleichungen beinhalten als Spezialfall eine klare Beschreibung der idealen Flüssigkeiten im Ruhezustand.

Quellen: Simon Stevin, The principle works. Hrsg. von Ernst Crone et al. 5 Bde. Amsterdam 1955–1966; Alexis Clairaut, Théorie de la figure de la terre. Paris 1743, dt.: Theorie der Erdgestalt nach Gesetzen der Hydrostatik (= Ostwalds Klassiker. Nr 189). Leipzig 1913; Daniel Bernoulli, Hydrodynamics and Johann Bernoulli, Hydraulics. Transl. from original editions (1738, 1743) by Thomas Carmody and Helmut Kobus. New York 1968; Leonhard Euler, Opera omnia. Bd II, 12. Lausanne 1954.

Literatur: Clifford Truesdell, Rational fluid mechanics, 1687–1765. In: Leonhard Euler, Opera omnia. Bd II, 12; ders., Zur Geschichte des Begriffes „innerer Druck". In: Physikal. Blätter. Jg 12, 1956, S. 315–326; Hunter Rouse u. Simon Ince, History of hydraulics. Iowa 1957; Istvan Szabó, Die Anfänge der Hydromechanik. In: Humanismus u. Technik. Bd 13, 1969, S. 1–14.

L. S.

Dualität. Die Dualität (d. h. Doppeldeutigkeit) physikalischer Erscheinungen wurde zuerst beim Licht beobachtet. Während Isaac Newton von der korpuskularen Natur der Lichtteilchen überzeugt war und so weit ging, zugunsten dieser Annahme die Erklärung der 1675 von ihm entdeckten farbigen Erscheinungen an dünnen Schichten (Newtonsche Ringe) auf die Hypothese von „Anwandlungen der Lichtteilchen" (fits of easy transmission or of easy reflexion) zurückzuführen (1704 Opticks), interpretierte sein Zeitgenosse Christiaan Huygens 1678 (Traité de la lumière) das Licht als Wellenerscheinung und erklärte so die Doppelbrechung des isländischen Kalkspats. Andere Erscheinungen (vor allem die Interferenz und Beugung des Lichtes) lieferten 1801 Thomas Young und 1818 Augustin Fresnel so gewichtige Argumente für die wellentheoretische Auffassung des Lichtes, daß diese sich während des folgenden Jahrhunderts allein behauptete und als ein wesentlicher Bestandteil in James Clerk Maxwells Theorie des Elektromagnetismus einging.

Die von Max Planck 1900 entdeckte Formel für die Strahlungsintensität des schwarzen Körpers brachte eine überraschende Wende zugunsten einer modifizierten Auffassung der alten korpuskularen Vorstellung vom Licht. Albert Einstein zeigte 1905, daß im Bereich hoher Frequenzen die Plancksche Strahlungsformel statt (wie bei Planck) aus der Annahme energiegequantelter Oszillatoren aus der Vorstellung räumlich diskret verteilter elektromagnetischer Energieelemente abgeleitet werden kann. Einsteins Lichtquantenhypothese setzte sich indessen trotz seiner Bemühungen, ihre Berechtigung auch an anderen Phänomenen nachzuweisen (1909 Theorie der Energieschwankungen im Strahlungshohlraum), nur zögernd durch. Niels Bohr war noch 1922 angesichts der Interferenzerscheinungen nicht von ihrer Richtigkeit überzeugt. Im gleichen Jahr gelang Arthur Holly Compton der experimentelle Nachweis der Lichtquanten. Er konnte zeigen, daß Licht hoher Energie in Materie so gestreut wird, als ob es aus Korpuskeln bestände, die beim Stoß mit den Elektronen der Materie Energie und Impuls gemäß den Erhaltungssätzen austauschen. Damit war der duale Charakter des Lichtes außer Zweifel gesetzt.

Daß Materie denselben Doppelcharakter besitzt wie Licht, zeigte sich in den folgenden Jahren. 1924 postulierte Louis de Broglie in Analogie zu den Lichterscheinungen eine mit jeder Korpuskel verbundene Welle und leitete daraus die Bohrschen Quantenbedingungen ab. Erwin Schrödinger griff diesen Gedanken auf und stellte ebenfalls in Analogie zu einer schon von William Rowan Hamilton bemerkten Beziehung zwischen Strahlenoptik und Teilchenmechanik 1926 die Wellenmechanik als Pendant zur Wellenoptik auf. Mit dieser Theorie konnten der schon 1921 von Carl Ramsauer beobachtete anomale Verlauf des Streuquerschnitts von Edelgasen für langsame Elektronen und 1927 die Elektronenbeugungsversuche von Clinton Joseph Davisson, Lester Halbert Germer und George Paget Thomson als den optischen Erscheinungen entsprechende materielle Interferenz- und Beugungseffekte gedeutet werden. Die Diskussion des Problems der Dualität physikalischer Phänomene fand einen gewissen Abschluß in der sog. Kopenhagener Deutung der Quantentheorie, insbesondere in der Bohrschen Lehre von der Komplementarität (1927).

Literatur: Johannes Gerber, Geschichte der Wellenmechanik. In: Archive for History of Exact Sciences. Vol. 5, 1969, S. 349–416; Die Kopenhagener Deutung der Quantentheorie (= Dokumente der Naturwissenschaft. Bd 4). Stuttgart 1963; Klaus Michael Meyer-Abich, Korrespondenz, Individualität und Komplementarität. Wiesbaden 1965; Roger H. Stuewer, Was Newton's „Wave-Particle Duality" consistent with Newton's Observations? In: Isis. Vol. 60, 1969, S. 392–394.

U. H.

Duane, William (* 17. Februar 1872, † 7. März 1935 in Devon, Pa.). D. arbeitete bei Walther Nernst und Marie Curie und wurde 1913 Prof. für Biophysik an der Harvard-Universität. 1915 gelang ihm der experimentelle Nachweis der kurzwelligen Grenze der Röntgenbremsstrahlung (Duane-Huntsches Gesetz).

Werke: W. D. und Franklin L. Hunt, On X-ray wave-lengths. In: Physical Review. Vol. 6, 1915, S. 166–172.

Literatur: Dictionary of American Biography. Bd 21, 1944, S. 266 f.

Du Bois-Reymond, Emil (* 7. November 1818 in Berlin, † 26. Dezember 1896 ebd.). Studierte an der Universität von Berlin zunächst Theologie, dann Naturwissenschaften. 1840 wurde er Assistent Johannes von Müllers. Er war einer der Hauptvertreter der physikalischen Richtung in der Physiologie und beschäftigte sich hauptsächlich mit der Analyse elektrischer Vorgänge im lebenden Gewebe, das er sich aus einzelnen mit verschiedenen elektrischen Eigenschaften versehenen Molekülen aufgebaut dachte. Mit seinem bekannten Satz „Ignoramus et ignorabimus" kennzeichnete er die grundsätzliche Unerkennbarkeit gewisser metaphysischer Tatbestände (Substanzproblem, Willensfreiheit). 1858 wurde er nach dem Tode Johannes von Müllers auf den neugegründeten Lehrstuhl für Physiologie an die Berliner Universität berufen. Seit 1867 war er ständiger Sekretär der Akademie der Wissenschaften zu Berlin. Zu seinen Schülern zählten u. a. Theodor Schwann und Rudolf Virchow.

Werke: Gesammelte Abhandlungen zur allgemeinen Muskel- und Nervenphysik. 2 Bde. Leipzig 1875–1877; Untersuchungen über thierische Elektrizität. 2 Bde. Berlin 1848/49; Reden. 2 Bde. Leipzig 1886/87; Über die Grenzen des Naturerkennens. Die sieben Welträtsel. Leipzig 1916; Estelle Du Bois-Reymond (Hrsg.), Zwei große Naturforscher des 19. Jahrhunderts. Ein Briefwechsel zwischen Emil Du Bois-Reymond und Karl Ludwig. Leipzig 1927.

Literatur: Heinrich Boruttau. E. D. B.-R. Wien 1922.

U. H.

Dulong, Pierre Louis (* 12. Februar 1785 in Rouen, † 19. Juli 1838 in Paris). D. war ursprünglich Arzt, dann Chemiker und Physiker. 1811 entdeckte er das Stickstoffchlorid, wobei er ein Auge und zwei Finger verlor. Seit 1815 arbeitete er eng mit Alexis Thérèse Petit zusammen. Im Jahr 1819 veröffentlichten beide das nach ihnen benannte Gesetz über die spezifischen Wärmen fester Körper (das Produkt aus spezifischer Wärme und Atomgewicht ist annähernd konstant). Dieses Gesetz gestattete ihnen die Berechnung bisher unbekannter Atomgewichte. Dulong und Petit haben auch den ersten genauen Vergleich von Luft- und Quecksilberthermometern durchgeführt und als erste den absoluten Ausdehnungskoeffizienten von Quecksilber bestimmt. Sie wiesen ferner nach, daß Newtons Abkühlungsgesetz nur für kleine Temperaturdifferenzen gültig ist. Seit 1832 war Dulong ständiger Sekretär der französischen Akademie der Wissenschaften.

Werke: Das Ausdehnungsgesetz der Gase (= Ostwalds Klassiker. Nr 44). Leipzig 1894.

Literatur: François Arago, Oeuvres complètes. Bd 3. Paris 1855, S. 581–584; Pierre Lemay u. Ralph E. Oesper, P. L. D., his life and work. In: Chymia, Vol. 1, 1948, S. 171–190. U. H.

Dynamismus. Ende des 18. und Anfang des 19. Jahrhunderts existierten neben- und gegeneinander zwei „Systeme" der Physik. Für die „atomistische Lehrart" war das in der Natur primär Gegebene die Materie, eine Auffassung, mit der z. B. Antoine-Laurent Lavoisier die wissenschaftliche Chemie begründet hatte. Für die „dynamistische Lehrart" war das Primäre die → „Kraft", ein Begriff, der in weitem Sinne, unsere heutige „Energie" mit umfassend, gebraucht wurde: „Der Dynamiker hat es überall nur mit Kräften und Thätigkeiten, ihrem Wechselkampfe, ihrer Entzweyung, ihrem Auseinandergehen und ihrer Ausgleichung zu thun, und reducirt alles Empfindbare und Wahrnehmbare darauf, als das reinste Schema, das der Verstand dafür aufstellen kann" (Christoph Heinrich Pfaff 1823). Nach dem D. waren Grundkräfte der Natur Magnetismus, Elektrizität, Licht, Wärme, Chemismus, Galvanismus etc.; man war von dem inneren Zusammenhang aller Naturkräfte und deshalb der gegenseitigen Verwandelbarkeit überzeugt. Johann Wilhelm Ritter, Christian Oersted, Michael Faraday u. a. wurden so zu ihren großen experimentellen Entdeckungen geführt.

Die Wurzeln des D. als einer anti-materialistischen Naturauffassung sind vielfältig; bedeutungsvoll wurden u. a. die unkörperlichen, mit Kräften begabten → Monaden von Leibniz und die atomaren Kraftzentren von Roger Joseph Boscovich. Die Naturauffassung der romantischen Naturphilosophie war geradezu durch den Dynamismus bestimmt (Schelling, Novalis, Baader); dynamistische Gedankengänge führten auch neben anderen zum → Energieprinzip. Mit diesem war ein wesentlicher Teil des D. in die Wissenschaft inkorporiert; als eigenes System existierte er danach nicht mehr. — Durch Einsteins → Energie-Masse-Äquivalenz $E = mc^2$ (1905) wurde dann später der alte Gegensatz Dynamismus–Atomismus im Sinne der Dualität gelöst.

Quellen: Georg Wilhelm Muncke, [Stichwort] Kraft. In: Gehlers Physikalisches Wörterbuch neu bearbeitet ... Bd 5, 2. Leipzig 1830, S. 958; Christoph Heinrich Pfaff, Der Elektro-Magnetismus, eine historisch-kritische Darstellung ... Hamburg 1824, S. 23.

Literatur: Armin Hermann, Der Kraftbegriff bei Michael Faraday und seine historische Wurzel. In: Wissenschaft, Wirtschaft und Technik. Studien zur Geschichte (= Festschrift Wilhelm Treue). München 1969, S. 469–476.

Dynamo. Eine Urform des Dynamos, und zwar eine Unipolarmaschine, erfand der Entdecker der elektromagnetischen Induktion, Michael Faraday, bereits 1831 in Gestalt eines Scheibengenerators, der aus einer rotierenden Kupferscheibe besteht, welche die Kraftlinien eines Dauermagneten senkrecht schneidet. Zwischen dem Zentrum und dem äußeren Rand der Scheibe läßt sich dabei mittels Schleifbürsten ein schwacher Induktions-(Wirbel-)Strom abgreifen. Aus derartigen

„magneto-elektrischen Rotationsapparaten" entwickelten sich in verschiedenen Ländern allmählich brauchbare Dynamomaschinen.

Ein entscheidender Fortschritt gelang dem Dänen Soeren Hjorth, der 1851 (erste Veröffentlichung von 1854) das Prinzip der Selbsterregung schuf, bei dem der im Läufer erzeugte Strom den Ständer zusätzlich erregt, so daß sich das magnetische und das elektrische Feld bis zur Sättigung des Eisens gegenseitig aufschaukeln. Man hat hierin bereits das 1866 von Werner v. Siemens entdeckte dynamoelektrische Prinzip gesehen, das aber über das Selbsterregungsprinzip insofern hinausgeht, als Siemens die notwendige Anfangserregung nicht durch ebenso teure wie große Dauermagnete oder eine Gleichstromquelle (Fremderregung), sondern allein durch den remanenten Magnetismus des weichen Eisens erzielte. Obwohl der englische Telegrapheningenieur Samuel Alfred Varley und Sir Charles Wheatstone etwa zur selben Zeit die gleiche Idee äußerten, wurde Siemens die treibende Kraft der technischen Entwicklung. Weitblickend schrieb er 1867 über seinen neuen Dynamo mit Doppel-T-Anker: „Dieser Apparat wird den Grundstein einer großen technischen Umwälzung bilden, welche die Elektrizität auf eine höhere Rangstufe der Elementarkräfte erheben wird."

Quellen: Michael Faraday, Diary. Bd 1. London 1932, S. 381; Soeren Hjorth, Engl. Patent Nr 2198 vom 14. 10. 1854; Alfred Varley, Engl. Patent Nr 3394 vom 24. 12. 1866; Charles Wheatstone, Ueber die Verstärkung der Kraft eines Magnetes durch die Reaction der von ihm selbst erzeugten inducirten Ströme. In: Dingler's Polytechnisches Journal. Bd 184, 1867, S. 15—22; Werner Siemens, Über die Umwandlung von Arbeitskraft in elektrischen Strom ohne Anwendung permanenter Magnete. In: Monatsberichte der Königlich Preußischen Akademie der Wissenschaften zu Berlin. Aus dem Jahre 1867. Berlin 1868, S. 55 bis 58; Werner Siemens, Wissenschaftliche und technische Arbeiten. 2 Bde. ²Berlin 1889—1891.

Literatur: Otto Mahr, Die Entstehung der Dynamomaschine. Berlin 1941.   L. v. M.

E

Ebbe und Flut. Galileo Galilei glaubte irrigerweise, daß das Phänomen durch Zusammensetzung der beiden Bewegungen der Erde, der jährlichen Kreisbewegung um die Sonne und der täglichen Achsendrehung, zustande komme. Deshalb erblickte er in den Gezeiten einen physikalischen Beweis für das kopernikanische Weltbild und wollte den Gezeiten-Vorgang sogar durch ein mechanisches Modell simulieren (→ Experiment).

Für Johannes Kepler waren die Gezeiten ein Beweis, daß sich die Anziehungskraft des Mondes bis zur Erde erstreckt. Eine mathematische Behandlung vermochte erst Isaac Newton durchzuführen. Er erkannte, daß das Wasser auf der mondabgewandten Seite schwächer als die Erde selbst angezogen wird. Es bleibt gegenüber der sozusagen in Richtung des Mondes fallenden Erde zurück, und so kommt auch auf der mondabgewandten Seite eine Flut zustande.

Anfang des 18. Jh.s veranlaßte die Pariser Akademie Gezeitenbeobachtungen und schrieb 1740 als Preisaufgabe aus, eine verbesserte Theorie vorzulegen. Unter den Preisträgern befanden sich Leonhard Euler und Johann Bernoulli.

Literatur: Harald L. Burstyn, Galileo's attempt to prove that the earth moves. In: Isis. Vol. 53, 1962, S. 161—185, vgl. dazu Isis. Vol. 56, 1965, S. 56—63.

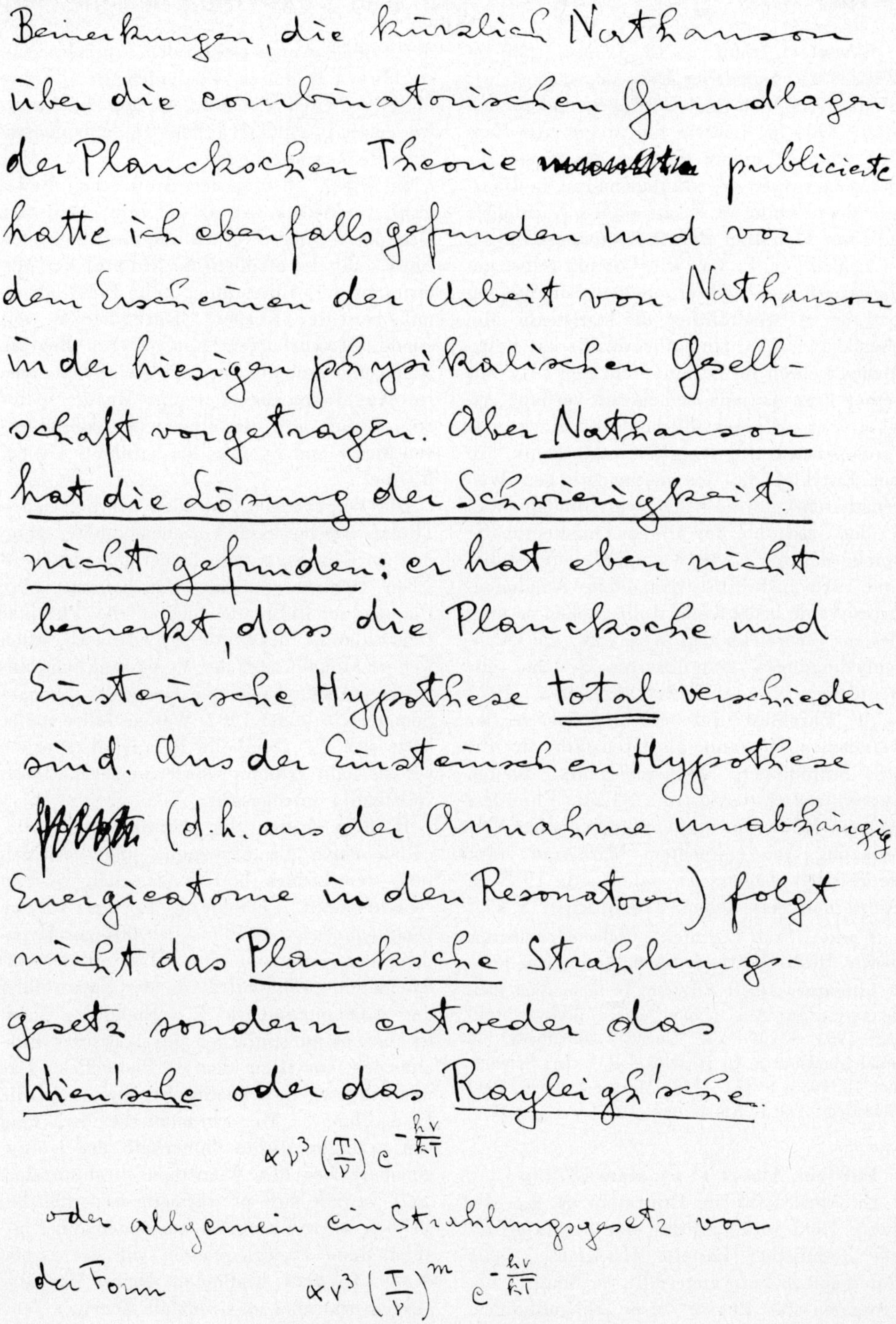

Bemerkungen, die kürzlich Nathanson über die combinatorischen Grundlagen der Planckschen Theorie ~~neuerlich~~ publicierte hatte ich ebenfalls gefunden und vor dem Erscheinen der Arbeit von Nathanson in der hiesigen physikalischen Gesellschaft vorgetragen. Aber <u>Nathanson hat die Lösung der Schwierigkeit nicht gefunden</u>: er hat eben nicht bemerkt, dass die Plancksche und Einsteinsche Hypothese <u>total</u> verschieden sind. Aus der Einsteinschen Hypothese ~~folgt~~ (d.h. aus der Annahme unabhängig Energieatome in den Resonatoren) folgt nicht das <u>Plancksche</u> Strahlungsgesetz sondern entweder das <u>Wien'sche</u> oder das <u>Rayleigh'sche</u>.

$$\alpha \nu^3 \left(\frac{T}{\nu}\right) e^{-\frac{h\nu}{kT}}$$

oder allgemein ein Strahlungsgsetz von der Form
$$\alpha \nu^3 \left(\frac{T}{\nu}\right)^m e^{-\frac{h\nu}{kT}}$$

Abb. 6. Paul Ehrenfest an Arnold Sommerfeld

Ehrenfest, Paul (* 18. Januar 1880 in Wien, † 25. September 1933 in Amsterdam). Studierte in Wien und Göttingen und promovierte 1904 bei Ludwig Boltzmann. Als Hendrik Antoon Lorentz 1912 an das eigens für ihn eingerichtete Forschungsinstitut in Haarlem ging, schlug er E. als seinen Nachfolger auf den Lehrstuhl der theoretischen Physik in Leiden vor. E. war wie Lorentz selbst ein ausgezeichneter Lehrer. Seine Forschungen betrafen im wesentlichen die statistische Mechanik und die Quantentheorie. Er hat Boltzmanns Lehren fortgeführt, und der 1912 mit seiner Frau Tatjana gemeinsam verfaßte Artikel über „Die begrifflichen Grundlagen der statistischen Auffassung in der Mechanik" (in der Enzyklopädie der mathematischen Wissenschaften) gilt noch heute als fundamental. In der Geschichte der älteren Quantentheorie spielte das von E. 1913 erstmals aufgestellte und 1916 ausführlich behandelte Adiabatenprinzip eine bedeutende Rolle, indem es mindestens theoretisch den Weg wies, die Quantenbedingungen komplizierter Systeme aus denjenigen für einfache abzuleiten. 1927 zeigte Ehrenfest, daß sich die Gesetze der klassischen Mechanik als Grenzfälle aus Erwin Schrödingers Wellenmechanik ableiten lassen (sog. Ehrenfestsche Sätze). Ehrenfest war ein Mann von ausgeprägt kritischer Veranlagung, von eminentem Witz und stark depressiven Zügen. Er nahm sich 1933 in Amsterdam das Leben. (Handschrift S. 77.)

Werke: Paul Ehrenfest. Collected scientific papers. Hrsg.: Martin J. Klein. Amsterdam 1959.

Literatur: Albert Einstein. In memoriam Paul Ehrenfest. In: Aus meinen späten Jahren. Stuttgart 1953, S. 239—242. Georges Uhlenbeck, Samuel Goudsmit u. G. H. Dieke, P. E. In: Science. Vol. 78, 1933, S. 377—378; Martin J. Klein, Paul Ehrenfest. Vol. 1. Amsterdam 1970.   U. H.

Einstein, Albert (* 14. März 1879 in Ulm, † 18. April 1955 in Princeton, N. J.). Im Jahre 1905 veröffentlichte der 26jährige E., als „technischer Experte III. Klasse" beim Patentamt in Bern angestellt, im Band 17 der „Annalen der Physik" drei Abhandlungen, deren jede geeignet war, dem Verfasser unsterblichen Ruhm zu verschaffen. Der Einfluß dieser Arbeiten war nicht nur auf die Naturwissenschaft, sondern auf das gesamte menschliche Denken ungeheuer.

In seiner Theorie der Brownschen Bewegung (→ Atom) gab er auf rein klassischer Grundlage einen direkten und abschließenden Beweis für die atomistische Struktur der Materie. In der Abhandlung „Zur Elektrodynamik bewegter Körper" begründete E. mit einer tiefschürfenden Analyse der Begriffe Raum und Zeit die Spezielle Relativitätstheorie. Aus dieser zog er wenige Monate später den Schluß auf die allgemeine Äquivalenz von Masse und Energie, die berühmte Formel $E = mc^2$.

Die Folgerungen, die man aus der neuen „Relativitätsmechanik" ziehen mußte, standen im Gegensatz zum bisherigen physikalischen Denken und zur Anschauung. Max Planck, der führende theoretische Physiker Deutschlands, bekannte sich dennoch schon wenige Monate nach der Veröffentlichung der E.schen Arbeit zu dessen Gedanken; Arnold Sommerfeld folgte 1907. Wenige Jahre später hatte sich die „Spezielle Relativitätstheorie", wie sie bald genannt wurde, in der Fachwelt vollständig durchgesetzt.

In dem dritten der Aufsätze von 1905, „Über einen die Erzeugung und Verwandlung des Lichtes betreffenden heuristischen Gesichtspunkt", erweiterte E. den kühnen Quantenansatz von Planck (1900) zur Hypothese der → Lichtquanten. Das war der entscheidende zweite Schritt in der Entwicklung der → Quantentheorie. E. verband das Quantenkonzept mit einfachen physikalischen Phänomenen, vor allem dem → Photoeffekt. Das wesentlichste theoretische Ergebnis war die Feststellung: „Monochromatische Strahlung von geringer Dichte (innerhalb des Gültigkeitsbereiches der Wienschen Strahlungsformel) verhält sich in wärmetheoretischer Beziehung so, wie wenn sie aus voneinander unabhängigen Energiequanten von der Größe $R\beta\nu/N [= h \cdot \nu]$ bestünde." Damit war klar ausgedrückt, daß im Grenzfall niedriger Temperaturen und kleiner Wellenlängen (im Gültigkeitsbereich des Wienschen Gesetzes) nicht die übliche Wellentheorie des Lichtes, sondern die Vorstellung von unabhängigen Lichtquanten angemessen ist.

1907 folgte E. mit seiner Quantentheorie der spezifischen Wärme, die – obwohl nur eine gewisse Näherung darstellend – den von Walther Nernst und Mitarbeitern ab etwa 1909 gemessenen Verlauf der spezifischen Wärmen bei Annäherung an den absoluten Nullpunkt im Rahmen der Meßgenauigkeit wiedergab. Diese Theorie wurde dann 1912 von Peter Debye und gleichzeitig, aber unabhängig davon, von Max Born und Theodor von Kármán vervollständigt und stimmte damit auch quantitativ genau mit den inzwischen verfeinerten Messungen überein.

Die Lichtquantenvorstellung E.s wurde von den Fachkollegen der Zeit als der radikalste Versuch angesehen, die Gesetze der → schwarzen Strahlung abzuleiten, und fand eine sehr skeptische Aufnahme. Max Planck wollte zunächst nur anerkennen, daß lediglich die Wechselwirkung der Strahlung mit der Materie nach dem Quantengesetz erfolge, um später auch diese Annahme immer mehr abzuschwächen. Die Lichtquantenhypothese hat Planck noch 1913 abgelehnt. In dem von ihm formulierten Wahlantrag der Preußischen Akademie der Wissenschaften, in dem sich die wohl angesehenste wissenschaftliche Institution Deutschlands bemühte, A. E. zum ordentlichen Mitglied zu gewinnen, heißt es als einzige Einschränkung über E.: „Daß er in seinen Spekulationen gelegentlich auch einmal über das Ziel hinausgeschossen haben mag, wie z. B. in seiner Hypothese der Lichtquanten, wird man ihm nicht allzu sehr anrechnen dürfen. Denn ohne einmal ein Risiko zu wagen, läßt sich auch in der exaktesten Wissenschaft keine wirkliche Neuerung einführen."

Der Meinungsumschwung kam erst in den Jahren 1914/15, als es durch die von Bohr aufgestellte Quantentheorie des Atoms möglich wurde, die Frequenzen der Spektrallinien mit „astronomischer Genauigkeit" zu berechnen. Nun wurden endlich die von E. schon 1905 vorgetragenen Gedanken von den Fachkollegen verstanden und gewürdigt.

In den Jahren 1914/15 begründete E., ausgehend von der strengen Proportionalität von schwerer und träger Masse, die Allgemeine → Relativitätstheorie. Diese ist das vielleicht Höchste und Bewunderungswürdigste, was einem einzelnen Menschen zu schaffen je vergönnt war.

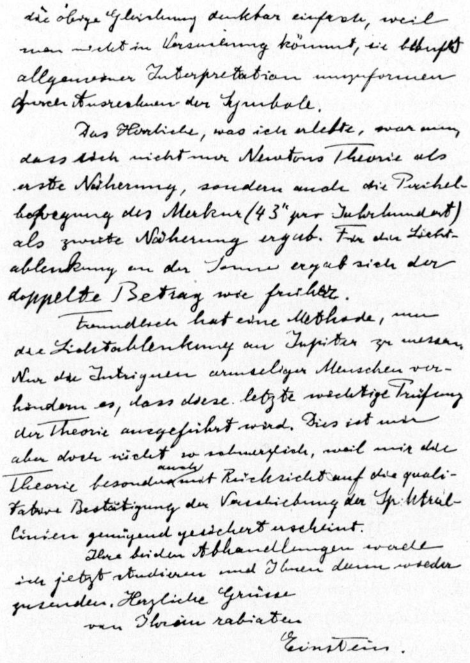
die obige Gleichung denkbar einfach, weil man nicht in Versuchung kommt, sie behufs allgemeiner Interpretation umzuformen ohne Ausrechnen der Symbole.
Das Herrliche, was ich erlebte, war nun, dass sich nicht nur Newtons Theorie als erste Näherung, sondern auch die Perihelbewegung des Merkur (43" pro Jahrhundert) als zweite Näherung ergab. Für die Lichtablenkung an der Sonne ergab sich der doppelte Betrag wie früher.
Freundlich hat eine Methode, um die Lichtablenkung am Jupiter zu messen. Nur die Intriguen armseliger Menschen verhindern es, dass diese letzte wichtige Prüfung der Theorie ausgeführt wird. Dies ist mir aber doch nicht so schmerzlich, weil mir die Theorie besonders auch mit Rücksicht auf die qualitative Bestätigung der Verschiebung der Spektrallinien genügend gesichert erscheint.
Ihre beiden Abhandlungen werde ich jetzt studieren und Ihnen dann wieder zusenden. Herzliche Grüsse von Ihrem rabiaten
Einstein.
Die Akademie-Arbeiten sende ich dann alle auf einmal!

Abb. 7. Brief Einsteins an Sommerfeld vom 28. November 1915. Aus: Briefwechsel Einstein/Sommerfeld, hrsg. von Armin Hermann. Basel/Stuttgart 1968

Durch den Erfolg der britischen Sonnenfinsternisexpedition 1919 gewann E. große Publizität. Im innerlich zerrissenen Deutschland der Zeit nach dem 1. Weltkrieg führte das zu scharfen Angriffen seiner politischen Gegner, die in der wissenschaftlichen Welt und in der Öffentlichkeit eine Kampagne gegen die Relativitätstheorie zu eröffnen versuchten. Wissenschaftliches Gewicht gewannen die Angriffe gegen E. aber nicht; die Spezielle und Allgemeine Relativitätstheorie war ein fester Bestandteil der Wissenschaft geworden. Das Nobelkomitee hielt es dennoch für geraten, die Verleihung des Nobelpreises für Physik des Jahres 1921 an E. nicht für die Aufstellung der Relativitätstheorie zu vergeben, sondern für seine Beiträge zur Quantentheorie.

Ab 1920 hat Einstein versucht, eine „Einheitliche Theorie der Materie" aufzustellen, die neben der Gravitation auch die Elektrodynamik umfassen sollte. Mangels empirischen Materials mußte E. dabei auch formale Gesichtspunkte heranziehen; selbst als durch Hideki Yukawa gezeigt war, daß neben Gravitation und Elektrodynamik noch andere Kräfte existieren, hat er seine Bemühungen fortgesetzt, die vergeblich blieben. Obwohl er 1917 eine für die statistische Interpretation der Quantentheorie richtungweisende Arbeit veröffentlichte, hatte er später gegen die → Kopenhagener Deutung von Bohr und Heisenberg ernste, in seiner philosophischen Weltauffassung begründete Bedenken.

E. wirkte 1909/11 an der Universität Zürich, 1911/12 an der Deutschen Universität in Prag, 1912/13 an der Eidgenössischen Technischen Hochschule in Zürich und ab 1914 als ordentliches, hauptamtliches Mitglied an der Preußischen Akademie der Wissenschaften. Diese Stellung verlor er (bzw. leistete auf sie Verzicht) im Jahre 1933. Er fand in den Vereinigten Staaten am Institute for Advanced Study in Princeton N. J. eine neue Wirkungsstätte. Es gehört zu den tragischen Lebensumständen des überzeugten Pazifisten, daß er aus Sorge vor einer deutschen Aggression in einem Brief an den amerikanischen Präsidenten Roosevelt vom 2. August 1939 mit den Anstoß zum Bau der amerikanischen Atombomben gab.

A. E. gehört sowohl durch seine wissenschaftlichen Leistungen wie durch seine Persönlichkeit zu den verehrungswürdigsten Gestalten unseres Jahrhunderts. In der hingebenden Beschäftigung mit den Gesetzen der Natur fand er „innere Freiheit und Sicherheit": „Der Weg zu diesem Paradies", so sagte Einstein in seiner Autobiographie, „war nicht so bequem und lockend wie der Weg zum religiösen Paradies; aber er hat sich als zuverlässig erwiesen und ich habe nicht bedauert, ihn gewählt zu haben."

Werke: Eine Gesamtausgabe existiert nur in russischer Sprache. Eine umfassende Bibliographie geben: E. Weil, A. E. A Bibliography of his Scientific Papers. 1901—1954. London 1960; Paul Arthur Schilpp, A. E. Philosopher-Scientist. Evanston 1949. Hier S. 689—758; Carl Seelig, A. E. Eine dokumentarische Biographie. Zürich 1954. Hier S. 263—294; Nell Boni, Monique Russ and Dan H. Laurence, A Bibliographical Checklist and Index to the Published Writings of A. E. Paterson N. J. 1960.

Literatur: Max Born, E.s statistische Theorien. In: Physik im Wandel meiner Zeit. Braunschweig 1957. Hier S. 85—98; Max Born, A. E. und das Lichtquantum. Ebd. S. 217—231; Max Born, Erinnerungen an E. Ebd. S. 232—246; Max Born, Erinnerungen an E. In: Physikalische Blätter. Jg 21, 1965, S. 297—306, und in: Universitas. Jg 20, 1965, S. 795—807; A. E. Mein Weltbild. Herausgegeben von Carl Seelig. Frankfurt 1955 (Ullstein-Buch Nr. 65); Philipp Frank, E. Sein Leben und seine Zeit. München 1949; Friedrich Herneck, A. E. Berlin 1963; Leopold Infeld, A. E. Sein Werk und sein Einfluß auf unsere Welt. Berlin 1957; Boris Kuznetsov, E. Moskau 1965 (Englisch); Otto Nathan und Heinz Norden (Hrsg.), E. on Peace. New York 1960; Paul Arthur Schilpp (Hrsg.), A. E.: Philosopher-Scientist. Evanston 1949 (dt. Stuttgart 1956); Carl Seelig (Hrsg.), Helle Zeit — Dunkle Zeit. In memoriam A. E. Zürich 1956; Carl Seelig, A. E. Leben und Werk eines Genies unserer Zeit. Zürich 1960 (Auflagen von 1952 und 1954 unter anderem Titel).

Briefeditionen: A. E./Max und Hedwig Born, Briefwechsel 1918—1955. München 1969; A. E., Lettres à Maurice Solovine. Paris 1956; A. E./Arnold Sommerfeld, Briefwechsel. 60 Briefe aus dem goldenen Zeitalter der modernen Physik. Basel/Stuttgart 1968; A. E. und Johannes Stark. Briefwechsel und Verhältnis der beiden Nobelpreisträger. In: Sudhoffs Archiv. Bd 50, 1966, S. 267—285.

Elastizität: → Hookesches Gesetz.

Elektrisiermaschine. Die erste Elektrisiermaschine wurde 1663 von Otto von Guericke gebaut (veröffentlicht 1672 in seinen Experimenta nova Magdeburgica). Sie bestand aus einer Schwefelkugel, die, von einer Eisenstange als Achse durchbohrt, in Drehung versetzt und durch Reibung mit der Hand elektrisiert wurde. Guericke beobachtete damit sowohl die Anziehung als auch die Abstoßung elektrischer Körper. Mathias Bose, Professor der Physik in Wittenberg, erfand in der ersten Hälfte des 18. Jahrhunderts den Konduktor, mit dem er die elektrischen Wirkungen der Maschine erheblich verstärkte. Das Reibzeug führte Johann Heinrich Winkler, Professor in Leipzig, zur selben Zeit ein. Die Elektrisiermaschinen waren Lieblingsgeräte des 18. Jh.s. Die größte erbaute 1785 van Marum für das Teylersche Museum in Haarlem. Sie lieferte lange Funken und schon auf große Entfernungen elektrometrische Wirkungen. Dieser Typus der Elektrisiermaschine ist wiedererstanden in den modernen Teilchenbeschleunigern auf elektrostatischer Grundlage (van de Graaf-Generator).

Literatur: Edmund Hoppe, Geschichte der Elektrizität. Leipzig 1884; Hans Schimank, Geschichte der Elektrisiermaschine bis zum Beginn des 19. Jh.s. In: Zeitschrift für technische Physik. Jg 16, 1935, S. 245—254; C. A. Crommelin, Die Elektrisiermaschine des Dr. Deiman und deren Verfertiger John Cuthbertson. In: ebd. Jg 17, 1936, S. 105—108; Bern Dibner, Early electrical machines. The experiments and apparatus of two enquiring centuries, 1600—1800, that led to the triumphs of the electrical age. Norwalk, Connecticut, 1957. U. H.

Elektrizität. Ein eigenes Wissensgebiet E. entwickelte sich, als in der Mitte des 16. Jh.s die Unterschiede zwischen den elektrischen und magnetischen Wirkungen schärfer herausgearbeitet wurden (Girolamo Cardano, De subtilitate). Um 1600 bezeichnete William Gilbert (De magnete) alle Stoffe als „Electrica", an denen er die anziehende Wirkung des Bernsteins beobachtete (Elektron = Bernstein). Die abstoßende Kraft der E. erwähnte als erster Niccolo Cabeo 1629; sie wurde jedoch erst um 1660 von Otto von Guericke eingehender untersucht.

Vor Gilbert, der die Kraftwirkung auf materielle „Effluvia" (= Ausströmungen) zurückführte, hatte schon Cardano die Vorstellung von der Nahwirkung des Bernsteins entwickelt; letztlich ging sie auf griechische Tradition zurück. Mit der Entwicklung der Ausströmungstheorie der E. festigte sich der Begriff des elektrischen Stromes als eines Transports „elektrischer Flüssigkeit" („elektrischer Materie", „elektrischer Kraft"). Bedeutsame Entdeckungen und Beobachtungen stützten die Theorie: 1. Die Weiterleitung der Kraftwirkung durch bestimmte Materialien (Guericke um 1660, eingehender Stephen Gray 1729). Mit der Unterscheidung zwischen Konduktoren und Isolatoren entstand — zunächst als reziproker Begriff „Leitung" — der Begriff des elektrischen Widerstandes. 2. Die Leuchtwirkungen der E. (Guericke um 1660, genauer Francis Hauksbee ab 1706). Hauksbee fiel besonders der blitzähnliche Charakter elektrischer Funken auf. 3. Weitere meist durch Funkenentladungen vermittelte Sinneseindrücke der E. (der „elektrische Wind", der Knall, die Stoß- und Schlagempfindungen).

Die Entdeckung der Abstoßung elektrischer Körper führte (im Elektroskop) zum ersten nichtphysiologischen komparativen Maß für die E. Zur Präzisierung des Begriffs der Ladungsmenge bedurfte es jedoch noch der Begründung des Ladungserhaltungsprinzips (Benjamin Franklin ab 1748). Bis dahin wurde in allen Wirkungen der E. „elektrisches Strömen" gesehen, was auch für die Wirksphäre (das elektrostatische Feld) galt. Eine experimentelle Entdeckung, die des Kondensatorprinzips in der Leidener Flasche (1745), gab den Anstoß zur Aufstellung des Ladungserhaltungssatzes. Man erkannte, daß die Ladungsfähigkeit mit der Größe der Kondensatorflächen zunimmt, mit ihrer Entfernung voneinander abnimmt. Das ermöglichte es, große Ladungsmengen anzusammeln, sowie durch Konstruktion gleichgroßer Kapazitäten Auf- und Entladungsphänomene in genau definierten Schritten hervorzurufen.

Die neuen experimentellen Möglichkeiten belebten das wissenschaftliche und allgemeine Interesse an der E. Dazu trug auch der Streit bei zwischen den Vertretern der dualistischen Theorie Du Fays, der 1733 zwei verschiedene Elektrizitätsmaterien angenommen hatte, und den Anhängern der Franklinschen unitarischen Theorie der E. Immer mehr konzentrierte sich das Interesse auf die elektrischen Vorgänge in Leitern bzw. deren Oberflächen. Im Zentrum stand bald die Frage, warum man von Leidener Flaschen und Konduktoren unterschiedlich starke physiologische Empfindungen und Funken erhalten kann, während die Elektroskope gleiche Ausschläge (Spannungen) anzeigen. Die Lösung lieferten etwa gleichzeitig Giambattista Beccaria (1772, Ansätze schon 1753) und Henry Cavendish (1771/72). Sie erkannten, daß zwei verschiedene Begriffe zur Beschreibung erforderlich seien, modern ausgedrückt: Ladungsmenge (→ Coulombsches Gesetz) und Spannung.

Zwar baute Cavendish ein beachtliches Lehrgebäude der Elektrostatik auf, die historische Wirkung dieser Lehre war jedoch gering. Dagegen sicherte Alessandro Volta (ab 1778) den Entdeckungen und Nominaldefinitionen Beccarias durch geschickte Anwendungen und weltmännisches Konversationstalent weite Verbreitung. Er führte Spannungs- und Kapazitätsmessungen (zur Bestätigung der Annahme $C \sim F/d$) durch und bemühte sich ständig, Meßbereich und Reproduzierbarkeit seiner Elektrometer zu verbessern.

Nach der Entdeckung des → Galvanismus spielte der Begriff des „elektrischen Stromes" in Voltas Überlegungen schnell eine entscheidende Rolle. Jedoch erst nach Entdeckung seiner Säule definierte er $J = Q/t$ (1801). Schon ab 1798 hatte er die in der Elektrostatik klar getrennten Begriffe „Ladungsmenge" und „Spannung" zur Erklärung der neuen Phänomene verwandt. Um 1802 kamen Volta und unabhängig von ihm Johann Wilhelm Ritter zu Formulierungen des sog. Ohmschen Gesetzes. Die historische Resonanz war indessen gleich Null, waren doch die Stromquellen noch nicht konstant, die Strommeßmethoden (physiologische Wirkungen, Gasentwicklung, Funkenstärke, Schmelzproben mit Leitermaterial) von noch unbekannten Faktoren abhängig, die nötigen Begriffe noch kein wissenschaftliches Allgemeingut. Das gefundene Gesetz war daher schlecht reproduzierbar.

Entdeckungen, die Ablenkung der Magnetnadel durch den elektrischen Strom (Hans Christian Oersted 1820) und der thermoelektrische Effekt (Thomas Johann Seebeck 1822/23), brachten dann die entscheidende Wendung (→ Elektromagnetismus). Sie lieferten eine neue Strommeßmethode (→ Galvanometer) bzw. eine konstante Spannungsquelle. Nunmehr gelang es Georg Simon Ohm 1826, eine exakte Meßvorschrift für den Widerstand aufzustellen; er verknüpfte endgültig quantitativ die Begriffe „Stromstärke", „Spannung" und „Widerstand" und entwickelte die sog. → Kirchhoffschen Gesetze. Damit waren die begrifflichen und experimentellen Grundlagen zur Entwicklung der E.slehre gelegt.

Bibliographie: Paul Fleury Mottelay, Bibliographical history of electricity and magnetism. London 1922.

Literatur: Joseph Priestley, Geschichte und gegenwärtiger Zustand der Elektricität. Deutsch von Johann Georg Krünitz. Berlin und Stralsund 1774; Edmund Hoppe, Geschichte der Elektrizität, Leipzig 1884 (Nachdruck Wiesbaden 1969); Gustav Albrecht, Geschichte der Elektricität. Wien 1885; Duane Roller und Duane H. D. Roller, The development of the concept of electric charge. Cambridge Mass. 1954; Fritz Fraunberger, Elektrizität im Barock. Köln 1964; ders., Vom Frosch zum Dynamo. Köln 1965; ders., Vom Kompaß bis zum Elektron. Köln 1970; Roderick Weir Home, The effluvial theory of electricity (= University Microfilms). Ann Arbor 1967; Jürgen Teichmann, Zur Entwicklung der Grundbegriffe der Elektrizität. München Naturwiss. Diss. München 1970 (im Druck). Jürgen Teichmann

Elektrodynamik. Die seit 1820 nach und nach aufgefundenen Phänomene des → Elektromagnetismus versuchte man frühzeitig in einer Gleichung nach dem Vorbild des Newtonschen Gravitationsgesetzes zusammenzufassen (Grundgesetz der E. von André-Marie Ampère 1822). Ziel war also, den allgemeinen Ausdruck für die zwischen zwei bewegten Einheitsladungen (resp. Stromelementen) ausgeübten Kräfte zu finden (Wilhelm Weber 1846): „Das uns so übermittelte Gesamtbild der E. war umständlich, inkohärent und keineswegs abgeschlossen" (Arnold Sommerfeld).

Der nicht auf dem Standpunkt der Fernwirkung, sondern in einer anderen Tradition (→ Dynamismus) stehende Faraday hatte intuitiv andere Vorstellungen (→ Kraftlinie, → Feld) entwickelt. 1845 unternahm William Thomson, der spätere Lord Kelvin, den ersten Versuch, Faradays Ideen in eine präzise mathematische Form zu fassen. Am 10. Dezember 1855 trug dann James Clerk Maxwell zum erstenmal vor der Cambridge Philosophical Society seine Arbeit „On Faraday's Lines of Force" vor. „Die Methoden", schrieb Maxwell, „sind dabei die, die Faraday bei seinen Überlegungen angewandt hat und die ganz allgemein als unbestimmt und unmathematisch angesehen werden, obwohl sie schon von Professor Thomson und anderen mathematisch interpretiert worden sind."

1861 und 1862 fand Maxwell die mathematische Formulierung der Erscheinungen der Elektrodynamik. An einer einzigen Stelle ging dabei Maxwell über Faraday hinaus, indem er aufgrund mathematischer Symmetriebetrachtungen den „Verschiebungsstrom" einführte, der sich im Experiment bisher noch nicht bemerkbar gemacht hatte. Aus seinen Gleichungen leitete Maxwell als Lösungen transversale elektromagnetische Wellen her, deren Fortpflanzungsgeschwindigkeit für das Vakuum nahe der von → Fizeau und → Foucault 1848/49 gemessenen Lichtgeschwindigkeit lag. Er schloß daraus, „daß wir kaum den Gedanken zurückweisen können, daß das Licht aus Transversalschwingungen desselben Mediums besteht, welches auch die Ursache der elektrischen und magnetischen Erscheinungen ist".

Die Schwierigkeiten für den modernen Leser liegen weniger in der komplizierten und ungewohnten Komponentenschreibweise als in den zugrunde gelegten mechanischen Modellen. So stellt sich Maxwell das magnetische Feld als Flüssigkeit mit Wirbeln vor, die in Richtung der Kraftlinien als Achse, einsinnig drehend, aufeinanderfolgen. Zwischen benachbarten Wirbeln sind entgegengesetzt rotierende Hilfswirbel zur schlupffreien Drehungsübertragung eingeschaltet.

Nach den Veröffentlichungen im Philosophical Magazine von 1861/62 faßte Maxwell seine Gedanken nochmals in einem 54seitigen Aufsatz in den Philosophical Transactions (Bd 155, 1865, S. 459—512) und dann endgültig im berühmten „Treatise" von 1873 zusammen. In der Einleitung heißt es hier: „Faraday sah mit seinem geistigen Auge Kraftlinien den ganzen Raum durchdringen, wo die Mathematiker Anziehungszentren von Fernkräften sahen... Faraday suchte nach dem Sitz der Erscheinungen, die in diesem Mittel wirklich vorgingen, sie begnügten sich damit, das Potenzgesetz der Kräfte zu finden, die auf die elektrischen Fluida wirken. Als ich die Faradayschen Ideen, wie ich sie verstand, in eine mathematische Form übersetzte, fand ich, daß beide Methoden im allgemeinen zu denselben Resultaten führten..., daß aber manche von den Mathematikern entdeckten Methoden viel besser in Faradayscher Weise ausgedrückt werden können."

Hermann von Helmholtz widmete sich mit den reichen Mitteln seines großen Berliner Institutes der Prüfung der Maxwellschen Theorie. Als Schüler Helmholtz' bestimmte Ludwig Boltzmann die Dielektrizitätskonstante von Gasen und fand dabei die von der Theorie geforderte Beziehung zwischen Brechungsindex und Dielektrizitätskonstante: $n^2 = \varepsilon$ ($\mu \approx 1$). Auch der Helmholtz-Schüler → Heinrich Hertz widmete in den achtziger Jahren seine Hauptarbeitskraft der Prüfung der Maxwellschen E. Die Hertzsche Entdeckung der elektromagnetischen Wellen bildete die endgültige Bestätigung der Theorie. Die Versuche bewiesen unmittelbar, daß der von Maxwell eingeführte Verschiebungsstrom wie der Leitungsstrom einen Beitrag zum Magnetfeld liefert.

Die von Maxwell in den verschiedenen Ansätzen voneinander etwas abweichend gefaßten Grundgleichungen setzten sich in der von Hertz gegebenen Form durch. Die Maxwellsche E. bildete nun als selbständige Gegebenheit zusammen mit der Mechanik das Gebäude der „klassischen Physik". Die Spezielle → Relativitätstheorie Einsteins deckte den zwischen E. und Mechanik bestehenden Widerspruch auf, der eine Korrektur nicht an der E., wohl aber an der klassischen Mechanik notwendig machte.

Quellen: James Clerk Maxwell, „Über Faraday's Kraftlinien" und „Über physikalische Kraftlinien" (= Ostwalds Klassiker. Nr 69 und 102). Leipzig 1912; ders., Lehrbuch der Electricität und des Magnetismus (dt. Übers. des „Treatise"). 2 Bde. Berlin 1881/83.

Literatur: Hendrik Antoon Lorentz, Maxwells elektromagnetische Theorie. In: Encyclopädie der math. Wissenschaften. Bd V, 2. Leipzig 1904 bis 1922, S. 63—144; Edmund Whittaker, A history of the theories of aether and electricity. 2 Bde. London 1951—1953; Thomas K. Simpson, Maxwell and the direct experimental test of his electromagnetic theory. In: Isis. Vol. 57, 1966, S. 411—432; A. E. Woodruff, The contributions of Hermann von Helmholtz to electrodynamics. In: Isis. Vol. 59, 1968, S. 300—311. Joan Bromberg, Maxwell's displacement current and his theory of light. In: Archive for History of Exact Sciences. Vol. 4, 1967/68, S. 218—234.

Elektrolyse. Am 20. März 1800 teilte Alessandro Volta seine Erfindung der Säule (→ Voltasche Säule) dem Präsidenten der Royal Society mit; die Verlesung vor der R. S. — die mit der „Veröffentlichung" gleichbedeutend war — erfolgte erst am 26. Juni. In Kenntnis des Briefes konnten unter Ausnutzung ihres Vorsprunges Antony Carlisle und William Nicholson eine Säule aufbauen, mit der sie zum erstenmal am 2. Mai 1800 die elektrolytische Wasserzersetzung beobachteten. Nach Wiederholung dieses Versuches am 17. September 1800 fing Johann Wilhelm Ritter in Jena Wasserstoff und Sauerstoff gleichzeitig und getrennt auf, ließ das Knallgasgemisch durch einen elektrischen Funken verpuffen und fand die Metallfällung, die Grundlage der Galvanotechnik.

Humphry Davy bemühte sich um die Zerlegung von Pottasche (Kaliumkarbonat), erhielt aus der wäßrigen Lösung aber nur Wasserstoff und Sauerstoff. Da Pottasche selbst den Strom nicht leitete, schmolz er diese schließlich in einem Platinlöffel, und nun glückte die Elektrolyse: Am 19. November 1807 konnte Davy der Royal Society die Entdeckung von zwei neuen Elementen, von Kalium und Natrium, bekanntgeben (von ihm Potassium und Sodium genannt). Im folgenden Jahr schloß sich durch Elektrolyse entsprechender Schmelzen die Entdeckung von Kalzium, Strontium, Barium und Magnesium an.

Im Jahre 1833 formulierte Michael Faraday wesentliche Gesetzmäßigkeiten (→ Faradaysche Gesetze); er prägte auch die bis heute eingebürgerte Terminologie; neben dem Begriff Elektrolyse selbst vor allem die Ausdrücke Elektrolyt, Elektrode, Anode, Kathode, Ion, Anion, Kation. Die endgültige Klärung aller bei der E. auftretenden Vorgänge konnte dann erst nach der →Ionentheorie von Svante Arrhenius und Wilhelm Ostwald erzielt werden.

Quellen: William Nicholson, Beschreibung des neuen ... Apparats etc. In: Gilberts Annalen der Physik. Bd 6, 1800, S. 340—359; Johann Wilhelm Ritter, Die Begründung der Elektrochemie etc. (= Ostwalds Klassiker. Neue Folge. Bd 2). Frankfurt 1968, S. 47 ff.; Humphry Davy, On some new phenomena of chemical changes etc. In: Collected Works. Vol. 5, S. 57—101, dt. in: Ostwalds Klassiker. Nr. 44; Michael Faraday, Experimental-Untersuchungen über Elektrizität. Hier §§ 662 ff.

Literatur: Edmund Hoppe, Geschichte der Elektrizität. Leipzig 1884; Wilhelm Ostwald, Elektrochemie. Ihre Geschichte und Lehre. Leipzig 1896; K. Arndt, 50 Jahre elektrolytische Wasserzersetzer. In: Elektrotechnische Zeitschrift. Jg 60, 1939,

S. 189—194; Fritz Fraunberger, Vom Frosch zum Dynamo. Köln 1965.

Elektromagnetismus. Am 21. Juli 1820 gab Hans Christian Oersted seine Entdeckung bekannt, daß eine Magnetnadel durch den elektrischen Strom abgelenkt wird. Die an die Kollegen in ganz Europa gerichtete Flugschrift von vier Seiten war in Latein abgefaßt und trug den Titel „Experimenta circa effectum conflictus electrici in acum magneticam". Oersted stellte sich vor, daß durch den elektrischen Wechselkampf (conflictus electricus) der Draht erhitzt wird: Ein Teil der elektrischen Kraft verwandelt sich aber nicht in Wärme, sondern in magnetische „Kraft". Oersted stand also ganz auf dem Boden des → Dynamismus. Das gab Anlaß zu gewissen Auseinandersetzungen, ob Oersted „apriorisch" zu seiner Entdeckung gekommen sei (welchen Standpunkt die Dynamisten vertraten), oder ob es sich um einen bloßen „Zufall" gehandelt habe (→ Oersted). Die aufsehenerregende Entdeckung als solche fand volle Anerkennung; an verschiedenen Stellen wurden die Versuche wiederholt. Schwierigkeiten bereitete zuerst die Richtung der Kraft, die im Gegensatz zu den bisher bekannten Kräften nicht in der Verbindungsgeraden verlief, sondern senkrecht dazu stand. Zur Demonstration erdachte Michael Faraday seinen Rotationsapparat.

Am 11. September 1820 wurde der Oerstedsche Versuch von François Arago erstmalig in Paris demonstriert. André Marie Ampère, der dieser Akademie-Sitzung beiwohnte, war so enthusiasmiert, daß er sofort mit eigenen Experimenten begann und vom 18. September bis 2. November 1820 fast auf jeder Sitzung der Akademie neue Ergebnisse vorlegte. Er definierte die Stromrichtung, wie bis heute üblich, als Richtung der positiven Elektrizität: „Wenn man sich in die Richtung des Stromes gelegt denkt derart, daß der Strom von den Füßen zum Kopf gerichtet ist, und man das Gesicht der Nadel zuwendet, wird das nach Norden weisende Ende der Nadel — ich nenne es Südpol — immer nach links abgelenkt." Ampère erkannte auch, daß sich aus den Eigenschaften des elektrischen Stromes ein Meßinstrument (→ Galvanometer) zur Anzeige von Richtung und Intensität des Stromes entwickeln läßt. Nicht nur zwischen Strom und Magnetnadel, sondern auch zwischen elektrischen Strömen selbst treten Kraftwirkungen auf: Parallele Ströme ziehen einander an, antiparallele stoßen einander ab. Aus der Gestaltung eines der beiden Drähte zum Leiterviereck ergab sich eine verblüffende Parallele der Eigenschaften eines stromdurchflossenen Drahtes, der geometrisch so gestaltet ist, daß der Strom (nahezu) in sich zurückläuft, und einer Magnetnadel.

Auf diese Weise wurde Ampère zur Konstruktion einer „elektrischen Kompaßnadel" gebracht, einer stromdurchflossenen Spule, die sich im Magnetfeld der Erde wie eine Kompaßnadel in die Nord-Süd-Richtung einstellt. So drängte sich Ampère die Überzeugung auf, daß jeglicher Magnetismus durch „strömende Elektrizität" hervorgerufen werde. Wie eine stromdurchflossene Spule als Magnet wirkt, so fließen nach Meinung Ampères in magnetischen Körpern elektrische Molekularströme. Nach dem großen Vorbild der Newtonschen Gravitationstheorie faßte nun Ampère alle Kraftwirkungen in sein Fundamentalgesetz der „Elektrodynamik". Wie bei Newton die Kraft zwischen Masse-Elementen wirkt, drückte nun Ampère die Kraft zwischen Stromelementen ds und ds' formelmäßig aus. Die tatsächliche Kraft zwischen zwei Leitern erhält man dann durch doppelte Integration. Damit war ein vorläufiger Abschluß erreicht. Von Wilhelm Weber u. a. wurde später vergeblich versucht, auf dieser Basis das Gesamtgebiet von Elektrizität und Magnetismus zu erfassen (→ Elektrodynamik).

Quelle: Christian Heinrich Pfaff, Der Elektro-Magnetismus, eine historisch-kritische Darstellung etc. Hamburg 1824; Antoine César Becquerel, Resumé de l'histoire de l'électricité etc. Paris 1858.

Literatur: Richard Reiff und Arnold Sommerfeld, Standpunkt der Fernwirkung. Die Elementargesetze. In: Encyclopädie der math. Wissenschaften. Bd V, 2. Leipzig 1904—1922, S. 3—62; Karl Heinrich Wiederkehr, Wilhelm Webers Stellung in der Entwicklung der Elektrizitätslehre. Naturwiss. Diss. Hamburg. Hamburg 1960; Bern Dibner, Oersted and the discovery of electromagnetism. Norwalk 1961; Fritz Fraunberger, Vom Frosch zum Dynamo. Köln 1965; Walther Gerlach, Die Entwicklung der Elektrizität im 19. Jahrhundert. In: Technikgeschichte. Bd 33, 1966, S. 356—387. Vgl. auch Literatur unter Ampère und Oersted.

Elektromotor (1). Nach der Entdeckung des → Galvanismus war nach damaligem Sprachgebrauch jede Vorrichtung, die das elektrische Fluidum in Bewegung setzt, ein „Elektromotor". In dem Begriff „Elektromotorische Kraft", abgekürzt EMK, für die Spannung einer Voltaschen Batterie hat sich die historische Bezeichnung gehalten.

Elektromotor (2). Den ersten Elektromotor im heutigen Sinne, also eine Vorrichtung zum Umwandeln elektrischer Energie in mechanische Energie in Form einer Drehbewegung, schuf Faraday 1821. Im Jahre 1834 konstruierte Moritz Hermann von Jacobi den ersten zur Verrichtung von Arbeit fähigen Elektromotor, doch war damals noch keine Konkurrenzfähigkeit mit den anderen Arten der Krafterzeugung, also vor allem der Dampfmaschine, gegeben.

Erst etwa 1880 begann die Entwicklung elektrischer Netze in den Städten und damit die Möglichkeit, elektrische Antriebe rationell zu verwenden. Besonders wichtig für diese Entwicklung war der Drehstrommotor, den Michael Ossipowitsch von Dolivo-Dobrowolski 1889 zu einer praktisch brauchbaren Form entwickelt hatte. 1891 wurde erstmals mittels Drehstrom Energie über 175 km übertragen.

Die weitere Entwicklung führte zu einer Vielzahl von Motortypen. Heute werden hauptsächlich folgende Arten verwendet: Drehstrommotoren, besonders in ihrer Bauart als Kurzschlußläufer-Asynchronmotoren; Gleichstrommotoren, vor allem als Fahrantriebe;

Universalmotoren, vor allem für Haushaltsgeräte und Elektrowerkzeuge.

Literatur: Georg Dettmar, Die Entwicklung der Starkstromtechnik in Deutschland. Bd 1. Berlin 1940. H. R.

Elektron. Über die physikalische Natur der → Kathodenstrahlen bestanden um 1880 zwei gegensätzliche Auffassungen. In Deutschland neigte man (Gustav Heinrich Wiedemann, Eugen Goldstein, Heinrich Hertz) zur Annahme einer Wellenstrahlung; nach einer Hypothese von Gustav Jauman sollte es sich um „longitudinale Ätherwellen" handeln. In England glaubte man dagegen, es mit einer Partikelstrahlung zu tun zu haben. William Crookes sprach sogar von der „strahlenden Materie" als dem „vierten Aggregatzustand".

Arthur Schuster bestimmte ab 1884 noch ungenau durch magnetische Ablenkung und Messungen der Wärmewirkung die Geschwindigkeit v und das Verhältnis von Ladung zu Masse e/m, während Jean Perrin 1895 durch eine Auffangvorrichtung den Transport negativer Ladung durch die Kathodenstrahlen nachwies. Daß die Kathodenstrahlen nicht aus den gewöhnlichen Atomen oder Molekülen, sondern aus andersartigen Teilchen bestehen, hat zuerst Ernst Wiechert ausgesprochen. Aber die genauen experimentellen Beweise fehlten noch.

In einer großangelegten Arbeit (Oktober 1897) veröffentlichte Joseph John Thomson eine Fülle von Beobachtungen, insbesondere die Messung der beiden Unbekannten e/m und v durch magnetische und elektrische Ablenkung: „Es muß entweder die mit der Corpuskel verbundene Ladung viel größer sein als die Ladung, welche an einem Ion eines Elektrolyten haftet, oder die Masse eines Corpuskels muß sehr klein im Vergleich zu der eines Ions sein. Die Resultate dieser Untersuchung unterstützten die Ansicht, daß wir in den Corpuskeln der Kathodenstrahlen Materie in einem viel feineren Zustande der Unterteilung vor uns haben, als in einem gewöhnlichen Atom". Für dieses „Korpuskel" oder Kathodenteilchen bürgerte sich durch Johnstone

Stoney und George Fitzgerald seit 1897 die Bezeichnung „Elektron" ein.

Philipp Lenard führte seit 1893 nach einem Vorschlage seines akad. Lehrers Heinrich Hertz die Kathodenstrahlen durch eine dünne Metallfolie („Lenardfenster") aus dem Entladungsraum heraus, womit in einem gesonderten Beobachtungsraum, wie Lenard stets betone, erstmalig „völlig reine Versuche" möglich waren. In harten Prioritätsstreitigkeiten vor allem mit J. J. Thomson nahm Lenard seine Veröffentlichung von 1898 als die historisch erste „einwandfreie, überzeugende Feststellung dessen, was man bald Elektronen nannte".

Im Jahr 1897 ergab der → Zeemaneffekt, daß der für die Aussendung der Spektrallinien verantwortliche „Teil des Atoms" einen mit dem Kathodenstrahlteilchen übereinstimmenden e/m-Wert besitzt. Das „Elektron" war damit als Bestandteil des Atoms erkannt.

Quellen: Joseph John Thomson, Die Entladung der Electrizität durch Gase. Leipzig 1900; Philipp Lenard, Wissenschaftliche Abhandlungen. Bd 3. Leipzig 1944.

Literatur: Philipp Lenard, Über Kathodenstrahlen. ²Berlin und Leipzig 1920; G. E. Owen, The discovery of the electron. In: Annals of Science. Vol. 11, 1955, S. 173—182; David L. Anderson, The discovery of the electron. Princeton 1964; George Paget Thomson, Die Geschichte des Elektrons. In: Naturwissenschaftl. Rundschau. Jg 19, 1966, S. 127—132; John Lewis Heilbron, A history of the problem of atomic structure from the discovery of the electron to the beginning of quantum mechanics. University microfilms. Ann Arbor 1967; Walther Gerlach, Die Entwicklung der Physik etc. 2. Teil. Die Entwicklung der Atomistik der Elektrizität. In: Technikgeschichte. Bd 33, 1966, S. 373—387; Hans Schimank, Hundert Jahre Teilchennatur der Elektrizität (= Strahlentherapie. Bd 97, H. 1). Berlin und München 1955; Fritz Fraunberger, Vom Kompaß bis zum Elektron. Köln 1970.

Elektronenmikroskop. Obwohl William Rowan Hamilton schon 1830 auf die Analogie zwischen Strahlenoptik und Mechanik aufmerksam gemacht hatte, dauerte es etwa ein Jahrhundert, ehe man die experimentellen (und theoretischen) Konsequenzen zog, die dieser Zusammenhang nahelegte. Die fokussierende Wirkung magnetischer Spulen auf ein Bündel paralleler Elektronenstrahlen war schon vor der Jahrhundertwende bekannt, doch kam die zum Elektronenmikroskop führende Entwicklung erst in Fluß, als Hans Busch 1925—1927 nachwies, daß rotationssymmetrische magnetische Felder quasioptische Eigenschaften besitzen, welche die Aufstellung einer der Newtonschen Abbildungsgleichung analogen Formel für materielle Teilchen zulassen. Den experimentellen Nachweis der Richtigkeit dieser Behauptung erbrachte Busch selbst 1927 mit einer magnetischen Linse. 1931 konzipierten Ernst Brüche und Helmut Johannson ein Elektronenmikroskop mit elektrostatischen Linsen und Ernst Ruska und Max Knoll ein solches mit magnetischen Linsen. 1937/38 gelang der Bau von Elektronenmikroskopen, die das Lichtmikroskop hinsichtlich der Auflösung übertrafen. Seit 1938 wurden Elektronenmikroskope sowohl bei Siemens und Halske wie bei AEG serienmäßig hergestellt. Heutige Elektronenmikroskope übertreffen in bezug auf das Auflösungsvermögen die besten Lichtmikroskope etwa um das Doppelte des Faktors, um den jene dem unbewaffneten Auge überlegen sind.

Literatur: Ernst Brüche und Otto Scherzer, Geometrische Elektronenoptik. Berlin 1934; Carl Ramsauer, Zehn Jahre Elektronenmikroskopie. Berlin 1941; Bodo von Borries, Die Übermikroskopie. Berlin 1949; Ernst Brüche, Gedanken zum 25-jährigen Bestehen des Elektronenmikroskops; In: Physikal. Blätter. Jg 13, 1957, S. 493—500; Ernst Brüche, 25 Jahre Elektronenmikroskop. In: Die Naturwissenschaften. 1957, S. 601—610; Ernst Ruska, 25 Jahre Elektronenmikroskopie. In: Elektrotechnische Zeitschrift. Jg 78, 1957, S. 531—543; Karl Deutsch, Some notes on the development of electron microscopy. In: NTM. Jg 1, 1962, S. 45—49; Cecil Edwin Hall, Introduction to Electron Microscopy. New York 1966, S. 1—6; N. N. Das Gupta and M. L. De, The electron microscope — its past and present. In:

Indian Journal of History of Science. Vol. 3, 1968, S. 25—41.

Bibliographie: V. E. Cosslett, Bibliography of electron microscopy. London 1960.

U. H.

Elektronenstoßversuche → Franck-Hertz-Versuche.

Elektronentheorie. Die Maxwellschen Gleichungen der → Elektrodynamik bilden lediglich für das Vakuum eine geschlossene Theorie; die elektromagnetischen Erscheinungen in realen Körpern wurden pauschal wiedergegeben durch sog. Materialkonstanten. Die Werte von Leitfähigkeit, Dielektrizitätskonstante und Permeabilität konnten aber nur experimentell bestimmt werden. Hendrik Antoon Lorentz berücksichtigte die atomistische Konstitution der Materie (→ Atom) und entwickelte Ende des 19. Jh.s seine E., eine Elektrodynamik für ponderable Materie. Aus dieser ergab sich richtig die Frequenzabhängigkeit der Dielektrizitätskonstanten (Clausius-Mosottische Formel) bzw. die Dispersion des Lichtes (Lorenz-Lorentzsche Formel).

Eduard Riecke und Paul Drude behandelten die Elektrizitätsleitung in Metallen mit der Vorstellung, daß im Metall freie Elektronen vorhanden sind, die Wärmebewegungen ausführen. Wenn eine elektrische Spannung angelegt wird, bewegen sich die Elektronen bevorzugt in einer Richtung; von Zeit zu Zeit erleiden sie Zusammenstöße mit den Metallatomen. So ergibt die Drudesche Theorie eine Temperaturabhängigkeit der Leitfähigkeit $\sigma \sim 1/T$. Auf dieser Basis berechnete auch Planck 1902 (für lange Wellen erfolgreich) die Metallreflexion. Vergeblich suchte Lorentz diese Betrachtungen über Metallabsorption und -emission auch auf kürzere Wellen zu übertragen. Das Versagen wies auf das Versagen der ganzen E. hin: Für die Atome mußten neuartige Gesetzmäßigkeiten berücksichtigt werden, wie sie erst die Quantentheorie lieferte.

Quellen: H. A. Lorentz, Weiterbildung der Maxwellschen Theorie. Elektronentheorie. In: Encyklopädie der math. Wissenschaften. Bd V, 2. Leipzig 1904—1922, S. 145—280; Paul Drude, Zur Elektronentheorie der Metalle. In: Annalen der Physik. Bd 1, 1900, S. 566—613, Bd 3, 1900, S. 369—402.

Elektroskop. Die ersten Versuche, elektrisch geladene von ungeladenen Körpern meßtechnisch zu unterscheiden, gehen auf Charles François Du Fay zurück. Er stellte bereits 1733 an zwei nebeneinanderhängenden Fäden fest, daß diese bei Annäherung eines elektrisch geladenen Körpers auseinanderstreben. Jean Antoine Nollet erkannte dann, daß die Größe des Ausschlages der beiden Fäden von der Größe der elektrischen Ladung abhängt. Um die Empfindlichkeit der Meßanordnung zu vergrößern, schlug Jacob Siegismund von Waitz vor, kleine Metallgewichte an die Seidenfäden zu hängen und die abstoßenden elektrischen Kräfte mit der Schwerkraft zu vergleichen. Daniel Gralath und der Londoner Uhrmacher John Elicott versuchten, mit Hilfe einer Waage elektrische Anziehungskräfte zu messen — ein erster Ansatz zur Konstruktion einer Spannungswaage. Statt der Metallgewichte verwendete John Canton Kork- und Holundermarkkügelchen, wodurch die Empfindlichkeit enorm gesteigert wurde.

Das von Canton gebaute Gerät wurde 1772 von William Henley weiterentwickelt, der eine Korkkugel durch eine feste Messingplatte ersetzte und die zweite Kugel an einem leichten Holzstäbchen aufhing. Dieses sog. Quadrantenelektroskop wurde später von Friedrich Saxtorph verbessert. Tiberius Cavallo befestigte die Cantonschen Korkkügelchen im Jahre 1797 an dünnen Metalldrähten und brachte diese zum Schutze gegen äußere Einflüsse in einem Glasgehäuse unter. Zwei geerdete Stanniolstreifen im Inneren dienten bei großen Ausschlägen zum Entladen der Kügelchen.

Alessandro Volta verwendete dann 1781 als bewegliche Teile Strohhalme und Abraham Bennet 1787 schließlich leichte Goldblättchen. Eine der vielen Verbesserungen des Bennetschen Goldblattelektroskops bestand darin, daß das eine Goldblättchen durch einen festen Stab ersetzt wurde, an dem das bewegliche Goldblättchen befestigt war und gleichzeitig als Zeiger diente. Der Weg zur Weiterentwicklung des Elektroskops zum Elektrometer wurde von Charles Auguste de Coulomb durch die Erfindung seiner Drehwaage gewiesen.

Quellen: Jacob Siegismund von Waitz, Abhandlung von der Elektricität und deren Ursachen. Berlin 1745; John Canton, Electrical experiments ... In: Philosophical Transactions. Vol. 48, 1745, S. 350—358; Friedrich Saxtorph, Elektricitätslehre. Leipzig 1803; Tiberius Cavallo, Vollständige Abhandlung der theoretischen und praktischen Lehre von der Elektricität ... Bd 2. Leipzig 1797; Alessandro Volta, Meteorologische Briefe. Bd 1. Leipzig 1793; Abraham Bennet, Description of a new electrometer. In: Philosophical Transactions. Vol. 77, 1787, S. 26—31.

Literatur: Jean Torlais, L'abbé Nollet et la physique expérimentale en XVIIIe siècle (= Université de Paris, Conférences. Série D. No 60). Paris 1959.   A. M.

Elster, Julius (* 24. Dezember 1854 in Blankenburg am Harz, † 8. April 1920 in Wolfenbüttel). Er studierte Naturwissenschaften, besonders Physik, in Berlin und Heidelberg, wo er 1879 promovierte. 1881—1919 amtierte er als Lehrer am Gymnasium Wolfenbüttel. Dort wirkte auch sein Freund Hans Geitel, mit dem er forschte. Sie veröffentlichten — immer gemeinsam — rund 130 Arbeiten über Ionenleitung in Gasen, atmosphärische Elektrizität, lichtelektrische Wirkungen und Radioaktivität.

1889 stellten sie die erste Glühkathode her und zeigten, daß die Elektrizität immer nur von der Glühkathode zur Kaltanode fließt, was später den Bau von Gleichrichtern ermöglichte. Größte praktische Bedeutung erlangte ihre Erfindung der Photozelle. Sie bestand in einer luftleeren Glaskugel mit Kalium-Natrium-Legierung, aus deren Oberfläche durch Bestrahlung mit kurzwelligem Licht Elektronen ausgelöst wurden. Die Photozelle wurde ein Bauelement vieler Apparate, von der Sicherungsvorrichtung bis zum Fernsehgerät.

E. und Geitel stellten fest, daß die Elektrizität der Atmosphäre zum Teil von radioaktiven Elementen der Erdkruste herrührt. Sie erkannten, daß die bei der Umwandlung radioaktiver Elemente frei werdende Energie im Atom verankert ist, und schufen den Begriff „Atomenergie".

Werke: Einige Demonstrationsversuche zum Nachweis einseitiger Electricitätsbewegung in verdünnten Gasen bei Anwendung glühender Electroden. In: Annalen der Physik. Bd 38, 1889, S. 27—39; Über die Entladung negativer electrischer Körper durch das Sonnen- und Tageslicht. In: Annalen der Physik. Bd 38, 1889, S. 497—514; Über die Verwendung des Natriumamalgams zu lichtelectrischen Versuchen. In: Annalen der Physik. Bd 41, 1890, S. 161—165; Notiz über eine neue Form der Apparate zur Demonstration der lichtelectrischen Entladung durch Tageslicht. In: Annalen der Physik. Bd 48, 1891, S. 564—567; Über die Abhängigkeit der durch das Licht bewirkten Electricitätszerstreuung von der Natur der Oberfläche. In: Annalen der Physik. Bd 43, 1891, S. 225—240; Lichtelectrische Versuche. In: Annalen der Physik. Bd 46, 1892, S. 281—291, und Bd 52, 1894, S. 433—454; Weitere Versuche an Becquerelstrahlen. In: Annalen der Physik. Bd 69, 1899, S. 83—90 (mit Begriff „Atomenergie" S. 88).

Literatur: Egon von Schweidler, J. E. und Hans Geitel als Forscher. In: Die Naturwissenschaften. Jg 3, 1915, S. 373—377; Karl Bergwitz, J. E.s und Hans Geitels Bedeutung für die atmosphärische Elektrizität. In: Die Naturwissenschaften. Jg 3, 1915, S. 377—383 und 399 f.; Emil Wiechert, J. E. In: Nachrichten von der Königlichen Gesellschaft der Wissenschaften zu Göttingen. Geschäftliche Mitteilungen aus dem Jahre 1921. S. 53—60; E. und Geitel. Gedenkschrift (= Mitteilungen der Altherrenschaft der Großen Schule. Jg 12). Wolfenbüttel 1955; Martin Weiser, E. und Geitel, die Erfinder der Photozelle. In: Röntgen-Blätter. Jg 11, 1958, S. 75—78; Lawrence Badash, An E. and Geitel failure: magnetic deflection of beta rays. In: Centaurus. Vol. 11, 1967, S. 236—240.   H. B.

Emissionstheorie (des Lichtes). Als Galileo Galilei im Jahre 1609 das Fernrohr für seine astronomischen Beobachtungen benutzte, erweckten seine Ergebnisse lebhaftes Interesse der Wissenschaftler an der Optik. In der Folge trat die Frage nach der Natur des Lichtes in den Vordergrund. Zwei Theorien spielten seit dem 17. Jh. eine wichtige Rolle: Die E. und die Wellentheorie des Lichtes. Nach der E. war das Licht ein Strom von Teilchen, die der Lichtquelle entstammen und durch ihre Bewegung in alle Richtungen die Ausbreitung des Lichts verursachen. Die Formulierung dieser Theorie war Anlaß zu einem tieferen Studium der Eigenschaften von Materieteilchen, ihres Zusammenstoßes und der Elastizität. Die elastischen Eigenschaften der Teilchen sollten die Änderung der Ausbreitungsrichtung bei Brechung und Reflexion erklären.

Anhänger der E. im 17. Jh. war René Descartes. Er setzte verschiedene Formen und Rotationszustände bei den Teilchen voraus und erklärte mit ihnen die Existenz der Spektralfarben. Diese Theorie wurde schon von Francesco Maria Grimaldi kritisiert, der bei seinen Untersuchungen über die Beugung des Lichtes sah, daß die Wellentheorie des Lichtes besser zur Erklärung der Erscheinung der Beugung und der Entstehung der Spektralfarben geeignet ist.

Aber besonders durch Isaac Newtons Arbeiten über die Mechanik gewann die E. größeren Einfluß und hatte während des 18. Jh.s viele Anhänger. Erst durch die Ergebnisse von Thomas Young, Augustin Jean Fresnel, Joseph Fraunhofer und anderen gewann die Wellentheorie die Oberhand, und am Ende des 19. Jh.s meinte man, daß die E. für die weitere Entwicklung der Theorie des Lichtes wertlos sei. Jedoch nach den Arbeiten von Max Planck, Albert Einstein und anderen wurde klar, daß nur mit der E. manche Erscheinungen zu beschreiben sind und daß sie zusammen mit der Wellentheorie die Eigenschaften des Lichtes erklären kann.

Literatur: Friedrich Klemm, Die Geschichte der Emissionstheorie des Lichtes. Würzburg 1932.

J. M.

Energie. Der Ausdruck E. wurde erst 1851 von William Thomson und 1853 von William Macquorn Rankine eingeführt; vor allem durch Rankines Aufsatz „On the general law of the transformation of energy" trat der neue Begriff an die Stelle der bisherigen, zu vielen Verwechslungen Anlaß gebenden Bezeichnung „lebendige Kraft".

Bis ins 18. Jh. war in dem weiten Begriffsfeld der → Kraft neben der Vorstellung einer äußeren Bewegungsursache auch immer die Vorstellung vorhanden, daß die „Kraft" eine Eigenschaft darstellt, die dem sich bewegenden Körper innewohnt. Da als charakteristische Lebensäußerung die Bewegung galt, sprach man gelegentlich von einer vis viva, einer lebendigen Kraft.

Seitdem Leibniz 1686 in seinem berühmten Aufsatz „Brevis demonstratio memorabilis erroris Cartesii" den Descartesschen Erhaltungssatz für die quantitas motus auf die „vis viva" übertrug, war die behauptete „Krafterhaltung" die hervorstechendste Eigenschaft des Begriffes, und seine Geschichte ist folglich fast gleichbedeutend mit der Geschichte des Prinzips von der Erhaltung der Energie.

Schon 1686 legte Gottfried Wilhelm Leibniz dar: Es ist sicher vernünftig anzunehmen, daß in der Natur immer der gleiche Gesamtbetrag an Bewegungsfähigkeit (potentia motrix) erhalten bleibt. Denn die Kraft (vis) eines Körpers kann sich nicht verringern, ohne daß eine Übertragung auf einen anderen Körper stattfindet. Im Laufe seines Lebens beschäftigte sich Leibniz immer wieder mit der Krafterhaltung. Die ursprünglich metaphysische, aus der Unveränderlichkeit Gottes gefolgerte Konzeption wurde durch Leibniz zu einer klaren physikalischen Vorstellung: 1. Die vis viva (kinetische Energie) ist durch das Produkt von Masse und Geschwindigkeitsquadrat zu messen. 2. Die vis viva muß um die potentia agendi (latente Kraft, potentielle Energie) ergänzt werden zur „force vive absolue" (Gesamtenergie). Nur letztere bleibt erhalten.

Als entscheidender Schritt ist anzusehen, daß Leibniz neben den elastischen auch die Formänderungs- und die außermechanischen Kräfte in den Kreis seiner Betrachtungen einbezog. Bei unelastischen Stößen wird ja ganz offenbar kinetische Energie der makroskopischen Körper „verbraucht". Leibniz nahm eine Art innerer Energie an, die in einer nach außen unsichtbaren Bewegung der kleinsten Teilchen der Körper besteht. Beim Stoß wird ein gewisser Betrag der Kraft durch die kleinen Teile absorbiert. Im elastischen Fall nehmen die zusammengedrückten Körper wieder ihre frühere Gestalt an; die kleinsten Teile geben also die absorbierte Kraft völlig her. Anders im unelastischen Fall. Hier behalten die kleinsten Teile einen gewissen Betrag der force vive. Nach außen ist dann scheinbar, aber eben nur scheinbar, eine Verminderung der kinetischen Energie eingetreten.

Die Leibnizsche Konzeption wurde u. a. von Johann Bernoulli, Jakob Hermann, Daniel Bernoulli und Gabrielle-Emilie du Châtelet angenommen und weiter ausgebaut. Obwohl von Christian Wolff u. a. nachdrücklich auf die Bedeutung des Prinzips hingewiesen wurde, ging das Interesse seit etwa 1740 stark zurück. Unter dem Einfluß der Wärmestofftheorie erschien die Vorstellung einer Umwandlung von mechanischer Bewegung in Wärme sinnlos. Noch bedeutsamer war der Einfluß des empirischen Rationalismus (→ Positivismus) der Enzyklopädisten (Jean le Rond d'Alembert), nach deren Meinung das Prinzip als experimentell nicht verifizierbar und deshalb „metaphysisch" in der Wissenschaft keinen Platz finden darf.

Ende des 18. Jh.s zielten eine Reihe von neuen bzw. erneuerten Ansätzen wieder in Richtung auf die Energieerhaltung: 1. Die Entwicklung der wissenschaftlichen Maschinenlehre (Jean Victor Poncelet, Sadi Carnot) führte zum Begriff der Arbeit und damit zu energetischen Betrachtungen (Carl Holtzmann 1845). 2. Die längst bekannte Unmöglichkeit eines perpetuum mobile (die durch den Beschluß der Académie Royale des Sciences 1775 unterstrichen wurde, derartige Vorschläge prinzipiell nicht mehr zu prüfen) leitete auf dem Boden der kinetischen Wärmetheorie geradezu zwangsläufig zum mechanischen Wärmeäquivalent (Hermann v. Helmholtz 1847). 3. In der romantischen Naturphilosophie (Novalis, Friedrich Schelling, Johann Wilhelm Ritter, Hans Christian Oersted) wurde die Kraft zum zentralen Begriff und Angelpunkt der Naturvorstellung. In diesem → Dynamismus fanden u. a. Oersted und Michael Faraday ein wertvolles heuristisches Prinzip.

Intensiv strebte insbesondere Faraday danach, ein gemeinsames Maß für die verschiedenen Formen der „Kraft" zu finden. Als Aufgabe formulierte er 1837: „Vergleiche die korpuskularen Kräfte in ihrem Betrage, d. h. die Kräfte der Elektrizität, der Gravitation, der chemischen Verwandtschaft, der Kohäsion usw. und gib, wo möglich, Ausdrücke für ihre Äquivalente in der einen oder anderen Weise."

1839 kam Faraday und um 1845 Ludvig Colding, beide auf dem Boden des Dynamismus, der Formulierung des Energieprinzips außerordentlich nahe. Auch bei Julius Robert Mayer sind diese Ideen nachweisbar. 1842 schrieb Mayer: „Kräfte sind Ursachen, mithin findet auf dieselben volle Anwendung der Grundsatz: causa aequat effectum." Da nun nach Mayer eine Ursache eine bestimmte Wirkung zeitigt, diese wieder eine Ursache darstellt usf., handelt es sich bei diesen Kräften um Objekte, die quantitativ unzerstörlich und qualitativ wandelbar sind: „Meine Behauptung ist ja gerade: Fallkraft, Bewegung, Wärme, Licht, Elektrizität und chemische Differenz der Ponderabilien sind ein- und dasselbe **Objekt** in verschiedenen Erscheinungsformen."

Im gleichen Jahr 1842 gelang es Mayer erstmalig, einen ungefähr richtigen zahlenmäßigen Wert (365 mkp statt 427 mkp für 1 kcal) für das mechanische Wärmeäquivalent anzugeben. Damit war es möglich, ein schon 150 Jahre zuvor klar formuliertes Konzept experimentell zu verifizieren und als ein empirisch-nachprüfbares Faktum in die Wissenschaft aufzunehmen.

Quellen: Leibnizens mathematische Schriften. Bd VI (Hrsg. C. I. Gerhardt). Halle 1860; Jean le Rond d'Alembert, Traité de Dynamique [1743].

Paris 1921; Hermann v. Helmholtz, Über die Erhaltung der Kraft (= Ostwalds Klassiker. Nr 1). Leipzig 1902; Helmut Schmolz und Hubert Weckbach, Robert Mayer. Sein Leben und Werk in Dokumenten. Weißenhorn 1964 (→ Mayer). — Ausführliche Quellenangaben in der im folgenden angeführten Sekundärliteratur.

Literatur: Max Zwerger, Die lebendige Kraft und ihr Maß. München 1885; Arthur Erich Haas, Die Entwicklungsgeschichte des Satzes von der Erhaltung der Kraft. Wien 1909; Hans Schimank, Die geschichtliche Entwicklung des Kraftbegriffes bis zum Aufkommen der Energetik. In: Robert Mayer und das Energieprinzip ... Gedenkschrift etc. Berlin 1942; René Dugas, La mécanique au XVIIe siècle. Neuchâtel 1954; Max Jammer, The concept of force. Cambridge/Mass. 1957; Erwin N. Hiebert, Historical roots of the principle of conservation of energy. Madison 1962; Friedrich Klemm, Vom Perpetuum mobile zum Energieprinzip. In: Deutsches Museum. Abhandl. u. Berichte. Jg 33, 1965, S. 5—24; Thomas L. Hankins, Eighteenth-century attempts to resolve the vis viva controversy. In: Isis. Vol. 56, 1965, S. 281—297; Armin Hermann, Der Kraftbegriff bei Michael Faraday und seine historische Wurzel. In: Wissenschaft, Wirtschaft und Technik. Studien zur Geschichte (= Festschrift Wilhelm Treue). München 1969, S. 470—476; L. L. Laudan, The vis viva controversy, a post-mortem. In: Isis. Vol. 59, 1968, S. 131—143; D. S. L. Cardwell, Some factors in the early development of the concepts of power, work and energy. In: British Journal for the History of Science. Vol. 3, 1967, S. 209—224.

Energie-Masse-Äquivalenz. Bereits 1904 wurde Friedrich Hasenöhrl im Spezialfall der in einem Hohlraum eingeschlossenen elektromagnetischen Strahlung zum „Begriff einer scheinbaren, durch Strahlung bedingten Masse" geführt. Hasenöhrl erreichte aber infolge math. Schwierigkeiten nicht die richtige Relation, die Einstein 1905, ohne Kenntnis der Arbeit H.s, als ganz universell gültig aus seiner Speziellen Relativitätstheorie deduzierte. In der Originalarbeit „Ist die Trägheit eines Körpers von seinem Energieinhalt abhängig?" erscheint noch nicht die berühmt gewordene Schreibweise $E=mc^2$, vielmehr heißt es: „Gibt ein Körper die Energie L in Form von Strahlung ab, so verkleinert sich seine Masse um L/V^2." (E. bezeichnete die Lichtgeschw. mit V.)

Um die Leistung Einsteins herabzusetzen, nennt Philipp Lenard in seinen Werken „Große Naturforscher" und „Deutsche Physik" nur Hasenöhrl. Diese unsinnige historische Wertung ist seither oft wiederholt worden.

Quellen: Friedrich Hasenöhrl, Bericht über die Trägheit der Energie. In: Jahrbuch der Radioaktivität und Elektronik. Bd 6, 1909, S. 485—502; Albert Einstein, Ist die Trägheit ... In: Annalen der Physik. Bd 18, 1905, S. 639—641.

Entropie. Als Rudolf Clausius und William Thomson (Lord Kelvin) in der Mitte des 19. Jh.s den auf Erfahrungstatsachen beruhenden zweiten Hauptsatz der Thermodynamik, den Entropiesatz, einführten, entfachten sie eine jahrzehntelange Auseinandersetzung um seine Gültigkeit und die allgemeinste Formulierung. Nach Max Planck ist die Bezeichnung als „Prinzip der Vermehrung der Entropie" die einzige Form dieses Satzes, die sich „ohne jede Beschränkung für jeden beliebigen endlichen Prozeß aussprechen läßt."

Zunächst mit „Äquivalenzwert", seit 1865 mit E. bezeichnete Clausius den Wert $S=\int \frac{dQ}{T}$, der den augenblicklichen Zustand eines Systems bestimmt. Die Änderung dieser Größe ist ein Maß für die Irreversibilität eines thermodynamischen Prozesses, d. h. des Teils der Wärmeenergie, der bei der Energieumsetzung nicht in mechanische Arbeit überführt wird. Bei geschlossenen Systemen ist die Entropieänderung stets größer oder im Grenzfall gleich null. Betrachtet man die gesamte Welt, so strebt — nach Clausius — die E. der Welt einem Maximum zu: Alle Energie müsse sich mit der Zeit in gleichförmig über das System verteilte Wärme umwandeln. Ludwig Boltzmann, Walther Nernst und andere sprachen in diesem Zusammenhang vom „Wärmetod" der Welt.

Während Clausius, Kelvin, Rankine u. a. den Begriff der E. thermodynamisch deuteten,

ENCYCLOPÉDIE,

OU

DICTIONNAIRE RAISONNÉ

DES SCIENCES,

DES ARTS ET DES METIERS,

PAR UNE SOCIETÉ DE GENS DE LETTRES.

Mis en ordre & publié par M. *DIDEROT*, de l'Académie Royale des Sciences & des Belles-Lettres de Prusse; & quant à la Partie Mathematique, par M. *D'ALEMBERT*, de l'Académie Royale des Sciences de Paris, de celle de Prusse, & de la Société Royale de Londres.

*Tantùm series juncturaque pollet,
Tantùm de medio sumptis accedit honoris!* HORAT.

TOME SECOND.

A PARIS,

Chez
{ BRIASSON, *rue Saint Jacques, à la Science.*
{ DAVID l'aîné, *rue Saint Jacques, à la Plume d'or.*
{ LE BRETON, *Imprimeur ordinaire du Roy, rue de la Harpe.*
{ DURAND, *rue Saint Jacques, à Saint Landry, & au Griffon.*

M. DCC. LI.
AVEC APPROBATION ET PRIVILEGE DU ROY.

Abb. 8. Titelblatt eines Bandes der Encyclopédie von Diderot und d'Alembert

gelang 1866 Boltzmann und später Gibbs die Klärung von der statistischen Mechanik her. Auf die kinetische Theorie der Gase gestützt, brachte Boltzmann die E. mit der Wahrscheinlichkeit (W) des mechanischen Zustandes eines Systems in Zusammenhang. Der Ausdruck $S = k \cdot \ln W$, $k = 1{,}381 \cdot 10^{-16}$ erg/Grad (Boltzmannsche Konstante) für das Boltzmannsche Prinzip stammt indessen von Planck (1906).

Unter dem mechanischen Zustand verstand Boltzmann die statistische, auf die Gesamtheit der Molekeln bezogene Verteilung der Geschwindigkeiten und räumlichen Lagen. Bei nichtumkehrbaren Zustandsänderungen wächst die „Unordnung" und damit die Wahrscheinlichkeit, d. h. die Entropie des Systems. In jüngster Zeit wurde der Entropiebegriff mit Hilfe der Informationstheorie durch den Begriff des „Informationsmangels" neu gedeutet und vertieft.

Quellen: Rudolf Clausius, Über die bewegende Kraft der Wärme etc. In: Annalen der Physik. Bd 79, 1850, S. 368—397, und Ostwalds Klassiker Nr 99. Leipzig 1898; ders., Über verschiedene für die Anwendung bequeme Formen d. Hauptgleichg. d. mechan. Wärmetheorie. In: Annalen der Physik. Bd 125, 1865, S. 353—400; ders., Der zweite Hauptsatz d. mechan. Wärmetheorie. Braunschweig 1867; Ludwig Boltzmann, Mechanische Bedeutung des zweiten Hauptsatzes. In: ders., Wissenschaftliche Abhandlungen. Bd 1. Leipzig 1909; ders., Vorlesungen über Gastheorie. 2 Bde. Leipzig 1896/98; Josiah Willard Gibbs, Elementary principles in statistical mechanics. New York-London 1902, dt. von Ernst Zermelo. Leipzig 1905.

Literatur: Max Planck, Vorlesungen über Thermodynamik. Berlin-Leipzig 1897 (^{9}1930); ders., Acht Vorlesungen über theoretische Physik. Leipzig 1910; Arnold Sommerfeld, Thermodynamik u. Statistik (= Vorlesungen über theoretische Physik. Bd 5). ²Leipzig 1962; Richard Becker, Theorie der Wärme. ²Berlin 1966; Heinrich Lange, Geschichte der Grundlagen der Physik. Bd II: Die materialen Grundlagen. Freiburg/München 1961. L. S.

Enzyklopädie. Die seit der Begründung der neuzeitlichen Physik in immer rascherer Folge gewonnenen empirischen Fakten hatten die großen rationalen Systeme des 17. Jh.s gesprengt; anstelle des System-Rationalismus (insbesondere des Descartes) trat ein empirischer Rationalismus. Die rational erfaßten, mathematisch beschriebenen Einzelphänomene waren (in den meisten Fällen) **nicht** durch logische Ketten untereinander verbunden. Anstelle eines geschlossenen rationalen Systems mußte man sich vorerst mit einer bloßen Aneinanderreihung von Einzelheiten abfinden. Das Entstehen der großen Enzyklopädien im 18. Jh. ist darum kein Zufall. Der „empirische" oder „enzyklopädische" Rationalismus will in der E. nicht etwa eine vorhandene Gesamtschau zerhacken; die alphabetische Ordnung soll vielmehr die „gegenseitige Verflechtung sichtbar machen, und mit Hilfe von Querverbindungen [d. h. der Verweise auf andere Stichwörter] die zugrunde liegenden Prinzipien genauer erfassen..." (Diderot).

Die berühmteste E. ist die von Denis Diderot und Jean le Rond d'Alembert herausgegebene „Encyclopédie ou Dictionnaire raisonné des Sciences", die wie kein anderes Werk des 18. Jh.s den Geist des Aufklärungszeitalters spiegelt. Unter Mitarbeit von Voltaire, Rousseau, Montesquieu, Holbach u. a. entstanden von 1751 an insgesamt 35 Bände im Großlexikonformat, davon 12 Tafel- und zwei Registerbände. Der Erfolg des Werkes war ungeheuer, obwohl, oder vielleicht gerade weil es auf Drängen kirchlicher Kreise mehrfach unterdrückt wurde (Abb. S. 93).

In der äußeren Anlage ähnlich waren die „Descriptions des arts et métiers". Nachdem René Réaumur die Vorarbeit geleistet hatte, erschienen von 1761—1789 insgesamt 121 Teilbände mit über 1000 Kupferstichen. Hier wurde vor allem eine Bestandsaufnahme aller handwerklichen Künste vorgenommen, um sie miteinander vergleichen und wissenschaftlich analysieren zu können. Die „Descriptions" sind also nicht primär Ausdruck der Aufklärung, sondern des Merkantilismus.

Literatur: D'Alembert, Einleitung in die französische E. von 1751. Herausgegeben und erläutert von Eugen Hirschberg. Leipzig 1912; Jacques

Proust, L'Encyclopédie. Paris 1965; Louis Ducros, Les Encyclopédistes. Paris 1900; Arthur Hughes, Science in English encyclopaedias 1704—1875. In: Annals of Science. Vol. 7, 1951, S. 340—370; Vol. 8, 1952, S. 323—367; Vol. 9, 1953, S. 233 bis 264.

Erdgestalt. Willebrord Snellius erfand die beste Methode der Erdmessung und beschrieb sie 1617. Sein Gedanke war, die Länge eines Meridiangrades dadurch zu bestimmen, daß er mit Hilfe eines orientierten Dreiecksnetzes den Abstand eines Punktes von dem Parallel eines andern berechnete und dann durch die in Graden ausgedrückte Polhöhendifferenz beider Punkte teilte.

Als erster gebrauchte dieses Verfahren mit vollem Erfolg der französische Astronom Jean Picard, der darüber 1671 publizierte. Mit zwei hölzernen Stäben, die er längs einer gespannten Schnur legte, bestimmte er auf einer ebenen gepflasterten Straße bei Paris die Länge einer Basis und vermaß von da aus nach Norden und Süden 35 Dreiecke. Die Berechnung ergab für die Distanz der Parallelen von Sourdon bei Amiens und Malvoisine südlich Paris 78 850 Toisen. An beiden Endpunkten wurde durch ein Fernrohr mit Fadenkreuz die Zenitdistanz eines nahe dem Scheitel kulminierenden Sterns gemessen; daraus ergab sich ein Breitenunterschied von 1°22'55". Somit betrug die Länge eines Grades 57 060 Toisen.

Christiaan Huygens hatte vermutet, daß die Erde infolge der Zentrifugalkraft an den Polen abgeplattet sei, und Newton berechnete, daß nur bei einem an den Polen abgeplatteten Sphäroid die Resultierende aus Gravitation und Zentrifugalkraft an jedem Punkt der Oberfläche auf dieser senkrecht steht. Als er erfuhr, daß Jean Richers Penduluhr am Äquator täglich um zwei Minuten zurückblieb, erblickte er darin eine Bestätigung für die Polabplattung. Dagegen betonten die Pariser Akademiker, daß die Erde einen kreisrunden Schatten auf den Mond werfe. Sie meinten, das Pendel habe sich am Äquator nur infolge der größeren Luftwärme verlängert und verlangsamt. Der Straßburger Arzt Johann Caspar Eisenschmidt zeigte 1691 in seiner „Diatribe de figura telluris elliptico sphaeroide", daß die bisherigen Gradmessungen keine Zunahme, sondern im Gegenteil eine Abnahme der Gradlänge gegen den Pol hin zeigten. Dies widersprach der Abplattung und deutete auf eine polwärtige Zuspitzung hin.

Von 1683 bis 1718 setzten die Cassini mit den Maraldi und mit Philippe de La Hire Picards Messung nach Süden bis Collioure und nach Norden bis Dünkirchen fort. Dabei ergaben sich für einen Grad südlich Paris 57 097 Toisen, für einen Grad nördlich Amiens nur 56 960 Toisen. Jacques Cassini legte diese Ergebnisse 1720 vor. Damit schien die Erde endgültig die Form einer Zitrone zu haben. Jetzt entspann sich ein Streit zwischen Newtons Anhängern in England und Cassinis Anhängern in Frankreich.

Endlich sah man ein, daß man zwei der Breite nach viel stärker verschiedene Meridiangrade vergleichen müsse, und die beiden Akademiker Pierre Bouguer und Charles-Marie de La Condamine bestimmten in Peru 1735 bis 1741 mit aller Sorgfalt einen Meridianbogen von mehr als 3°, aus dem sie für einen Grad den Wert von 56 734 Toisen ermittelten. Dies war weniger als in Frankreich und erwies daher die Richtigkeit von Newtons Ansicht. Inzwischen aber hatte ein anderer den Ruhm schon eingeheimst. Kaum war die Expedition nach Peru aufgebrochen, so gewann Pierre-Louis Moreau de Maupertuis die Erlaubnis zu einer zweiten Expedition nach Lappland. Bei großer Kälte wurde auf dem Eise des Flusses Tornea eine Basis gemessen; rasch bestimmte man einige Dreieckswinkel und Polhöhen, und schon im Frühling 1737 hatte man für die mittlere Breite von 66°20' einen Grad beisammen, dessen Größe von 57 438 Toisen zwar Maupertuis gar zu lang schien; aber jedenfalls sprach das Ergebnis für eine starke Abplattung. Der von Maupertuis verspottete Cassini überprüfte daraufhin seine Rechnungen und zeigte, daß sich für die mittlere Breite von 45° ein Grad von 57 012 Toisen ergebe. Dieser Wert aus Frankreich stimmte mit dem aus Peru gut zusammen und ließ eine Abplattung erkennen, wie Newton sie theoretisch vorausgesagt hatte. Dagegen sprach der Vergleich mit dem lappländischen Wert für eine mehr als doppelt so starke Abflachung. Es blieb also immer noch eine Frage offen.

Daher wurden von 1750 bis 1790 weitere Meridianmessungen vorgenommen, so von Nicolas-Louis Lacaille am Kap der Guten Hoffnung, von Roger Joseph Boscovich im Kirchenstaat, von Joseph Liesganig in Ungarn und Österreich, von Giacomo Battista Beccaria in Turin. Die Ergebnisse bestätigten die Messungen in Frankreich und Peru. 1801–1803 wurde unter Leitung von Jöns Svanberg die Messung in Lappland wiederholt und dabei ein Grad von 57 196 Toisen erhalten. Nun boten die Werte ein einheitliches Bild.

Im Zusammenhang mit der Gewinnung einer neuen Längeneinheit, für die man in Frankreich 1791 den zehnmillionsten Teil des Erdmeridianquadranten zu nehmen beschloß, prüften Pierre-François-André Méchain und Jean-Baptiste-Joseph Delambre bis 1800 die Vermessung der über 100 Dreiecke von Cassini nach, und sie verlängerten den Bogen nach Süden bis Barcelona. Jean-Baptiste Biot und François Arago führten 1806–1808 die Fortsetzung bis Formentera durch, so daß nun ein Meridianbogen von über 12° Länge an einem Stück vermessen war.

Kleinere, aber sehr sorgfältige Gradmessungen besorgten hierauf Christian Heinrich Schumacher in Dänemark, Carl Friedrich Gauß in Hannover, Friedrich Wilhelm Bessel zusammen mit Johann Jacob Baeyer in Preußen, William Roy in England. Jahrzehnte dauerten die großen Unternehmen in Indien (1801 von William Lambton begonnen) und in Rußland (1810–1855, vor allem unter Wilhelm Struve); die indische Messung umfaßte 21°, die russische 26°.

Neben diese Breitengradmessungen traten Längengradmessungen, die aber nur geringfügige Abweichungen von der Rotationssymmetrie ergaben.

Quellen: Willebrord Snellius, Eratosthenes batavus. Leiden 1617; Jean Picard, La mesure de la terre. Paris 1671; Jacques Cassini, Traité de la grandeur et de la figure de la terre. Paris 1720; Pierre-Louis Moreau de Maupertuis, La figure de la terre. Paris 1738; Alexis-Claude Clairaut, Théorie de la figure de la terre. Paris 1743. Deutsch: Theorie der Erdgestalt nach Gesetzen der Hydrostatik (= Ostwalds Klassiker. Nr 189). Leipzig 1913; Pierre Bouguer, La figure de la terre. Paris 1749; Charles-Marie de La Condamine, Mesure des trois premiers degrés du méridien dans l'hémisphère austral. Paris 1751; Jöns Svanberg, Exposition des opérations, faites en Lapponie pour la détermination d'un arc du méridien. Stockholm 1805.

Literatur: Rudolf Wolf, Geschichte der Astronomie. München 1877, S. 385 f. und S. 613–629; Georges Perrier, Kurze Geschichte der Geodäsie. Bamberg 1950; Douglas McKie, Zur Geschichte des metrischen Systems. In: Endeavour. Bd 22, 1963, S. 24–26; Bernhard Sticker, Leibniz' Beitrag zur Theorie der Erde. In: Sudhoffs Archiv. Bd 51, 1967, S. 244–259. H. B.

Erdmagnetismus. Das Altertum kannte Erzgruben, deren Steine Eisen anzogen; die Kreuzzüge brachten dann aus China die zusätzliche Erkenntnis, daß Magnete sich in eine bestimmte Richtung einstellen. Petrus Peregrinus de Maricourt schrieb 1269 eine Abhandlung vom Magneten. Er wußte, daß der Stein seine Kraft an Eisennadeln weitergibt, wenn man sie damit berührt. Mit Holz aufs Wasser gelegt, richten sich Stein und Nadel nach Norden.

Vom 14. Jh. an nahm man mit dem Kompaß Küstenkarten auf. Früh bemerkte man, daß die Nadeln nicht genau nach Norden wiesen. Östliche Abweichung erzeugte bei der Kartenzeichnung eine Drehung im Gegenuhrzeigersinne, westliche eine Drehung im Uhrzeigersinne. Die Kompaßkarten bieten mit ihren Verdrehungen ein Abbild des damaligen Zustandes des Erdmagnetismus.

In Europa herrschte östliche Abweichung. Christoph Kolumbus sah, daß sie sich hinter den Azoren in eine westliche wandelte. Eine Linie ohne Abweichung schien von Pol zu Pol zu laufen. Der Papst erklärte sie als

Demarkationslinie. Die Abweichung (=Deklination) sollte nach beiden Seiten gleichmäßig zunehmen und ein Mittel zur Längenbestimmung sein. Die Nadelrichtungen bezog man auf einen gemeinsamen Schnittpunkt. Erfahrungen widerlegten dies. Am Nordkap von Norwegen und an der Südspitze Afrikas (am „Nadelkap") ging die Abweichung ebenfalls in eine westliche über. Deshalb teilte Simon Stevin 1599 die Erde ringsum wie eine Orange in sechs Felder von abwechselnd östlicher und westlicher Abweichung ein.

Doch 1600 legte William Gilbert sein klärendes Werk „De magnete" vor. Der Kompaßmacher Robert Norman hatte entdeckt, daß eine Nadel, die waagrecht schwebte und hernach magnetisiert wurde, sich nun auf der Nordseite senkte. Hierauf ließ er eine Nadel um eine waagrechte Achse in der Vertikalebene schwingen und maß für London eine Neigung (= Inklination) von 71°50'. Seefahrer meldeten, eine solche Nadel neige sich in Kanada tiefer und gegen den Äquator zu weniger. Gilbert schliff einen Magnetstein rund und betrachtete ihn als Abbild der Erde (=Terrella). Er hängte ein Eisennädelchen an einen Faden und prüfte, wie es sich rings um den Stein einstellte. Bei Unebenheiten wich es seitlich ab, und vom waagrechten Stand am Äquator ging es über Neigungen in den senkrechten Stand an den Polen über. Daraus schloß Gilbert, daß die Erde als Ganzes ein Magnet sei. Kepler, davon begeistert, betrachtete die Sonne und alle Planeten als magnetisch. Die angenommenen Abstoßungen und Anziehungen trugen bei zur Erkenntnis der elliptischen Bahnen. Newton aber schied den Magnetismus von der Schwerkraft, deren Kennzeichen die Massenabhängigkeit war.

Im 17. Jh. wurde man davon überrascht, daß sich die bisherige östliche Abweichung in Europa in eine westliche verwandelte. Henry Gellibrand gab 1635 die säkulare Variation bekannt. Edmond Halley suchte sie durch einen im Erdinnern frei rotierenden Magnetkern zu deuten. Auf Meerfahrten sammelte er Abweichungswerte und zeichnete 1702 die erste Karte mit Isogonen (=Linien gleicher Abweichung). Später entstanden Karten mit Isoklinen (=Linien gleicher Neigung).

Als drittes Element des Erdmagnetismus erkannte man die örtlich verschiedene Intensität. Alexander von Humboldt entwarf auf seiner Amerikareise die erste Karte mit isodynamischen Zonen (= Gebieten gleicher Feldstärke). Er ließ eine leicht spielende Inklinationsnadel um ihre Ruhelage pendeln und zählte jeweilen 10 Minuten die Schwingungen. Ihre Zahl war ein Maß für die magnetischen Erdkräfte. Carl Friedrich Gauß schlug dafür eine absolute Einheit vor.

1722 hatte George Graham bemerkt, daß die Abweichung und Neigung auch stündlich in einem Tagesrhythmus um einen Mittelwert schwanken. Auf Humboldts Anregung wurde dies in beiden Hemisphären untersucht. Auch die Intensität zeigte tägliche Schwankungen, wie Christopher Hansteen 1821 fand. Außerdem gab es ungewöhnliche Störungen. Anders Celsius und Olav Hjorter sahen die Nadel beim Auftauchen eines Nordlichts unruhig werden (1741). Die mittleren täglichen Bewegungen der Nadel sowie die Häufigkeit der Störungen blieben nicht immer gleich. Es ergab sich eine ca. 10jährige Periode, die mit der Periode der Sonnenfleckenhäufigkeit übereinstimmte (1852). So wurde der Erdmagnetismus wieder in kosmischen Zusammenhang erhoben.

Quellen: Gustav Hellmann (Hrsg.), Neudrucke von Schriften und Karten über Meteorologie und Erdmagnetismus. 15 Nummern. Berlin 1891 bis 1904 (Nr 4 enthält die ältesten Karten der Isogonen, Isoklinen und Isodynamen; Nr 9 Henry Gellibrands Schrift von 1635; Nr 10 u. a. die Schriften von Petrus Peregrinus, Robert Norman, Simon Stevin); William Gilbert, De magnete. London 1600.

Literatur: Alexander von Humboldt, Kosmos. Bde 1 und 4. Stuttgart und Augsburg 1845 und 1858; Oscar Peschel, Geschichte der Erdkunde. ²München 1877; Paul Fleury Mottelay, Bibliographical history of electricity and magnetism. London 1922; Heinz Balmer, Beiträge zur Geschichte der Erkenntnis des Erdmagnetismus. Aarau 1956; Eva Germaine Rimington Taylor, The haven-finding art. New York 1957; Joseph Needham, Science and civilisation in China. Vol. 4, Part I: Physics. Cambridge 1962. H. B.

Erman, Paul (* 29. Februar 1764 in Berlin, † 11. Oktober 1851 in Berlin). Er gelangte von der Theologie und Philosophiegeschichte her erst 1801 zur Naturwissenschaft, wurde aber von da an ein leidenschaftlicher Experimentator und nüchterner Beobachter. Seine Ergebnisse veröffentlichte er in Gilberts Annalen und in den Denkschriften der Berliner Akademie. Vom Lehrfach herkommend, wurde er 1810 bei Errichtung der Berliner Universität deren erster Physikprofessor.

Er beschäftigte sich mit Voltas Säule und beobachtete das Spannungsgefälle in einer feuchten Hanfschnur oder einer Röhre mit destilliertem Wasser, die in den Kreis eingeschaltet war. Dies führte Ohm auf sein Gesetz. 1803 leitete E. den Strom durch die Havel und entdeckte dabei die Leitfähigkeit der Erde über weite Strecken. Bei der Prüfung der Leitfähigkeit der Flammen erkannte er, daß gewisse Flammen den Strom des positiven, andere den des negativen Poles ableiten. Andere Arbeiten betrafen die Luftelektrizität und die von ihm gefundenen elektrochemischen Bewegungen der Flüssigkeiten. In einem Bohrloch maß er die Temperaturzunahme im Erdinnern; auch machte er Quellwärmemessungen. In der Physiologie bewies er die Volumenzunahme des Muskels bei der Zusammenziehung, deutete die galvanischen Reizversuche, analysierte das Blut der Gartenschnecke und das Schwimmblasengas von Süßwasserfischen und entdeckte die Darmatmung des Schlammpitzgers.

Literatur: Emil Du Bois-Reymond, Gedächtnisrede auf P. E. In: ders., Reden. Bd 2. Leipzig 1887, S. 55–89; Wilhelm Erman, P. E. Ein Berliner Gelehrtenleben 1764–1851. Berlin 1927; Wilhelm Ostwald, Elektrochemie. Ihre Geschichte und Lehre. Leipzig 1896, S. 255 und 264–273.
H. B.

Euler, Leonhard (* 15. April 1701 in Basel, † 18. September 1783 in St. Petersburg). Euler war 1727–1741 Mitglied der neugegründeten Petersburger Akademie der Wissenschaften, 1741–1766 gehörte er der Preußischen Akademie in Berlin an (wo er nach dem Rücktritt des Präsidenten Pierre Moreau de Maupertuis zeitweise die Geschäfte führte) und kehrte anschließend an die Akademie in St. Petersburg zurück. Er verfaßte ca. 800 wissenschaftliche Abhandlungen (darunter über 20 große Monographien), die zu ca. $3/5$ der reinen und zu $2/5$ der angewandten Mathematik, d. h. den mathematischen Naturwissenschaften im weitesten Sinne, gewidmet sind. Seit 1911 gibt die Euler-Kommission der Schweizerischen Naturforschenden Gesellschaft die „Opera omnia" heraus; inzwischen sind 62 Teilbände von den insgesamt etwa 80 geplanten Bänden erschienen.

Euler, der führende Mathematiker seiner Zeit, war als Physiker „altmodisch" (Otto Spiess). Seine diesbezüglichen Auffassungen sind noch heute am bequemsten zugänglich in den „Briefen an eine deutsche Prinzessin". Das (ursprünglich französisch) 1760/62 abgefaßte und 1768/72 erstmalig publizierte Werk wurde sogleich in alle Kultursprachen übersetzt und erreichte eine weite Verbreitung. Es behandelt die im 18. Jh. zur „Bildung" zählenden Themen (→ Aufklärung), d. h. neben Theologie, Philosophie und Musiktheorie auch ausführlich physikalische Erkenntnisse.

Wie schon René Descartes wollte Euler alle Naturerscheinungen auf Druck und Stoß von kleinsten Teilchen zurückführen; im vom empirischen Rationalismus des 18. Jh.s längst überwundenen „esprit de système" hegte er ein fast naives Vertrauen zur Theorie und zum Kalkül. Angesichts eines paradoxen mathematischen Ergebnisses (freier Fall eines Körpers durch einen gedachten, durch den Erdmittelpunkt zu den Antipoden führenden Schacht, bei dem nach Euler der Körper im Erdzentrum unvermittelt umkehrt) schrieb er 1736 in seiner Mechanik: „Dies scheint zwar weniger mit der Wahrheit übereinzustimmen... Wie dem aber auch sei, so muß man hier mehr der Rechnung als dem Urteil vertrauen." Von König Friedrich II., Voltaire, Benjamin Robins u. a., die ganz auf dem Boden des Empirismus standen, mußte sich in solchen Fällen der anerkannte „mathematicus acutissimus" Spott und Kritik gefallen lassen.

Die Physik hat Euler wesentlich durch seine mathematisch-theoretischen Arbeiten gefördert. Er formulierte die Mechanik konsequent in der neuen Sprache des Infinitesimalkalküls und wurde so neben Jean le Rond d'Alembert zum maßgeblichsten Begründer der analytischen Mechanik. Euler ist auch im wesentlichen das den Namen von Maupertuis tragenden → Minimalprinzips zu danken; er hatte den Satz 1744 vor Maupertius und klarer als dieser gefaßt. Die endgültige Formulierung gelang aber dann erst (unter dem Beifall Eulers) Louis Lagrange. Eulers Hoffnung, das berühmte → Dreikörperproblem gelöst zu haben (was er unvorsichtigerweise bereits bekanntgegeben hatte), erfüllte sich nicht; seine Ansätze ermöglichen ihm aber die Entwicklung einer Theorie der Mondbahn. Da das Problem große praktische Bedeutung hatte (Ermittlung der geographischen Länge auf hoher See) wurden seine Beiträge mehrfach mit Preisen ausgezeichnet.

Mit seiner Begründung der Variationsrechnung in Zusammenhang stand die Berechnung der „elastischen Kurven", d. h. die Ermittlung der Gestalt von elastischen Drähten und Platten, die am Rande ganz oder teilweise eingespannt sind. Euler blieb nicht bei den Gleichgewichtsbedingungen stehen, sondern behandelte auch die Schwingungen der Saiten und Platten. Auch die → Hydrodynamik verdankt Euler wesentliche Förderung. In voller Allgemeinheit stellte er die noch heute sog. „Eulerschen Gleichungen" der idealen, inkompressiblen Flüssigkeit auf und zeigte, daß man diese unter gewissen mathematischen Annahmen in die „Bernoullische Gleichung" überführen kann. Die → Akustik förderte er durch Behandlung der „Eulerschen Gleichungen für kompressible Flüssigkeiten". Das Problem der Schallgeschwindigkeit, wo Newton einen zu großen Wert gefunden hatte, vermochte er noch nicht zu lösen.

Wie die Schallschwingungen behandelte Euler auch das Licht; er vertrat also gegen Newton eine Wellentheorie. Als Träger der (longitudinal aufgefaßten) Lichtschwingungen nahm Euler den → Äther an. Er versuchte, die Emissionstheorie durch wellentheoretische Behandlung der Dispersion, Doppelbrechung und Farben dünner Blättchen zu erschüttern, vermochte aber mit seiner Auffassung nicht durchzudringen. Der Grund lag, neben der nachwirkenden Autorität Newtons, jedenfalls zum Teil wieder darin, daß er eigentlich „physikalische" Argumente, wie die Interferenz, völlig übersah.

Euler widerlegte auch eine Formel Newtons, aus der die Unmöglichkeit von → Achromaten gefolgert werden mußte, und bemühte sich, die Konstruktion eines achromatischen Systems von Linsen verschiedener Brechkraft anzugeben. Daraus gewann der englische Optiker John Dollond (1706—1761), der die Eulerschen Überlegungen ursprünglich abgelehnt hatte, einen wertvollen Ansatz und konstruierte 1758 erstmalig ein achromatisches Fernrohr.

Gesamtausgabe: Opera omnia. Series 1: Opera mathematica. Bisher 30 Bde. Series 2: Opera mechanica et astronomica. Bisher 22 Bde. Series 3: Opera physica. Bisher 10 Bde. Leipzig, Berlin, Basel etc. 1911—.

Teilausgaben: Lettres à une princesse d'Allemagne sur divers sujets de physique et de philosophie. 3 Tle. St. Petersburg 1768/72; L. E.s Mechanik etc. Übers. J. Ph. Wolfers. 3 Tle. Greifswald 1848—1853; Die Gesetze des Gleichgewichts und der Bewegung flüssiger Körper. Übers. H. W. Brandes. Leipzig 1806.

Bibliographie: Gustaf Eneström, Verzeichnis der Schriften L. E.s (= Jahresberichte der Deutschen Mathematiker-Vereinigung. Erg. Bd 4). Leipzig 1910—1913.

Literatur: Emil Cherbuliez, Ueber einige physikalische Arbeiten E.s. Bern 1872; Otto Spiess, L. E. Frauenfeld und Leipzig 1929; Rudolf Fueter, L. E. (= Elemente der Mathematik. Beiheft Nr 3). Basel 1948; Andreas Speiser, Einteilung der sämtlichen Werke L. E.s. In: Commentarii mathematici Helvetici. Vol. 20, 1947, S. 288—318; Joachim Otto Fleckenstein, L. E. In: Die großen Deutschen. Bd 2. Berlin 1956, S. 159—171; Joseph Ehrenfried Hofmann, L. E. In: Physikal. Blätter. Jg 14, 1958, S. 117—122.

Experiment. Bis Ende des 16. Jh.s bestand zwischen der Auffassung der „Natur" und der „Kunst" eine unüberbrückbare Kluft. Alles vom Menschen Hervorgebrachte oder Bewirkte galt als „künstlich", d. h. unnatürlich oder widernatürlich (vgl. z. B. → Bewegung). Wenn der Mensch mit seiner → Kunst in die Natur eingreift, zerstört er, wie man meinte, den naturgemäßen, organischen Zusammenhang, und es erschien also sinnlos, mit künstlichen Mitteln etwas über den Naturzusammenhang erfahren zu wollen. Als Erkenntnismittel konnte also nur die Gedankenanalyse und höchstens noch (im Aristotelismus) die bloße Naturbeobachtung gelten. Ein „physikalisches Experiment" hätte man als contradictio in adjecto angesehen. (Was wir heute „physikalisches E." nennen, gab es selbstverständlich schon im 16. Jh., z. B. hydrostatische, mechanische und optische Versuche. Diese Experimente findet man aber nicht in einem Lehrbuch der „Physik", sondern der „natürlichen Magie".)

Bezeichnend ist die Auffassung des Guidobaldo del Monte, des großen Gönners von Galilei. Guidobaldo sah, beeinflußt von den pseudo-aristotelischen mechanischen Problemen, in der Anwendung einfacher Maschinen etwas Wunderbares und meinte, daß man mit solchen Mitteln die Natur überliste (→ Mechanik). Galilei hingegen betonte, schon in seiner Schrift „Le mecaniche", verfaßt um 1593, daß man nur **mit** der Natur handelt, wenn man Maschinen anwendet. Man kann die Natur nicht betrügen, nicht überlisten, nicht übertreffen. Zum Beispiel wird beim Hebel an Leichtigkeit gewonnen, was an Weg, Zeit und Langsamkeit verloren geht. Galilei sagte wörtlich: **„Und das wird bei allen anderen Instrumenten statthaben, welche ersonnen worden sind oder noch erdacht werden können."**

Die Verwendung von Apparaten und Mechanismen ist also nichts Naturwidriges. Auch die Meß-Apparatur ist dann sozusagen etwas Naturgemäßes: Wenn Galilei Instrumente als Beobachtungs- und Versuchsapparaturen anwendet, so wird durch seine neue Einstellung diesen Mitteln die legitime Teilnahme an der Naturgesetzlichkeit zugesprochen. Das war für die Anerkennung und damit die Begründung einer echten Experimentalwissenschaft eine wichtige Voraussetzung.

In der Anwendung des Fernrohres zu Himmelsbeobachtungen und der Fallrinne zur Prüfung der → Fallgesetze kommt die neue Auffassung charakteristisch zum Ausdruck. Diese wird noch deutlicher an einem anderen Beispiel: Das von Galilei erstrebteste Ziel war es, einen physikalischen Beweis für das kopernikanische Weltbild aufzufinden. Er glaubte irrigerweise, in der Erscheinung von Ebbe und Flut einen solchen Beweis zu besitzen, denn er meinte, daß → Ebbe und Flut durch die doppelte Erdbewegung hervorgerufen würden. Diese Wirkung wollte er in einem Modellversuch simulieren und ad oculos demonstrieren: „Mag es vielen auch unmöglich erscheinen, durch künstliche Apparate und Gefäße die Wirkungen eines solchen Umstandes experimentell zu prüfen, so ist es doch nicht ganz unmöglich. Ich habe eine Maschine konstruiert, an der sich gerade die Wirkung dieser merkwürdigen Zusammensetzung von Bewegungen beobachten läßt."

Auch bei Francis Bacon ist keine Rede mehr von einer „List", die Natur durch künstliche Mittel zu betrügen. Vielmehr müssen nach Bacon gerade solche künstlichen Mittel, d. h. Experimente, eingesetzt werden, um die Natur in allen ihren Zusammenhängen auszuforschen: „Wie im gewöhnlichen Leben die Denkart und Gemütsbeschaffenheit eines Menschen sich leichter offenbart, wenn er in Leidenschaft geraten ist, so enthüllen sich auch die Verborgenheiten der Natur besser unter den Qualungen der Kunst, als wenn man die Natur in ihrem Gange ungestört läßt" (Novum Organum I, Aphorismus 98).

Bacon wies das soziale Vorurteil gegenüber den mechanischen und experimentellen Untersuchungen zurück (→ Mechanik) und betonte, daß es falsch sei zu meinen, „daß die Beschäftigung mit dem Stofflichen den Geist erniedrigt; denn dieses Vorurteil hat zum Verlassen und Verachten des Weges der wahren Wissenschaft geführt". So wurden von Bacon chemische und mechanische Experimente gepriesen: Weder der Verstand allein, noch die Hand allein, sondern nur die Zusammenarbeit beider kann zur wahren Wissenschaft führen.

Bacon selbst hat aber, wie viele Naturforscher der nachfolgenden Generationen bis auf den heutigen Tag, die Wichtigkeit der experimentellen Methode zu einseitig betont. Galilei vermochte gerade deshalb die Nuova Scienza zu begründen, weil er mit der Empirie die neuplatonische Methode der Abstraktion ins Gleichgewicht zu setzen verstand (→ Galilei).

Es entspricht der Legende, daß man Galilei das Wort in den Mund gelegt hat „Messen was meßbar ist, was nicht meßbar ist, meßbar machen". Es gelang nicht, dieses Zitat nachzuweisen. Das Zitat paßt mit einer starken Betonung der Messung als **dem** Leitmotiv des wissenschaftlichen Handelns auch tatsächlich nicht zu Galilei. Der Ausspruch stammt vielmehr höchstwahrscheinlich aus der Generation der Galilei-Schüler. Ende des 17. Jahrhunderts blühte an vielen Orten, insbesondere in England und den Niederlanden, die experimentelle Forschung auf. Die nun wirklich historisch belegbare und nicht nur legendäre Betonung der Empirie fand im Wahlspruch „Provando e Riprovando" (Prüfen und immer wieder prüfen) der Florentiner „Accademia del Cimento" wie in der „experimental philosophy" der Londoner Royal Society mit ihrem „nullius in verba" prägnanten Ausdruck.

Quellen: → Bacon, → Galilei.

Literatur: Alistair C. Crombie, Robert Grosseteste and the origins of experimental science. ^{2}Oxford 1962; Reyer Hooykaas, Das Verhältnis von Physik und Mechanik in historischer Hinsicht (= Beiträge zur Geschichte der Wissenschaft und der Technik. Heft 7). Wiesbaden 1963; Friedrich Klemm, Galilei und die Technik. In: Technikgeschichte. Bd 37, 1970, S. 13–26; Hans Blumenberg, Das Fernrohr und die Ohnmacht der Wahrheit. In: Galileo Galilei, Sidereus Nuncius etc. (= sammlung insel 1). Frankfurt 1965. Hier S. 5–73; Pierre Brunet, L'introduction des théories de Newton en France au XVIIIe siècle. Paris 1931; ders., Les physiciens hollandais et la méthode expérimentale en France au XVIIIe siècle. Paris 1926; Maurice Daumas, Les instruments scientifiques aux XVIIe et XVIIIe siècles. Paris 1953; Ernst Gerland und Friedrich Traumüller, Geschichte der physikalischen Experimentierkunst. Leipzig 1899; Carl Ramsauer, Grundversuche der Physik in historischer Darstellung. Berlin 1953; Hugo Dingler, Das Experiment. Sein Wesen und seine Geschichte. München 1928.

F

Fabricius, Johannes (* 8. Januar 1587 in Osteel oder Resterhaave, Ostfriesland, † etwa 1615). F. stammte aus der Familie eines Astronomen: Sein Vater, David Fabricius (1564–1617), beobachtete im Jahre 1596 erstmalig Sterne mit wechselnder Intensität im Sternbild des Walfisch und korrespondierte mit Tycho Brahe und Johannes Kepler.

Für seine astronomischen Beobachtungen benutzte F. das Fernrohr, und 1611 entdeckte er, unabhängig von und vor Galileo Galilei und Christoph Scheiner, die Existenz der Sonnenflecken. Die Ergebnisse seiner Beobachtungen bearbeitete er mit Hilfe seines Vaters und publizierte sie in demselben Jahre 1611 in dem Buche „De maculis in sole observatis..." (Wittenberg 1611).

Literatur: Gerhard Berthold, Der Magister J. F. und die Sonnenflecken. Nebst einem Exkurse über David Fabricius. Eine Studie. Leipzig 1894. J. M.

Fahrenheit, Daniel Gabriel (* 24. Mai 1686 in Danzig, † 16. September 1736 in Den Haag). Der entscheidende Schritt zur wissenschaftlichen Thermometrie wurde von F. mit der Anfertigung seiner Thermometer eingeleitet. Zunächst benutzte er Weingeist, seit 1714/15 Quecksilber. Dabei bestand der bis dahin unbekannte Vorzug in einer exakten Übereinstimmung der Anzeige mehrerer gleichartiger Thermometer. Die Eichung nahm F. nach drei festen Punkten vor; ein Punkt diente der Kontrolle: Ein Gemisch aus Wasser, Eis und Salmiak ergab den tiefsten Stand der Säule und wurde gewissermaßen als absoluter Nullpunkt angenommen; die Körpertemperatur eines gesunden Menschen war der 96. Grad, der Schmelzpunkt des Eises lag bei 32°. Dies entspricht der noch heute in Großbritannien und den USA üblichen Skala.

Die Abhängigkeit des Siedepunktes vom Luftdruck, die F. vermutlich als erster erkannt hatte, regte ihn zur Erfindung eines Hypsometers zur Bestimmung des Luftdruckes nach der Siedetemperatur an. Er erfand weiterhin eine „Wasserrohrmühle", eine neuartige Zentrifugalpumpe, und verbesserte das Gewichtsaräometer.

Den größten Teil seines Lebens hat F. in Amsterdam verbracht, wohin er 1702 gekommen war, um den Kaufmannsberuf zu erlernen. Später widmete er sich jedoch ausschließlich seinen Forschungen, hielt Vorlesungen und fertigte mit großer Sorgfalt wissenschaftliche Instrumente für seinen eigenen Bedarf und zum Verkauf an.

Werke: Experimenta circa gradum caloris liquorum nonnullorum ebullientium instituta. In: Philosophical Transactions. 1724, S. 1–3; Materiarum quarundam gravitates specificae etc. Ebd. S. 114–118; Araeometri novi descriptio et usus. Ebd. S. 140–141; Barometri novi descriptio. Ebd. S. 179–180.

Literatur: Friedrich Albert Meyer, D. G. F. Sein letztes Werk, Testament und Nachlaß. In: Technikgeschichte. Bd 33, 1966, S. 160–181; Albert Momber, D. G. F. Vortrag, gehalten in der Sitzung der Naturforschenden Gesellschaft zu Danzig am 26. Mai 1886. In: Altpreußische Monatsschrift. Bd 24, 1887, S. 138–156; Cyril Stanley Smith, A speculation on the origin of F.'s temperatur scale. In: Isis. Vol. 56, 1965, S. 66 bis 69; vgl. ebd. S. 209 f. H. M.

Fallgesetze. Daß Galileo Galilei bereits 1590 die F. — und zwar durch Versuche am schiefen Turm in Pisa — gefunden habe, ist eine offenbar unausrottbare Legende. In Wirklichkeit war Galilei noch 1590 (wie aus der Jugendschrift „De Motu" hervorgeht) der Meinung, daß die **Geschwindigkeit** des freien Falles durch die Differenz der spezifischen Gewichte des fallenden Körpers und des Mediums bestimmt würde.

Erst 1609, nach zwanzigjährigem Ringen, fand er die richtigen Formeln: nicht durch Experimente, sondern durch Überlegung. An die neuplatonische Tradition von Philoponos, Avempace und Benedetti anknüpfend, betrachtete Galilei den Fall im Vakuum als den eigentlichen „motus naturalis": In Quecksilber fällt nur das Gold, während das Blei steigt, im Wasser fallen beide, aber das Gold deutlich voraus, beim freien Fall in Luft sind die Unterschiede minimal: „Angesichts dessen glaube ich, daß, wenn man den Widerstand der Luft ganz aufhöbe, alle Körper gleich schnell fallen würden" („Discorsi", S. 65).

Galilei suchte nun nach einem Paar von Formeln: nach dem Gesetz, das die Zunahme der Geschwindigkeit, und nach dem zweiten, das die Zunahme der zurückgelegten Strecke angibt. 1604 erwog er dabei $v \sim s$, $s \sim t^2$. Aus dem falschen Gesetz $v \sim s$ leitete er durch eine gewundene Rechnung, die mehrere Fehler enthielt, die richtige Formel $s \sim t^2$ her. Galilei überzeugte sich dann in den folgenden Jahren von der Unrichtigkeit der Überlegung und stellte um 1609 das richtige Paar, $v \sim t$, $s \sim t^2$ auf. Erst viel später verifizierte er die theoretisch gewonnene Formel $s \sim t^2$ durch Versuche mit Fallrinnen. Die Zeit wurde durch Wägen des in feinem Strahl in Behälter laufenden Wassers bestimmt; die Meßgenauigkeit war dabei aber sehr schlecht, daß man mit Recht nur von einem „groben Test" (Bernard Cohen) gesprochen hat ($\rightarrow$Experiment, $\rightarrow$ Galilei).

Literatur: $\rightarrow$ Galilei; Eduard Jan Dijksterhuis, Val en Worp... Groningen 1924; William A. Wallace, The enigma of Domingo de Soto: Uniformiter difformis and falling bodies in late medieval physics. In: Isis. Vol. 59, 1968, S. 384 bis 401; Stillman Drake, Free fall in Galileo's dialogue. In: Isis. Vol. 57, 1966, S. 269–271; ders., Galileo's 1604 fragment etc. In: British Journal for the History of Science. Vol. 4, 1969, S. 340–358.

Faraday, Michael (* 22. September 1791 in Newington Butts, † 25. August 1867 in London). Dem Autodidakten erfüllte sich nach dem Besuch der Abendvorlesungen von Humphry Davy in der Royal Institution der Herzenswunsch, der Wissenschaft dienen zu dürfen: Im Februar 1813 wurde F. Laborgehilfe in der R. I.

Bald rückte er in eine bessere Position auf. Davy war häufig abwesend, und so kümmerte sich F. um die Vorträge der Gastdozenten und bereitete die Demonstrationsversuche vor. 1816 publizierte F. seine erste wissenschaftliche Arbeit (chemische Analyse eines Ätzkalks). 1823 stellte er Chlor in flüssiger Form dar; 1824 fand er bei der Destillation fetter Öle das Benzol und das Butylen. Zu den chemischen Arbeiten kamen technisch-physikalische: 1820–1822 beschäftigte er sich mit der Herstellung rostfreier Stahlsorten, von 1825 bis 1829 mit der von Gläsern mit bestimmten optischen Eigenschaften.

Nach der Entdeckung Oersteds ($\rightarrow$Elektromagnetismus) wiederholten Davy und F. die Versuche, wobei sie zunächst noch der irrigen Auffassung waren, es handle sich bei der Wechselwirkung zwischen elektrischem Strom und Magnetnadel um die konventionellen, in der Physik bekannten Kräfte, die in Richtung der Verbindungsgeraden liegen. Im August 1821 korrigierte sich F. und konstruierte am 4. September eine Vorrichtung, aus der ganz klar hervorging, daß die Kräfte senkrecht auf der Verbindungslinie stehen. Ein elektrischer Leiter rotiert dabei um einen festgehaltenen Magneten; ebenso rotiert auch umgekehrt ein beweglicher Magnet um einen festen Leiter. Damit hatte er zum erstenmal einen „Elektromotor" konstruiert, wenn auch nur in allereinfachster Form. F. strebte nun danach, auch den gewissermaßen umgekehrten

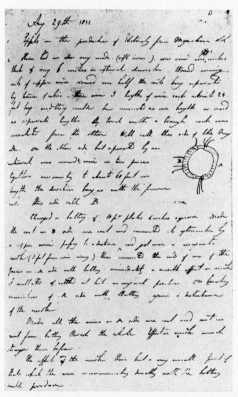

Abb. 9. Laboratoriumstagebuch Faradays vom 29. August 1831 mit der Entdeckung der elektromagnetischen Induktion

Faraday, Michael

Effekt aufzufinden: eine elektrische Wirkung des Magneten. In seinem Notizbuch findet sich schon 1822 die bemerkenswerte Eintragung: „Convert magnetism into electricity" — Verwandle Magnetismus in Elektrizität.

In den folgenden Jahren war es für F. ein wichtiges Ziel, diese „Verwandlung" wirklich zu erreichen. Prinzipiell geeignete Versuchsanordnungen hatte er, wie das Labortagebuch zeigt, bereits 1825 und 1828 aufgebaut, aber die Meßempfindlichkeit war zu gering. Endlich entdeckte er am 29. August 1831 mit einer Anordnung, die wir heute einfach als Transformator bezeichnen, den langgesuchten Effekt der elektromagnetischen → Induktion. In den folgenden Monaten wurde der Effekt nach allen Richtungen erforscht.

Da F. keinerlei mathematische Kenntnisse besaß, zog er als anschauliches Hilfsmittel zur Beschreibung der Versuchsergebnisse die magnetischen → Kraftlinien heran. Die Richtung des Induktionsstromes wird dann nach F. dadurch bestimmt, in welcher Weise die vom Nordpol zum Südpol verlaufenden Kraftlinien durch den Draht „geschnitten" werden. Obwohl sie zunächst nur eine Veranschaulichung waren, um Versuchsergebnisse bequem ausdrücken zu können, wurde F. doch überzeugt, daß die den Raum durchziehenden Kraftlinien physikalische Realität besitzen. So prägte F. — langsam tastend, aber doch konsequent Schritt für Schritt — gegen den Widerstand der meisten Fachkollegen den Begriff des magnetischen und elektrischen Kraftfeldes.

Mit den wissenschaftlichen Erfolgen änderte sich die äußere Stellung, aber nicht die Bescheidenheit und Liebenswürdigkeit F.s. Er wurde 1824 Mitglied der Royal Society, 1825 Direktor der Royal Institution und nach und nach Ehrenmitglied von insgesamt 92 wissenschaftlichen Gesellschaften und Akademien.

F. stand, im Gegensatz zur überwiegenden Mehrheit der Kollegen, auf dem Boden des → Dynamismus. Er betrachtete also als primäre Gegebenheiten in der Natur die „Kräfte" (gemeint sind „Energien") und glaubte sicher an die gegenseitige Umwandelbarkeit von Magnetismus, Elektrizität, Licht, Wärme, Galvanismus usw. Diese Auffassung hatte ihn schon folgerichtig zur Entdeckung der elektromagnetischen Induktion geführt; sie prägte auch seine Gedanken bei der Interpretation der elektrolytischen Versuche (→ Faradaysche Gesetze), leitete ihn 1845 zur Auffindung des → Faraday-Effektes und zur Erforschung des → Magnetismus.

F. sprach deutlich von den verschiedenen Erscheinungsformen oder Ausprägungen der Naturkräfte („conditions of force") und der Umwandlung von einer Naturkraft in die andere. Diese Überzeugung durchzieht das ganze Lebenswerk. So formulierte er schon 1839 — Jahre vor der Aufstellung des Energieprinzips durch Julius Robert Mayer u. a. — ein „energetisches" Argument gegen einen von Volta ersonnenen Mechanismus, der das Zustandekommen der elektrolytischen Spannung durch den bloßen Kontakt von Metallen ohne chemische Veränderung erklären sollte. „Das würde in der Tat eine Schöpfung von Kraft sein ... Allein niemals ... findet eine Schöpfung von Kraft statt, eine Erzeugung von Kraft, ohne eine entsprechende Erschöpfung von etwas, ihr Nahrung Gebendes."

Nach der Entdeckung der Spektralanalyse durch Kirchhoff und Bunsen suchte F. Anfang 1862, seiner Grundüberzeugung vom inneren Zusammenhang aller Naturkräfte getreu, eine Beeinflussung der Spektrallinien durch das magnetische Feld aufzufinden. Ein Erfolg blieb ihm versagt. Wir wissen heute, daß lediglich das Auflösungsvermögen des von F. benutzten „Steinheilschen Spektrometers" ungenügend gewesen war. Seit etwa 1849 versuchte F. ebenso eine Umwandlung der → Gravitation in andere Kräfte hervorzubringen, aber diese Bemühungen waren ebenso erfolglos wie fast 100 Jahre später die theoretischen Ansätze Einsteins, Gravitation und Elektrodynamik in einer Theorie zusammenzufassen. Resignierend schrieb F.: „Hier enden für jetzt meine Versuche, ihre Resultate sind negativ. Sie erschüttern aber das starke Gefühl in mir nicht, daß eine Beziehung zwischen Schwerkraft und Elektrizität vorhanden ist, obgleich die Experimente bis jetzt nicht bewiesen haben, daß es so ist."

Hauptwerke: 1. Experimental Researches in Electricity. In 30 Reihen mit von Anfang bis Ende durchnumerierten Paragraphen (§ 1 bis § 3340) in den Philosophical Transactions von 1832—1856 erschienen. In Gesamtausgaben, auch in dt. Übers. zugänglich: Experimental-Untersuchungen über Elektrizität von Michael Faraday. Deutsche Übersetzung von S. Kalischer. 3 Bde. Berlin 1889—1891; 2. Bence Jones, The life and letters of Faraday. 2 Bde. London 1870. In dieser Publ. finden sich wichtige Auszüge aus F.s Notizbuch („Chemical Notes, Hints, Suggestions and Objects of Pursuit"); 3. Vom „Notizbuch" ist das Labortagebuch, das „Diary", zu unterscheiden. Dieses ist vollständig ediert: M. F., Diary. 8 Bde. London 1932—1936.

Literatur: John Tyndall, F. und seine Entdeckungen. Braunschweig 1870; John Hall Gladstone, M. F. Glogau 1882; Silvanus P. Thompson, M. F.'s Leben und Wirken. Neudr. Wiesbaden 1965; Hans Schimank, Epochen der Naturforschung. ²München 1964; L. Pearce Williams, M. F. A biography. London 1964; Walther Gerlach, M. F. Zum 100. Todestag. In: Deutsches Museum. Abhandl. u. Berichte. Jg 36, 1968, H. 1; Armin Hermann, M. F. in: Bild der Wissenschaft. Jg 1967, S. 649—657; ders., Der Kraftbegriff bei M. F. und seine historische Wurzel. In: Wissenschaft, Wirtschaft und Technik. Studien zur Geschichte (= Festschrift Wilhelm Treue). München 1969. Hier S. 469—476. Und in: Physikalische Blätter. Jg 26, 1970, S. 247—252 u. S. 298—301.

Bibliographien: William T. Scott, A bibliographic reference table for F.'s papers on electricity. In: The Natural Philosopher. Vol. 3, 1964, S. 77—95; Alan E. Jeffreys, M. F. A list of his lectures and published writings. London 1960.

Faraday-Effekt. Michael Faraday entdeckte 1845 das magnetooptische Phänomen: Breitet sich linear polarisiertes Licht in einer Substanz (z. B. Glas) längs der magnetischen Kraftlinien aus, so dreht sich die Schwingungsebene des Lichtes, was durch zwei gekreuzte Nicolsche Prismen nachgewiesen werden kann.

Als Anhänger des → Dynamismus glaubte Faraday fest an den Zusammenhang der „Naturkräfte", also auch an einen Einfluß des Magnetismus auf das Licht, und erdachte dazu zahlreiche Versuchsanordnungen. Der geglückte Nachweis war ihm eine Bestätigung der dynamistischen Naturansicht. Am 13. 9. 1845 schrieb er in sein Labortagebuch: „Dadurch ist bewiesen, daß die magnetische Kraft und das Licht untereinander in Beziehung stehen. Sehr wahrscheinlich wird sich diese Tatsache als sehr fruchtbar und von großem Wert erweisen bei der Untersuchung beider Erscheinungsformen der Naturkräfte."

Quellen: Michael Faraday, Experimental Researches in Electricity. § 2146; Michael Faraday, Diary. Hier Bd 4, S. 264.

Faradaysche Gesetze. Heute formulieren wir als 1. F. G.: Die bei der → Elektrolyse abgeschiedene Masse ist proportional der durchgegangenen elektrischen Ladung. Es ist bezeichnend für das Denken → Faradays, daß er die durch den Strom abgeschiedene Substanzmenge als Maß für die „chemische Kraft" des elektrischen Stromes ansah und 1833 formulierte: „Die chemische Kraft eines elektrischen Stromes ist proportional der absoluten Quantität der durchgegangenen Elektrizität."

Werden nun verschiedene Elektrolyte in denselben Stromkreis eingeschaltet, so stehen die abgeschiedenen Substanzmengen in einem festen, gleichbleibenden Gewichtsverhältnis: „Ich nenne die Zahlen, welche die Verhältnisse ausdrücken, in denen sie abgeschieden werden, elektrochemische Äquivalente". Als unser heutiges 2. F. G. findet dann Faraday: „Elektrochemische Äquivalente sind den gewöhnlichen chemischen Äquivalenten gleich."

Quellen: Michael Faraday, Experimental-Untersuchungen über Elektrizität. Hier §§ 377, 783, 821 [1. F. G.], §§ 824, 836 [2. F. G.].

Literatur: Wilhelm Ostwald, Elektrochemie. Ihre Geschichte und Lehre. Leipzig 1896.

Fechner, Gustav Theodor (* 19. April 1801 in Groß Särchen bei Muskau/Lausitz, † 18. November 1887 in Leipzig). Seit 1834 Prof. in

Feld

Leipzig, widmete sich F. vor allem der Psychophysik. Er vertrat einen entschiedenen Atomismus, womit er u. a. Wilhelm Weber beeinflußte.

Werke: Massbestimmungen über die galvanische Kette. Leipzig 1831; Über die physikalische und philosophische Atomenlehre. ²Leipzig 1864; Elemente der Psychophysik. 2 Bde. ²Leipzig 1889.

Literatur: Kurd Lasswitz, G. Th. F. Stuttgart 1896.

Feld. Im 19. Jh. glaubte man jede physikalische Formel nach dem Muster des Newtonschen Gravitationsgesetzes formen zu müssen (→ Coulombsches Gesetz). Den Einfluß des Zwischenmediums suchte man pauschal durch Einführung von Materialkonstanten zu erfassen. Aufgrund seiner Weltansicht (→ Dynamismus) ging Michael Faraday mit dem Konzept der → Kraftlinien einen anderen Weg. Er glaubte an die Ausbreitung einer immateriellen „Kraft" von Raumpunkt zu Raumpunkt, einer „Kraft" (von Faraday etwa im Sinne unseres heutigen Energiebegriffes gebraucht), die vermöge ihrer Anwesenheit im Raum einen (nicht-mechanisch aufgefaßten) Spannungszustand erzeugt. James Clerk Maxwell gelang es, die Faradayschen Vorstellungen in die mathematische Form von Feldgleichungen zu bringen (→ Elektrodynamik).

Vorbild für Maxwell war die Hydromechanik bzw. die Mechanik der elastischen Medien; man hatte ja schon lange mit der Konzeption eines kontinuierlich ausgebreiteten elastischen (oder quasi-elastischen) → Äthers die Lichtausbreitung erklären wollen. Maxwell fiel erkenntnistheoretisch gegenüber Faraday zurück, aber die Maxwellschen Gleichungen gewannen sozusagen „Eigenleben". Wohl hauptsächlich von Hermann von Helmholtz angebahnt, erkannte man die ursprünglichen mechanischen Veranschaulichungen nicht nur als entbehrlich, sondern sogar als irreführend und gewöhnte sich daran, die elektrischen und magnetischen Felder und die elektromagnetischen Wellen als außermechanische Wesenheiten anzuerkennen, die einer weiteren Erklärung nicht fähig und bedürftig sind.

Nach der endgültigen Anerkennung der Atomistik (→ Atom) gab es also zu Beginn des 20. Jh.s zwei Grundgegebenheiten in der Physik, Korpuskel und Feld. Albert Einstein wies 1905 erstmalig auf die erkenntnistheoretischen Probleme dieser Auffassung hin (→ Dualität).

Literatur: → Kraft, → Faraday; Ransom A. R. Tricker, The contributions of Faraday and Maxwell to electrical science. Oxford etc. 1966; L. Pearce Williams, The origins of field theory. New York 1966.

Fermi, Enrico (* 29. September 1901 in Rom, † 28. November 1954 in Chicago). Studierte seit 1918 in Rom Physik und promovierte 1922 in Pisa. Mit einem Stipendium setzte er seine Studien bei Max Born und Paul Ehrenfest fort. 1924 bis 1926 war er Dozent in Florenz, 1927 wurde er Professor der theoretischen Physik in Rom. Hier entwickelte er die schon in Florenz konzipierte später sog. „Fermi-Dirac-Statistik" von Teilchen, die dem Paulischen Ausschlußprinzip unterworfen sind. 1934 gab F. auf der Grundlage der Paulischen Neutrinohypothese die Theorie des Betazerfalls. Im gleichen Jahr zeigte er im Anschluß an die Joliot-Curiesche Entdeckung der künstlichen Radioaktivität, daß aus fast allen Elementen durch Neutronenbombardement radioaktive Isotope hergestellt werden können. Die Beobachtung, daß die bei Neutronenbeschuß entstehende künstliche Radioaktivität wesentlich vom umgebenden Material abhängt (und z. B. bei Wasser oder Paraffin infolge der im Wasserstoff auftretenden Bremseffekte besonders hoch ist), führte ihn zur Entdeckung der hohen Wirksamkeit langsamer Neutronen.

1938 erhielt F. den Nobelpreis. Er ging von Stockholm aus nach Amerika, um seine Familie (seine Frau war Jüdin) vor rassischer Verfolgung in Italien zu bewahren. Er lehrte zunächst an der Columbia University in New York und baute dort 1941 einen Reaktor, der sich jedoch noch nicht selbst in Gang hielt. Nach seinem Wechsel an die Universität von Chicago baute er dort einen größeren Reaktor,

SIDEREVS
NVNCIVS
MAGNA, LONGEQVE ADMIRABILIA
Spectacula pandens, suspiciendaque proponens
vnicuique, præsertim verò
PHILOSOPHIS, atq; ASTRONOMIS, quæ à
GALILEO GALILEO
PATRITIO FLORENTINO
Patauini Gymnasij Publico Mathematico
PERSPICILLI
*Nuper à se reperti beneficio sunt obseruata in LVNÆ FACIE, FIXIS IN-
NVMERIS, LACTEO CIRCVLO, STELLIS NEBVLOSIS,
Apprime verò in*
QVATVOR PLANETIS
Circa IOVIS Stellam disparibus interuallis, atque periodis, celeri-
tate mirabili circumuolutis; quos, nemini in hanc vsque
diem cognitos, nouissimè Author depræ-
hendit primus; atque
MEDICEA SIDERA
NVNCVPANDOS DECREVIT.

VENETIIS, Apud Thomam Baglionum. M DC X.
Superiorum Permissu, & Priuilegio.

Abb. 10. Titelblatt des Sidereus Nuncius von Galilei. 1610 (zu: Fernrohr)

der am 2. Dezember 1942 zu arbeiten begann und die erste sich selbst erhaltende, kontrollierte Kettenreaktion lieferte. 1943 ging er nach Los Alamos (Neu-Mexiko) und beteiligte sich dort am Atombombenprojekt. Nach dem Kriege kehrte er zur Grundlagenforschung zurück. Seine letzte Entdeckung war die Anregung von Protonen (unter Massenzuwachs gemäß Einsteins → Energie-Masse-Äquivalenz) durch Beschuß mit schnellen Mesonen.

Werke: Moleküle und Kristalle. Leipzig 1948; Nuclear Physics. Notes compiled by Jay Orear. Chicago 1950; Elementary Particles. New Haven und London 1952; Note e memorie (collected papers). 2 Bde. Rom 1962—1965; Molecules, crystals and quantum statistics. New York 1966; Notes on thermodynamics and statistics. Chicago 1966.

Literatur: Victor F. Weißkopf, E. F. In: Die Naturwissenschaften. Jg 42, 1955, S. 353—354; Franco Rasetti, E. F. In: Science. Vol. 121, 1955, S. 449—454; Edoardo Amaldi, Ricordo di E. F. In: La Ricerca Scientifica. Jg 25, 1955, S. 1—13; Samuel K. Allison, E. F. In: Biographical Memoirs of National Academy of Science. Vol. 30, 1957, S. 125—155 (mit Werkverzeichnis); Pierre de Latil, E. F. The man and his theories. London 1965; Laura Fermi, Mein Mann und das Atom. Düsseldorf und Köln 1956.   U. H.

Fernrohr. Die erste wissenschaftlich bedeutsame Anwendung fand das Fernrohr bei den astronomischen Beobachtungen Galileo Galileis 1609/10. Zwar war das Fernrohr schon längere Zeit bekannt, jedoch fand es genau wie die Linsen, die schon seit Jahrhunderten benutzt wurden, bei den Philosophen keine Beachtung.

Das Fernrohr wurde wahrscheinlich am Anfang des 17. Jh.s durch Zufall von Glashandwerkern in Italien oder Holland erfunden, aber darüber existieren keinerlei Berichte. Lediglich Giovanni Battista della Porta erwähnt eine spezielle Anordnung zweier Linsen. Galilei konstruierte 1609 sein Fernrohr nach Angaben, die aus Holland nach Italien gelangten. Die von ihm mit dem Fernrohr gemachten Entdeckungen wurden von entscheidendem Einfluß für die Entwicklung der Naturwissenschaften (→ Galilei, → Abb. S. 107).

Die ersten Fernrohre bestanden aus einer konkaven und einer konvexen Linse; Johannes Kepler entwarf eine Konstruktion aus zwei Konkavlinsen, die Christoph Scheiner dann ausführte. Wesentliche Verbesserungen, besonders des Okulars, stammen von Christaan Huygens. — Der Weg zu den heutigen großen Teleskopreflektoren begann mit Isaac Newtons Erfindung des Spiegelteleskops, das er aufgrund seiner irrtümlichen Annahme, daß chromatische Linsenfehler nicht zu beseitigen seien, konstruierte (→ Euler).

Quellen: Giovanni Battista della Porta, Magiae naturalis... Neapel 1588, Buch 17, Kapitel X, § 7; Galileo Galilei, Sidereus Nuncius. Venedig 1610; Johannes Kepler, Dioptrice. Augsburg 1611; Christoph Scheiner, Rosa Ursina. Bracciano 1625—1630.

Literatur: C. de Waard, De uitvinding der verrekijkers. Den Haag 1906; Henry C. King, The history of the telescope. London 1955; Rolf Riekher, Fernrohre und ihre Meister. Berlin 1957; Silvio A. Bedini, On making telescope tubes in the 17th century. In: Physis. Jg 4, 1962, S. 110 bis 116; ders., The aerial telescope. In: Technology and culture. Vol. 8, 1967, S. 395—401; Vasco Ronchi, Galileo e il suo cannocchiale. Turin 1964; Edward Rosen, Kepler's conversation with Galileo's Sidereal Messenger. New York 1965; Harald Volkmann, Geschichte des Fernrohres. In: Bild der Wissenschaft. Jg 5, 1968, S. 497—505.
                                                                    J. M.

Fizeau, Hippolyte (* 23. September 1819 in Paris, † 18. September 1896 in Venteuil). François Arago hatte 1838 vorgeschlagen, die Lichtgeschwindigkeit terrestrisch zu messen; die Ausführung gelang 1848 F. mit einem rotierenden Zahnrad. Das durch eine Zahnlücke hindurchgegangene Licht wird nach einem langen Lichtweg gespiegelt und bei der Rückkehr bei genügender Umdrehungsgeschwindigkeit des Rades vom nächsten Zahn zurückgehalten. 1851 und wieder 1859 bestimmte F. die Lichtgeschwindigkeit in strömendem Wasser und bestätigte damit den Fresnelschen „Mitführungskoeffizienten" (teilweise Mitführung des Äthers bei der Bewegung). Die richtige Erklärung gab erst Max von Laue 1907 auf dem Boden der Relativitätstheorie.

Literatur: Emile Picard, Les théories de l'optique et l'oeuvre d'H. F. Paris 1924; Eberhard Buchwald, Hundert Jahre F.scher Mitführungsversuch. In: Die Naturwissenschaften. Jg 38, 1951, S. 519—524.

Fluoreszenz. Die Lichterscheinungen der Fluoreszenz waren oft beobachtet worden; den Beginn ihrer neueren Ergründung aber verdanken sie den Engländern David Brewster, John Herschel und George Gabriel Stokes. Brewster lenkte ein Bündel Sonnenlicht durch eine alkoholische Lösung des grünen Farbstoffes der Blätter und bemerkte, daß von der ganzen Weglänge des Bündels ein blutrotes Licht ausging. Er prüfte auch andere Lösungen und durchsichtige feste Körper. Bei Flußspat gewahrte er, daß der Weg des Sonnenstrahls im Kristall blau leuchtete. Nach dem Flußspat erhielt die Erscheinung später (von Stokes) den Namen Fluoreszenz.

John Herschel stellte eine Lösung des Chinins her, und zwar in durch Schwefelsäure angesäuertem Wasser. Von der Seite, wo das durchgelassene Licht heraustritt, sah die Lösung wie Wasser aus. Wenn man sie aber auf schwarzen Grund stellte und von oben hinabblickte, so sah man die dem Fenster nähere Seite der Flüssigkeit blau leuchten. Es schien, als ob aus dem Sonnenlicht der blaue Teil des Spektrums zurückgehalten werde, und Herschel suchte diesen Verlust vergeblich im Spektrum des durch die Lösung gegangenen Lichtes nachzuweisen. Er dachte, daß die zurückgehaltene Lichtmenge noch nicht genüge, und ließ daher das Licht nacheinander durch mehrere Gläser mit Chininlösung treten. Es zeigte sich indessen, daß das Licht, nachdem es einmal durch eine dünne Schicht der Flüssigkeit gegangen war, die Fähigkeit verloren hatte, die Erscheinung wieder zu erzeugen.

Brewster nahm den Gegenstand auf und ließ ein Bündel mit einer Linse gesammelten Sonnenlichtes auf die Chininlösung fallen. Er fand, daß die ganze Weglänge des Bündels dieses blaue Licht zeigte. Was Herschel „epipolische Zerstreuung" genannt hatte, gehörte also zu derselben Gruppe von Erscheinungen, die Brewster als „innere Zerstreuung" bezeichnete.

Nun begann auch Stokes mit der Chininlösung zu experimentieren. Er dachte sich, daß das blaue Licht „vielleicht überhaupt nicht durch die blauen Spektralstrahlen, sondern durch andere Strahlen erzeugt würde. Wir wissen, daß das Spektrum Strahlen enthält, die zwar unsichtbar sind, sich aber in allen anderen Beziehungen genau wie das Licht verhalten. Aber die Unsichtbarkeit ist sozusagen nur zufällig, da sie von der Organisation des menschlichen Auges abhängt." Es schien ihm, daß „diese blaue, von der Lösung ausgehende Farbe vielleicht das Werk dieser unsichtbaren Strahlen sei", die also auf die Flüssigkeit so wirken, daß diese blaues Licht aussendet.

Stokes konnte seine Idee experimentell bestätigen. Er ließ Sonnenlicht durch einen Spalt in ein verdunkeltes Zimmer treten und zerlegte es mit einem Prisma. Das Spektrum ließ er nun zuerst durch die Chininlösung gehen und dahinter auf einen Schirm fallen. Dabei zeigte es sich, daß das blaue Licht der Lösung am violetten Ende beginnt und sich in eine Gegend des Spektrums ausdehnt, die unsichtbare Strahlen enthält. Die blaue Farbe wurde also nicht von den blauen Strahlen des Spektrums erzeugt, sondern von ganz anderen Strahlen, die auf die Flüssigkeit so wirkten, daß diese gezwungen wurde, Strahlen von ganz anderer Brechbarkeit auszusenden. Diese Erklärung gab Stokes 1852 in den Philosophical Transactions. Fluoreszenz ist also eine Art „Sichtbarmachen der ultravioletten Strahlen" (Tyndall).

Quellen: George Gabriel Stokes, Das Licht. Deutsch von Dr. Otto Dziobek. Leipzig 1888, S. 107—115 und S. 277—304; John Tyndall, Das Licht. ²Braunschweig 1895, S. 176—181.

Literatur: Gerhard Berthold, Zur Geschichte der Fluoreszenz. In: Annalen der Physik. Bd 158, 1876, S. 620—625; Philipp Lenard, Ferdinand

Schmidt und Rudolf Tomaschek, Phosphoreszenz und Fluoreszenz. In: Handbuch der Experimentalphysik, hrsg. von Wilhelm Wien und Friedrich Harms. Bd 23. Leipzig 1928; E. Newton Harvey, A history of luminescence from the earliest times until 1900. Philadelphia 1957 (mit umfangreicher Bibliographie). H. B.

Foucault, Jean Bernard Léon (* 18. September 1819 in Paris, † 11. Februar 1868 ebd.). Nach Hippolyte Fizeau bestimmte auch F. 1849 die Lichtgeschwindigkeit terrestrisch, und zwar durch einen rotierenden Spiegel. F. erhielt den guten Wert von $2,98 \cdot 10^{10}$ cm sec^{-1}. Die kurze Lichtweglänge von 4 m ermöglichte es, anstelle von Luft den Lichtweg in Wasser zu legen. Die sich ergebende kleinere Lichtgeschwindigkeit entschied für die Wellentheorie des Lichtes. 1851 demonstrierte F. in der Pariser Sternwarte im Pantheon mit einem sehr langen Pendel die Achsendrehung der Erde.

Werke: Recueil des travaux scientifiques de L. F. Paris 1878.
Literatur: M. L. Cooper, F. In: Physics education. Vol. 4, 1969, S. 229 f.

Fourier, Joseph (* 21. März 1768 in Auxerre, † 16. Mai 1830 in Paris). F. wurde 1796 Professor an der Ecole Polytechnique und war seit 1816 Mitglied der Académie des Sciences. Auf der Grundlage der verbreiteten Wärmestofftheorie behandelte F. die Probleme der Wärmeausbreitung durch Reihenentwicklungen nach trigonometrischen Funktionen. „Fouriers ‚Théorie analytique de la chaleur' [Paris 1822] ist die Bibel des mathematischen Physikers. Nicht nur werden hier die nach Fourier benannten trigonometrischen Reihen und Integrale entwickelt, sondern es wird auch das allgemeine Problem der Randwertaufgaben an dem Beispiel der Wärmeleitung vorbildlich durchgeführt" (Arnold Sommerfeld). F. wirkte damit entscheidend auf Franz Neumann und William Thomson. — F. befaßte sich auch ausführlich mit der Fehlerauswertung physikalischer Messungen.

Werke: Oeuvres de Fourier. Publiées par Gaston Darboux. 2 Bde. Paris 1888—1890.
Literatur: François Arago, J. F. In: Franz Arago's sämmtliche Werke. Bd 1. Leipzig 1854, S. 234—296; John Herivel, J. F. In: Endeavour. Bd 27, 1968, S. 65—67; Jerome Raymond Ravetz, Preliminary notes etc. In: Archives Internationales d'Histoire des Sciences. Jg 13, 1960, S. 247—251.

Franck, James (* 20. August 1882 in Hamburg, † 21. Mai 1964 in Göttingen). „Wenn es zulässig ist, überhaupt einen so kühnen Vergleich zu ziehen", schrieb Max Born, „so möchte ich Francks Begabung mit der von Faraday vergleichen; er ist mathematisch sehr schwach gebildet, hat aber eine geistige Gestaltungskraft und ein Vermögen zum Erkennen experimenteller Möglichkeiten, wie sie ganz, ganz selten vorkommen."

F., der durch seine in Gemeinschaft mit Gustav Hertz angestellten → Franck-Hertz-Versuche rasch bekanntgeworden war, wurde 1921 auf Drängen von Born gleichzeitig mit diesem nach Göttingen berufen. Franck hat durch seine experimentellen Arbeiten wie durch seine Fähigkeit, „physikalische Sachverhalte rein gefühlsmäßig zu beurteilen", wesentlich zum raschen Ausbau der Quantentheorie beigetragen. In der Zusammenarbeit von Born und Franck — und ihrer zahlreichen Mitarbeiter und Schüler — entwickelte sich Göttingen zum „Mekka der Atomphysik". Diese Zusammenarbeit bestand in fast täglichen Gesprächen über die in Francks Institut geplanten oder durchgeführten Experimente und über die Bornschen Ansätze zu einer neuen Atomphysik.

Im Jahre 1933 wollten die neuen Machthaber den weltberühmten jüdischen Forscher nicht verlieren und ihm die Weiterarbeit ermöglichen. Einen Kompromiß mit dem „Dritten Reich" konnte aber Franck mit seinem Gewissen nicht vereinbaren; er nahm freiwillig die Emigration auf sich und ging in die Vereinigten Staaten, wo er 1938 zum Professor für physikalische Chemie an der Universität Chicago ernannt wurde. Hier beschäftigte er sich mit der Photosynthese, einem Problem, das ihn zeitlebens nicht mehr losgelassen hat. Es war schmerzlich für Franck, daß es ihm hier nicht gelang, mit seiner Auffassung die wissenschaftlichen Gegner, an der Spitze Otto Heinrich Warburg, endgültig zu überzeugen.

Im Krieg beteiligte sich Franck an der technischen Nutzbarmachung der Kernenergie im ersten Atomreaktor in Chicago. Er warnte im Juni 1945 in dem berühmten, von sieben führenden Forschern unterzeichneten „Franck-Report" leidenschaftlich vor dem Abwurf der Atombombe über Japan.

Werke: Anregung von Quantensprüngen durch Stöße. Berlin 1926 (gemeinsam mit Pascual Jordan) ; → Franck-Hertz-Versuche.

Literatur: Gustav Hertz, J. F. † 21. 5. 1964. In: Annalen der Physik. Bd 15, 1965, S. 1—4; Max Born und Wilhelm H. Westphal, J. F. In: Physikal. Blätter. Jg 20, 1964, S. 324—334.

Franck-Hertz-Versuche. Die 1911 beginnenden Versuche von James Franck und Gustav Hertz wurden von Anfang an in Kenntnis der Quantenhypothese durchgeführt. In der mit Quecksilber gefüllten Kathodenstrahlröhre (Triode) werden die Elektronen durch ein veränderliches elektrisches Feld beschleunigt. Bei kleinen Energien treten nur elastische Streuungen auf, bei denen von den Elektronen praktisch keine Energie an die Stoßpartner abgegeben wird. Steigert man aber die angelegte Spannung bis auf 4,9 Volt, kommt es zu unelastischen Stößen, und die Elektronen verlieren fast ihre gesamte Bewegungsenergie. Das macht sich in einem plötzlichen Stromabfall in der Elektronenröhre bemerkbar.

Als James Franck und Gustav Hertz ihre Arbeit 1914 veröffentlichten, waren sie noch der irrigen Meinung, es handle sich bei den gemessenen 4,9 Elektronenvolt um die Ionisierungsspannung des Quecksilbers. Da sie **zugleich** die Emission der Quecksilberlinie $\lambda = 2536$ Å beobachteten, waren Franck und Hertz der Auffassung, daß **nebeneinander** zwei **verschiedene** Vorgänge auftreten: **Entweder** führe der Stoß zur Ionisation **oder** zur Anregung der Lichtemission.

Erst Niels Bohr erkannte 1915 die Zusammengehörigkeit beider Prozesse und damit die Bedeutung der Experimente für sein seit 1913 entwickeltes Atommodell. Franck und Hertz bauten nun ihre Methode zu einer glänzenden Bestätigung der Bohr-Sommerfeldschen Atomtheorie weiter aus: „Es war so, als wenn ein Forscher ein unbekanntes Land erforschen wollte und bemerkte, daß er, ohne es zu wissen, bereits eine vollständige Karte dieses Landes in den Händen hatte. Diese Karte ist in unserem Falle das Termschema, und ihr Maßstab ist durch das Plancksche Wirkungsquantum gegeben."

Quelle und Literatur: James Franck und Gustav Hertz, Die Elektronenstoßversuche (= Dokumente der Naturwissenschaft. Bd 9). München 1967. Hier Wiederabdruck der nobelpreisgekrönten Arbeiten und wissenschaftshistorische Einführung.

Franklin, Benjamin (* 17. Januar 1706 in Boston, † 17. April 1790 in Philadelphia). Die Geschichte der amerikanischen Unabhängigkeitsbewegung feiert F. als einen der Gründer des republikanischen Amerika. Neben seiner politischen Tätigkeit (Vertreter Pennsylvaniens in London 1757—1775, Mitverfasser der Unabhängigkeitserklärung 1776 und Gesandter der Vereinigten Staaten in Frankreich 1777—1785, das er zum Kriegseintritt gegen England bewegen konnte) leistete der gewandte Schriftsteller, Autodidakt und erfolgreiche Geschäftsmann in Philadelphia indessen auch bedeutende Beiträge zur Entwicklung der Naturwissenschaft. 1746 begann er mit seinen Arbeiten über die Elektrizität. Sie wurden zur Grundlage einer wissenschaftlichen Behandlung der damals meist als Kuriosität angesehenen elektrischen Erscheinungen. Die Versuche zur Reibungselektrizität führten ihn zu der Erkenntnis, daß es nur ein einziges „elektrisches Fluidum" gebe (unitarische Theorie der Elektrizität), womit er vielen seiner Zeitgenossen widersprach. Als positiv elektrisiert (plus) bezeichnete er Körper mit einem Überschuß, als negativ elektrisiert (minus) solche mit einem Mangel an „elektrischem Feuer".

Bei der Beobachtung der elektrischen Spitzenwirkung (1747) kam F. auf den Gedanken, die Elektrizität der Wolken abzuleiten (→ Blitzableiter). Mit seinen berühmt gewordenen Drachenversuchen (1752) vermochte er die elektrische Natur der Ladung der Gewitterwolken nachzuweisen. Darüber hinaus befaßte sich F. mit Wärmestrahlung und -leitung, Hydrodynamik, Meteorologie und technischen Geräten. Aus dem Gelehrtenkreis um ihn erwuchs die „American Philosophical Society".

Werke: Sämtliche Werke. Dt. von G. T. Wenzel. 3 Bde. Dresden 1780; Leonhard Labaree (Hrsg.), The papers of B. F. Bd 1 ff. New Haven 1959 ff.; Leonhard W. Labaree et al., The autobiography of B. F. New Haven 1964.

Literatur: J. Bernard Cohen, F. and Newton. Philadelphia 1956; Frederick Seitz, B. F. and twentieth century science. In: Journal of the F. Institute. Vol. 280, 1965, S. 463–473; Esmond Wright, B. F. and American Independence. London 1966; Bernard S. Finn, An appraisal of the origins of F.'s electrical theory. In: Isis. Vol. 60, 1970, S. 362–369. L. S.

Fraunhofer, Joseph (* 6. März 1787 in Straubing, † 7. Juni 1826 in München). F. widmete sein ganzes Leben mit bewundernswertem Erfolg der Optik. Er war Sohn eines Glasschleifers, erlernte selbst dieses Handwerk und arbeitete in einem später in München ansässigen optischen Institut, in dem er aufgrund seiner Erfolge Mitinhaber wurde und dem er zu Weltruhm verhalf. Als begabter Mechaniker verbesserte Fraunhofer die Schleif- und Polierverfahren optischer Gläser, aber auch die Herstellung und das Schmelzen des Glases. Von ihm stammten Konstruktionen von Objektiven für Fernrohre und Mikroskope, Prüfungsmethoden für chromatische Fehler und die Behebung der Kugelabweichung bei Linsen. Die mechanische Begabung war bei F. mit der Fähigkeit der mathematischen Berechnung optischer Konstruktionen verbunden, welche er besonders bei der Entwicklung von Berechnungsformeln für achromatische Fernrohrobjektive ausnutzte.

F. entdeckte die Existenz von Linien im Sonnenspektrum und trug darin 576 verschiedene Linien ein. Die Hauptlinien bezeichnete er mit den Buchstaben A bis G; bei sechs Linien bestimmte er die Wellenlängen. Diese Entdeckung der dunklen Linien im Sonnenspektrum machte F. unabhängig von William Hyde Wollaston, und er veröffentlichte seine Ergebnisse in Denkschriften der Münchener Akademie.

Zur Untersuchung von Spektren benutzte Fraunhofer im Jahre 1821 neben dem Drahtgitter auf Glas geritzte Beugungsgitter (300 Stück je mm). F. entwickelte auch neue Methoden zur Beobachtung der Beugung des Lichtes in parallelen Strahlen. Trotz verschiedener Schwierigkeiten wurde Fraunhofers Tätigkeit anerkannt. Seine erste Arbeit über die Beugung des Lichtes brachte ihm die Ernennung zum Ehrendoktor der Universität Erlangen. Die Münchener Akademie wählte ihn im Jahre 1817 zum korrespondierenden Mitglied, und 1823 wurde er als Professor und Konservator des physikalischen Kabinetts angestellt. Ein Jahr später verlieh ihm König Maximilian den Adelstitel und den Zivilverdienstorden. Infolge einer Erkrankung an Tuberkulose starb Fraunhofer schon in jungen Jahren.

Werke: Gesammelte Schriften (Hrsg. E. Lommel). München 1888.

Literatur: Joseph von Utzschneider, Kurzer Umriß der Lebensgeschichte des Herrn Dr. J. von Fraunhofer. München 1826; Georg Merz, Das Leben und Wirken F.s. Landshut 1865; Moritz von Rohr, J. F.s Leben, Leistungen und Wirksamkeit. Leipzig 1929; ders. et al., Dem Andenken an J. F. In: Die Naturwissenschaften. Jg 14, 1926, S. 523–554; L. C. Glaser, F. und die Entwicklung der Gittertechnik. In: Zeitschrift für technische Physik. Jg 7, 1926, S. 252–259; Walther Gerlach, J. F. und seine Stellung in der Geschichte der Optik. In: Optik. Bd 20, 1963, S. 279–292; ders., 150 Jahre Fraunhofersche Linien. In: Physikal. Blätter. Jg 23, 1967, S. 145 bis 149. J. M.

Fresnel, Augustin Jean (* 10. Mai 1788 in Broglie, Normandie, † 14. Juli 1827 in Ville-d'Avray bei Paris). Fresnels optische Arbeiten fallen in eine Zeit, in der die Vorstellungen der Wellentheorie des Lichtes wieder lebendig wurden. Er zeigte, daß manche Erscheinungen mit der Annahme der Wellennatur des Lichtes zu erklären sind, und hatte großes Verdienst am weiteren physikalischen Fortschritt, obwohl er sich mit der Physik nur nebenbei beschäftigte. Nach seinem Studium (Ecole Centrale, Ecole Polytechnique, Ecole des Ponts et Chaussées) war er Verkehrsbauingenieur geworden und widmete sich diesem Beruf bis zu seinem frühen Tode.

Fresnels Ergebnisse waren zahlreich: Er verbesserte die Formulierungen des Huygensschen Prinzips und erklärte mit ihm die Beugung des Lichtes. Er untersuchte den Einfluß der Polarisation auf die Interferenz und zeigte, daß die Lichtwellen transversalen Charakter besitzen. Die zirkulare und elliptische Polarisation wurden von ihm entdeckt und aufgrund der Wellenvorstellungen erklärt. Die Drehung der Polarisationsebene deutete er als Doppelbrechung des zirkular polarisierten Lichtes und bestätigte das durch Versuche. Er veröffentlichte auch eine Formel für die Intensität des reflektierten und des gebrochenen Lichtes und erklärte die Polarisation des Lichtes bei der Reflexion. F. entdeckte weiterhin, daß bei der Totalreflexion das reflektierte Licht elliptisch polarisiert ist. Auch für diese Erscheinung gab er eine Erklärung. Seine Entdeckungen benutzte Fresnel zur Konstruktion verschiedener Instrumente.

An der physikalischen Tätigkeit F.s ist bewundernswert, wie gründlich er die neue Theorie beherrschte und mit welcher Meisterschaft er sie handhabte. — Im Jahre 1823 wurde er zum Mitglied der Akademie der Wissenschaften in Paris ernannt, und im Jahre 1825 wählte ihn die Royal Society zu ihrem Mitglied. Im Jahre seines Todes wurde Fresnel von der Royal Society die Rumford-Medaille verliehen.

Werke: Oeuvres complètes etc. 3 Bde. Paris 1866—1870. Neudruck New York 1965.

Literatur: François Arago, F. In: Franz Arago's sämmtliche Werke. Bd 1. Leipzig 1854, S. 85 bis 148; M. Charles Fabry, La vie et l'oeuvre scientifique de A. F. In: Institut de France, Académie des Sciences. Notices et discours. Bd 1, 1924 bis 1936, S. 203—226; G. A. Bountry, A. F., his time and work. London 1949.   J. M.

G

Gaede, Wolfgang (* 25. Mai 1878 in Bremerlehe, † 24. Juni 1945 in München). Als Assistent bei Franz Himstedt in Freiburg i. Br. wurde G. bei Versuchen über den Volta-Effekt im Vakuum auf das Fehlen einer Hochvakuumpumpe aufmerksam. Im September 1905 gelang ihm die Erfindung der rotierenden Quecksilberluftpumpe (Gaede-Pumpe), die er auf der Naturforscherversammlung in Meran vorführte. Dabei wurde ein elektrisches Entladungsrohr ausgepumpt, und die mit fortschreitender Verdünnung auftretenden Entladungsformen zogen in überraschend schneller Folge vorüber. Es regnete Bestellungen. Er übertrug die Herstellung der Fabrik E. Leybold's Nachfolger in Köln und hatte fortan viel mit der Anleitung der Arbeiten zu tun. Daneben aber erfüllte ihn bereits die Erfindung der Molekularluftpumpe, die 1912 herauskam.

G. errichtete in Freiburg ein Technisch-Physikalisches Institut und habilitierte sich 1909. Nach dem Kriege wurde er 1919 als Ordinarius an die Technische Hochschule in Karlsruhe berufen. Dort entwickelte er bis 1915 die Diffusionsluftpumpe, mit der er zu bisher unbekannt niederen Drucken vordrang. Die Weiterentwicklung nahm Jahrzehnte in Anspruch. Zuweilen bedrückte es ihn, daß ihm neben der Luftpumpen-Industrie keine Zeit blieb; er war eine Künstlernatur, ein virtuoser Geiger, Tänzer und Segler.

1933 nahm er in London die Dudell-Medaille entgegen und wurde daher von der nationalsozialistischen Regierung wegen politischer Unzuverlässigkeit 1934 entlassen. Er arbeitete jedoch in seiner eigenen Werkstätte weiter und schuf 1934 das Molvakuummeter als Vakuum-Meßgerät, 1935 die Gasballastpumpe und später noch das Membran-Gerimeter. — G.s Pumpen dienten in der Forschung der Untersuchung der Kathodenstrahlen, der Röntgenstrahlen, der Spektren leuchtender Gase und des Photoeffekts, in der Technik der Herstellung der Glühlampen, Leuchtröhren, Radioverstärker- und Senderöhren, Gleichrichter, Photozellen und Röntgenröhren. Arnold Sommerfeld schrieb: „Jede Radiolampe, jede Glühbirne zeugt von dem Erfolg seiner Arbeit. Es gibt fast keine physikalische Apparatur auf dem Gebiet der Spektroskopie und der modernen Physik überhaupt, die nicht mit einem oder mehreren Exemplaren seiner Meisterleistung, der Diffusionspumpe, ausgerüstet wäre. Die Reihe von Forschern, beginnend mit Otto von Guericke, die sich um die Vakuumtechnik bemüht haben, gipfelt in Wolfgang Gaede."

Werke: Demonstration einer neuen Quecksilberluftpumpe. In: Physikal. Zeitschrift. Jg 6, 1905, S. 758—760; Äußere Reibung der Gase und ein neues Prinzip für Luftpumpen: die Molekularluftpumpe. In: Physikal. Zeitschrift. Jg 13, 1912, S. 864—870, und in: Annalen der Physik. Bd 41, 1913, S. 337—380; Diffusion der Gase durch Quecksilberdampf bei niederen Drucken und die Diffusionsluftpumpe. In: Physikal. Zeitschrift. Jg 46, 1915, S. 357—392; Entwicklung der Diffusionspumpe. In: Zeitschrift für technische Physik. Jg 4, 1923, S. 337—369; Eine Schrift aus dem Nachlaß. München 1950.

Literatur: Hannah Gaede, W. G. Der Schöpfer des Hochvakuums. Karlsruhe 1954; Franz Wolf, W. G. In: Die Technische Hochschule Fridericiana, Karlsruhe. Festschrift 1950, S. 46—55; M. Dunkel, W. G., eine Würdigung seines Lebens aus Anlaß des 50. Jahrestages der Erfindung der Diffusionspumpe. In: Vakuum-Technik. Jg 12, 1963, S. 232 f.; F. A. Flecken, Gaedes Einfluß auf die Entwicklung der mechanischen Vakuumpumpen. In: Vakuum-Technik. Jg 12, 1963, S. 249 bis 255.

H. B.

Galilei, Galileo (* 15. Februar 1564 in Pisa, † 8. Januar 1642 in Arcetri bei Florenz). Nach einer humanistisch-sprachlichen Ausbildung im Benediktiner-Kloster in Vallombrosa bezog G. 1581 die Universität Pisa, um nach des Vaters Willen Medizin zu studieren. Daß er im Dom zu Pisa schon 1583 an einem schwingenden Leuchter die Gesetze der Pendelschwingungen erkannt habe, ist wohl Legende. Fest steht indes, daß sich sein Interesse, das zunächst der aristotelischen Philosophie und den antiken Ärzten gegolten hatte, bald stark der Mathematik, Euklid und besonders Archimedes, zuwandte. An diesen anschließend verfaßte er 1585/86 seine ersten selbständigen Arbeiten über den Schwerpunkt der Körper und über die Konstruktion einer hydrostatischen Waage.

Durch die Fürsprache des einflußreichen Mathematikers und Physikers Guidobaldo del Monte erhielt der 25jährige Gelehrte eine Professur für Mathematik an der Universität Pisa, wo ihm oblag, über die Geometrie Euklids und über die „Sphaera", d. h. über die Elemente des ptolemäischen (geozentrischen) Planetensystems, ganz im herkömmlichen Sinne Vorlesungen zu halten. Aber darüber hinaus beschäftigte sich G. mit der Aufgabe, die ganz qualitativ gerichtete Bewegungslehre des Aristoteles zu mathematisieren, so wie Archimedes die Statik mathematisiert hatte.

Besonders reizte G. das Problem des fallenden Körpers. An der aristotelischen Bewegungslehre, die annimmt, daß der schwerere Körper schneller falle als der leichtere, begann er heftige Kritik zu üben. Er war nicht der erste, der mit solcher Kritik hervortrat. In einer um 1590 abgefaßten Schrift „De Motu" (Über die Bewegung), die aber zu Galileis Lebzeiten nicht gedruckt wurde, kam er zu der — übrigens auch schon vor G. geäußerten — Meinung, daß ein Körper um so schneller falle, je größer sein spezifisches Gewicht sei. Er sagte, durch Fallversuche von einem hohen Turm habe er mehrfach bewiesen, daß Blei schneller falle als Holz. Daß G. bereits 1590 durch Fallversuche am schiefen Turm zu Pisa bewiesen habe, „daß alle Körper gleich schnell fallen", ist also auch nur Legende. In Wirklichkeit rang G. fast zwei Jahrzehnte um die richtige Formulierung und fand das → Fallgesetz nicht durch Experimente, sondern durch Gedankenversuche und mathematische Betrachtungen, ganz im Geiste des christlichen Neuplatonismus.

1592 ging G. an die venezianische Universität Padua. Die 18 Jahre seiner Paduaner Zeit waren die glücklichsten seines Lebens. In dieser Epoche vermochte er seine neue Bewegungslehre als eine wahrhaft neue Wissenschaft, eine „nuova scienza", zu begründen und wesentliche astronomische Entdeckungen zu machen. Daneben beschäftigten ihn auch fortgesetzt technische Probleme.

Das Jahr 1609 bezeichnete den Beginn seiner astronomischen Entdeckungen. In Venedig erfuhr Galilei im Sommer 1609, daß ein Niederländer ein Fernrohr erfunden hat, mit dem man weit entfernte Gegenstände scharf zu erkennen vermag. Er berichtete später: „Nachdem ich dies erfahren hatte, ging ich nach Padua ... und fing an, über dieses Problem nachzudenken. Ich löste es in der ersten Nacht nach meiner Rückkehr, und den Tag darauf fertigte ich das Instrument. Dann machte ich mich sogleich daran, noch ein anderes, vollkommeneres herzustellen, welches ich sechs Tage später nach Venedig brachte, wo es mit großer Verwunderung fast alle vornehmeren Edelleute der Republik sahen."

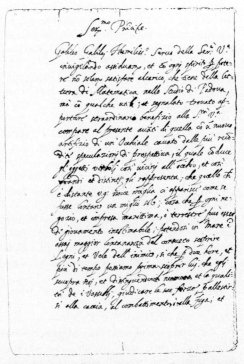

Abb. 11. Brief Galileis über sein Fernrohr. 1609

Ein solches Instrument überreichte er der venezianischen Regierung, die ihn dafür reichlich belohnte. G. war also nicht der Erfinder des Fernrohres, aber sein Instrument war sicher besser als jedes früher gebaute; er richtete es als einer der ersten zum Himmel und vermochte, dank seiner ausgezeichneten Beobachtungsgabe, überraschende Entdeckungen zu machen, die er 1610 in der lateinischen Schrift „Sidereus Nuncius" (Sternenbotschaft) bekanntgab. So sah er unter anderem, daß der Mond Gebirge und Täler aufweist wie die Erde, daß die Milchstraße aus ungeheuer vielen einzelnen Sternen besteht und daß der Planet Jupiter von vier Monden umkreist wird. Die Erde ist also nicht das alleinige

Zentrum aller himmlischen Kreisbewegungen, wie das geozentrische System meinte.

Im September 1610 tat Galilei einen Schritt, der für ihn verhängnisvoll werden sollte. Er vertauschte das in der Republik Venedig, in dem damals in Italien einzigen unabhängigen Staat liegende Padua mit Florenz, das unter dem Einfluß Roms stand. Doch die Liebe zur toskanischen Heimat und die Aussicht, als großherzoglicher Mathematiker und Philosoph in Florenz von Lehrverpflichtungen befreit zu sein, drängte alle Bedenken zurück.

Die bedeutsame Entdeckung der sich verändernden Sonnenflecken und der vollen Reihe der Venusphasen beschäftigten ihn während der ersten Zeit in Florenz. Aus der Beobachtung, daß die Venus in allen Phasen am Himmel erscheint, als Sichel, aber auch als Vollvenus, mußte man unbedingt auf die Bewegung dieses Planeten um die Sonne schließen. Diese Tatsache widersprach dem geozentrischen Weltbild, stand aber in schönstem Einklang mit dem kopernikanischen System.

1616 erklärte das Heilige Officium gegen G., daß die Annahmen, die Sonne sei das Zentrum der Welt und die Erde bewege sich um die Sonne und um ihre eigene Achse, philosophisch betrachtet töricht und absurd seien, theologisch gesehen aber als ketzerisch gelten müßten, da sie der Heiligen Schrift widersprächen. Kardinal Roberto Bellarmino ermahnte Galilei am 26. Februar 1616, die kopernikanische Lehre nicht zu verteidigen und nicht für wahr zu halten, was Galilei auch versprach.

In seinem Landhaus zu Bellosguardo auf den Hügeln vor Florenz schrieb nun G. sein astronomisches Hauptwerk, den „Dialogo" (Dialog über die zwei Hauptsysteme der Welt, das ptolemäische und das kopernikanische). Er erhielt nach einigen Änderungen von Rom und Florenz die Druckerlaubnis, und 1632 kam das Buch zu Florenz heraus. Der „Dialogo" ist in der Form von Gesprächen abgefaßt, die im Palazzo Sagredo am Canal Grande in Venedig zwischen drei Partnern stattfinden. Er ist in der italienischen Volkssprache geschrieben, weil sein Verfasser auf die bildungsbeflissenen Laien einwirken wollte. Wenn auch Galilei nicht einfach als Schöpfer der italienischen wissenschaftlichen Prosa bezeichnet werden kann, so hat er diese doch in hervorragender Weise entwickelt.

Das Werk suchte vor allem die Vorurteile gegen die Achsendrehung der Erde und gegen ihre Bewegung um die Sonne zu beseitigen und darzulegen, daß die Bewegungsvorgänge auf der Erde mit einer bewegten Erde zu vereinbaren sind.

Aus dem Dialogo spricht auch eine neue, für jene Zeit fast ketzerisch erscheinende Religiosität. Der Mensch erkenne nur Bruchteile der Wahrheiten, der göttliche Geist aber alle. Doch das Fragmentarische, was der menschliche Geist mathematisch begreift, „komme an objektiver Gewißheit der göttlichen Erkenntnis gleich", sagte Galilei. Hier sind also göttliches und menschliches Erfassen absoluter Wahrheiten identisch.

Der Verkauf des „Dialogo" — das Buch war kaum erschienen — wurde auf Anordnung des Papstes verboten. Galileis Gegner hatten eine Reihe belastender Argumente gegen den „Dialogo" hervorzuheben verstanden, darunter die Anklage, das Werk verlasse trotz des Verbotes von 1616 bei der Behandlung der kopernikanischen Lehre häufig den hypothetischen Standpunkt.

Galilei wurde nach Rom befohlen. Der greise Gelehrte, dem man im letzten Verhör auch die Folter androhte, wurde im großen Saal des Klosters der Dominikaner Santa Maria sopra la Minerva angeklagt, der Ketzerei, die schriftwidrige Lehre verteidigt zu haben, verdächtig zu sein, und er wurde verurteilt zum Widerruf der kopernikanischen Lehre und der Form nach zu Gefängnis. Er schwörte die kopernikanische Lehre ab, obwohl sich sein Verstand im stillen aufbäumte.

Den Abend seines Lebens verbrachte der greise, von Krankheit geplagte Galilei unter Aufsicht der Inquisition im Landhaus „Gioiello" zu Arcetri bei Florenz. Hier nun schrieb er sein physikalisches Hauptwerk, die „Dis-

Abb. 12. Titelkupfer von Galileis Dialogo. 1632

corsi" (Unterredungen und mathematische Darlegungen über zwei neue Wissenschaften), die 1638 in Leiden erschienen. Die zwei neuen Wissenschaften sind die Festigkeitslehre, also ein Gebiet der technischen Mechanik, und die Anfänge der Lehre vom bewegten Körper.

Auch dieses Werk ist in italienischer Sprache in Gesprächsform geschrieben; nur die rein systematischen Darlegungen sind in Latein abgefaßt. Das Gespräch der ersten Unterredung beginnt im Arsenal zu Venedig, wo Galilei mancherlei Anregungen für seine Wissenschaft empfangen hatte. Die Unterredung des dritten und vierten Tages sind der Fall- und Wurfbewegung gewidmet. Die so überaus wichtigen und neuen Erkenntnisse auf diesem Gebiet gingen in die Paduaner Zeit zurück.

Die „Discorsi" bedeuten den Beginn der klassischen Physik. Allerdings ist Galileis neue Physik zunächst Kinematik, nicht Dynamik, da ihm noch ein geeigneter Kraftbegriff fehlte. Auch zur allgemeinen Formulierung des Trägheitsprinzips vermochte er nicht vorzustoßen.

Werke: Gesamtausgabe: Le Opere. Edizione nazionale. Hrsg. Antonio Favaro. Vol. 1—20. Florenz 1890—1909. Neudruck Florenz 1968. Die wichtigsten Schriften: 1. „De Motu" (um 1590). In: Le Opere. Vol. 1, S. 243—419. Eine dt. Übers. fehlt. Engl.: On motion and on mechanics. Transl. I. E. Drabkin and St. Drake. Madison 1960; 2. „Le Mecaniche" (um 1593). In: Le Opere. Vol. 2, S. 147—191. Eine dt. Übers. fehlt. Engl. Übers. siehe „De Motu"; 3. „Sidereus Nuncius" (Venedig 1610). Dt. Übers. G. G., Sidereus Nuncius etc. Hrsg. H. Blumenberg (= samml. insel 1). Frankfurt 1965; 4. „Macchie Solari" (Rom 1613). In: Le Opere. Vol. 5. S. 71—249; 5. „Il Saggiatore" (Rom 1623). In: Le Opere. Vol. 6. S. 197—372; 6. „Dialogo". Dt. Übers. G. G., Dialog über die beiden hauptsächlichsten Weltsysteme. Übers. u. erl. E. Strauß. Leipzig 1891. 7. „Discorsi". Dt. Übers. G. G., Unterredungen und mathematische Demonstrationen über zwei neue Wissenszweige etc. Übers. u. hrsg. A. von Oettingen (= Ostwalds Klassiker. Nrn 11, 24 u. 25). Leipzig 1890/91. Neudr. Darmstadt 1964.

Literatur: Ernst Brüche (Hrsg.), Sonne steh' still. 400 Jahre G. G. Mosbach 1964. Hier auch Bibliographie S. 145—147; Fritz Bopp, Friedrich Klemm et al., G. G. zum 400. Geburtstag. In: Dt. Museum. Abh. u. Ber. Jg 32, 1964, H. 1; Hans Blumenberg, Vorwort zu G. G., Sidereus Nuncius etc. (= samml. insel 1). Frankfurt 1965; Edward Grant, Aristotle ... and G.'s Pisan Dynamics. In: Centaurus. Vol. 11, 1965, S. 79—95; Alexandre Koyré, Etudes Galiléennes. Paris 1966; Emil Wohlwill, G. u. sein Kampf f. d. copernicanische Lehre. 2 Bde. Leipzig 1909. Neudruck Wiesbaden 1969; H.-Chr. Freiesleben, G. G. (= Große Naturforscher. Bd 20). Stuttgart 1956; Piero Ariotti, G. on the isochrony of the pendulum. In: Isis. Vol. 59, 1968, S. 414—426; José Alberto Coffa, G.'s concept of inertia. In: Physis. Jg 10, 1968, S. 261—281; Friedrich Klemm, G. und die Technik. In: Technikgeschichte. Bd 37, 1970, S. 13 bis 26. *Friedrich Klemm*

Galvani, Luigi (* 9. September 1737 in Bologna, † 4. Dezember 1798 ebd.). Im Jahre 1780 entdeckte der Anatom bei Versuchen mit der Elektrisiermaschine, daß im Augenblick des Funkenüberschlags die Schenkel eines frisch präparierten Frosches, an dessen Schenkelnerven ein Messer angelegt war, zusammenzuckten. Nach den damaligen Kenntnissen bot diese Entdeckung nichts Neues. Sowohl die elektrische Empfindlichkeit der Froschschenkel wie das Phänomen des „elektrischen Rückschlages" (heute als Induktion bezeichnet) war bekannt. Für G. aber kam die Beobachtung überraschend, und er begann ausgedehnte Experimente. Dabei gelang ihm eine wirklich neue, hochbedeutende Entdeckung: Im September 1786 fand er, daß ein Zucken der Froschschenkel auch dann stattfindet, wenn lediglich die beiden Schenkelnerven mit verschiedenen Metallen armiert und verbunden werden. Endlich gab G. im Jahre 1791 in der Zeitschrift des Anatomischen Instituts der Universität Bologna seine Ergebnisse in der Abhandlung „De viribus electricitatis in motu musculari commentarius" bekannt. Damit erregte G. ungeheures Aufsehen, weil man sich der „Lebenskraft" auf der Spur glaubte, und es begann das Zeitalter des → Galvanismus.

G. selbst wollte die Erscheinung der „tierischen Elektrizität" oder „Froschelektrizität"

Galvanismus

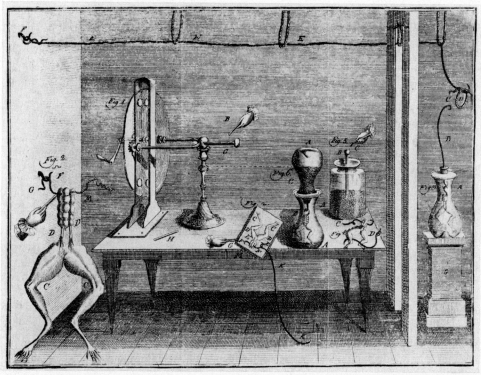

Abb. 13. Galvanis Froschschenkelversuche. Abbildung aus seinem Buch „De viribus electricitatis". 1791

durch Analogie mit der Leidener Flasche verstehen. Der führende Forscher auf dem neuen Gebiet wurde nun Alessandro Volta.

Werke: Abhandlungen über die Kräfte der Elektrizität bei der Muskelbewegung (= Ostwalds Klassiker. Nr 52). Leipzig 1864; Memorie ed Esperimenti inediti da L. G. (= Festschrift zum 200. Geburtstag). Bologna 1937.

Literatur: Wilhelm Ostwald, Elektrochemie. Ihre Geschichte und Lehre. Leipzig 1896; Fritz Fraunberger, Vom Frosch zum Dynamo. Köln 1965.

Galvanismus. Als Luigi Galvani seine — auf eine Zufallsbeobachtung 1780 zurückgehende — Entdeckung eines merkwürdigen Zuckens des präparierten Froschschenkels 1791 bekanntgab, erregte das Phänomen größtes Aufsehen. Alessandro Volta fand als Bedingung für das Zustandekommen einer „galvanischen Aktion" (wir sagen heute elektrolytische Spannung) das Vorhandensein dreier Körper, und zwar handelt es sich i. a. um zwei Leiter 1. Klasse (Metalle) und einen Leiter 2. Klasse (Elektrolyt).

Nach Versuchen mit der (wesensverschiedenen) Berührungsspannung zweier Metalle vertrat Volta irrigerweise die Meinung, daß die „Kraft, welche das elektrische Fluidum [→ Imponderabilien] impelliert, nicht in der Berührung eines der Metalle mit einem feuchten Leiter, sondern in der gegenseitigen Berührung beider Metalle ... ihren Ursprung hat". Die Vorstellung des „mouvement perpétuel" des elektrischen Stromes, das durch die „bloße Berührung" zweier Metalle zustandekommen soll (ohne daß sonst eine Veränderung auftritt), wurde weitgehend akzeptiert. Es stellt aber einen Widerspruch gegen das Energieprinzip dar, worauf als erster Michael Faraday 1839 hingewiesen hat, bemerkenswerterweise noch vor der expliziten Formulierung dieses Gesetzes.

Die Identität des „galvanischen" mit dem „elektrischen" Fluidum wurde schon von Galvani erkannt und von vielen bestätigt. Die richtige Erklärung der „galvanischen Aktion" — die Zurückführung auf chemische Vorgänge — gab 1798 der romantische Physiker Johann Wilhelm Ritter. Dieser wies darauf hin, daß die Reihenfolge der galvanischen Wirksamkeit der Metalle mit ihrer Verwandtschaftsreihe zum Sauerstoff zusammenfällt, und konstruierte 1799 einfache galvanische Ketten, die direkt die chemische Wirkung zeigen. Diese in Gegensatz zu Volta stehende Auffassung setzte sich aber erst sehr spät durch, endgültig erst am Ende des 19. Jh.s nach Aufstellung der Ionenlehre von Svante Arrhenius und Wilhelm Ostwald.

1800 konstruierte Volta die nach ihm benannte „Säule", die Zusammenstellung von n galvanischen Ketten, bei der sich die galvanische Einzelspannung mit n vervielfacht. Damit standen erstmalig physikalisch brauchbare Stromquellen zur Verfügung; die Elektrizitätslehre konnte sich nun entscheidend entwickeln. — Von Galvanis Entdeckung geht ebenso die Untersuchung der elektrophysiologischen Erscheinungen aus, ein Gebiet, das Emil Du Bois-Reymond 1848/49 erstmalig zusammenfassend darstellte. Auch für die romantische Naturphilosophie wurde der G. von Wichtigkeit. Friedrich Schelling bemühte sich u. a. um die Erklärung, daß die galvanische Kette „nur unter der Bedingung der Triplizität als thätig erscheint", erfaßte aber nicht die physikalische Natur des Phänomens. Die Romantiker sahen einen innigen Zusammenhang des G. mit dem Lebensprozeß (Johann Wilhelm Ritter) oder mit der Bewegung (Lorenz Oken).

Quellen: Luigi Galvani, De viribus electricitatis in motu musculari commentarius ... Bologna 1791. Deutsch in: Ostwalds Klassiker. Nr 52; Alessandro Volta, Zweiter Brief an Gren (vom August 1797). In: Ostwalds Klassiker. Nr 118. Hier besonders S. 34; Alessandro Volta, Über die sog. galvanische Elektrizität. In: Annalen der Physik. Bd 10, 1802, S. 421—449; Alessandro Volta, On the Electricity excited by the mere contact etc. Deutsch in: Ostwalds Klassiker. Nr 118, S. 76—97; Johann Wilhelm Ritter, Die Begründung der Elektrochemie und Entdeckung der ultravioletten Strahlen (= Ostwalds Klassiker. N. F. Bd 2); Michael Faraday, Experimental Researches in Electricity. Series XVI; Emil Du Bois-Reymond, Untersuchungen über thierische Electrizität. 2 Bde. Berlin 1848/49.

Literatur: Karl Eduard Rothschuh, Geschichte der Physiologie. Berlin 1953; Wilhelm Ostwald, Elektrochemie. Ihre Geschichte und Lehre. Leipzig 1896.

Galvanometer. Bereits Hans Christian Oersted hatte bemerkt, daß die Ablenkung einer Magnetnadel von der Stärke des „elektrischen Konflikts" abhängt. Johann Salomo Schweigger erfand im September 1820 (fast zur gleichen Zeit wie Johann Christian Poggendorff und André Marie Ampère) die stromdurchflossene Spule, einen „Multiplikator" der magnetischen Wirkung des elektrischen Stromes.

Antoine César Becquerel nahm im Jahre 1826 eine Gradeinteilung vor und benutzte den Ablenkungswinkel der Magnetnadel zur Messung der Stromstärke. Der „Multiplikator" war dadurch zum G. umgestaltet worden. Becquerel gelangte dann auf empirischem Wege durch Benutzung zweier Spulen zu einer Skaleneinteilung für die Stromstärke.

Der erste Versuch, das G. ohne Benutzung einer Tabelle zur Messung des elektrischen Stromes zu verwenden, wurde 1823 von Johann Jacob Nervander gemacht, der das Magnetfeld einer stromdurchflossenen Spule mit dem der Erde verglich. Eine konstruktive Verbesserung erfuhr das G. 1841 durch Wilhelm Weber. Er ersetzte die Magnetnadel durch eine kleine drehbar aufgehängte Spule, deren Achse senkrecht zur Achse der ersten Spule lag. Dieses Drehmagnetinstrument wurde von Gustav Wiedemann mit einer Dämpfung und einer Spiegelablesung ausgestattet. In rascher Folge erfuhr das Gerät weitere Verbesserungen, insbesondere durch Werner von Siemens.

Neben diesen bis heute verwendeten Formen des Galvanometers als Drehmagnetinstrument wird besonders das von Edward Weston gegen Ende des vergangenen Jahrhunderts entwickelte Drehspulinstrument verwendet.

Quellen: Johann Salomo Schweigger, Zusätze zu Oersteds elektromagnetischen Versuchen. In: Journal für Chemie und Physik. Bd 31, 1821, S. 1—17; André Marie Ampère, Du mémoire sur l'action mutuelle entre deux courans électriques... In: Annales de Chimie et de Physique. Bd 15, 1820, S. 170—218; Antoine César Becquerel, Recherches sur les effets électriques... In: Ebd. Bd 31, 1826, S. 371—392; ders., Du pouvoir conducteur de l'électricité dans les métaux... In: Ebd. Bd 32, 1828, S. 420—430; Gustav Wiedemann und Rudolf Franz, Über die Wärmeleitfähigkeit der Metalle. In: Annalen der Physik. Bd 89, 1853, S. 497—531.

Literatur: André Joly, Histoire du galvanomètre. In: La Nature. Jg 87, 1959, S. 418—421.
A. M.

Gammastrahlung. Nachdem Ernest Rutherford 1899 die komplexe Natur der Uranstrahlung (α-, β-Strahlung) entdeckt hatte, fand Paul Villard 1900 die γ-Strahlung, indem er ein Bündel von Radiumstrahlen durch ein Magnetfeld treten ließ und es auf einer Reihe hintereinander angebrachter photographischer Platten auffing. Auf der ersten Platte beobachtete er die Spuren der leicht absorbierbaren β-Strahlen, auf den nachfolgenden diejenigen der durchdringenden γ-Strahlen. Der Charakter dieser Strahlen blieb lange rätselhaft, bis Ernest Rutherford und Edward Neville da Costa Andrade 1914 ihre Interferenzfähigkeit und damit ihren Wellencharakter nachwiesen. Daß die γ-Strahlung Übergängen zwischen Energieniveaus in Kernen entspricht, wurde in den Jahren 1927 bis 1930 von Walter Bothe aufgedeckt. Bothe bemerkte bei der Reaktion $^{10}_{5}B + ^{4}_{2}He \rightarrow ^{13}_{6}C + ^{1}_{1}p$ zwei Protonengruppen, deren Energieunterschied ungefähr 3 MeV beträgt. 1930 fand er die zugehörige γ-Strahlung; 1931/32 gelang ihm auch der Nachweis, daß ihre Energie genau jenen 3 MeV entspricht, und 1935 zeigte er, daß die γ-Strahlung des angeregten Bors mit den Protonen geringer Reichweite koinzidiert.

Literatur: Karl Wilhelm Fritz Kohlrausch, Probleme der γ-Strahlung. Braunschweig 1927; Rudolf Fleischmann, Walter Bothe und sein Beitrag zur Atomkernforschung. In: Die Naturwissenschaften. Bd 44, 1957, S. 457—460.
U. H.

Gauß, Carl Friedrich (* 30. April 1777 in Braunschweig, † 23. Februar 1855 in Göttingen). Gleichrangig mit Archimedes und Newton zählt G. zu den größten Mathematikern der Weltgeschichte. Wie jene wirkte auch er über die Grenzen der Mathematik hinaus befruchtend auf Nachbargebiete, auf die Physik, die Astronomie und Geodäsie.

Aus bedrückend ärmlichen Verhältnissen stammend, hatte der junge G. das Glück, daß seine Begabung frühzeitig erkannt und gefördert wurde. Als Primaner des Braunschweiger Gymnasiums 1791 dem Herzog Karl Wilhelm Ferdinand von Braunschweig vorgestellt, empfing er die Gunst des Landesherrn. Der Herzog verhalf ihm zum Besuch des Collegium Carolinum in Braunschweig (1792 bis 1795) und der Göttinger Universität (1795 bis 1798) sowie anschließend zu einer langjährigen wissenschaftlichen Tätigkeit ohne Pflichten. Anfänglich schwankend, ob er alte Sprachen oder Mathematik studieren solle, entschied er sich endgültig für die Mathematik, als ihm am 30. März 1796 der Nachweis gelang, daß das regelmäßige 17-Eck mit Zirkel und Lineal konstruierbar sei.

Aber nicht die Geometrie, sondern die Arithmetik wurde ihm zur „Königin der Mathematik". Bereits mit seinen 1801 erschienenen „Disquisitiones arithmeticae", worin er die moderne Zahlentheorie schuf, stellte G. sich auf eine Stufe mit den bedeutendsten Mathematikern aller Zeiten. Außerhalb des Faches bekannt und berühmt wurde er jedoch erst durch seine aufsehenerregenden Leistungen in der Astronomie. 1801 hatte Giuseppe Piazzi in Neapel den Planetoiden Ceres Ferdinandea entdeckt und drei Bahnpunkte ausmessen können, bevor er wieder unsichtbar wurde. Nach einem vergeblichen Versuch einiger Astronomen gelang es G. mit Hilfe eines von ihm entwickelten Näherungsverfahrens, die gesamte Bahnellipse so genau zu berechnen, daß Ceres wiedergefunden werden konnte. Mit gleicher erstaunlicher Präzision bestimmte G. darauf die Bahnen der Pallas, Juno und Vesta, die sein Freund Wilhelm Olbers zwischen 1802 und 1807 entdeckt hatte.

Seine Rechenmethoden stellte G. in dem 1809 erschienenen astronomischen Hauptwerk „Theoria motus corporum coelestium in sectionibus conicis solem ambientium" zusammen. Dieses Werk setzte der rechnenden Astronomie neue Maßstäbe. G. beschrieb hierin auch seine Methode der kleinsten Quadrate, die es ermöglicht, „aus einer größeren Anzahl von Beobachtungsdaten, als unbekannte Größen sind, von denen sie abhängen, die wahrscheinlichsten Werte der letzteren zu bestimmen".

Obwohl ihn die russische Regierung mit großzügigen Angeboten für die Petersburger Akademie zu gewinnen suchte, blieb G. bis zum Tod seines fürstlichen Gönners (1806) in Braunschweig. Ein Jahr später folgte er einem Ruf als Ordinarius für Astronomie an die Universität Göttingen. Von 1818 ab beteiligte er sich auf Wunsch der Hannoverschen Regierung an den jahrelangen Arbeiten zur Landesvermessung, der er durch die Erfindung des Heliotrops und der hierdurch ermöglichten Ausmessung großer geodätischer Dreiecke zu bisher nicht erreichter Genauigkeit verhalf. Den Vermessungsarbeiten und deren Auswertung folgten Untersuchungen über die Ähnlichkeit abgebildeter Flächen (1822) und über krumme Flächen (1828). Hiermit sowie mit den späteren „Untersuchungen über Gegenstände der höheren Geodäsie" schuf G. die Grundlage für diese Wissenschaft.

In seiner zweiten Abhandlung zur „Theorie der biquadratischen Reste" von 1831 baute er die Lehre von den komplexen Zahlen aus. Zwar hatten schon vor ihm Leonhard Euler (1777) und der Däne Caspar Wessel (1797) mit dem Ausdruck $\sqrt{-1}=i$ gerechnet und komplexe Zahlen in einer später nach G. benannten Zahlenebene dargestellt, entscheidend wurde aber, daß G. diese Zahlen den reellen Zahlen als gleichberechtigt zugesellte und deren weite Bedeutung für Arithmetik und Analysis aufzeigte. So lieferte er 1849 zu den bisher von ihm geführten drei Existenzbeweisen für den Fundamentalsatz der Algebra einen vierten mit Hilfe der komplexen Zahlen. Einen ersten strengen Beweis für diesen schon im 17. Jh. bekannten Satz, demzufolge eine algebraische Gleichung n-ten Grades n Lösungen (Wurzeln) besitzt, hatte G. bereits in seiner Doktorarbeit (1799) gegeben.

Als 1831 der junge Physiker Wilhelm Weber nach Göttingen berufen wurde, kam es zwischen den beiden bald eng befreundeten Gelehrten zu einer erfolgreichen Zusammenarbeit auf dem Gebiete der Physik. G. trug hierzu meist die grundlegende Idee bei, Weber die Gestaltung und experimentelle Ausführung. Die Arbeiten wurden in den von ihnen zu diesem Zweck gegründeten „Resultaten aus den Beobachtungen des magnetischen Vereins" veröffentlicht. 1832 erschien die wichtige Abhandlung „Intensitas vis magneticae terrestris ad mensuram absolutam revocata". Hierin entwickelte G. ein absolutes magnetisches Maßsystem, das auf Grundeinheiten der Länge, Zeit und Masse beruht; es fand als Gaußsches Maßsystem Eingang in die Physik. Die „Allgemeine Theorie des Erdmagnetismus" von 1838/39 wurde 1840 ergänzt durch die „Allgemeinen Lehrsätze in Beziehung auf die im verkehrten Verhältnis des Quadrats der Entfernung wirkenden Anziehungs- und Abstoßungskräfte": Aus der Entwicklung des Potentials des Erdmagnetismus in der ersten Abhandlung resultiert in der zweiten eine für die Physik höchst bedeutsame mathematische Begründung der Potentialtheorie.

Im Zusammenhang mit diesen Arbeiten gelang G. und Weber bereits 1833 eine weg-

Göttingen Dec. 14. 1811

Ich bin Ihnen, Verehrtester Herr Professor, noch meinen verbindlichsten Dank schuldig für das angenehme Geschenk, das Sie schon vor mehrern Monaten, mir mit Ihrem Lehrbuch der Astronomie gemacht haben. Es hat mir ein grosses Vergnügen gemacht, in einen so mäßigen Raum einen solchen Reichthum von Wahrheiten ohne Schaden der Gründlichkeit zusammengedrängt zu sehen. Ich würde Ihnen meinen Dank schon früher abgestattet haben, wenn ich nicht gewünscht hätte, damit irgend eine Mittheilung die Sie interessiren könnte verbinden zu können. Vielleicht ist Ihnen die folgende noch neu, wenigstens zum Theil:

Am 16 November hat Pons abermals einen neuen Cometen entdeckt. Folgende Beobachtungen des Hrn. von Zach sind mir mitgetheilt worden:

M.Z. in Marseille	A.R.	Decl.	
Nov. 18. 11h 11' 17"3	67° 14' 39"8	25° 24' 8"6	Südlich
19. 9 59 32,8	67 4 59,6	24 54 8,5	
20. 10 8 37,7	66 56 8,2	24 18 9,2	
21. 10 14 45,5	66 46 53,0	23 41 47,8	

Am 9 Dec. wo ich diese Nachricht erhielt, begünstigte ein heitrer Himmel die Aufsuchung. Ich fand ihn sofort im Eridanus und habe seither folgende Beobachtungen gemacht, wovon ich besonders die erste und dritte für vorzüglich gut halte:

Dec. 9. 10h 6' 52"	63° 49' 41"4	10° 21' 55"5
11. 10 34 1	63 33 18,0	8 39 46,4
12. 8 5 52	63 26 25,3	7 54 25,9

Da seitdem schlechtes Wetter eingetreten ist, so habe ich aus Neugierde, ob dieser teleskopische sehr kleine Comet an Licht zunehmen wird &c. doch eine vorläufige Bestimmung seiner parabolischen Elemente versucht und folgendes gefunden:

Abb. 14. Gauß an Johann Gottlieb Friedrich Bohnenberger in Tübingen. 14. Dezember 1811

weisende Leistung in der Nachrichtentechnik: die Erfindung des elektromagnetischen Telegraphen. Mit der Anlage, die die Göttinger Sternwarte, wo G. wohnte und arbeitete, mit dem Physikalischen Kabinett Webers verband, glückte ihnen der wechselseitige Austausch kurzer Mitteilungen. Größere Versuche mußten jedoch aus Geldmangel unterbleiben. Immerhin erfand G., auf die Induktionserscheinungen aufmerksam geworden, noch einen Erdinduktor, mit dem — nach der Verbesserung durch Weber — die erdmagnetische Inklination gemessen werden konnte.

Nach dem Fortgang Webers aus Göttingen (1838) wandte sich G. wieder mehr der Mathematik zu. Es bleibt bedauerlich, daß seine vielversprechenden Ansätze in der Elektrodynamik liegenblieben, etwa sein Versuch der „Ableitung der Zusatzkräfte, die zu der gegenseitigen Wirkung ruhender Elektrizitätsteilchen noch hinzukommen, wenn sie in gegenseitiger Bewegung sind, aus der nicht instantanen (zeitlos schnellen), sondern auf ähnliche Weise wie beim Licht sich fortpflanzenden Wirkung".

Werke: C. F. G., Werke. Hrsg. von der Kgl. Gesellschaft der Wissenschaften zu Göttingen. 12 Bde. Göttingen 1863—1933.

Literatur: Hans Schimank, C. F. G. und Wilhelm Weber. In: Die Großen Deutschen. Bd 3. Berlin 1936, S. 266—279; Ernst August Roloff, C. F. G. Osnabrück 1942; Erich Worbs, C. F. G. Leipzig 1955; Hans Reichardt (Hrsg.), C. F. G. Leben und Werk. Berlin 1960; Kurt-R. Biermann u. Hans-Günther Körber, Zum wissenschaftlichen Briefwechsel zwischen C. F. G. und Alexander von Humboldt. In: Forschungen u. Fortschritte. Bd 36, 1962, S. 41—44; Materialien für eine wissenschaftliche Biographie von G. Gesammelt von Felix Klein und Martin Brendel. 8 Hefte. Leipzig 1911—1920. L. S.

Gay-Lussac, Joseph-Louis (* 6. Dezember 1778 in Saint-Léonard, † 9. Mai 1850 in Paris). Als Zögling der Ecole Polytechnique wurde der junge Chemiker 1800 Gehilfe Claude-Louis Berthollets in dessen Laboratorium in Arcueil und Stellvertreter seines Lehrers Antoine-François de Fourcroy, wobei sich seine Lehrbegabung zeigte. 1804 unternahm er zu wissenschaftlichen Zwecken zwei Ballonaufstiege, zuerst mit Biot, dann allein, wobei er 4000 und 7016 m Höhe erreichte. Mit Alexander von Humboldt fand er 1805, daß Sauerstoff und Wasserstoff sich im Verhältnis von 1:2 Raumteilen vereinigen, und konnte 1808 verallgemeinern, daß Gase sich stets in einfachen Volumenverhältnissen verbinden. Er erhielt 1805 ein Jahr Urlaub und begleitete Humboldt nach Italien und Berlin. Unterwegs wurden erdmagnetische und meteorologische Messungen und chemische Analysen ausgeführt. Hernach wurde er Professor für Chemie an der Ecole Polytechnique und für Physik an der Sorbonne. Klassisch wurden seine Versuche über Wärmeausdehnung der Gase bei konstantem Druck; dabei fand er das nach ihm benannte Gesetz. Alle Gase haben den gleichen Ausdehnungskoeffizienten 1/273, den er angenähert bestimmte (1/267). Es folgten Arbeiten über Bestimmung der Dampfdichte. Mit Louis-Jacques Thenard entdeckte er das Bor. Er untersuchte das Jod. Aus Berlinerblau isolierte er das Cyan. Die Industrie verdankt ihm viele Instrumente und Verfahren.

Werke: Leçons de physique. 2 Bde. Paris 1828; Cours de chimie. Paris 1828; G.-L., Über das Jod. 1814 (= Ostwalds Klassiker. Nr 4). Leipzig 1889; Alexander von Humboldt und J. L. G.-L., Abhandlungen über das Volumgesetz gasförmiger Verbindungen. 1805—1808 (= Ostwalds Klassiker. Nr 42). Leipzig 1894; G.-L. u. a., Das Ausdehnungsgesetz der Gase. 1802 (= Ostwalds Klassiker. Nr 44). Leipzig 1894.

Literatur: Franz Arago's sämmtliche Werke. Bd 3, Leipzig 1855, S. 3—57; Ecole Polytechnique. Livre du Centenaire 1794—1894. Tome I. Paris 1895, S. 338—348; Günther Bugge, Das Buch der großen Chemiker. Bd 1. Berlin 1929 (Neudruck Weinheim 1965), S. 386—401; Edmond Blanc et Léon Delhoume, La vie émouvante et noble de G.-L. Paris 1950; Kenneth Richard Webb, G.-L. als Chemiker. In: Endeavour. Bd 9, 1950, S. 209—212; Hans Schimank, J. L. G.-L. und seine Leistungen auf dem Gebiete der allgemeinen und physikalischen Chemie. In: Die Naturwissenschaften. Jg 38, 1951, S. 265—274; Rudolf Winderlich, G.-L. In: Der mathematische und naturwissenschaftliche Unterricht. Bd 4, 1951, S. 129—131; Pierre Jolibois, Cérémonie commémorative du centième anniversaire de la mort de G.-L. In: Notices et discours. Académie des Sciences. Bd 3. 1949—1956, Paris 1957, S. 99 bis 106; Maurice P. Crosland, The Society of Arcueil. London 1967. H. B.

Geiger, Hans (* 30. September 1882 in Neustadt, Weinstraße, † 24. September 1945 in Potsdam). G. war, nach dem Urteil Laues, „der geborene Experimentator. Durch sein ganzes Leben zieht sich als das überragende Thema: Nachweis einzelner geladener Teilchen". — Seit 1907 Assistent Rutherfords in Manchester, entdeckte er 1911 gemeinsam mit J. M. Nutall den Zusammenhang zwischen der Halbwertszeit des Strahlers und der Reichweite der α-Teilchen, die sog. Geiger-Nutallsche Regel. — Die bei der Streuung der α-Teilchen auftretenden großen Winkel (Rückwärtsstreuung) veranlaßten Ernest Rutherford 1910 zur Aufstellung seines planetarischen Atommodelles und zur Ableitung seiner Streuformel. Es fiel dabei G. und Ernest Marsden 1912 die Aufgabe der Bestätigung der Streuformel und damit des Atommodells zu.

1912 wurde G. an die Physikalisch-Technische Reichsanstalt in Berlin-Charlottenburg zum Leiter des Laboratoriums für Radioaktivität berufen. Er entwickelte 1913 aus der bei Rutherford benutzten Zählapparatur den Geigerschen „Spitzenzähler" (bei dem eine Elektrode als Spitze ausgebildet ist). Dieser sprach nicht nur auf die α-Teilchen, sondern auch auf die um einen Faktor 100 schwächer ionisierenden Elektronen an, für die es bisher überhaupt keine Zählapparatur gegeben hatte. 1924 arbeitete G. über den → Compton-Effekt. 1925 ging er als Professor für Experimentalphysik nach Kiel (1928 Erfindung des → Geiger-Müller-Zählrohres); 1936 folgte er einem Ruf an die TH Berlin-Charlottenburg. — Von 1926 an redigierte er mit Karl Scheel das Handbuch der Physik.

Literatur: Max von Laue, Nachruf auf H. G. In: Jahrbuch der Deutschen Akademie der Wissenschaften zu Berlin 1946—1949. Berlin 1950, S. 150—158 (mit vollst. Bibliographie); Walter Bothe, Die G.schen Zählmethoden. In: Die Naturwissenschaften. Jg 30, 1942, S. 593—599; Hans Geiger, Some reminiscences of Rutherford etc. In: The Collected papers of Lord Rutherford. Vol. 2. London 1963, S. 295—298.

Geiger-Müller-Zählrohr. Aus dem Geigerschen Spitzenzähler entwickelten Hans Geiger und sein Schüler Walther Müller 1928 im Physikalischen Institut der Universität Kiel das G.-M.-Z. zum Nachweis radioaktiver Strahlung. Durch die hohe Empfindlichkeit (Stoßionisation) konnten sogleich einzelne α- und β-Teilchen registriert werden.

Quelle: Hans Geiger und Walther Müller, Das Elektronenzählrohr. In: Physikalische Zeitschrift. Jg 29, 1928, S. 839—841.

Geitel, Hans (* 16. Juli 1855 in Braunschweig, † 15. August 1923 in Wolfenbüttel). Er verlebte seine Jugend in Blankenburg am Harz und schloß schon auf dem Gymnasium Freundschaft mit Julius Elster, dem gleichaltrigen Nachbarssohne. Er bezog die Universitäten Heidelberg und Berlin, bestand die Oberlehrerprüfung und wurde 1879 an das Wolfenbütteler Gymnasium gewählt, wohin auch Elster kam. Sie wohnten in einem gemeinsamen Haus mit Laboratorium.

Sie prüften die Elektrizitätserzeugung in der Flamme, das elektrische Verhalten der Gase, die Wirkung der Glühkathoden, die Luftelektrizität und vor allem den lichtelektrischen Effekt. Hier untersuchten sie verschiedene Wellenlängen und Metalle und fanden den größten Effekt bei ultraviolettem Licht und Zink. Bei Natrium in stark verdünnter Luft war der Erfolg noch größer. Auch der Einfluß eines Magnetfeldes sowie der Schwingungsebene des erregenden Lichtes wurden beachtet. Nachdem 1895 die Röntgen- und 1896 die radioaktiven Strahlen entdeckt worden waren, wandten sie sich auch diesen zu. Sie zeigten, daß die Atmosphäre dauernd Radiumemanation enthält und daß der Erdboden selbst radioaktiv ist.

Werke: → Elster.

Literatur: Edmund Hoppe, H. G. zum Gedächtnis. In: Physikal. Zeitschrift. Jg 24, 1923, S. 453 bis 457; Robert Pohl, H. G. In: Nachrichten von der Königlichen Gesellschaft der Wissenschaften zu Göttingen. Geschäftliche Mitteilungen aus dem Berichtsjahr 1923/24, S. 69—74; ders. in: Deutsches Biographisches Jahrbuch. Bd V, S. 111 bis 116. H. B.

Gerlach, Walther (* 1. August 1889 in Biebrich b. Wiesbaden). Nach der Tübinger Habilitation 1916 wurde G. 1921 in Frankfurt a. o. Professor und 1924 Ordinarius in Tübingen; von 1929 an vertrat er als Nachfolger von Willy Wien die Experimentalphysik an der Universität München.

1916 führte G. Präzisionsbestimmungen der Stefan-Boltzmannschen Konstanten aus. Gemeinsam mit Otto Stern entdeckte er die Richtungsquantelung durch Ablenkung von Atomstrahlen im inhomogenen Magnetfeld. Spektralanalyse, Atomstruktur und Magnetismus waren weitere Arbeitsgebiete. Als glänzender akademischer Lehrer wirkte G. auf eine ganze Generation von Naturwissenschaftlern und Medizinern, durch seine Volkshochschul-, Rundfunk- und öffentlichen Vorträge auf weitere Kreise, denen er die „humanistischen Werte der Physik" nahezubringen sucht. Die allgemeinen Interessen brachten ihn auch in zunehmend engere Verbindung zur Wissenschaftsgeschichte. Als Vorsitzender der Kepler-Kommission der Bayer. Akademie leitet er die Edition der Schriften und Briefe Johannes Keplers.

Werke: Experimentelle Grundlagen der Quantentheorie. Braunschweig 1921; Materie, Elektrizität, Energie. Dresden 1923; Die chemische Emissionsspektralanalyse. 3 Bde. Leipzig 1930 bis 1936; Physik (= Das Fischer-Lexikon). Frankfurt 1960; Humanität und naturwiss. Forschung. Braunschweig 1962; W. G. und Martha List, Johannes Kepler. Leben und Werk. München 1966; W. G. (Hrsg.), Der Natur die Zunge lösen. Leben und Leistung großer Forscher. München 1967.

Literatur: Jakob Kranz, W. G. als akad. Lehrer. In: Praxis der Naturwissenschaften. Tl A. Jg 8, 1959, S. 170—173 (mit Bibliographie ebd. S. 174—182).

Gibbs, Josiah Willard (* 11. Februar 1839 in New Haven, Conn., † 28. April 1903 ebd.). G. war von 1871 an Prof. der math. Physik an der Yale-University. Der in Zurückgezogenheit wirkende Gelehrte gehörte zu den maßgeblichsten Begründern der Thermodynamik und Statistik. 1876 stellte er seine „Phasenregel" für heterogene Gleichgewichtssysteme auf. Sie verknüpft die Zahl der Phasen (P) eines Systems aus nicht mischbaren Komponenten (K) mit der Zahl der Freiheitsgrade (F): $P+F=K+2$. Die in den Transactions der Connecticut Academy erschienenen Arbeiten von G. wurden erst allgemein bekannt, als sie von Wilhelm Ostwald ins Deutsche übersetzt und herausgegeben wurden.

Zur leichteren Behandlung insbesondere der Maxwellschen Theorie bediente sich G. des Vektorkalküls; einer seiner Hörer verfaßte zum Gebrauch der Studenten einen Abriß der Vektoranalyse, der weite Verbreitung fand und viel dazu beitrug, das neue Hilfsmittel in der Physik einzubürgern.

Werke: Thermodynamische Studien von J. W. G. Unter Mitwirkung des Verfassers aus dem Englischen übersetzt von Wilhelm Ostwald. Leipzig 1892; Edwin Bidwell Wilson, Vector Analysis. A text-book for the use of students etc. Founded upon the lectures of J. W. G. New Haven 1901; Elementare Grundlagen der statistischen Mechanik. Deutsch bearbeitet von Ernst Zermelo. Leipzig 1905; The scientific papers. 2 Bde. New York 1961 (Nachdruck); The collected works. 2 Bde. New Haven 1957 (Neudruck).

Literatur: Frederick George Donnan und Arthur Erich Haas, A commentary on the scientific writings of J. W. G. 2 Bde. New Haven 1936; Lynde Phelps Wheeler, J. W. G. The history of a great mind. London 1951 (mit ausführl. Bibliographie); Muriel Rukeyser, W. G. New York 1967.

Gilbert, William (* 24. Mai 1544 in Colchester, † 10. Dezember 1603 ebd.). In Cambridge ausgebildet, promovierte er 1569. Er wirkte 30 Jahre als Arzt in London, wurde 1587 Kassier und 1599 Präsident der Königlichen Ärztegesellschaft, in der er sich als

GVILIELMI GIL-
BERTI COLCESTREN-
SIS, MEDICI LONDI-
NENSIS,

DE MAGNETE, MAGNETI-
CISQVE CORPORIBVS, ET DE MAG-
no magnete tellure; Physiologia noua,
plurimis & argumentis, & experimentis demonstrata.

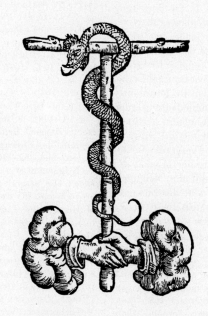

LONDINI
EXCVDEBAT PETRVS SHORT ANNO
MDC.

Abb. 15. Titelblatt von William Gilberts Buch über den Magneten. London 1600

Goethe, Johann Wolfgang von

Chemiker Verdienste um die Pharmakopöe erwarb und der er seine Bibliothek mit Globen, Instrumenten und Mineralien vermachte, welche jedoch 1666 verbrannte. Seit 1600 war er königlicher Leibarzt.

Bedeutung gewann er durch das, was er "in nächtlichen Wachen" (wie er schreibt) leistete. Er war der größte Erforscher des Magnetismus zwischen Peregrinus und Faraday; sein Buch "De magnete" ist eines der klassischen Werke der Physik, wie schon Galilei und Kepler erkannten. Sir John Robinson schrieb noch 1822, es enthalte "fast alles, was wir über Magnetismus wissen". Sowohl Experimentator wie theoretischer Denker, bewältigte G. eine Fülle neuer Tatsachen und ordnete sie unter einheitlichen Gesichtspunkten. Das Buch, in sechs Abschnitte gegliedert, bespricht 1. die historischen Grundlagen, 2. die Anziehung, 3. die Richtwirkung, 4. die Mißweisung, 5. die Inklination, 6. die Beziehung zur Erddrehung und Planetenbewegung.

Die kräftigsten Magnete jener Zeit waren natürliche Erze. G. verstärkte sie durch Armierung mit weicheisernen Polkappen. Er erfand ein Magnetisierungsverfahren für Stahlstäbe, entdeckte, daß Eisenstangen in bestimmter Lage durch das Erdfeld magnetisiert werden und daß der Prozeß durch Hämmern beschleunigt, durch Glühen dagegen zerstört wird. Er rodete das Gestrüpp des Aberglaubens, erkannte, daß die Erde ein großer Magnet sei, und untersuchte ihr Feld mit der Neigungsnadel. Auch unterschied er klar die Elektrizität und prüfte als erster systematisch, welche Stoffe durch Reiben elektrisch werden.

Werke: De magnete, magneticisque corporibus, et de magno magnete tellure, physiologia nova. London 1600. Englisch: On the magnet. The Collector's Series in Science, edited by Derek J. Price. New York 1958; De mundo nostro sublunari philosophia nova. Amsterdam 1651. Neudruck mit Kommentar: Sister Suzanne Kelly (Hrsg.), The De Mundo of W. G. 2 Bde. Amsterdam 1965.

Literatur: Philip Morant, History and antiquities of Colchester. London 1748; Alfred Marshall Mayer, The earth a great magnet. New Haven 1872; Conrad William Cooke, W. G. of Colchester. London 1890; Silvanus Phillips Thompson, W. G. of Colchester: an Elizabethan magnetizer. London 1891; Paul Fleury Mottelay, W. G. of Colchester. New York/London 1893 (mit englischer Übersetzung von "De magnete") ; W. G. of Colchester. A translation by members of the Gilbert Club. London 1900 (englische Übersetzung von "De magnete" mit Anhang: Silvanus Phillips Thompson, Notes on the De Magnete of Dr. W. G.; auch selbständig, London 1901); Charles E. Benham, W. G. of Colchester. Colchester 1902; Gustav Hellmann, Zur Bibliographie von W. Gilberts De Magnete. In: Terrestrial Magnetism and Atmospheric Electricity. Juni 1902; Paul Fleury Mottelay, Bibliographical history of electricity and magnetism. London 1922, S. 82—92 (mit reicher Bibliographie); Grant McColley, W. G. and the English reputation of Giordano Bruno. In: Annals of Science. Vol. 2, 1937, S. 353 f.; Edgar Zilsel, The origins of W. G.'s scientific method. In: Journal of the history of ideas. Vol. 2, 1941 (Neudruck 1964), S. 1—32; Alexandre Herpin, W. G. et la médecine au XVIe siècle. Paris 1946; Bern Dibner, Dr. W. G. Burndy Library, Norwalk, Connecticut 1947 (mit Bibliographie); Hans Schimank, W. Gilberts "Neue Naturlehre vom Magneten". In: Physikal. Blätter. Jg 6, 1950, S. 262—268; Rufus Suter, Dr. W. G. of Colchester. In: Scientific Monthly. Vol. 70, 1950, S. 254—261; ders., A biographical sketch of Dr. W. G. of Colchester. In: Osiris. Vol. 10, 1952, S. 368—384 (mit Bibliographie); Heinz Balmer, Beiträge zur Geschichte der Erkenntnis des Erdmagnetismus. Aarau 1956, S. 149 bis 163 und 362—402; Duane H. D. Roller, The De Magnete of W. G. Amsterdam 1959; James W. King, The natural philosophy of W. G. and his predecessors. In: Contributions from the Museum of History and Technology. Smithsonian Institution, Washington 1959. Paper 8, S. 121—139; Mary B. Hesse, G. and the historians. In: British Journal for the philosophy of science. Vol. 11, 1960, S. 1—10 und 130—142; Sister Suzanne Kelly, Gilbert's influence on Bacon: a revaluation. In: Physis. Jg 5, 1963, 249—258; Hans Schimank (Hrsg.), Otto von Guerickes Neue (sogenannte) Magdeburgische Versuche über den leeren Raum. Düsseldorf 1968.

H. B.

Goethe, Johann Wolfgang von (* 28. August 1749 in Frankfurt am Main, † 22. März 1832 in Weimar). In der Ausgabe letzter

Hand von G.s Werken nehmen seine Schriften zur Naturwissenschaft von den 60 Bänden neun in Anspruch. Einen wesentlichen Teil davon hatte G. schon in Einzeldrucken und Zeitschriftenbeiträgen von 1790 an veröffentlicht. Ihm selbst waren seine naturwissenschaftlichen Arbeiten nicht weniger wichtig als die Dichtung. Noch im hohen Alter wehrte er sich gegen die Meinung, seine Naturforschung sei die mehr oder weniger müßige Beschäftigung eines Dilettanten, der im Vorübergehen zufällige Entdeckungen aufgreift. Nicht „durch eine außerordentliche Gabe des Geistes, nicht durch eine momentane Inspiration, noch unvermutet und auf einmal, sondern durch ein folgerechtes Bemühen" sei er zu seinen Resultaten gelangt.

G. hatte als Knabe kaum naturwissenschaftlichen Unterricht erhalten, jedoch trieb er während seines Studiums in Leipzig und Straßburg medizinische und naturwissenschaftliche Studien und beschäftigte sich, angeregt durch seinen pietistischen Freundeskreis in Frankfurt, mit alchemistischen Untersuchungen. So war er der Naturbetrachtung und Naturforschung seiner Zeit nicht fremd, als er 1775 nach Weimar kam und dort durch seine ministerielle Tätigkeit mit technischen, forstlichen und geologischen Aufgaben betraut wurde, mit der Wege- und Wasserbaukommission, dem Bergbau in Ilmenau im Zusammenhang mit der geologischen Erschließung Thüringens und mit der Anlage der Parks. Später forderte auch die Oberaufsicht über die Jenaer Universitätsinstitute seine Beschäftigung mit naturwissenschaftlichen Problemen. Goethe blieb nicht bei der zu diesen Arbeiten notwendigen praktischen Tätigkeit stehen, sondern bemühte sich von Anfang an auch um ihre theoretischen Grundlagen, um, wie er sagte, der Natur ihren Nutzen abfordern zu können. Dazu kam die Bemühung um einen Einblick in die Ordnung der Natur, die ihn ewige Gesetze in der Bildung der Gebirge und in der Organisation der Lebewesen vermuten ließ.

Die Suche nach den Regeln der Natur und Kunst führte G., der beim Studium der italienischen Malerei schon in mancher Weise auf Farbprobleme aufmerksam geworden war, im Sommer 1790 zu der Entdeckung prismatischer Farben, die er in seinen „Beiträgen zur Optik" gemeinsam mit den Bedingungen ihres Erscheinens beschrieb. Auch auf diesem Gebiet kam es ihm darauf an, daß die Phänomene auf eine allgemeine Gesetzmäßigkeit hindeuten. Er ging dabei von Beobachtungen mit Prismen und Linsen aus und behandelte die Farben, die bei der Betrachtung von Kanten wahrnehmbar sind; er nannte sie subjektiv, da sie, wie G. sagte, „in dem Auge des Beobachters vorgehen, wenn ohne Prisma an den Objekten, welche gesehen werden, eine Spur des Phänomens nicht leicht zu entdecken ist". Die Beziehungen des Auges zum Licht und die physiologischen Farben rücken an die erste Stelle von G.s Forschung. In einer Untersuchung über den „Versuch als Vermittler von Objekt und Subjekt" stellte er wissenschaftstheoretische Überlegungen an, die er später gemeinsam mit Friedrich Schiller fortsetzte und vertiefte. Hier begann die Polemik gegen Newtons Optik, die G.s Bemühungen um die Farbenlehre stets begleitet hat.

Newton hatte seine Theorie auf Experimente gegründet, die die natürlichen Erscheinungen durch abstrahierende Vereinfachung auf mathematisch darstellbare Gesetze reduzierten. G.s Farbenlehre dagegen ist eine Lehre von den Erscheinungen der Farben, von ihrer sichtbaren Mannigfaltigkeit. In zwei Jahrzehnten hat er das Gebäude seiner Farbenlehre ausgearbeitet, bis sie 1810 in drei Teilen, einem didaktischen, einem polemischen und einem historischen, erscheinen konnte. Der didaktische Teil beginnt mit der Betrachtung der „physiologischen Farben", die G. jetzt von den „physischen Farben" trennt. Die physiologischen Farben werden durch das Auge erzeugt, sie manifestieren sich in Blendungserscheinungen, Nachbildern, dem Auftreten gegensätzlicher Farberscheinungen nach intensiven Farbeindrücken und in farbigen Schatten. Die zweite Abteilung behandelt als physische Farben die beim Durchgang des

Lichts durch trübe Mittel und durch Refraktion erzeugten Erscheinungen. Es folgen die „chemischen Farben", die der Materie angehören, und Betrachtungen über „allgemeine Ansichten nach innen", in denen die drei Erscheinungsformen in ihren Gemeinsamkeiten und Verhältnissen untersucht werden. In der Abteilung „nachbarliche Verhältnisse" kümmert sich der Verfasser um die Beziehungen der Farbenlehre zur Philosophie, Mathematik, Färbetechnik, Physiologie und zur allgemeinen Physik. In dem berühmten Abschnitt über die „sinnlich sittliche Wirkung der Farbe" werden die Farben einzeln und in ihren Kombinationen auf ihre unmittelbare Wirkung aufs Gemüt, auf ihren ästhetischen Wert, auf allegorischen, symbolischen und mystischen Gebrauch hin untersucht. Im polemischen Teil begleitet Goethe Newtons Optik mit kritischen Bemerkungen. Er selbst fürchtet, dieser Teil sei dem „Inhalte nach trocken, der Ausführung nach vielleicht zu heftig und leidenschaftlich". Der historische Teil folgt vom Altertum an der verschiedenen theoretischen und praktischen Beschäftigung mit den Farben.

Von der Farbenlehre her hatte sich G.s naturwissenschaftliche Beschäftigung auch auf die Physik erstreckt, wo sein Interesse vornehmlich den Phänomenen des Magnetismus, der Elektrizität und des → Galvanismus galt, deren polare Erscheinungen er mit den Farbenerscheinungen verglich. Auf Reisen wendete er seine Aufmerksamkeit besonders der Mineralogie und Geologie und den meteorologischen Erscheinungen zu. Am Schluß der Farbenlehre in der „Konfession des Verfassers" heißt es: „Als ich lange genug in diesen fremden Regionen verweilt hatte, fand ich den glücklichen Rückweg zur Kunst durch die physiologischen Farben und durch die sittliche und ästhetische Wirkung derselben überhaupt."

Dieses Bekenntnis leitet eine Pause ein. Erst 1817 kam G. zu neuen naturwissenschaftlichen Veröffentlichungen in seiner Schriftenreihe „Zur Naturwissenschaft überhaupt, besonders zur Morphologie", in der er in zwei Serien ältere und neuere Arbeiten zur Geologie, Meteorologie und Farbenlehre sowie zur Anatomie, Zoologie und Botanik mit methodischen und autobiographischen Aufsätzen und auch mit Gedichten verband. 1828 hat schließlich der Greis gemeinsam mit dem weimarischen Prinzenerzieher Frédéric Soret in einer deutsch-französischen Ausgabe noch einmal morphologische Schriften veröffentlicht.

G.s lebenslanges Bemühen um die Naturforschung steht in der Naturwissenschaft seiner Zeit. Er war in Zustimmung und Abwehr mit vielen Naturforschern verbunden, setzte sich mit den Meinungen der Zeit auseinander und fand junge Freunde, die seine Gedanken aufnahmen. Sein Platz in der Geschichte der Wissenschaften ist durch die Untersuchungen über den Zwischenkieferknochen und die Metamorphose der Pflanzen und durch die Farbenlehre gesichert. Von besonderer Bedeutung ist G.s Naturforschung durch ihr methodisches Vorgehen, durch den Blick auf die Naturerscheinungen, die Entdeckung des Typischen, erneute Prüfung an der Mannigfaltigkeit der Natur und die Darstellung einer Gesetzmäßigkeit in der natürlichen Ordnung.

Werke: Vollständige Ausgabe letzter Hand. Stuttgart und Tübingen 1827–1842; Weimarer Ausgabe, hrsg. im Auftrag der Großherzogin Sophie von Sachsen (Abt. II naturwissenschaftliche Schriften). Weimar 1887–1919; Die Schriften zur Naturwissenschaft, hrsg. im Auftrag der Deutschen Akademie der Naturforscher (Leopoldina) von L. Wolf, W. Troll, R. Matthaei und D. Kuhn. Weimar 1949 ff.; Corpus der Goethebezeichnungen (Band V A und V B zur Naturwissenschaft). Leipzig 1963 und 1967.

Literatur: Georg Balzer, G.s Bryophyllum. Berlin 1949; Gottfried Benn, G. und die Naturwissenschaften. Zürich 1961 (neue Aufl.); Martin Gebhard, G. als Physiker. Berlin 1932; Dorothea Kuhn, Empirische und ideelle Wirklichkeit. Studien zu G.s Kritik des französischen Akademiestreites. Graz-Wien-Köln 1967; Rupprecht Matthaei, Zur Morphologie des G.schen Farbenkreises. Köln-Graz 1958; Wilhelm Troll, Gestalt und Urbild (= Die Gestalt. H. 2). Halle 1942; Wilhelm Troll und Karl Lothar Wolf, G.s morphologischer Auftrag (= Die Gestalt. H. 1). Tübingen 1950.

Briefedition: F. Th. Bratranek, G.s naturwissenschaftliche Korrespondenz. Leipzig 1874.

Bibliographie: Günther Schmid, G. und die Naturwissenschaften. Halle 1940.

Dorothea Kuhn

Goldstein, Eugen (* 5. September 1850 in Gleiwitz, † 25. Dezember 1930 in Berlin). G. war an verschiedenen Berliner Forschungsinstituten tätig, wo ihm bescheidene experimentelle Mittel zur Verfügung standen (Promotion 1881). Eine eigentliche Anerkennung ist ihm erst in sehr späten Jahren zuteil geworden. G. wies 1876 auf die elektrische Ablenkbarkeit der von ihm benannten „Kathodenstrahlen" hin und entdeckte und benannte 1886 die → Kanalstrahlen. Ebenso entdeckte er 1907 die Funkenspektren ionisierter Atome.
1889 baute G. das Physikalische Kabinett der Berliner Urania auf. Seine Idee, dem Laien die Durchführung physikalischer Experimente mit einem einfachen Handgriff zu ermöglichen, wurde später vom Deutschen Museum übernommen.

Werke: Canalstrahlen (= Ostwalds Klassiker. Nr 231). Leipzig 1930.

Literatur: Ernst Gehrke et al., E. G. zum 70. Geburtstag. In: Die Naturwissenschaften. Jg 8, 1920, S. 715—734 (mit Bibliographie); Walter Kaufmann, Ansprache anläßlich des 80. Geburtstages von E. G. In: Physikal. Zeitschrift. Jg 31, 1930, S. 873—876; Wilhelm Westphal, Zu E. G.s 100. Geburtstag. In: Physikal. Blätter. Jg 6, 1950, S. 410—412.

Van de Graaf, Robert Jemison (* 20. Dezember 1901 in Tuscaloosa, Alabama, † 16. Januar 1967 in Boston, Massachusetts). Er war ursprünglich Ingenieur, dann Physiker. Unter dem Eindruck von Vorlesungen, die er bei Marie Curie hörte, begann er sich für Atomphysik zu interessieren und arbeitete 1925—1928 bei John Townsend in Oxford über die Beweglichkeit von Gasionen. Seit 1929 entwickelte er in USA den nach ihm benannten elektrostatischen Generator für hohe Spannungen, bei dem ein Konduktor durch ein unendliches Band beständig neu aufgeladen wird. Der van de Graaf-Generator liefert Spannungen von 2 bis 3 Millionen Volt und hat sich als wertvolles Beschleunigerinstrument in vielen Bereichen der Niederenergiephysik durchgesetzt.

Literatur: L. G. H. Huxley, Dr. R. J. van de Graaf. In: Nature, Vol. 214, 1967, S. 217 f.

U. H.

s'Gravesande, Willem Jacob (* 27. September 1688 in Bois-le-Duc, † 28. Februar 1742 in Leiden). Nach dreijährigem Studium der Rechte promovierte er (gleichzeitig mit zwei Brüdern) 1707 in Leiden. In London lernte er 1715 Newton kennen und wirkte von 1717 an als Professor in Leiden, wo er maßgeblich die Experimentalphysik im Newtonschen Sinne entwickelte; seine Physikbücher wurden berühmt und richtungweisend. Er vervollkommnete die Luftpumpe und erfand viele Versuchseinrichtungen, z. B. den waagrechten Ring, durch den eine Kugel knapp hindurchfällt, solange man sie nicht erwärmt. — s'G. besorgte auch Ausgaben einzelner Werke von Huygens, John Keill und Newton.

Werke: Physices elementa mathematica, experimentis confirmata. 2 Bde. London 1720/21; Philosophiae Newtonianae institutiones in usus academicos. Leiden 1723; Oeuvres philosophiques et mathématiques de s'Gravesande. 2 Bde. Amsterdam 1774 (mit Biographie, verfaßt von Jean-Nicolas-Sébastien Allamand).

Literatur: Alexandre Saverien, Histoire des philosophes modernes. 4 Bde. Paris 1760—1773; Pierre Brunet, Les physiciens hollandais et la méthode expérimentale en France au XVIIIe siècle. Paris 1926; Claude August Crommelin, Le paradoxe de s'Gravesande. In: Janus. Jg 47, 1958, S. 160—165.

H. B.

Gravitation. Die Wirkung der Erdanziehung wurde in Antike und Mittelalter so interpretiert, daß die schweren Körper zu ihrem „natürlichen Orte", dem Erdmittelpunkt, streben. Nach Anerkennung des Kopernikanischen Systems hatte die Erde ihre Vorzugsstellung verloren, und man schrieb folgerichtig im 16. Jh. jedem Himmelskörper eine Sphaera activitatis zu: ein Raum bestimmter Größe um den betreffenden Stern, innerhalb dessen Anziehungskräfte wirken. Man stellte sich vor, daß z. B. der Mond auf „mondartige" Materie, die Erde auf „erdartige" Materie anziehend wirke. Jeder Himmelskörper habe das Bestreben, einen gewaltsam abgetrennten Teil wieder an sich zu ziehen, um seine vollkommene Gestalt, die Kugel, zu erreichen. Isaac Newton formulierte in seinen regulae philosophandi von 1687 ausdrücklich, daß man die Kraft als ganz allgemein zwischen beliebigen Massen wirksam ansehen müsse.

Um das Phänomen der Anziehung durch die Sonne und zugleich die Rotation der Planeten um die eigene Achse zu erklären, hatte René Descartes ein kompliziertes System von Wirbeln subtiler Materie ersonnen, während Newton demgegenüber ausdrücklich betonte, zur Erklärung der Ursachen der Schwere keine Hypothesen erdenken zu wollen: Hypotheses non fingo.

Das Newtonsche Postulat wurde in der ersten Hälfte des 18. Jh.s immer wieder als ungenügend empfunden; in einem letzten großangelegten Ansatz bemühte sich Georges-Louis Le Sage um eine mechanische Erklärung der G. Erst Einstein fand ab 1908 den Ansatz zu einem tieferen Verständnis in der strengen Proportionalität (bzw. Gleichheit) von schwerer und träger Masse (→ Relativitätstheorie, Allgemeine).

Die Newtonsche Gravitationskraft, modern geschrieben $k = \gamma \cdot m_1 m_2 / r^2$, galt in der zweiten Hälfte des 18. und 19. Jh.s als Muster eines physikalischen Gesetzes; während Newton die Interpretation offengelassen hatte, sprachen die Nachfolger von einer actio in distans (Fernwirkung). Man glaubte, auch alle anderen Kraftwirkungen (z. B. zwischen Magnet und elektrischem Strom) in dieser Weise fassen zu müssen, bis andere Betrachtungen an die Stelle traten (→ Feld).

Literatur: René Dugas, Mechanics in the seventeenth century. Neuchâtel 1958; Samuel Aronson, The gravitational theory of George-Louis le Sage. In: The natural philosopher. Bd 3, 1964, S. 53—74; Léon Rosenfeld, Newton and the law of gravitation. In: Archive for History of Exact Sciences. Vol. 2, 1962/66, S. 365—386; Richard S. Westfall, Hooke and the law of universal gravitation. In: British Journal for the History of Science. Vol. 3, 1967, S. 245—261; Curtis A. Wilson, From Kepler's laws, so-called, to universal gravitation: empirical factors. In: Archive for History of Exact Sciences. Vol. 6, 1970, S. 89—170.

Greinacher, Heinrich (* 31. 5. 1880 in St. Gallen). Er promovierte bei Emil Warburg und Max Planck in Berlin und wurde 1907 Dozent an der Universität Zürich. 1924 bis 1952 wirkte er als Ordinarius für Experimentalphysik in Bern. Als junger Radiologe untersuchte G. besonders das Polonium.

Für die Atomphysik wichtig wurden seine elektrotechnischen Erfindungen. Für sein Ionometer, das die elektrische Ladung der Gase an einem Zeigerinstrument anzeigte, war eine hohe Gleichspannung nötig, die er aus dem Wechselstromnetz gewinnen wollte. Diesen Zweck erreichte er 1914 mit der Verdopplungs- oder Greinacher-Schaltung. 1920 gelang ihm die Erfindung der Spannungsvervielfachungs- oder Kaskaden-Schaltung, des Grundprinzips des Kaskadengenerators, mit dem sich Spannungen bis 3 MV erzielen lassen.

1934 konnte er den Funkenzähler bekanntgeben, mit dem sich die radioaktiv zerfallenden Atome einzeln zählen lassen. Da beim Zerfall jedesmal ein α-Teilchen ausgesandt wird, das der Luft einen schwachen Stromstoß erteilt, verband er die Kammer, die den Stoff enthielt, mit dem Gitter einer Elektronenröhre, und nun ließen sich die Ladungsschwankungen am Anodenstrom messen und durch angeschlossene Hilfsmittel sichtbar oder (im Lautsprecher) hörbar machen.

Werke: Einführung in die Ionen- und Elektronenlehre der Gase. Bern 1923; Bausteine der Atome. Zürich 1924; Ausgewählte Aufgaben und Probleme aus der Experimentalphysik. ³Berlin 1952.

Literatur: Heinz Balmer, H. G. zum 90. Geburtstag. In: Physikal. Blätter. Jg 26, 1970, S. 220 f. H. B.

Grimaldi, Francesco Maria (* 2. April 1618 in Bologna, † 28. Dezember 1663 ebd.). Im Jahre 1665 erschien G.s Buch „Physicomathesis de lumine, coloribus et iride", das einen wichtigen Schritt in der Entwicklung der physikalischen Optik darstellte, denn es enthielt eine Mitteilung über die Entdeckung der Beugung des Lichtes. Diese Erscheinung war zwar schon früher beobachtet worden, aber Grimaldi bezeichnete sie zum erstenmal als eine neue Art der Fortpflanzung des Lichtes.

Grimaldis Buch, ein umfangreicher Foliant, ist eine „Summa" der Kenntnisse der Farbenlehre seiner Zeit. Daher sind Grimaldis neue Beobachtungen und Gedanken in der Fülle des Stoffes verstreut, so daß es schwierig ist, die zwei oder drei Sätze zu finden, in denen Grimaldi darüber schreibt, daß ihm die Zusammensetzung des weißen Lichtes aus Spektralfarben bekannt war. Er hatte nämlich schon damals das bekannte Experiment Newtons durchgeführt, in welchem er alle Spektralkomponenten mit Hilfe einer Konkavlinse vereinigt und weißes Licht erhalten hatte.

Es ist wenig bekannt, daß G. als Mitbegründer der Wellentheorie des Lichtes angesehen werden kann. Den Unterschied zwischen den einzelnen Spektralfarben beschrieb er in Begriffen, in denen man ein Analogon zur Wellenlänge sehen kann. Grimaldi wußte also, daß das weiße Licht seinerseits alle Spektralfarben enthält. Als Dispersion bezeichnete G. dann das Voneinandertrennen der einzelnen Spektralfarben.

Grimaldi befaßte sich auch mit Astronomie. Zusammen mit seinem Ordensbruder Giovanni Battista Riccioli stellte er im Jahre 1651 eine Mondkarte zusammen, deren Nomenklatur sich einbürgerte.

Literatur: Vincenzo Busacchi, F. M. G. e la sua opera scientifica. In: Actes du VIIIe Congrès International d'Histoire des Sciences (Florenz-Mailand 1956). Bd 2, S. 651—655; Vasco Ronchi, Padre Grimaldi e il suo tempo. In: Physis. Bd 5, 1963, S. 349—372; Jiri Marek, Les notions de la théorie ondulatoire de la lumière chez Grimaldi et Huygens. In: Acta historiae rerum naturalium necnon technicarum (Prag). Jg 1, 1965, S. 131—147; Roberto Savelli, Nel terzo centenario del „De lumine" di F. M. G. (= Quaderni di storia della scienza e della medicina. Bd VII). Ferrara 1966. J. M.

Grüneisen, Eduard (* 26. Mai 1877 in Giebichenstein b. Halle, † 5. April 1949 in Marburg). Seit 1904 war G. Mitarbeiter der Physikalisch-Technischen Reichsanstalt (seit 1919 Direktor der Abteilung für Elektrizität und Magnetismus); 1927 ging er als Professor für Experimentalphysik nach Marburg.

Als „Meister der präzisen physikalischen Messung" erforschte er die allgemeinen Zustandsgesetze der festen Körper und stellte die „G.sche Beziehung" zwischen Wärmeausdehnung, spezifischer Wärme, Atomvolumen und Kompressibilität auf. — Von 1928 bis Kriegsende war er geschäftsführender Herausgeber der Annalen der Physik.

Literatur: E. Goens, H. O. Kneser et al., E. G. † In: Annalen der Physik. Bd 5, 1949, S. 5 bis 12 (mit Literaturverzeichnis).

Guericke, Otto von (* 30. November 1602 in Magdeburg, † 31. Mai 1686 in Hamburg). Als Otto Gericke geboren, war er ab 1626 Ratsherr und von 1646—1676 Bürgermeister von Magdeburg (1666 geadelt). Wie nicht wenige seiner politisch tätigen Zeitgenossen zeigte er sich Fragen der wieder aufblühenden Naturwissenschaften gegenüber sehr aufgeschlossen, hat allerdings wie nur wenige auch aktiv und entscheidend an der Lösung solcher Probleme mitgewirkt.

Als Sproß einer alteingesessenen Patrizierfamilie zum Politiker im Dienste seiner Heimatstadt bestimmt, studierte er nach dem Besuch der Artistenfakultät in Leipzig (ab 1617) und in Helmstedt (1620) Juristerei in Jena und Leiden, hörte aber in Holland gleichzeitig Vorlesungen über mathematische Wissenschaften und speziell Festungsbau, wozu in dieser

Guericke, Otto von

Zeit allein an einer der Universität Leiden angeschlossenen Ingenieurschule die Möglichkeit bestand. Nach seiner Rückkehr wurde er 1626 Ratsherr und 1630 zusätzlich Bauherr Magdeburgs, trat nach der Zerstörung der Stadt 1631 als Ingenieur in schwedische und später kursächsische Dienste und galt in dieser Stellung und wegen seiner beidseitigen Beziehungen als der geeignete Mann, die Interessen der Stadt während des Dreißigjährigen Krieges gegenüber den wechselnden Besatzungsmächten und später auf den Friedens- und Nachfolgeverhandlungen und auf dem Reichstag zu Regensburg zu vertreten. Von 1642 bis 1666 findet man ihn so als Gesandten Magdeburgs in vielen Städten Mitteleuropas. Nahmen diese oft jahrelangen Reisen ihm einerseits die Muße, sich um die eigenen Angelegenheiten zu kümmern und seine Forschungen und Experimente weiterzutreiben, so gaben die Gespräche und Informationen auf den Versammlungen und an den Höfen ihm andererseits aber auch viele Anregungen und die Möglichkeit, die eigenen Vorstellungen und Experimente einem größeren Kreis mitzuteilen. Geeignete Kommunikationsmittel fehlten zu dieser Zeit neben dem Buch und dem Briefwechsel; politische Versammlungen und Fürstenhöfe ersetzten die späteren wissenschaftlichen Zeitschriften und Kongresse: Guericke hat nicht nur seine eigenen Versuche auf dem Reichstag zu Regensburg (1653/54) mehrmals und 1663 am Hofe des Großen Kurfürsten vorgeführt, sondern in Osnabrück 1646 auch erstmals von der neuen Physik Descartes' und in Regensburg von den Versuchen Torricellis gehört, die unabhängig von einer anderen Seite her das Vakuumproblem zu lösen versucht hatten. Drei Fragenbereiche waren es nämlich, die Guericke als überzeugten Anhänger des Kopernikanischen Planetensystems, für das eine physikalische Grundlage noch fehlte, seit seiner Studienzeit in Leiden beschäftigt zu haben scheinen, deren Zusammengehörigkeit, aber auch Fragwürdigkeit er wie seit Aristoteles niemand mehr erkannt hatte:

1. Was ist Raum? Gibt es einen leeren Raum oder ist Raum stets erfüllter Raum und als leerer Raum nur „gedachter Raum" (spatium imaginarium) als bloße logische Abstraktion? — 2. Wie können die individuellen Weltkörper über den Raum hin aufeinander wirken, und wie werden sie bewegt? — 3. Ist der Raum und damit die Zahl der in ihm enthaltenen Weltkörper begrenzt oder unbegrenzt, d. h. unendlich?

Es sind die Vorstellungen Descartes', der Raum und Materie gleichsetzte und daraufhin jegliches Vakuum leugnete, gewesen, die Guericke veranlaßten, ein Experiment den alten Streit zwischen Plenisten und Vakuisten entscheiden zu lassen. Man nehme ein solides Gefäß, pumpe die darin enthaltene Materie heraus, ohne daß neue an ihre Stelle einzudringen vermag, und prüfe, ob tatsächlich dann die Gefäßwände aneinander stoßen, wie Descartes behauptet hatte. Bald nach der Rückkehr aus Osnabrück setzte er diese Überlegung in die Tat um: Er baute eine einfache Feuerspritze durch Einbau zweier Klappenventile zu einer Saugpumpe um und pumpte damit das eingefüllte Wasser aus einem gut abgedichteten Bierfaß heraus. Pfeifende Geräusche zeigten dann aber an, daß Luft eindrang. Guericke wiederholte den Versuch, indem er zur zusätzlichen Abdichtung das Bierfaß in ein zweites, mit Wasser gefülltes setzte. Das entfernte Wasser wurde jetzt aber, wenn auch langsamer, durch eindringendes äußeres Wasser ersetzt. Um das Dichtungsproblem ein für allemal zu lösen, ließ er sich daraufhin eine hohle Kupferkugel mit unten angebrachtem Hahn herstellen. Diesen „Cacabus" füllte er jedoch nicht erst mit Wasser, sondern versuchte, sogleich die in ihm enthaltene Luft herauszupumpen; war in die Bierfässer zuvor doch sowohl Wasser als auch Luft eingedrungen gewesen.

Ein erster Versuch mißlang, weil der „cacabus" implodierte. Sollte Descartes doch recht gehabt haben? Die vorhergehenden Versuche hatten Guericke jedoch bereits vom Gegenteil überzeugt, so daß er der Nachlässigkeit des Kupferschmiedes die Schuld gab

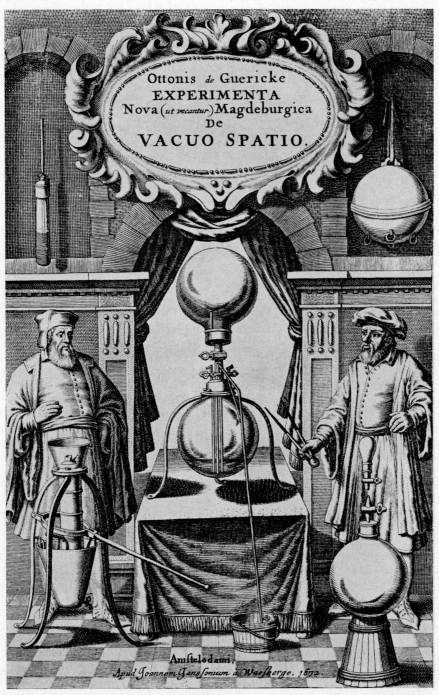

Abb. 16. Titelkupfer von Guerickes Neuen Magdeburgischen Versuchen über den leeren Raum. Amsterdam 1672

und einen neuen „cacabus" in Auftrag gab. Mit diesem gelang der Versuch; und damit hatte Guericke die Luftpumpe erfunden oder vielmehr die Pumpfähigkeit der Luft entdeckt. Hatte er ursprünglich an ein Nachsinken der Luft gedacht und diese deshalb wie zuvor das Wasser von unten her entnommen, so zeigten weitere Versuche, daß die Öffnung beliebig angebracht werden kann, daß die Luft sich also gleichmäßig über den von ihr eingenommenen Raum verteilt und verdünnt. Diese Elastizität der Luft, die alle „leeren" Räume innerhalb der Lufthülle zu erfüllen bestrebt ist, stellt Guerickes eigentliche große Entdeckung dar.

Diese Entdeckung eröffnete völlig neue Perspektiven und zog weitere Erkenntnisse und Entdeckungen nach sich, die Guericke jeweils mit Experimenten bestätigte: Abnahme der Dichte der Luft mit der Höhe (begrenzte Lufthülle mit allmählich abnehmender Dichte, „leerer" Raum außerhalb der Atmosphären der Gestirne), Arbeitsfähigkeit des Luftdrucks (Widerlegung der „horror vacui"-Theorie), regionale und zeitliche Schwankungen des Luftdrucks entsprechend der Witterung (Wettervorhersage mittels Barometer, Größe des mittleren Luftdruckes entsprechend einer Wassersäule von 20 Magdeburger Ellen), Wägbarkeit und Gewicht von Luft in Luft u. a.

Aus den frühen Versuchen ragen besonders jene immer neu erdachten und immer größere Überzeugungskraft enthaltenden zur Demonstration der ungeheuren Größe und Arbeitsfähigkeit des Luftdruckes heraus, die auch großes Aufsehen bei den ersten öffentlichen Vorführungen in Regensburg erregten. Kaspar Schott berichtete darüber 1657 und 1664 in seinen Handbüchern „Mechanica hydraulico-pneumatica" und „Technica curiosa" — ergänzt jeweils durch brieflich eingeholte Auskünfte Guerickes. Durch diese und andere fremde Veröffentlichungen wurden u. a. Huygens und Boyle zur Verbesserung der Luftpumpe und zu ihren Versuchen angeregt. Den berühmten Versuch mit den sog. Magdeburger Halbkugeln ersann Guericke jedoch erst 1656.

Er wurde 1657 erstmals mit Pferden ausgeführt und 1663 am Hofe des Großen Kurfürsten vor einem größeren Kreis wiederholt. Inzwischen hatte Guericke seine Pumpe in einer stationären Ausführung durch hydraulische Abdichtung verbessert und hatte 1663, wohl erst nach Abschluß der ersten Fassung seines 1672 erschienenen Werkes, in Anlehnung an die von Boyle konstruierte Form die bewegliche, sog. Pumpe dritter Bauart entwickelt und ausgeführt, die allein in drei Exemplaren erhalten ist (Braunschweig, Lund, München).

All diese Versuche und Entdeckungen bildeten aber nur einen Teilaspekt der Suche Guerickes nach einem neuen umfassenden physikalischen Weltbild auf der Grundlage des Kopernikanischen Planetensystems. Nach dem Vorbild von William Gilbert versuchte G. sich in einer → terrella ein verkleinertes Abbild der Erde zu verschaffen, goß sich dazu eine Kugel aus verschiedenen Mineralien mit einem großen Schwefelanteil (später nur aus Schwefel) und demonstrierte an ihr die verschiedenartigen kosmischen Wirkkräfte wie Anziehung (die anders als beim Magneten auf alle Stoffe und überall senkrecht zur Oberfläche wirkte) und Mitführung (die beim Magneten nicht gezeigt werden konnte).

Wir wissen heute, daß diese durch Reibung der Kugel erzeugten „Kräfte" auf Effekten der Reibungselektrizität beruhen. Guericke selbst sah sie aber noch nicht als spezielles Phänomen an, sondern als adäquate Demonstration der verschiedenen Äußerungsformen der sphärisch begrenzten Wirkfähigkeiten der Gestirnsseelen. Man kann deshalb die Schwefelkugel nicht als erste Elektrisiermaschine bezeichnen, wenn sie auch später um 1700 zu elektrischen Versuchen anregte und man dann Guerickes Beobachtungen von Erscheinungen, die später als elektrische Anziehung und Abstoßung, als Spitzenwirkung, als elektrische Leitung, als Influenz, als Funkenentladung u. a. gedeutet wurden, in den Bereich der Reibungselektrizität einbezog.

War damit auch eine „Physik" geschaffen, die jene einer allgemeinen Gravitation Newtons gedanklich vorbereitete und neben jener Descartes' das einzige umfassende System nach dem aristotelisch-scholastischen vor Newton darstellte, so blieb als entscheidendes Problem noch jene dritte Frage nach der Begrenztheit des Raumes und der Zahl der Welten offen. Guericke war es vorbehalten, dieses Problem durch eine begriffliche Differenzierung des Seinsbegriffes bzw. ihre erste Anwendung zu durchbrechen, indem er aufzeigte, daß das Nichts das Unerschaffene ist, der leere Raum als ein Nichts (als bloßes Behältnis) also unerschaffen und deshalb unabhängig von Gott und seiner Schöpfung und vor dieser dagewesen ist. Als solches kann er nicht begrenzt sein — ebensowenig wie dann die Zahl der Welten. Diese ist allerdings nicht unendlich — denn es gibt keine unendliche Zahl —, aber auch nicht begrenzt — denn es gibt ebensowenig eine größte Zahl, ein Ende der Zahlenreihe.

Literatur: Otto von Guerickes Neue (sogenannte) Magdeburger Versuche über den leeren Raum, nebst Briefen, Urkunden und anderen Zeugnissen seiner Lebens- und Schaffensgeschichte, übersetzt und hrsg. von Hans Schimank, unter Mitarbeit von Hans Gossen †, Gregor Maurach und Fritz Krafft. Düsseldorf 1968. (Mit Biographie, ausführlichem Kommentar und vollständiger Bibliographie bis 1967; eine verkleinerte Ausgabe nur der Übersetzung ist gleichzeitig erschienen.) — Alfons Kauffeldt, Otto von Guericke. Philosophisches über den leeren Raum. Berlin 1968; Fritz Krafft, Experimenta nova. Untersuchungen zur Geschichte eines wissenschaftlichen Buches. In: Buch und Wissenschaft ... Hrsg. von Eberhard Schmauderer (= Technikgeschichte in Einzeldarstellungen. Bd 17). Düsseldorf 1969, S. 103—129.   Fritz Krafft

H

Haas, Arthur Erich (* 30. April 1884 in Brünn, † 20. Februar 1941 in Chicago). Nach dem Studium der Physik in Wien und Göttingen promovierte H. 1906 in Wien und wandte sich dann verstärkt der Physikgeschichte zu. Seine der Philosophischen Fakultät der Universität Wien eingereichte Habilitationsschrift über die Geschichte des Energieprinzips bereitete den zur Beurteilung in erster Linie zuständigen Physikern „Kopfzerbrechen": So kam der Beschluß zustande, Haas möge zusätzlich noch eine rein physikalische Arbeit anfertigen.

Um die Auflage der Fakultät zu erfüllen, verfolgte Haas gegen Ende 1909 die neueste physikalische Literatur und stieß dabei auf das ungelöste Problem der schwarzen Strahlung. H. studierte das Buch von J. J. Thomson über „Elektrizität und Materie", in dessen Mittelpunkt Betrachtungen über die Atomkonstitution stehen und las gleichzeitig einen Aufsatz von Willy Wien in der „Encyklopädie der math. Wissenschaften", in dem die Vermutung ausgesprochen wird, daß das Energieelement „aus einer universellen Eigenschaft der Atome abgeleitet werden kann". Diese Idee aufgreifend wandte H. als erster einen Quantenansatz an, um die Atomkonstitution zu erklären. Damit setzte H. an die Stelle der physikalisch blutleeren Planckschen Oszillatoren im Strahlungshohlraum reale Atome.

Der H.sche Quantenansatz $|E_{\text{pot}}| = h \cdot \nu$ stimmt für den Grundzustand mit der späteren Bohrschen Bedingung überein und deswegen erhielt H. richtig den „Bohrschen"

Radius des Wasserstoffatoms. Bezeichnenderweise schrieb H. aber nur die nach dem Wirkungsquantum aufgelöste Gleichung an, $h = 2\pi e \sqrt{r \cdot m}$, betrachtete also wie Willy Wien die Dimensionen des Atoms als fundamental, aus denen sich dann das Wirkungsquantum ableitet. Bis auf einen Zahlenfaktor 8 führte H. auch richtig die Rydbergkonstante auf das Wirkungsquantum h, auf die Lichtgeschwindigkeit c und die Grundgrößen des Elektrons e und m zurück.

Wenn auch beim H.schen Ansatz die angeregten Zustände — und damit die Verbindung zur spektroskopischen Erfahrung — fehlen, handelt es sich doch um einen bemerkenswerten Vorläufer der Bohrschen Atomtheorie. Von den Wiener Physikern aber wurden im Februar 1910 die H.schen Ideen als „Faschingsscherz" qualifiziert und fanden nur sehr langsam Anerkennung.

1913 wurde H. ao. Professor für Geschichte der Naturwissenschaften an der Universität Leipzig, kehrte nach Kriegsende nach Wien zurück, wo er langsam von der Geschichte der Physik wieder zur Physik überging. So berechnete er 1920 — unabhängig von F. Wheeler Loomis und Adolf Kratzer — die richtigen Formeln für den Isotopieeffekt bei Rotationsspektren. Nach Gasteinladungen siedelte er 1935 endgültig in die Vereinigten Staaten über. Seit 1936 bis zu seinem frühen Tode war er Professor für Physik an der Universität von Notre Dame (Indiana).

H. betrieb die Geschichte der Physik aus Interesse für die historischen wie für die modernen Theorien; er besaß die „Überzeugung, daß keine andere wie die geschichtliche Methode geeignet sein kann, das Verständnis physikalischer Prinzipien zu erleichtern und die Erkenntnis ihrer Bedeutung zu klären und zu vertiefen". Seine nach diesen Gesichtspunkten geschriebenen zahlreichen Bücher, vielfach aus Vorlesungen und Vorträgen hervorgegangen, sind Meisterwerke leichtverständlicher Darstellung, wurden in viele Sprachen übersetzt und fanden weite Verbreitung.

Hauptwerke: Die Entwicklungsgeschichte des Satzes von der Erhaltung der Kraft (= Habilitationsschrift). Wien 1909; Der erste Quantenansatz für das Atom [Nachdruck der Originalarbeiten von 1910]. Stuttgart 1965; Die Grundgleichungen der Mechanik, dargest. auf Grund der geschichtlichen Entwicklung. Leipzig 1914; Einführung in die theoretische Physik. 2 Bde. Leipzig 1919/21.

Literatur: A. E. H., Der erste Quantenansatz für das Atom (= Dokumente der Naturwissenschaft. Bd 10). Stuttgart 1965. Hier auch Biographie und Bibliographie; Armin Hermann, A. E. H. und der erste Quantenansatz für das Atom. In: Sudhoffs Archiv. Bd 49, 1965, S. 255 bis 268; ders., Frühgeschichte der Quantentheorie. Mosbach/Baden 1969.

Hahn, Otto (* 8. März 1879 in Frankfurt, † 28. Juli 1968 in Göttingen). Nach der Gründung der Kaiser-Wilhelm-Gesellschaft zur Förderung der Wissenschaften und dem Bau des Kaiser-Wilhelm-Instituts für Chemie in Berlin-Dahlem übernahm Hahn 1912 die Leitung der zunächst kleinen Radioaktiven Abteilung. Hier wurde die schon am Chemischen Institut der Universität begonnene wissenschaftliche Zusammenarbeit des chemisch ausgebildeten Otto Hahn mit der Physikerin Lise Meitner intensiv fortgesetzt. Aus der Abteilung Hahn wurde die Abteilung Hahn (Chemie) und Meitner (Physik); schließlich wurde das ganze Kaiser-Wilhelm-Institut (an dem früher die organische Chemie die Hauptrolle gespielt hatte) ein Institut für Radiochemie und Kernphysik.

Nach der Entdeckung des Neutrons gelang es, viele Kernprozesse mit diesem neuen Teilchen durchzuführen. Ende 1938 erhielten Otto Hahn und Fritz Straßmann ganz ungewöhnliche Ergebnisse bei der Bestrahlung von Uran mit langsamen Neutronen. Die chemische Analyse ergab nicht, wie zunächst vermutet, Radium, sondern Barium:

„Wir kommen zu dem Schluß: Unsere ‚Radiumisotope' haben die Eigenschaften des Bariums; als Chemiker müßten wir eigentlich sagen, bei den neuen Körpern handelt es sich nicht um Radium, sondern um Barium; denn andere Elemente als Radium und Barium kommen nicht in Frage... Was die ‚Trans-

Urane' anbelangt, so sind diese Elemente ihren niederen Homologen Thenium, Osmium, Iridium, Platin zwar chemisch verwandt, mit ihnen aber nicht gleich. Ob sie etwa mit den noch niedrigeren Homologen Masurium, Ruthenium, Rhodium, Palladium chemisch gleich sind, wurde noch nicht geprüft. Daran konnte man ja früher nicht denken. Die Summe der Massenzahlen Ba+Ma, also z. B. 138+101, ergibt 239! Als Chemiker müßten wir aus den kurz dargelegten Versuchen das oben gebrachte Schema eigentlich umbenennen ... und die Symbole Ba, La, Ce einsetzen. Als der Physik in gewisser Weise nahestehende ‚Kernchemiker' können wir uns zu diesem, allen bisherigen Erfahrungen der Kernphysik widersprechenden Sprung noch nicht entschließen."

Schon wenige Wochen später aber veröffentlichten Hahn und Straßmann den sicheren experimentellen Beweis für die bisher unvorstellbare Reaktion, die bei der Bestrahlung des Urans eingetreten war: Der Atomkern war in zwei fast gleichgroße Bruchstücke zerplatzt.

Die Entdeckung erregte eine Sensation. Nicht nur wird bei dem Prozeß eine ungewöhnlich große Energiemenge frei, sondern es entstehen auch zusätzliche Neutronen, wodurch sich die Möglichkeit einer „Kettenreaktion" abzeichnete. Am 2. Dezember 1942 gelang es einer amerikanischen Arbeitsgruppe unter Enrico Fermi in Chicago erstmalig, im Atommeiler diese Kettenreaktion in Gang zu bringen. Am 6. und 9. August 1945 explodierten die ersten Atombomben über den japanischen Städten Hiroshima und Nagasaki.

Otto Hahn war über diese Anwendung seiner Entdeckung tief deprimiert. Wiederholt ergriff er in Sorge über die nun mögliche Selbstvernichtung des Menschen das Wort für eine nur friedliche Anwendung der Kernenergie.

Werke: Über den Nachweis und das Verhalten der bei der Bestrahlung des Urans mittels Neutronen entstehenden Erdalkalimetalle. In: Die Naturwissenschaften. Jg 27, 1939, S. 11—15 (mit Fritz Straßmann); Nachweis der Entstehung aktiver Bariumisotope aus Uran und Thorium durch Neutronenbestrahlung etc. Ebd. Jg 27, 1939, S. 89—95 (mit Fritz Straßmann); Vom Radiothor zur Uranspaltung. Braunschweig 1962; Mein Leben. München 1968.

Literatur: Walther Gerlach, Vor 25 Jahren „zerplatzte" der Atomkern. In: Physikal. Blätter. Jg 20, 1964, S. 11—14; ders., O. H. Ein Forscherleben unserer Zeit. In: Deutsches Museum. Abhandlungen und Berichte. Jg 37, 1969, H. 3; Ernst Berninger, O. H. — Eine Bilddokumentation. München 1969.

Halbleiter. Über eine der wichtigsten Entdeckungen der Elektrizitätslehre berichtete Stephen Gray zwischen 1731 und 1736 in den Philosophical Transactions, über seine Beobachtung, daß eine Reihe von Stoffen die Elektrizität gut — andere hingegen schlecht leiten. Die Bezeichnung „Leiter" (Konduktor) stammt jedoch nicht von Gray, sondern von seinem Zeitgenossen Desauliers.

Die Stoffe, die den Übergang zwischen den Leitern und den Isolatoren bilden, konnten indessen erst erforscht werden, als ausreichende Stromquellen zur Verfügung standen (→ Voltasche Säule: 1800). Zu einer systematischen Einordnung der H. zwischen die von Alessandro Volta als Leiter erster Klasse bezeichneten Metalle und die Leiter zweiter Klasse (Elektrolyte) bedurfte es jedoch noch eines ganzen Jahrhunderts des Ringens um Einsicht in die prinzipiellen Leitungsmechanismen der Stoffe (Elektronenleitung — Ionenleitung). Als elektronenleitende Stoffe mit sehr geringer elektrischer Leitfähigkeit erkannt, wurden die H. schließlich im Übergangsbereich zu den Metallen eingeordnet.

Einer Anzahl interessanter Effekte von unschätzbarem technischem Nutzen (H.technik) verdankt die Physik der H. ihre Entwicklung zu einer großen Forschungsrichtung innerhalb der Festkörperphysik. Schon Michael Faraday hatte an Schwefelkupfer eine starke Abhängigkeit der Leitfähigkeit von der Temperatur festgestellt. Wilhelm Hittorf untersuchte diese Erscheinung 1851. Auf die Änderung des elektrischen Widerstandes der metallischen Modifikation des Selens bei Belichtung stieß im Jahre 1873 Willoughby Smith. Bereits 1875 gab Werner von Siemens das Prinzip einer lichtelektrischen Selenzelle an. Ferdinand Braun gelang 1874 die bahnbrechende Entdeckung, daß bei Schwefelmetallen der Widerstand von der Stromrichtung abhängt (Gleichrichtereffekt). Es dauerte allerdings noch über fünfzig Jahre bis zur Entdeckung weiterer bedeutsamer Phänomene, der lichtelektrischen Effekte an Verbundelementen aus H. und Metallen (Photozellen): Den Hinterwandeffekt fanden nacheinander Paul H. Geiger (1926) und Bruno Lange (1929), den Vorderwandeffekt gemeinsam Walter Schottky und E. Duhme (1930).

Quellen: Johann Wilhelm Hittorf, Elektrisches Leitvermögen des Schwefelsilbers u. Halbschwefelkupfers. In: Annalen der Physik. Bd 84, 1851, S. 1–28; Ferdinand Braun, Über die Stromleitung durch Schwefelmetalle. Ebd. Bd 153, 1874, S. 556–571; ders., Abweichungen vom Ohmschen Gesetz in metallisch leitenden Körpern. Ebd. Bd 1, 1877, S. 95–110; Werner Siemens, Über den Einfluß der Beleuchtung auf die Leitungsfähigkeit des kristallinischen Selens. Ebd. Bd 156, 1875, S. 334–335; ders., Über die Abhängigkeit der elektr. Leitungsfähigkeit des Selens von Wärme und Licht. Ebd. Bd 159, 1876, S. 117–141 und Bd 2, 1877, S. 521–550.

L. S.

Halley, Edmond (* 29. Oktober 1656 in Haggerston bei London, † 14. Januar 1724 in Greenwich). Mit 19 Jahren schrieb er eine Abhandlung über die Planetenbahnen. Um die Fixsternverzeichnisse von Johannes Hevel und John Flamsteed nach Süden fortzusetzen, reiste er 1676 mit einem Fernrohr für ein Jahr nach St. Helena und konnte 1679 seinen „Catalogus stellarum australium" herausgeben. Die großen Kometen von 1680 und 1682 zogen seine Aufmerksamkeit an. Er trat in Beziehung zu Newton, gab auf eigene Kosten dessen Principia heraus und wandte nun dessen Bahnberechnungsmethoden auf die Kometen an. Dabei entdeckte er, daß die drei Kometen von 1531, 1607 und 1682 dieselbe Ellipse ergaben und verschiedene Erscheinungen desselben Körpers gewesen waren. Seine „Synopsis astronomiae cometicae" erschien 1705 in den Philosophical Transactions.

Ebensosehr förderte er die physikalische Geographie. Auf seiner Fahrt nach Süden hatte er die regelmäßige Windverteilung im Tropengürtel studiert und entwarf davon 1686 ein Kärtchen. Noch mehr befaßte er sich mit den Abweichungen der Magnetnadel. Auf ausgedehnten Seereisen sammelte er 1698–1701 den Stoff für eine erste Isogonenkarte. Nach der Rückkehr wurde er als Nachfolger von John Wallis 1703 Geometrieprofessor in Oxford und gab 1710 die Kegelschnittlehre des Apollonius heraus, die er aus dem Griechischen und Arabischen übersetzte. 1713 wurde er Sekretär der Royal Society, 1720 als Nachfolger Flamsteeds Leiter der Sternwarte Greenwich. Er betreute den Druck von Flamsteeds großem Fixsternkatalog und erforschte die Ungleichmäßigkeiten in der Mondbewegung.

1716 wies er den Nutzen nach, den die Venusdurchgänge vor der Sonnenscheibe darbieten, indem man sie von verschiedenen Erdorten aus betrachten und hernach zur Bestimmung der Entfernung der Sonne verwenden kann. Beobachtungen des Sirius, Procyon und Arcturus überzeugten ihn 1718, daß die Fixsterne ihre Stellung ändern und eine eigene Bewegung haben. Noch vieles geht auf ihn zurück; so trat er für den kosmischen Ursprung der Meteore ein, brachte das Nordlicht mit dem Erdmagnetismus in Beziehung, füllte als erster die Thermometer mit Quecksilber, verbesserte die Taucherglocke und ließ sich tief ins Meer hinab. Ferner legte er Untersuchungen über Rentenversicherung vor.

Werke: Eugene Fairfield MacPike (Hrsg.), Correspondence and papers of E. H. Oxford 1932; Gustav Hellmann (Hrsg.), Neudrucke von Schriften und Karten über Meteorologie und Erdmagnetismus. Berlin 1893–1904. Nr 4 (Neudruck der Isogonenkarte) und 8 (Neudruck der Windkarte).

Literatur: Angus Armitage, E. H. London 1966. Ferner: Jean-Jacques d'Ortous de Mairan, Eloge de M. Halley. In: Mémoires de l'Académie Royale des Sciences. Paris 1742, S. 172–188. Auch in:

de Mairan, Eloges des académiciens. Paris 1747; Alexandre Saverien, Histoire des philosophes modernes. Seconde partie: Histoire des restaurateurs des sciences. Paris 1756; Franz Arago's sämmtliche Werke. Bd 3, Leipzig 1855, S. 293—296; Friedrich Dannemann, E. H. In: Das Weltall. Jg 31, 1931/32, S. 98—100; Arthur Schuster und Arthur Everett Shipley, Britain's heritage of science. London 1917, S. 58—60; Ludwig Darmstaedter, E. H. und die Fortschritte der Lehre von den Kometen und vom Erdmagnetismus. In: Reclams Universum. Bd 42, 1926, S. 1235 f.; Raymond Phineas Stearns, The course of Captain E. H. in the year 1700. In: Annals of Science. Vol. 1, 1936, S. 294—301; G. L. Huxley, The mathematical work of E. H. In: Scripta mathematica. Vol. 24, 1959, S. 265—273; Heinz Balmer, Beiträge zur Geschichte der Erkenntnis des Erdmagnetismus. Aarau 1956, S. 470—485; Colin A. Ronan, E. H. Genius in eclipse. New York 1969.   H. B.

Hallwachs, Wilhelm (* 9. Juli 1859 in Darmstadt, † 20. Juni 1922 in Dresden). H. promovierte in Straßburg, war dort zuletzt Privatassistent August Kundts und kam dann von 1884—1886 als Assistent zu Friedrich Kohlrausch nach Würzburg. Er habilitierte sich 1886 bei Gustav Wiedemann in Leipzig und ging 1888 wieder zu Kohlrausch, der inzwischen in Straßburg tätig war. 1893 wurde er Ordinarius für Elektrotechnik an der TH Dresden; nach dem Rücktritt August Töplers übernahm er dort das Ordinariat für Physik (1900). Durch Einführung und Ausgestaltung des Studiums in technischer Physik erwarb er sich bedeutende Verdienste; als erste Hochschule führte die TH Dresden das Abschlußexamen in technischer Physik ein.

H. war ein Meister der messenden Physik. Er baute u. a. ein „aperiodisches, magnet- und nachwirkungsfreies Quadrantenelektrometer" und ein Doppeltrogrefraktometer. 1887 fand Heinrich Hertz bei seinen Versuchen über elektromagnetische Schwingungen, daß die Funken länger ausfielen, wenn in der Nähe gleichzeitig ein anderer Funken übersprang, und konnte das ultraviolette Licht des zweiten Funkens dafür verantwortlich machen. H. widmete sich als erster der experimentellen Untersuchung dieses „lichtelektrischen Effektes" oder „Hallwachseffektes" (→ Photoeffekt). Er wies nach, daß durch ultraviolettes Licht negativ geladene Metallplatten entladen und ungeladene positiv aufgeladen werden und daß die Wirkung an die Absorption des ultravioletten Lichtes geknüpft ist.

Als Assistent von Kohlrausch in Straßburg hatte er sich ab 1890 einem anderen Gebiet, der Erforschung der Eigenschaften der Elektrolyte, zuzuwenden; die weiteren großen Entdeckungen wurden von anderen (Lenard, J. J. Thomson) gemacht. Durch Einsteins Erklärung mit der Lichtquantenhypothese (1905) spielte der lichtelektrische Effekt dann eine fundamentale Rolle in der Entwicklung der Physik.

Erst 1904 widmete sich Hallwachs, nunmehr mit eigenen Schülern, wieder diesem Fragenkomplex, so der Größe der Austrittsarbeit, d. h. der lichtelektrischen Wirkung in Abhängigkeit von der Vorbehandlung des Metalles, von der umgebenden Atmosphäre usw. Auf dem Gebiet der Lichtelektrizität wurde Hallwachs nun zum führenden Forscher. Die Entwicklung führte später zur Photozelle, der eine sehr große Bedeutung in der Technik (Tonfilm, Bildtelegraphie, Fernsehen) und in der messenden Physik (Nachweis von Lichtquanten) zukommt.

Werke: Über den Einfluß des Lichtes auf electrostatisch geladene Körper. In: Annalen der Physik. Bd 33, 1888, S. 301—312; Ueber die Electrisierung von Metallplatten durch Bestrahlung mit electr. Licht. Ebd. Bd 34, 1888, S. 731 bis 734; Ueber den Zusammenhang des Electrizitätsverlustes durch Beleuchtung mit der Lichtabsorption. Ebd. Bd 37, 1889, S. 666—675; Die Lichtelektrizität. Leipzig 1914.

Literatur: Otto Wiener, Nachruf auf W. H. In: Bericht über die Verhandlungen der sächs. Akademie der Wiss. zu Leipzig. Math.-physik. Klasse. Bd 74, 1922, S. 291—316 (mit Werksverzeichnis); ders., W. H. †. In: Physikal. Zeitschrift. Bd 23, 1922, S. 457—462.

Hamilton, Sir William Rowan (* 4. August 1805 in Dublin, † 2. September 1865 in Dunsink). Er war ein Wunderkind mit fabelhafter Begabung für Sprachen und Mathematik. Schon als Kind lernte er 13 Sprachen, darunter Arabisch und Sanskrit. Mit 22 Jahren wurde er „Royal Astronomer of Ireland", Leiter der Sternwarte und Professor der Astronomie in Dublin.

Als Forscher beschäftigte er sich anfangs mit geometrischer Optik. Rein theoretisch sagte er voraus, daß in zweiachsigen Kristallen eine konische Refraktion des Lichtes möglich sei, was sich bestätigte. Die in der Optik gewonnenen Methoden wandte er auf die analytische Mechanik an, wo er das „Hamiltonsche Prinzip" einführte, das für die Himmelsmechanik Bedeutung gewann. Er zeigte, daß aus der Wellenoptik durch einen mathematischen Grenzübergang die (nur für kleine Wellenlängen gültige) geometrische Optik gewonnen werden kann. Da er diese mit der klassischen Mechanik in Parallele setzte, fand Erwin Schrödinger hundert Jahre später hier den Ansatzpunkt, die volle Analogie zwischen Mechanik und Optik herauszustellen, d. h. eine der Wellenoptik entsprechende „Wellenmechanik" zu begründen.

Von 1833 an wurde H. ganz von der reinen Mathematik gefesselt. Er studierte die Lösung algebraischer Gleichungen fünften Grades. Vor allem aber suchte er das Rechnen mit komplexen Zahlen von der Ebene auf den Raum zu übertragen. Dafür eigneten sich die Quaternionen, viergliedrige Zahlen, die er von 1843 an erforschte und in zwei großen Bänden darstellte.

Werke: Theory of systems of rays. Dublin 1828; Lectures on quaternions. Dublin 1853; Elements of quaternions. London 1866.

Literatur: R. P. Graves, Life of Sir W. R. H. (mit Auswahl seiner Gedichte und Briefe). 3 Bde. Dublin 1882—1889; Alexander Macfarlane, Lectures on ten British mathematicians of the nineteenth century. New York 1916; Felix Klein, Vorlesungen über die Entwicklung der Mathematik im 19. Jahrhundert. Bd 1. Berlin 1926 (Neudruck New York 1950), S. 182—202; Wolfgang Buchheim, W. R. H. und seine Bedeutung für die Astronomie. In: Die Sterne. Jg 41, 1965, S. 191—197; ders., W. R. H. und das Fortwirken seiner Gedanken in den physikalischen Wissenschaften. In: Forschungen und Fortschritte. Jg 40, 1966, S. 162—165. H. B.

Hartsoeker, Nicolaus (* 26. März 1656 in Gouda, † 10. Dezember 1725 in Utrecht). H., einer der großen Experimentalphysiker seiner Zeit, studierte in Leiden, Amsterdam und 1678—1679 in Paris, wohin er 1684 für zwölf Jahre zurückkehrte. 1696 zog er nach Rotterdam und wurde 1699 nach Amsterdam bestellt, um den Zaren Peter den Großen zu unterrichten. 1704 folgte er einem Rufe des Kurfürsten von der Pfalz und lebte zwölf Jahre als Hofmathematicus in Düsseldorf. Nach dem Tode des Kurfürsten übersiedelte er 1716 nach Utrecht.

H. vervollkommnete verschiedene optische Instrumente, besonders das Mikroskop, mit dem er auch Beobachtungen anstellte. Er suchte die Abweichungen der Magnetnadel und den elliptischen Lauf der Planeten zu erklären, beschäftigte sich mit dem Wasser in Röhren, dem Blutkreislauf, dem Barometer usw. Mit vielen Zeitgenossen hatte er wissenschaftliche Auseinandersetzungen, so mit Christiaan Huygens, Edme Mariotte, Isaac Newton u. a.

Werke: Essai de dioptrique. Paris 1694; Principes de physique. Paris 1696; Conjectures physiques. Amsterdam 1706, mit Fortsetzungen 1708, 1710, 1712; Cours de physique. Den Haag 1730 (darin auch Fontenelles Biographie).

Literatur: Bernard de Fontenelle, Eloges des académiciens. 3 Bde. Paris 1719. H. B.

Hasenöhrl, Friedrich (* 30. November 1874 in Wien, † 7. Oktober 1915 bei Folgaria). 1907 wurde H. als Nachfolger Boltzmanns Professor und Vorstand des Institutes für Theoretische Physik der Universität Wien. H. erwies sich, wie Hans Thirring feststellte, „als Lehrer geradezu unübertrefflich". Seine glänzenden, in vierjährigem Zyklus stattfindenden Vorlesungen gaben Erwin Schrödinger u. a. zeitlebens ein Beispiel. H. behandelte auch stets die aktuellen Probleme, die immer deutlicher die Risse im altehrwürdigen Gebäude der Wissenschaft sichtbar werden ließen. Im persönlichen Gespräch war Hasenöhrl eine gewinnende, anregende Persönlichkeit. Seit seiner Privatdozentenzeit zog er eine Reihe von später berühmt gewordenen Schülern heran (Erwin Schrödinger, Hans Thirring, Ludwig Flamm, Paul Ehrenfest u. a.).

Durch Boltzmann wurde Hasenöhrls bevorzugtes Arbeitsgebiet die Thermodynamik. Bereits 1904 wurde er im Spezialfall der in einem Hohlraum eingeschlossenen elektromagnetischen Strahlung zum „Begriff einer scheinbaren, durch Strahlung bedingten Masse" geführt, einem Vorläufer der allgemeinen → Energie-Masse-Äquivalenz, die Einstein 1905 aus seiner Speziellen Relativitätstheorie ohne Kenntnis der Arbeit H.s ableitete. H. hatte vor Einstein noch nicht die Beziehung $E = mc^2$, sondern (aber auch nur für kleine Geschwindigkeiten) die Formel mit einem zusätzlichen Faktor aufgestellt. — Um die Leistung Einsteins herabzusetzen, nannte Lenard (Große Naturforscher, Deutsche Physik) nur H.; dieser selbst aber war voll Bewunderung für das Genie Einsteins; einen eigentlichen Prioritätsstreit hat es nicht gegeben.

1911 formulierte H. für periodische Systeme mit einem Freiheitsgrad eine Bedingung, die Quantenzustände durch die Phasenausdehnung festzulegen; dieser Ansatz stimmt für den harmonischen Oszillator mit der späteren Bohrschen Theorie (→ Bohr-Sommerfeldsche Atomtheorie) überein. Der Wissenschaft wurde H. allzufrüh entrissen; er fiel als Landsturmoberleutnant und Kompanieführer in Südtirol.

Werke: Zur Theorie der Strahlung bewegter Körper. In: Sitzungsberichte der Kaiserl. Akademie der Wissenschaften Wien. Bd 113, 1904, S. 493—509; Zur Theorie der Strahlung in bewegten Körpern. In: Annalen der Physik. Jg 15, 1904, S. 344—370; Über den Druck des Lichtes. In: Jahrbuch der Radioaktivität und Elektronik. Bd 2, 1905, S. 267—304; Bericht über die Trägheit der Energie. Ebd. Bd 6, 1909, S. 485—502.

Literatur: Franz Exner, F. H. In: Almanach der Akademie der Wissenschaften Wien. Jg 66, 1916, S. 337—339; Stefan Meyer, F. H. In: Physikal. Zeitschrift. Jg 16, 1916, S. 429—433; Hans Thirring, F. H. In: Große Österreicher. Bd 13, 1959, S. 192—200; Philipp Lenard, Große Naturforscher. München 1941, S. 330—339; L. Bittner, Geschichte des Studienfaches Physik an der Wiener Universität in den letzten hundert Jahren. Diss. Phil. Wien 1949.

Hauksbee, Francis († Mai/Juni 1713, genauere Lebensdaten unbekannt). H. war zeitweise Vorlesungsmechaniker bei der Royal Society in London und stand mit Isaac Newton zur Durchführung von Experimenten in Verbindung. Nachdem Jean Picard 1676 entdeckt hatte, daß mit Quecksilber gefüllte Barometer nach heftigem Schütteln an der Innenwand des Glases zum Leuchten kamen, untersuchte auch H. das vielbeachtete Phänomen. Er entdeckte 1705/06, daß intensive Leuchterscheinungen auch ohne Quecksilber durch Reibungselektrizität in einem evakuierten Glas hervorgerufen werden.

Literatur: David W. Corson, Pierre Polinière, F. H. and electroluminiscence etc. In: Isis. Vol. 59, 1968, S. 402—413; Roderick W. Home, F. H.'s theory of electricity. In: Archive for History of Exact Sciences. Vol. 4, 1967/68, S. 203—217; E. Newton Harvey, A history of lumiscence etc. Philadelphia 1957.

Heisenberg, Werner (* 5. Dezember 1901 in Würzburg). Angezogen von der starken Forscher- und Lehrerpersönlichkeit Arnold Sommerfelds begann H. 1920 an der Universität München das Studium der theoretischen Physik. In die Probleme der nur aus unzusammenhängenden Ansätzen bestehenden Quantentheorie arbeitete er sich so schnell ein, daß er bereits nach wenigen Monaten neuartige Lösungen (anomaler Zeemaneffekt) vorlegte. Da ein Mindeststudium von sechs Semestern vorgeschrieben war, konnte H. erst 1923 (mit einer Arbeit über Turbulenz) promovieren. Schon 1924 habilitierte er sich in Göttingen, wo er Assistent von Max Born geworden war: „Heisenberg habe ich sehr lieb gewonnen; er ist bei uns allen sehr beliebt und geschätzt. Seine Begabung ist unerhört, aber besonders erfreulich ist sein nettes, bescheidenes Wesen, seine gute Laune, sein Eifer und seine Begeisterung."

Nachdem offenkundig geworden war, daß das Bohrsche Atommodell trotz großer Erfolge nicht richtig sein konnte, mühte sich H. um den „Übergang von der nur symbolisch brauchbaren und daher nur qualitativ richtigen Modellmechanik ... zur wirklichen Quantenmechanik". Während eines Erholungsurlaubes Ende Mai 1925 nahmen seine Gedanken über die Quantenmechanik greifbare Gestalt an: „In Helgoland war ein Augenblick, in dem es mir wie eine Erleuchtung kam, als ich sah, daß die Energie zeitlich konstant war." In den folgenden Wochen verfaßte H. die entscheidende Arbeit „Über quantentheoretische Umdeutung kinematischer und mechanischer Beziehungen". Hier formulierte er sein berühmt gewordenes positivistisches Prinzip, daß zur Beschreibung physikalischer Sachverhalte nur „prinzipiell beobachtbare" Größen herangezogen werden dürfen und daß deshalb in der neuen Atomphysik für die bisher gebrauchten Begriffe wie „Bahn des Elektrons im Atom" oder „Umlaufzeit des Elektrons" kein Platz mehr ist. Gleichzeitig lieferte H. in seinen „Multiplikationsregeln für quadratische Schemata" den langgesuchten Ansatz für die neue Quantenmechanik, die nun von Max Born unter Mitwirkung von Pascual Jordan und H. als „Göttinger Matrizenmechanik" aufgebaut werden konnte.

In enger Zusammenarbeit mit Niels Bohr in Kopenhagen gelang es H., den tieferen „physikalischen" – oder „philosophischen" – Hintergrund des neuen Formalismus zu zeigen. Die „Heisenbergsche Unschärferelation" von 1927 wurde die Grundlage der → „Kopenhagener Deutung" der Quantentheorie, die eine ganz neuartige Auffassung der physikalischen Realität beinhaltet. Welle und Korpuskel erscheinen als zwei verschiedene Aspekte desselben Dinges und an die Stelle des Determinismus der klassischen Physik treten statistische Gesetze.

H.s Arbeiten zur Quantenmechanik wurden durch die Verleihung des Nobelpreises für 1932 ausgezeichnet. Da nun das Problem des Atombaues — was die Atomhülle betraf — erfolgreich gelöst war, widmete sich H. Fragen des Atomkernes. Nach der Entdeckung des Neutrons durch James Chadwick 1932 erkannte H. (und unabhängig D. D. Iwanenkow), daß dieses neue Teilchen neben dem Proton als Baustein des Atomkernes zu betrachten ist und entwickelte auf dieser Grundlage eine Theorie über den Aufbau der Atomkerne.

Schon 1927, mit 26 Jahren, war H. Ordinarius für theoretische Physik an der Universität Leipzig geworden. Als in München 1937 die Nachfolge Arnold Sommerfelds zur Diskussion stand, waren sich die Physiker einig, daß dieser Lehrstuhl nur mit dem hervorragendsten Sommerfeld-Schüler besetzt werden könnte: mit Werner Heisenberg. Gegen diese Pläne richteten sich heftige Angriffe nationalsozialistischer Kreise; durch die Bezeichnungen „weißer Jude in der Wissenschaft", „theoretischer Formalist, Geist vom Geiste Einsteins" und „Ossietzky der Physik" sollte H. diffamiert werden. Das Kesseltreiben hörte erst mit Beginn des Zweiten Weltkrieges auf, als seine Fachkenntnisse dringend benötigt wurden.

1940 konzipierte H. in zwei, aus Gründen der Geheimhaltung unveröffentlichten Arbeiten die Theorie des Kernreaktors, wobei er insbesondere die Resonanzabsorption von Neutronen in U^{238} erörterte. „Seine Mitarbeiter haben stets bewundert", urteilten Wolf Häfele und Karl Wirtz, „daß es ihm scheinbar mühelos möglich war, sich auf einem Nebengebiet wie der Reaktortheorie so rasch und umfassend einzuarbeiten und für viele Jahre zum führenden Kopf für die ganze Entwicklung auf diesem Gebiet in Deutschland zu werden."

Nach dem Kriege von den Alliierten mit anderen deutschen Kernphysikern interniert, begann H. seit 1946 den Wiederaufbau der deutschen Forschung in die Wege zu leiten, anknüpfend an die ruhmreiche Tradition des „goldenen Zeitalters der deutschen Physik" von 1900–1933. Als Direktor des Max-Planck-Institutes für Physik und Astrophysik

— zunächst in Göttingen, seit 1956 in München — ist H. seit etwa 1953 intensiv bemüht, eine „Einheitliche Theorie der Elementarteilchen" aufzustellen. H. argumentiert, daß alle Elementarteilchen aus derselben Substanz gemacht sein müssen, weil sie sich wechselseitig ineinander umwandeln; diese Substanz kann man dann Energie oder Materie nennen, wie man will. Man müßte also eine einzige Gleichung hinschreiben können; die Lösung dieser Gleichung würde dann die in der Welt vorkommenden Elementarteilchen mit allen ihren Eigenschaften beschreiben.

Während andere Wissenschaftler mit Teilproblemen beschäftigt sind, ist es H.s Überzeugung, daß man „mit einem Schlage" das ganze Spektrum der Elementarteilchen aufklären muß: „Hier fasziniert mich besonders die Möglichkeit, zu dem zentralen Knotenpunkt vorzustoßen, in dem die Naturgesetze der verschiedenen bekannten Erfahrungsbereiche — Mechanik, Elektrizitätslehre, Wärmelehre, Chemie usw. — zusammenhängen und aus einem einheitlichen Naturgesetz für die Elementarteilchen entspringen."

Werke: Über quantentheoretische Umdeutung kinematischer und mechanischer Beziehungen. In: Zeitschrift für Physik. Bd 33, 1925, S. 879—893; Zur Quantenmechanik II (mit Max Born und Pascual Jordan). Ebd. Bd 35, 1925, S. 557—615; Wiederabdruck beider Arbeiten in: Max Born, W. H., Pascual Jordan, Zur Begründung der Matrizenmechanik (= Dokumente der Naturwissenschaft. Bd 2). Stuttgart 1962; Über den anschaulichen Inhalt der quantentheoretischen Kinematik und Mechanik. In: Zeitschrift für Physik. Bd 43, 1927, S. 172—198; Wiederabdruck in: W. H., Niels Bohr, Die Kopenhagener Deutung der Quantentheorie (= Dokumente der Naturwissenschaft. Bd 4). Stuttgart 1963; Die physikalischen Prinzipien der Quantentheorie. Leipzig 1930; Großversuche zur Vorbereitung der Konstruktion eines Uranbrenners (mit Karl Wirtz). In: Naturforschung und Medizin in Deutschland 1939—1946. Bd 14. Weinheim 1953. Hier S. 143 bis 165; Einführung in die einheitliche Feldtheorie der Elementarteilchen. Stuttgart 1969.

Literatur: Joachim G. Leithäuser, W. H. Berlin 1957; Fritz Bopp (Hrsg.), W. H. und die Physik unserer Zeit. Braunschweig 1961; Bartel Leendert van der Waerden, Sources of Quantum Mechanics. Amsterdam 1967; Werner Heisenberg, Der Teil und das Ganze. München 1969 (Autobiographische Skizzen).

Helmholtz, Hermann von (* 31. August 1821 in Potsdam, † 8. September 1894 in Berlin-Charlottenburg). H.s Neigung galt frühzeitig der Physik; die Medizin betrieb er als Brotstudium und wurde zunächst Militärarzt. Beeinflußt von Johannes Müller beschäftigte sich H. mit Physiologie, die er durch wichtige Entdeckungen bereicherte (1842 Ursprung der Nervenfasern, 1850 Fortpflanzungsgeschwindigkeit des Nervenreizes). In der erstmals am 23. Juli 1847 der Berliner Physikalischen Gesellschaft vorgetragenen Arbeit „Über die Erhaltung der Kraft" formulierte H. ganz klar das Energieprinzip. Er stützte sich dabei auf die kinetische Wärmetheorie und die Annahme Newtonscher Zentralkräfte zwischen den Atomen.

Da seit den 80er Jahren des 19. Jh.s der Energiesatz als das wichtigste Naturgesetz, Höhepunkt und Schlußstein der Physik betrachtet wurde, erwarb sich H. als einer seiner Begründer großen, von Prioritätsauseinandersetzungen nicht ungetrübten Ruhm. Um die Jahrhundertmitte war die Bedeutung nur wenigen Kollegen geläufig; großes Aufsehen aber erregte H. damals mit der Erfindung des Augenspiegels (1850). Es kamen Berufungen nach Königsberg (1849), Bonn (1855) und Heidelberg (1858). An diesen Universitäten vertrat H. die Physiologie, aus der er, zusammen mit seinem Freund Emil Du Bois-Reymond, „die Lebenskraft verscheuchte", d. h. er formte die Physiologie zu einer exakten Wissenschaft.

Erst 1871 erhielt H. einen Lehrstuhl für Physik an der Univ. Berlin, wo für ihn das größte physikalische Institut des neuen Deutschen Kaiserreiches errichtet wurde (bezogen 1878). „Es ist für die jetzt lebende jüngere Generation der Physiker nicht leicht, sich eine Vorstellung von der überragenden wissenschaftlichen Stellung zu bilden, die Helmholtz in den letzten Jahrzehnten seines Lebens einnahm. Es gab damals wohl kein physikalisches Problem, das er nicht durchdacht und über dessen Behandlungsweise er sich nicht ein bestimmtes Urteil gebildet hätte" (Willy Wien, 1921). Hervorzuheben ist die Theorie der Hydromechanik (Helmholtzsche Wirbelsätze 1859), die physiologische Optik, die mathematische Behandlung akustischer Probleme, die experimentell und theoretisch großangelegten Arbeiten zur Prüfung der Maxwellschen → Elektrodynamik (ab 1873), die chemische Thermodynamik (1882/83), die Untersuchungen über die → Minimalprinzipien (1884—1894) usf.

Die Erhaltungseigenschaften der Helmholtzschen Wirbel („Wirbel können nicht entstehen, und Wirbel können nicht vergehen") veranlaßten William Thomson, ein entsprechendes Atommodell („vortex atom") zu konzipieren. H.s Stellung zur Atomistik allgemein war eher ablehnend, trotz seines bekannten Ausspruches von 1881: „Wenn wir Atome der chemischen Elemente annehmen, so können wir nicht umhin, weiter zu schließen, daß auch die Elektrizität, positive sowohl wie negative, in bestimmte elementare Quanta geteilt ist."

Mit vorbildlicher Pflichtauffassung nahm der „Reichskanzler der deutschen Physik" seine vielfältigen Aufgaben wahr, von der Betreuung experimenteller Arbeiten angefangen bis zur Teilnahme am gesellschaftlichen Leben des Hofes. Wie Du Bois-Reymond sah H. eine große Aufgabe in der Einbeziehung der Naturwissenschaften in das Geistesleben der Zeit.

1888 übernahm H. als Präsident die neugegründete Physikalisch-Technische Reichsanstalt in Berlin-Charlottenburg. Zum Anlaß des 70. Geburtstages übermittelte Kaiser Wilhelm II. eine Glückwunschadresse: „Sie haben, Ihr ganzes Leben zum Wohle der Menschheit einsetzend, eine reiche Anzahl von herrlichen Entdeckungen vollbracht. Ihr stets den reinsten und höchsten Idealen nachstrebender Geist ließ in seinem hohen Fluge alles Getriebe von Politik und der damit verbundenen Parteiungen weit hinter sich zurück."

Werke: Handbuch der physiologischen Optik. 3 Bde. Hamburg 1856—1867; Die Lehre von den Tonempfindungen. Braunschweig 1863; Wissenschaftliche Abhandlungen. 3 Bde. Leipzig 1882 bis 1895; Vorlesungen über theoretische Physik. 6 Bde. ²Leipzig 1903—1914; Vorträge und Reden. 2 Bde. ⁵Braunschweig 1903.

Literatur: Emil Du Bois-Reymond, H. v. H. Gedächtnisrede. Leipzig 1897; Leo Königsberger, H. v. H. 3 Bde. Braunschweig 1902/03; Ellen v. Siemens-Helmholtz, Anna von Helmholtz. Ein Lebensbild in Briefen. 2 Bde. Berlin 1929; Hermann Ebert, H. v. H. (= Große Naturforscher. Bd 5). Stuttgart 1949; Walther Gerlach, H. v. H. In: Die großen Deutschen. Bd 3. Berlin 1956, S. 456—465; ders., H. v. H. In: NDB 8, S. 498 bis 501.

Henry, Joseph (* 17. Dezember 1797 in Albany. N. Y., † 13. Mai 1878 in Washington). H. entdeckte etwa gleichzeitig aber unabhängig von Faraday die Induktion und 1832 die Selbstinduktion.

Literatur: A memorial of J. H. Washington 1880; Thomas Coulson, J. H. His life and his work. Princeton 1950 (mit Bibliographie); Leonhard Carmichael, J. H. and his Smithsonian Institution. New York 1956; Charles Weiner, J. H. and the relations between teaching and research. In: American Journal of Physics. Vol. 34, 1966, S. 1093—1100.

Henrysches Gesetz. Anfang 1803 veröffentlichte William Henry (* 12. Dezember 1774 in Manchester, † 2. September 1836 ebd.) das nach ihm benannte Gesetz: Die gelöste Gasmenge ist (im Falle des Gleichgewichtes zwischen Gas und Lösung) proportional dem Druck des Gases. John Dalton erweiterte dieses Gesetz im gleichen Jahr auf Gasgemische, wonach die gelösten Anteile der einzelnen Gase jeweils ihrem Partialdruck proportional sind. Auf der Suche nach einer mechanischen Erklärung griff Dalton nach der Atomhypothese. In seiner berühmten Abhandlung „Über die Absorption der Gasarten durch Wasser und andere Flüssigkeiten" teilte → Dalton auch die erste Atomgewichtstabelle mit.

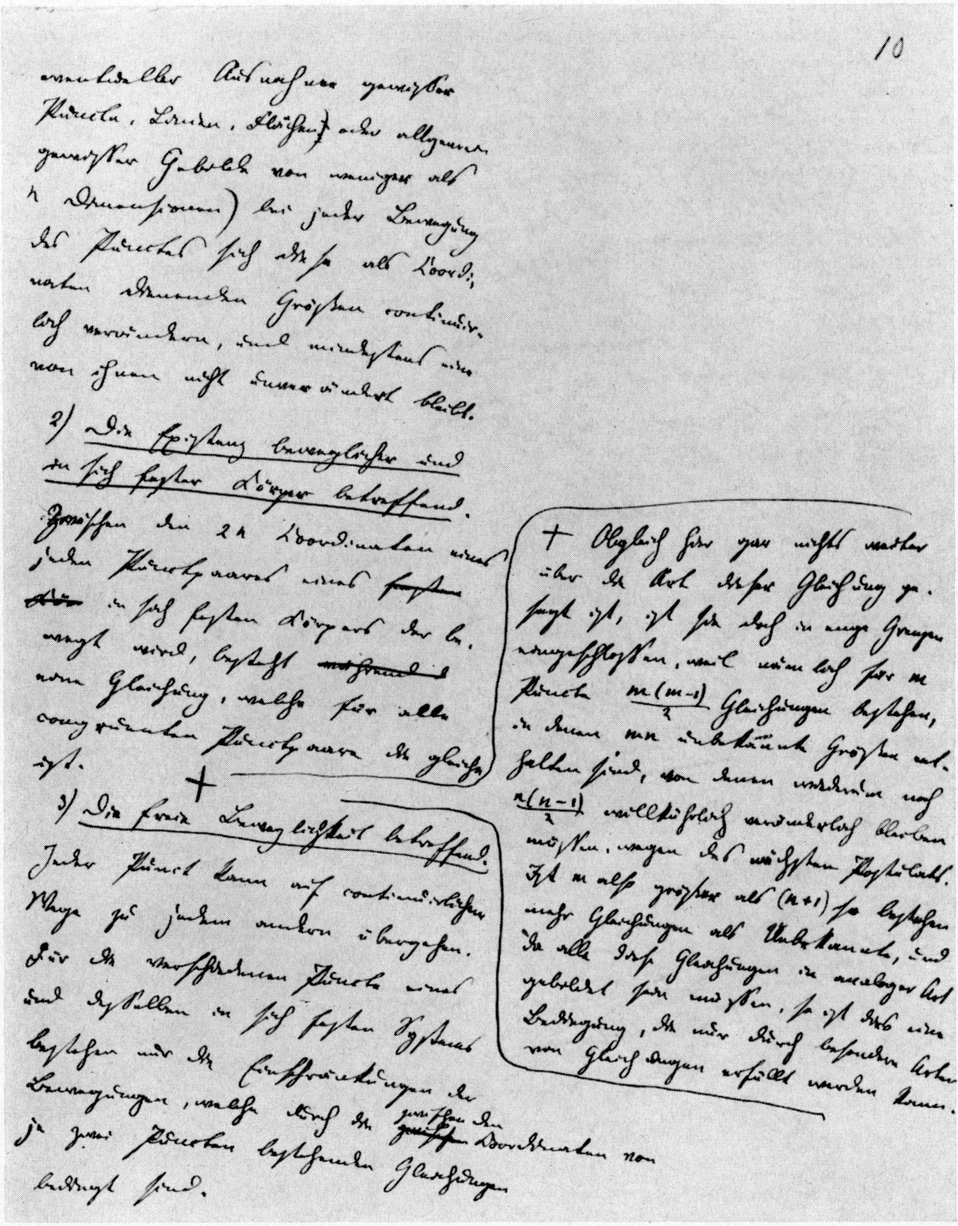

10

veränderlicher Annahme gewisser Punkte, Linien, Flächen oder allgemeiner gewisser Gebilde von weniger als n Dimensionen) bei jeder Bewegung des Punktes sich stets als Coordinaten desselben Grössen continuirlich verändern, und mindestens eine von ihnen nicht unverändert bleibt.

2) Die Existenz beweglicher und in sich fester Körper betreffend.

Zwischen den 2n Coordinaten eines jeden Punktpaares eines ~~festen~~ ~~der~~ in sich festen Körpers der bewegt wird, besteht ~~nothwendig~~ eine Gleichung, welche für alle congruenten Punktpaare die gleiche ist. +

+ Obgleich hier gar nichts weiter über die Art dieser Gleichung gesagt ist, ist sie doch in enge Grenzen eingeschlossen, weil wenn sich für m Punkte $\frac{m(m-1)}{2}$ Gleichungen bestehen, in denen mn unbekannte Grössen enthalten sind, von denen unabhängig noch $\frac{n(n-1)}{2}$ willkürlich veränderlich bleiben müssen, wegen des nächsten Postulats. Ist m also grösser als (n+1) so bestehen mehr Gleichungen als Unbekannte, und da alle diese Gleichungen in analoger Art gebildet sein müssen, so ist dies eine Bedingung, die nur durch besondere Arten von Gleichungen erfüllt werden kann.

3) Die freie Beweglichkeit betreffend.

Jeder Punkt kann auf continuirlichem Wege zu jedem andern übergehen. Für die verschiedenen Punkte eines und desselben in sich festen Systems bestehen nur die Einschränkungen der Bewegungen, welche durch die ~~gewisse~~ zwischen den Coordinaten von je zwei Punkten bestehenden Gleichungen bedingt sind.

Abb. 17. Seite aus der Abhandlung von Helmholtz über die tatsächlichen Grundlagen der Geometrie

Hermann, Jakob (* 16. Juli 1678 in Basel, † 11. Juli 1733 ebd.). Der Basler Mathematiker schloß sich in den Auseinandersetzungen um die Erhaltung der → Energie an Leibniz an. Dabei erfaßte er das Wesen der Wärme in der Feststellung, daß die Wärme dem Produkt aus der Dichte des Körpers und dem Geschwindigkeitsquadrat der kleinsten Teile proportional ist.

Quelle: J. H., Phoronomia, sive de viribus et motibus solidorum et fluidorum libri duo. Amsterdam 1716.

Literatur: W. E. Knowles Middleton, J. H. and the kinetic theory. In: British Journal for the History of Science. Vol. 2, 1965, S. 247—250.

Herschel, Friedrich Wilhelm oder William (* 15. November 1738 in Hannover, † 25. August 1822 in Slough bei Windsor). Mit 19 Jahren kam er nach England. Als Musiklehrer wurde er 1766 Organist und Konzertleiter in der Badestadt Bath; 1772 kam seine Schwester Caroline als Sängerin zu ihm. Um jene Zeit begann er, astronomische Bücher zu lesen. Er wollte jedoch mit eigenen Augen sehen und baute sich Spiegelfernrohre. Bis 1782 liefen Musik und Astronomie nebeneinander her. Nachdem er 1781 den Planeten Uranus entdeckt hatte, nahm ihn der König in Dienst. Er mußte Fernrohrbestellungen ausführen, konnte sich aber 1786 in Slough ein eigenes Riesenfernrohr bauen, mit dem er zwei neue Saturnmonde erblickte. Mit einem kleineren Fernrohr fand er sechs Uranusmonde. Caroline war seine Helferin; sie entdeckte auch selber acht Kometen.

Er schuf nicht nur Instrumente von unerreichter Güte und beobachtete planmäßig und beharrlich, sondern entwickelte als Denker das Verständnis für den Aufbau der Welt. 1783 wies er nach, daß die Sonne sich samt den Planeten im Raum fortbewegt; die Sterne der Himmelsgegend, der wir uns nähern, scheinen auseinanderzuweichen. Zu den 100 bekannten Nebelflecken entdeckte er 2500 weitere. 1785 erkannte er, daß alle von bloßem Auge sichtbaren Sterne und die Milchstraße zusammen einen flach linsenförmigen Nebelfleck bilden. Er sah auch, daß die Doppelsterne ferne Sonnenpaare sind, die umeinander kreisen. Als Physiker entdeckte er 1800 das → Ultrarot.

Werke: John Louis Emil Dreyer (Hrsg.), The scientific papers of Sir W. H. (Royal Society and Royal Astronomical Society). 2 Bde. London 1912.

Literatur: Johann Wilhelm Pfaff, W. Herschels Entdeckungen in der Astronomie und den ihr verwandten Wissenschaften. Stuttgart und Tübingen 1828; Franz Arago's sämmtliche Werke. Bd 3. Leipzig 1855, S. 306—344; Rudolf Wolf, Vortrag über W. H. In: Vierteljahrsschrift der Naturforschenden Gesellschaft in Zürich. Jg 12, 1867, S. 109—124; Frau John Herschel (Hrsg.), Caroline Herschel's Memoiren und Briefwechsel. Deutsch von A. Scheibe. Berlin 1877; Edward Singleton Holden, Sir W. H. His life and works. New York 1881; William Herbert Steavenson, Ein Blick in Herschels Werkstatt. In: Central-Zeitung für Optik und Mechanik. Jg 47, 1926, S. 177—180 und 196 f.; Constance A. Lubbock, The Herschel Chronicle. Cambridge 1933; Diedrich Wattenberg, W. Herschels Sterneichungen und Ansichten vom Bau des Sternsystems. In: Die Naturwissenschaften. Jg 34, 1947, S. 161—165; Henry C. King, W. Herschels optische Arbeiten. In: Deutsche optische Wochenschrift. Jg 1949, S. 19—21 und 27—29; John Benson Sidgwick, W. H. Explorer of the heavens. London 1953; Sister Mary Thomas à Kempis, Caroline H. In: Scripta mathematica. Vol. 21, 1955, S. 237—251; Hans Kienle, F. W. H.

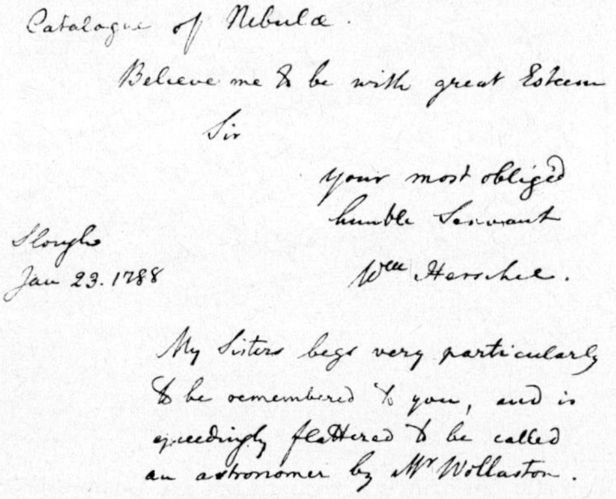
Catalogue of Nebula.
Believe me to be with great Esteem
Sir
your most obliged
humble Servant
Slough
Jan 23. 1788
Wm Herschel.
My Sisters begs very particularly to be remembered to you, and is exceedingly flattered to be called an astronomer by Mr Wollaston.

Abb. 18. William Herschel an William Hyde Wollaston. 23. Januar 1788

In: Die großen Deutschen. Bd 2. Berlin 1956, S. 255—264; Michael A. Hoskin, W. H. Pioneer of sidereal astronomy. London/New York 1959; Günther Buttmann, W. H. Leben und Werk (= Große Naturforscher. Bd 24). Stuttgart 1961; Bettina Holzapfel und Heinz Balmer, Antlitze großer Schöpfer. Basel 1961, S. 128—137; E. Scott Barr, The infrared pioneers — I. Sir W. H. In: Infrared Physics. Vol. I, New York 1961, S. 1—4; Angus Armitage, W. H. London 1962; Michael A. Hoskin, W. H. and the construction of the heavens. London 1963; D. J. Lovell, Herschel's dilemma in the interpretation of thermal radiation. In: Isis. Vol. 59, 1968, S. 46—60.

H. B.

Herschel, Sir John (* 7. März 1792 in Slough, † 11. Mai 1871 in Collingwood). Als Sohn Friedrich Wilhelm Herschels setzte er die Erforschung der Doppelsterne und Nebelflecken fort. 1834—1838 weilte er zur Beobachtung des Südhimmels am Kap der Guten Hoffnung. Er war aber ebensosehr Physiker und Chemiker; namentlich verdankt die Optik ihm viel, so im Gebiet der Polarisation, Photographie und Fluoreszenz.

Werke: Vom Licht. Deutsch von Johann Carl Eduard Schmidt. Stuttgart und Tübingen 1831; Einleitung in das Studium der Naturwissenschaften. Deutsch von Christian Albert Weinlig. Leipzig 1836; Essays from the Edinburgh and Quarterly Reviews, with addresses and other pieces. London 1857; Herschel at the Cape. Diaries and correspondence of Sir J. H., 1834—1838. Edited with an introduction by D. S. Evans, T. J. Deeming, B. H. Evans. Austin (Texas) 1969.

Literatur: Agnes M. Clerke, The Herschels and modern astronomy. London 1895; Günther Buttmann, J. H. Lebensbild eines Naturforschers (= Große Naturforscher. Bd 30). Stuttgart 1965; Walter F. Cannon, J. H. and the idea of science. In: Journal of the history of ideas. Vol. 22, 1961, S. 215—239; Sydney Ross, Sir J. Herschel's marginal notes on Mill's „On liberty", 1859. In: Journal of the history of ideas. Vol. 29, 1968, S. 123—130.

H. B.

Hertz, Gustav (* 22. Juli 1887 in Hamburg, Neffe von Heinrich Hertz). Die gemeinsam mit James Franck durchgeführten → Franck-Hertz-Versuche fanden durch den Kriegsausbruch 1914 ein jähes Ende. H. wurde 1915 schwer verwundet; bald aber konnte er in Berlin seine Arbeiten fortsetzen. Um extrem reine Gase zur Verfügung zu haben, entwickelte H. Methoden zur Trennung von Gasen, hauptsächlich mittels Diffusion.

Als sich in den zwanziger Jahren die theoretischen und experimentellen Kenntnisse über den Aufbau der Atome immer mehr vertieften, richtete sich das Interesse der Physiker auf die Hyperfeinstruktur der Spektrallinien, die durch kleine Differenzen in den Eigenschaften der Atomkerne hervorgerufen wird. H. entwickelte nun seine „Gastrennungsmethode" zur „Isotopentrennung" weiter. Das Verfahren ermöglicht es, chemisch gleichartige Atome, die sich nur geringfügig in der Masse unterscheiden, voneinander zu trennen.

An der Technischen Hochschule Berlin-Charlottenburg entfaltete er seit 1927 eine erfolgreiche Lehr- und Forschungstätigkeit. Später übernahm H. die Leitung des Forschungslaboratoriums der Firma Siemens in Berlin. Hier kamen unter großzügigen Arbeitsbedingungen erneut zahlreiche bedeutende technisch-physikalische Arbeiten zustande; so entwickelte unter seiner Leitung sein Schüler Erwin Wilhelm Müller den Grundgedanken des Feldelektronenmikroskops.

Als nach der Entdeckung der Kernspaltung durch Otto Hahn die Möglichkeit einer Kettenreaktion in U 235 erkannt wurde, gewann die Hertzsche Isotopentrennung ungeahnte technische Bedeutung. Hertz ging nach dem Kriege in die Sowjetunion, wo er mit einigen früheren Schülern und Mitarbeitern ein neues großes Institut bei Suchumi am Schwarzen Meer aufbaute. Hier entwickelte er seine Isotopentrennung vom Laboratoriumsmaßstab in großtechnische Dimensionen weiter.

Mit 67 Jahren übernahm er nach seiner Rückkehr nach Deutschland nochmals während einer wichtigen Zeit des Aufbaues die Leitung eines Universitätsinstitutes in Leipzig und lebt nun nach seiner Emeritierung in Ostberlin.

Werke: James Franck u. G. H., Die Elektronenstoßversuche (= Dokumente der Naturwissenschaft. Bd 9). München 1967 (hier auch S. 7—16 wissenschaftliche Einführung).

Literatur: Heinz Barwich, Das rote Atom. München 1967; Autorenkollektiv, G. H. in der Entwicklung der modernen Physik (= Abhandlungen der Deutschen Akademie der Wissenschaften. Jg 1967, Bd 1). Berlin 1967.

Hertz, Heinrich (* 22. Februar 1857 in Hamburg, † 1. Januar 1894 in Bonn). H. begann 1876 das Studium des Bauingenieurwesens und war überglücklich, als seine Eltern ihm das Physikstudium erlaubten. Er ging 1878 nach Berlin zu Helmholtz und gewann sogleich eine Goldmedaille bei einem Preisausschreiben der Universität. 1880 promovierte er mit der theor. Arbeit „Über die Induktion in rotierenden Kugeln", wurde Assistent von Helmholtz und arbeitete über Verdunstung und Kondensation von Flüssigkeiten, über Elastizität (wobei er u. a. eine klare Definition des Begriffes „Härte" gab) und über die Glimmentladung; dabei untersuchte er auch die damals rätselhafte Physikalische Natur der → Kathodenstrahlen. Er konnte weder die elektrostatische Ablenkung noch den reziproken Effekt der schon bekannten magnetischen Ablenkung, die Rückwirkung des Kathodenstrahles auf Magnetnadeln, auffinden. Die Ergebnisse von Hertz führten Helmholtz und viele andere, besonders in Deutschland, zu falschen Deutungsversuchen („longitudinale Ätherwellen"). Hertz' letzte Experimentaluntersuchung, 1891, ist nochmals diesem Gebiet gewidmet. Die Hertzsche Beobachtung, daß dünne Metallschichten für Kathodenstrahlen durchlässig sind, gab seinem Schüler Philipp Lenard (Lenardfenster) u. a. den Schlüssel für die endgültige Lösung.

1883 habilitierte sich Hertz in Kiel mit seinen schon in Berlin ausgeführten „Versuchen über die Glimmentladung". Nun beschäftigte er sich wieder intensiv mit Problemen der Elektrodynamik. Er wies nach, daß das auf Fernwirkungskräfte gegründete Gleichungssystem „in seinem gegenwärtigen Zustand sicherlich unvollständig" ist, daß vielmehr dieses System, konsequent ergänzt, die Maxwellsche Theorie ergeben muß. 1886 wurde Hertz als Nachfolger von Ferdinand Braun zum o. Professor am Polytechnikum Karlsruhe berufen. Hier begannen seine Beobachtungen, die zur Entdeckung der Hertzschen Wellen führten. Die Absicht der Hertzschen Versuche „war die Prüfung der Fundamentalhypothesen der Faraday-Maxwellschen Theorie". Die Elektrodynamik alten Stils kannte nur ein (durch die zeitliche Änderung eines magnetischen Feldes) induziertes elektrisches Feld; Maxwell hatte die symmetrische Gleichung, das (durch die zeitliche Änderung eines elektrischen Feldes) induzierte magnetische Feld, hinzugefügt. Dieses erreicht einen nennenswerten Betrag nur bei sehr hohen Frequenzen des sich ändernden elektrischen Feldes. Bisher hatte man elektrische Schwingungen von so hoher Frequenz nicht gekannt, deshalb hatten auch die Vor-Maxwellschen Theorien die Beobachtungen befriedigend wiedergegeben. Nach der Erzeugung der „sehr schnellen elektrischen Schwingungen" entdeckte Hertz, daß sich diese vom Schwingkreis lösen; am 13. 11. 1886 fand er die Übertragung seiner Wellen über einen Abstand von 1,5 m von einem primären auf einen sekundären „Stromkreis". Damit hatte er Sender und Empfänger elektrischer Wellen konstruiert. Am 2. 12. 1886 gelang ihm die Resonanzabstimmung der beiden Kreise. Als Nachweis für die elektromagnetischen Schwingungen diente Hertz meistens die optische Beobachtung von Funkenstrecken. Das führte ihn 1887 zur Entdeckung des lichtelektrischen Effekts (→ Photoeffekt), der später von Wilhelm Hallwachs, Lenard u. a. genauer untersucht wurde. — In der Folge untersuchte Hertz die physikalische Natur der „Hertzschen Wellen" und zeigte ihre Reflexion (durch metallische Oberflächen), ihre Brechung (durch Prismen von Pech), ihre Transversalität und ihre Polarisation. Damit war erwiesen, daß die elektromagnetischen Wellen physikalisch den Lichtwellen entsprechen und sich von diesen nur durch die Wellenlänge unterscheiden.

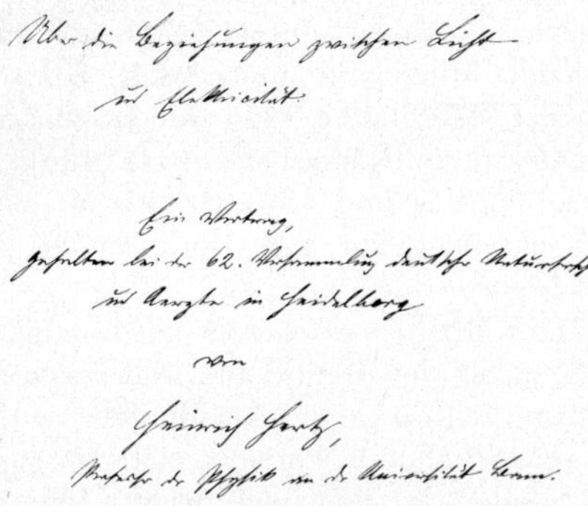
Über die Beziehungen zwischen Licht und Electricität

Ein Vortrag,
gehalten bei der 62. Versammlung deutscher Naturforscher und Aerzte in Heidelberg
von
Heinrich Hertz,
Professor der Physik an der Universität Bonn.

Abb. 19. Titelseite des Vortrags „Über die Beziehungen zwischen Licht und Elektrizität" von Heinrich Hertz. 1889

Die Bedeutung seiner Entdeckung sah Hertz im Beweis der Maxwellschen Theorie: „Durch die Gesamtheit der geschilderten Versuche ist zum ersten Male der Beweis geliefert worden für die zeitliche Ausbreitung einer vermeintlichen Fernkraft. Diese Tatsache bildet den philosophischen, in gewissem Sinne zugleich den wichtigsten Gewinn der Versuche." Die Möglichkeit einer technischen Anwendung, d. h. die heraufkommende Rundfunktechnik, hat Hertz nicht gesehen.

Hertz wurde 1889 als Nachfolger von Rudolf Clausius o. Professor für Physik in Bonn. Hier widmete er sich mehr theoretischen Problemen. 1890 gab er eine knappe und klare Darstellung der Elektrodynamik in der Arbeit „Über die Grundgleichungen der Elektrodynamik für ruhende Körper", die für den endgültigen Sieg der Maxwellschen Theorie, jedenfalls in Deutschland, entscheidend war. Fortan war die „Maxwellsche Theorie" das System der von Hertz angegebenen Gleichungen. Das Problem der „Elektrodynamik für bewegte Körper" konnte Hertz (1890) noch nicht lösen. Die Hertzsche „Mechanik", unter vollständigem Verzicht auf den Kraftbegriff aufgebaut, faszinierte als logisches System, zu irgendwelcher fruchtbaren Anwendung ist sie aber nicht gekommen. Die „außerordentliche, schöne und schön geschriebene" (Sommerfeld) „Einleitung" zu seinen „Prinzipien der Mechanik" behandelt die erkenntnistheoretischen Grundlagen der Physik und wird noch heute viel zitiert.

Werke: Gesammelte Werke. 3 Bde. Hrsg. Philipp Lenard. Leipzig 1894/95; Erinnerungen, Briefe, Tagebücher. Hrsg. Johanna Hertz. Leipzig 1927.

Literatur: Max Planck, H. R. H. Rede zu seinem Gedächtnis am 16. 2. 1894. In: ders., Physikalische Abhandlungen und Vorträge. Bd 3. Braunschweig 1958, S. 268–288; Philipp Lenard, Einleitung. In: Ges. Werke von H. H. Bd 1. Leipzig 1894, S. IX–XXIX; ders., H. H. In: Große Naturforscher. München 1941, S. 321–330; Hermann von Helmholtz, Vorwort. In: Ges. Werke v. H. H., Bd 3. Leipzig 1894, S. VII–XXII; Jonathan Zenneck, H. H. Rede bei der H. H.-Feier der Univ. Bonn am 19. 11. 1927. In: Deutsches Museum. Abhandlungen und Berichte. Jg 1, 1929, H. 2; ders., Zum 90. Geburtstag von H. H. In: Die Naturwissenschaften. Jg 33, 1946, S. 225 bis 230; Fritz Bopp u. Walther Gerlach, H. H. zum hundertsten Geburtstag am 22. 2. 1957. In: Die Naturwissenschaften. Jg 44, 1957, S. 49–52; Friedrich Herneck, H. H. Der Nachweis d. elektr. Wellen. In: Bahnbrecher d. Atomzeitalters, Große Naturforscher von Maxwell bis Heisenberg. [Ost-] Berlin 1965, S. 35–72; Charles Süskind, H. and the technological significance of electromagnetic waves. In: Isis. Vol. 56, 1965, S. 342–345.

Hess, Victor Franz (* 24. Juni 1883 in Waldstein/Steiermark, † 17. Dezember 1964 in Mt. Vernon N. Y.). Als Assistent bei Franz Exner am 2. Physik. Institut der Univ. Wien erwarb Hess Erfahrungen auf dem Gebiet der Radioaktivität und der Luftelektrizität, die er bei der Entdeckung der → Höhenstrahlung glücklich kombinierte: „Nachdem ich im Frühjahr 1911 einen Bericht über Eiffelturm-Experimente gelesen hatte, war ich geneigt anzunehmen, daß ... ein bisher noch unbekannter Ionisator in Erscheinung getreten sei ... Als erstes Resultat ergab sich, daß die Gammastrahlung, die vom Boden ausgeht, fast vollständig in den ersten 500 Metern über dem Erdboden absorbiert wird. Der nächste Schritt war die Konstruktion einer luftdichten Ionisationskammer, die bei Freiballonaufstiegen verwendet werden konnte ... Mit solchen

Instrumenten unternahm ich zehn Ballonaufstiege. Zwei im Jahre 1911, sieben im Jahre 1912 und einen im Jahre 1913 ... Durch rasch aufeinanderfolgende Messungen der Ionisation mit zwei oder mehr Instrumenten konnten recht zuverlässige Daten gewonnen werden ... Der einzig mögliche Weg, meine experimentellen Befunde zu erklären, war, auf die Existenz einer bisher unbekannten, sehr durchdringenden Strahlung zu schließen, die hauptsächlich von oben kommt und wahrscheinlich außerterrestrischen (kosmischen) Ursprungs ist."

1920 wurde Hess Extraordinarius, 1925 Ordinarius an der Universität Graz; dazwischen war er zeitweise in der amerik. Industrie tätig. 1931 folgte er einem Ruf nach Innsbruck, von wo aus er auf dem Hafelekar ein Laboratorium errichtete, das seither eine Dauerregistrierung der Höhenstrahlung betreibt. 1937 ging Hess wieder nach Graz zurück; der überzeugte Weltbürger und Katholik emigrierte aber bald (Ende 1938) in die Vereinigten Staaten, wo er an der Fordham Universität eine neue Wirkungsstätte fand. Es gelang ihm nicht mehr, weiterhin bei der Erforschung der Höhenstrahlung und damit bei der Entdeckung neuer Elementarteilchen eine führende Rolle zu spielen. — Nobelpreis 1936.

Werke: Die elektrische Leitfähigkeit der Atmosphäre und ihre Ursachen. Braunschweig 1926; Persönliche Erinnerungen aus dem ersten Jahrzehnt des Instituts für Radiumforschung. In: Sitzungsberichte der österr. Akademie. II a. Bd 159, 1950, S. 43—45.

Literatur: Les Prix Nobel en 1936. Stockholm 1937; Rudolf Steinmaurer, Victor Franz Hess. In: Österr. Akademie der Wissenschaften. Almanach. Jg 116, 1966, S. 317—328.

Hilbert, David (* 23. Januar 1862 in Königsberg, † 14. Februar 1943 in Göttingen). Der Mathematiker H. stammte aus einer alten Königsberger Familie. Nach dem Abitur 1880 studierte er in Königsberg, promovierte dort 1884 bei Ferdinand Lindemann, der die Transzendenz der Zahl π bewiesen hatte. In Königsberg begann die Freundschaft mit Hermann Minkowski und Adolf Hurwitz. Nach der Habilitation 1886 war H. zunächst Privatdozent in Königsberg. 1892 wurde er Extraordinarius und 1893 Ordinarius. 1895 nahm er einen Ruf nach Göttingen an, wo Felix Klein wirkte.

Hilbert arbeitete erfolgreich auf verschiedenen Gebieten der Mathematik, wobei sich die Probleme zeitlich selten überschnitten, so daß man sein Schaffen in Perioden einteilen kann. Sein Schüler Hermann Weyl nennt: 1885 bis 1893 Beschäftigung mit Invariantentheorie, 1893—1898 mit Zahlentheorie, 1898—1902 mit den Grundlagen der Geometrie, 1902 bis 1912 mit Integralgleichungen, 1910—1922 mit Physik, 1922—1930 mit den allgemeinen Grundlagen der Mathematik.

Durch seinen wachsenden Ruhm zog H. viele begabte Studenten nach Göttingen; man spricht von einer H.-Schule, aus der eine Reihe bekannter Mathematiker und Physiker hervorgingen, z. B. Courant, Bernays, Blumenthal, Landau, Born und Weyl. Göttingen wurde eines der wichtigsten Zentren für Mathematik und Physik, dessen Bedeutung auch erhalten blieb, als die nächste Generation die wissenschaftliche Laufbahn begann.

1902 wurde auf H.s Wunsch sein Freund Hermann Minkowski nach Göttingen berufen. Auf langen Spaziergängen diskutierten die vier Göttinger Ordinarien H., Klein, Minkowski und Runge ihre laufenden Arbeiten oder neue Probleme. Minkowski brachte auch die neueste Physik zur Sprache, die Einsteinsche Relativitätstheorie, die Minkowski mathematisch weiterführte. H. beschäftigte sich nach dem Tod des Freundes 1909 weiter mit Physik. Er behandelte Integralgleichungen in der Physik, er versuchte eine Axiomatisierung der Physik und strebte eine einheitliche Feldtheorie an.

Werke: Gesammelte Abhandlungen. 3 Bde. Berlin 1932—1935; Grundlagen der Geometrie. Leipzig 1930; Grundzüge einer allgemeinen Theorie der linearen Integralgleichungen. Leipzig und Berlin 1912; Methoden der mathematischen Physik. 2 Bde. Berlin 1931—1937 (mit Richard Courant);

Grundzüge der theoretischen Logik. Berlin 1928 (mit Wilhelm Ackermann); Anschauliche Geometrie. Berlin 1932 (mit Stefan Cohn-Vossen); Grundlagen der Mathematik. 2 Bde. Berlin 1934 bis 1939 (mit Paul Bernays).

Literatur: Otto Blumenthal, Lebensgeschichte von D. H. In: Gesammelte Abhandlungen. Bd 3, S. 388—429; Hermann Weyl, D. H. In: Obituary Notices of Fellows of the Royal Society. Bd 4. London 1942—1944, S. 547—553; Constance Reid, H. Berlin 1970; Hermann Weyl, D. H. and his mathematical work. In: Bulletin of the American Mathematical Society. Bd 50, 1944, S. 612—654.

A. K.

Hittorf, Johann Wilhelm (* 27. März 1824 in Bonn, † 28. November 1914 in Münster). Als Schüler Julius Plückers habilitierte sich H. 1842 in Bonn, woraufhin er zum Dozenten nach Münster berufen wurde. 1856 erfolgte die Ernennung zum Ordinarius für Physik und Chemie; ab 1877 vertrat er nur noch die Physik. Seine Wirkungsmöglichkeiten in Münster waren zeitlebens bescheiden. 1889 legte H. seine Professur nieder, da die mathematischen Schwierigkeiten der Maxwellschen Theorie ihm Gemütsdepressionen bereiteten und er sein Fach nicht mehr ausreichend vertreten zu können glaubte.

H. erkannte den Stromtransport in elektrolytischen Lösungen als eine Überführung schon vorhandener Ladungsträger. Aus den Konzentrationsänderungen an den Elektroden bestimmte er die verschiedenen Wanderungsgeschwindigkeiten der Ionen. „Diese Arbeiten", urteilte Wilhelm Ostwald, „sind nicht nur im gedanklicher, sondern auch in experimenteller Hinsicht klassisch zu nennen." — Weitere Untersuchungen betrafen die → Kathodenstrahlen.

Werke: Über die Wanderungen der Ionen während der Elektrolyse (= Ostwalds Klassiker. Nr 21 u. Nr 23). Leipzig 1903 u. 1904.

Literatur: Kurt Schwabe, Zum Gedenken an J. W. H. etc. In: Forschungen und Fortschritte. Jg 39, 1965, S. 89—94; Hans Schimank, J. W. H. In: Physikal. Blätter. Jg 20, 1964, S. 571—577; Gerhard C. Schmidt, W. H. In: Westfälische Lebensbilder. Bd 1, 1930, S. 128—148; Philipp Lenard, Über Kathodenstrahlen. ²Berlin 1920, S. 59 bis 70; Adolf Heydweiller, J. W. H. Leipzig 1915.

Van't Hoff, Jacobus Henricus (* 30. August 1852 in Rotterdam, † 1. März 1911 in Berlin-Steglitz). Obwohl van't Hoff zunächst für eine praktische Tätigkeit schwärmte und sogar während seines Technologiestudiums am Polytechnikum in Delft bei einem Tischlermeister in die Lehre ging, wurde aus ihm ein großer Theoretiker. Wesentlich trug dazu bei seine Veranlagung und wachsende Begeisterung für die Mathematik. Hierin wurde er durch die Berührung mit der Philosophie des Franzosen Auguste Comte bestärkt. Dieser hatte in seinem „Cours de philosophie positive" (1830—1842) auf die Bedeutung der mathematischen Wissenschaft hinsichtlich einer rationelleren chemischen Forschung hingewiesen. Von starkem Einfluß auf van't Hoff waren auch die Schriften Lord Byrons, den er sein Leben lang glühend verehrte.

1871 als Kandidat der Chemie an der Universität Leiden, ein Jahr später bei August Kekulé in Bonn, dann bei Adolph Wurtz in Paris, wo er J. Achille Le Bel kennenlernte, begann van't Hoffs eigentliche Forschertätigkeit 1874 mit einer bahnbrechenden Hypothese: Er behauptete, daß jede optisch aktive Verbindung ein asymmetrisches Kohlenstoffatom enthalte. Ferner setzte er die geometrischen Erscheinungen an unsymmetrischen und spiegelbildlichen Tetraedern, die als Modelle einer räumlichen Struktur asymmetrischer Kohlenstoffatome angesehen werden können, in Beziehung zur optischen Isomerie organischer Verbindungen. Damit begründete van't Hoff die Stereochemie.

Nachdem 1875 eine erweiterte Abhandlung hierzu in französischer und 1877 in deutscher Übersetzung herausgekommen war, machte die heftig aufflammende Diskussion und Polemik seinen Namen weithin bekannt. Die neue Lehre, nahezu gleichzeitig auch von Le Bel entwickelt, ließ sich leicht an der Erfahrung prüfen und fand glänzende Bestätigung. Als im Jahre 1877 die Universität Amsterdam gegründet wurde, gelang es van't Hoff, zwischenzeitlich Assistent an der Tierarzneischule zu Utrecht, eine Stelle als Lektor und 1878 als Professor für Chemie an dieser neuen Universität zu erhalten. 1896 folgte er einem Ruf an die Preußische Akademie der Wissenschaften und die Berliner Universität.

Im Bestreben, die Beziehungen zwischen der Struktur chemischer Verbindungen und deren Eigenschaften zu erkennen, wurde van't Hoff auf die chemische Dynamik aufmerksam. Er erkannte als erster, daß die Geschwindigkeit einer Reaktion von der Zahl der reagierenden Molekeln bestimmt wird; hierfür fand er allgemeine mathematische Beziehungen. Mit Hilfe der Thermodynamik, die er — wie vor ihm Horstmann — auf die Lehre vom chemischen Gleichgewicht anwandte, gelang ihm die mathematische Verknüpfung zwischen der Reaktionstemperatur, der Reaktionswärme und der Lage des Gleichgewichts.

Van't Hoffs Entwicklung vom Organiker zum Physikochemiker fand mit der berühmten „Theorie der Lösungen" (1885) ihren Abschluß. Dieser durch die Dissoziationstheorie Svante Arrhenius' zu einer allgemeinen Theorie der verdünnten Lösungen erweiterten Lehre liegt die Erkenntnis zugrunde, daß die gelösten Molekeln denselben osmotischen Druck ausüben, wie sie ihn als Gasmolekeln im gleichen Raume in Form des Gasdrucks ausüben würden. 1887 begründete van't Hoff zusammen mit Wilhelm Ostwald die „Zeitschrift für Physikalische Chemie", das Sprachrohr der neuen Fachrichtung. 1901 empfing er den erstmals vergebenen Nobelpreis für Chemie.

Werke: La chimie dans l'espace. Rotterdam 1875; Die Lagerung der Atome im Raum. Braunschweig 1877; Ansichten über die organische Chemie. Braunschweig 1878—1881; Etudes de dynamique chimique. Amsterdam 1884, dt. von Ernst Cohen. Amsterdam 1896; Die Gesetze des chemischen Gleichgewichtes für den verdünnten, gasförmigen oder gelösten Zustand (= Ostwalds Klassiker. Nr 110). Leipzig 1900; Die Rolle des osmotischen Druckes in der Analogie zwischen Lösungen und Gasen. In: Zeitschrift für Physikal. Chemie. Bd 1, 1887, S. 481—508; Zur Theorie der Lösungen. Ebd. Bd 9, 1892, S. 477—486.

Literatur: Ernst Cohen, J. H. van't Hoff. Sein Leben und Wirken. Leipzig 1912; Wolfgang Langenbeck, Die Bedeutung J. H. van't Hoffs für die theoretische Chemie. Berlin 1962; Richard Kuhn, Zum 50. Todestag von J. H. van't Hoff. In: Naturwiss. Rundschau. 15, 1962, S. 1—8.   L. S.

Höhenstrahlung (oder kosmische Strahlung). Bei elektroskopischen Versuchen trat regelmäßig als Störung eine Ionisation der Luft auf; man schloß auf die Wirkung radioaktiver Strahlung aus dem Erdboden. Durch zehn Ballonaufstiege in den Jahren 1911 bis 1913 konnte → Victor Franz Hess demgegenüber nachweisen, daß der Ionisierungseffekt von einer gewissen Höhe an rasch zunimmt, und er schloß richtig auf eine aus dem Weltraum kommende Strahlung. Als eigentlicher Tag der Entdeckung der H. kann der 7. August 1912 gelten. Man hielt diese für eine γ-Strahlung, bis 1929 Walter Bothe und Werner Kolhörster nachwiesen, daß es sich um geladene Partikel handeln müsse.

Da durch Wechselwirkung der hochenergetischen primären H. mit der Materie ganze „Schauer" von Elementarteilchen entstehen, wurde bei der Untersuchung eine große Anzahl von neuen Elementarteilchen entdeckt (Positron, μ-Mesonen, π-Mesonen, K-Mesonen und Hyperonen). Die hochwichtigen Ergebnisse der „Höhenstrahlungsphysik" erwiesen die Notwendigkeit, im Laboratorium hochenergetische Teilchen zur Verfügung zu haben, und führten zur Entwicklung von Großbeschleunigern und damit zur modernen Hochenergiephysik.

Quellen: Beobachtungen der durchdringenden Strahlung bei sieben Freiballonfahrten. In: Sitzungsberichte der Kaiserlichen Akademie der Wissenschaften. Abt. II a. Bd 121, 1912, S. 2001 bis 2032.

Literatur: Werner Heisenberg (Hrsg.), Kosmische Strahlung. ²Berlin 1953; Lajos Janossi, Zum Gedenken an den vor 50 Jahren erbrachten Nachweis der Existenz der kosmischen Strahlung durch V. F. Hess und W. Kolhörster. In: Deutsche Akademie der Wissenschaften zu Berlin.

Vorträge und Schriften. Heft 93; Rudolf Steinmaurer, Fünfzig Jahre Kosmische Strahlung. Rückblick auf Entdeckung und Erforschung. In: Physikal. Blätter. Jg 18, 1962, S. 363—369; ders., Zur Entdeckungsgeschichte der kosmischen Strahlung. In: Die Pyramide. Jg 10, 1962, S. 137 bis 144.

Hooke, Robert (* 18. Juli 1635 in Freshwater, Isle of Wight, † 3. März 1703 in London). Hooke war eines der ersten Mitglieder der Royal Society, in der er als „curator of experiments" wirkte. Durch seine ausgeprägten experimentellen Fähigkeiten gelangen Hooke vielerlei Erfindungen und Verbesserungen physikalischer Instrumente. Dazu gehören die Verwendung des Nonius und der Mikrometerschraube für astronomische Winkelmessungen und die Erfindung der Weingeistlibelle. Er beschäftigte sich mit Arbeiten am Spiegelteleskop und am Mikroskop, über die er in seinem berühmten Werk „Micrographia..." schrieb. Das Buch enthält unter anderem die Beschreibung der Farben dünner Schichten. H. entdeckte bei Glimmerplättchen einen Zusammenhang zwischen Farbe und Schichtdicke, ohne daß es ihm gelang, diese Abhängigkeit quantitativ zu fassen.

Weitere Arbeiten dienten der Verbesserung des Barometers und seiner Anwendung zur Wettervorhersage, andere waren dem Aräometer, der Luftpumpe und dem Thermometer gewidmet. Von Hookes Erfindungen ist die Benutzung der Spiralfeder als Unruhe in Uhren besonders bekannt, was zu einem Prioritätsstreit mit Christiaan Huygens führte. Ein ähnlicher Streit entspann sich um die Anwendung des konischen Pendels zur Regulierung der Uhren und um den Gedanken des Luftfernrohres, in dem Okular und Objektiv ohne Rohr frei verbunden wurden. Aber auch mit Johannes Hevelius (1611—1687) entstanden Unstimmigkeiten über die Priorität bei der Verwendung eines Fadenkreuzes im Fernrohr.

In der Royal Society wurde Hooke zum Sekretär gewählt und bekleidete dieses Amt in den Jahren 1677—1683. Die in der Royal Society gehaltenen Vorlesungen wurden von ihm in den „Philosophical Collections" veröffentlicht.

Werke: Micrographia or philosophical description of minute bodies. London 1665.

Literatur: Geoffrey Keynes, A bibliography of Dr. Robert Hooke. Oxford 1960; Thomas Birch, History of the Royal Society. London 1756; Margaret 'Espinasse, R. H. London 1956 (mit ausf. Bibliographie); Edward Neville da Costa Andrade, R. H. In: Notes and records of the Royal Society of London. Vol. 15, 1960, S. 137—145; Mary B. Hesse, Hooke's vibration theory and the isochrony of springs. In: Isis. Vol. 57, 1966, S. 433—441; D. C. Goodman, R. H. In: Late seventeenth century scientists (Hrsg. Donald Hutchings). Oxford 1969, S. 132—157.

J. M.

Hookesches Gesetz. Nach einer Ankündigung 1675 publizierte Robert Hooke drei Jahre später das von ihm durch Versuche mit Drähten, Schrauben- und Spiralfedern gefundene Gesetz über die lineare Beziehung zwischen der wirkenden Kraft und der elastischen Verlängerung: „It is evident that the Rule or Law of Nature in every springing body is, that the force or power thereof to restore itself to its natural position is always proportionate to the distance or space it is removed therefrom..."

Literatur: Isaac Todhunter, A history of the theory of elasticity etc. 3 Tlbde. Cambridge 1886 bis 1893; Stephen B. Timoshenko, History of the strength of materials. New York etc. 1953; Clifford Truesdell, The rational mechanics of flexible or elastic bodies. 1638—1788 (= Leonhard Euler, Opera omnia. Bd II, 11, 2). Bern 1960; Karl Stiegler, Einige Probleme der Elastizitätstheorie im 17. Jh. In: Janus. Vol. 56, 1969, S. 107—122.

Humboldt, Alexander von (* 14. September 1769 in Berlin, † 6. Mai 1859 ebd.).

Die Entdeckungsfahrten begründeten den Ruhm A. v. H.s, und doch war er zugleich ein großer Gelehrter, Organisator, Publizist, Redner, Briefeschreiber und Weltmann. Er vereinigte als letzter das gesamte naturwissenschaftliche Wissen seiner Zeit. Mit seinen Reisebeschreibungen hat er wie kein anderer

Abb. 20. Altersbrief A. v. Humboldts an den Komponisten Emil Naumann

Zeitgenosse den Sinn für das wissenschaftliche Abenteuer geweckt.

Das breit angelegte Studium ermöglichte dem jungen H. eine Vielzahl von Untersuchungen. 1797 legte er in zwei Bänden seine „Versuche über die gereizte Muskel- und Nervenfaser" vor, die ihn zu einem führenden Forscher auf dem neuen Gebiet des → Galvanismus qualifizierten. Die Laufbahn schien vorgezeichnet; am 5. Juni 1799 aber verließ er Europa. Die Expedition mit dem Reisebegleiter Aimé Bonpland führte durch Venezuela, Brasilien, Ecuador, Kolumbien, Peru und Mexiko.

H. sammelte botanische, geologische, physikalische, geographische und völkerkundliche Fakten und Daten in Fülle. Als Grundlage für die exakte kartographische Erfassung des Neuen Kontinents bestimmte er Länge und Breite geographisch ausgezeichneter Punkte. Die (von ihm nicht erfundene, aber ausgiebig angewandte) Methode der Höhenmessung mittels Barometer wurde vor allem durch ihn in der Geographie üblich. Sorgfältig erstellte er Höhenlinien-Karten interessanter Vulkane, ebenso systematische Querprofile, die den geographischen und womöglich geologischen Aufbau des Kontinents anschaulich hervortreten ließen. 30 Kisten gefüllt mit Aufzeichnungen sowie botanischen und geologischen Schätzen brachte H. nach Europa. Am 18. August 1804 traf er wieder in Paris ein, wo er bis 1827 lebte.

Seine Haupttätigkeit bestand nun in der Aufbereitung und Katalogisierung des ungeheuren, von Südamerika herangeschafften Materials. H. ordnete die Pflanzen ihren Fundstellen zu und kam so zu einer Pflanzengeographie. Die Erdkunde hat er auch durch die Einführung der Isothermen erweitert, wodurch sich Ansätze einer „Klimakunde" ergaben. Weitere Meßreihen betrafen Richtung und Stärke des erdmagnetischen Feldes. — H. plante ein Prachtwerk. Es blieb mit 30 Großbänden und einer Reihe weiterer Reiseberichte unvollendet.

Ab 1827 wieder in Berlin, hat er von hier aus noch jahrzehntelang maßgeblichen Einfluß auf das wissenschaftliche Leben in Deutschland und in ganz Europa, insbesondere in Paris, ausgeübt. 1829 unternahm H., der jahrelang eine indische Reise geplant hatte, eine ausgedehnte Asienfahrt, von der er wieder mit vielen Ergebnissen zurückkehrte. In Berlin trugen seine Vorlesungen an der Universität und im großen Saal der Singakademie zur Verbreitung naturwissenschaftlicher Kenntnisse „vom König bis zum Maurermeister" Beträchtliches bei. Diese Vorträge und der daraus hervorgegangene fünfbändige „Kosmos" gaben glänzende Beispiele einer allgemeinverständlichen Darstellung und waren richtungweisend für den Volksbildungsgedanken.

Die wissenschaftliche Größe A. v. H.s liegt darin, daß er einerseits streng an der Empirie festhielt, aber andererseits offen war für die übergeordneten, die Einzelheiten verbindenden Gesichtspunkte der → Naturphilosophie.

Werke: Ansichten der Natur. 2 Bde. Stuttgart und Tübingen 1808; Kosmos. 5 Bde. Stuttgart und Tübingen 1845—1862. — Neuausgaben: Rudolph Zaunick (Hrsg.), A. v. H., Kosmische Naturbetrachtung. Sein Werk im Grundriß. Stuttgart 1958; Herbert Scurla (Hrsg.), A. v. H., Ansichten der Natur. Ein Blick in H.s Lebenswerk. Berlin 1959; Reisen in den Tropen Amerikas. Einleitung von Hanno Beck. Stuttgart 1969.

Literatur: Karl Bruhns, A. v. H. Eine wissenschaftliche Biographie. 3 Bde. Leipzig 1872; Rudolf Borch, A. v. H. Sein Leben in Selbstzeugnissen, Briefen und Berichten. Berlin 1948; Herbert Scurla, A. v. H. Sein Leben und Wirken. Berlin 1955; Richard Bitterling, A. v. H. Bildband. München und Berlin 1959; A. v. H., Gedenkschrift zur 100. Wiederkehr seines Todestages. Berlin 1959; Hanno Beck, Gespräche A. v. H.s. Berlin 1959; Hanno Beck, A. v. H. 2 Bde. Wiesbaden 1959 und 1961; Heinrich Pfeiffer (Hrsg.), A. v. H. Werk und Weltgeltung, München 1969.

Huygens, Christiaan (* 14. April 1629 in Den Haag, † 8. Juli 1695 ebd.). H. arbeitete auf allen Gebieten der Wissenschaft, die in seiner Zeit Interesse erweckten: Astronomie, Optik und Mechanik. Er studierte zwar zunächst die Rechte, widmete sich aber dann ganz den Naturwissenschaften.

In der Optik beschäftigte man sich damals mit der Verbesserung des Fernrohres, dessen Anwendung für astronomische Beobachtungen durch Galileo Galilei die wissenschaftliche Öffentlichkeit so überrascht hatte. Huygens konstruierte mit der Hilfe seines Bruders Constantijn ein Fernrohr, mit dem es ihm im Jahre 1655 gelang, den Saturn und seinen Ring zu beobachten und einen Mond des Saturns aufzufinden. Ein Jahr später beobachtete er den Orionnebel.

Mit der Optik befaßte sich Huygens intensiver, da er ständig bemüht war, bessere Linsen und Fernrohre zu verfertigen. Sein Buch „Traité de la lumière" veröffentlichte er erst im Jahre 1690, als er in der Lage war, die Doppelbrechung zu deuten, auf die ihn 1669 Erasmus Bartholinus aufmerksam gemacht hatte. Diese Erklärung war eine seiner bedeutendsten Leistungen. Er benutzte dazu die

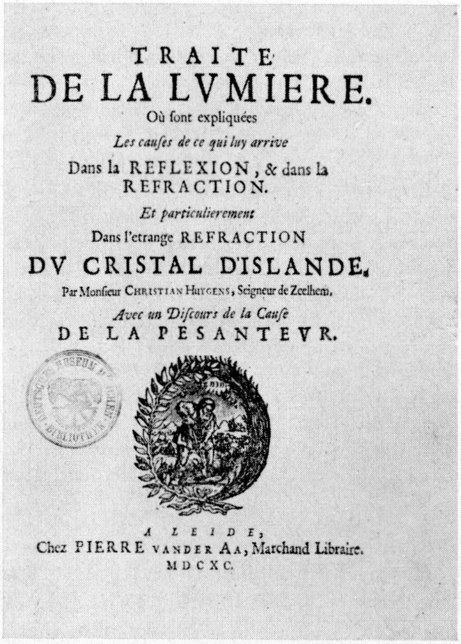
TRAITE
DE LA LVMIERE.
Où sont expliquées
Les causes de ce qui luy arrive
Dans la REFLEXION, & dans la REFRACTION.
Et particulierement
Dans l'etrange REFRACTION
DV CRISTAL D'ISLANDE.
Par Monsieur CHRISTIAN HUYGENS, Seigneur de Zeelhem.
Avec un Discours de la Cause
DE LA PESANTEVR.

A LEIDE,
Chez PIERRE VANDER AA, Marchand Libraire.
MDCXC.

Abb. 21. Titelblatt von Huygens' Traité de la lumière. Leiden 1690

von ihm geschaffene Wellentheorie des Lichts, mit der er schon vorher die fundamentalen optischen Erscheinungen erklärt hatte. Er wird deshalb als Begründer der Wellentheorie bezeichnet, obwohl Francesco Maria Grimaldi schon früher, nämlich 1665, die Anwesenheit verschiedener Farben im weißen Licht auf Welleneigenschaften zurückzuführen versuchte.

Besonders wichtig in dem Buche „Traité de la lumière" ist Huygens' Formulierung des → Huygensschen Prinzips, dessen Gültigkeit weit über den Rahmen der Optik hinausgeht. Mit seiner Hilfe konnte Huygens die geradlinige Ausbreitung des Lichts, seine Reflexion und Brechung verständlich machen.

Angeregt durch seine astronomischen Beobachtungen, wandte H. viel Mühe auf, um die Zeitmessung zu verbessern. 1656 benutzte er die Pendelbewegung als Antrieb für eine Uhr. Seine Konstruktion beschrieb er im Jahre 1658 in dem Buch „Horologium". Ein weiteres Buch über Pendeluhren, „Horologium oscillatorium", erschien 1673. Es enthält die Ergebnisse seiner mechanischen und mathematischen Untersuchungen, z. B. den Tautochronismus der Bewegung auf der Zykloide, die Theorie der Evoluten und die Tatsache, daß die Evolute der Zykloide wieder eine Zykloide ist. Zur Konstruktion von Taschenuhren benutzte Huygens erstmalig Spiralfedern mit Unruhe. Ein besonderes Beispiel seiner mechanischen Fähigkeiten ist das Modell eines Planetariums, dessen Beschreibung nach seinem Tode erschien. Von Huygens stammt auch der erste Versuch einer Theorie der Wahrscheinlichkeit, in dem er das Würfelspiel behandelt (De ratiociniis in ludo aleae. 1657).

H. erkannte als erster Wissenschaftler in vollem Ausmaß die Konsequenzen des Trägheitsgesetzes: Die physikalische Gleichwertigkeit von Ruhe und gleichförmiger Bewegung muß in den Naturgesetzen ihren Ausdruck finden; H. verwandte dieses „Prinzip der Relativität", um die schon bekannten → Fallgesetze, die ebenfalls bekannten Gesetze des Wurfes und die noch unbekannten Stoßgesetze

abzuleiten. So stellte er sich 1667 vor, daß Versuche mit stoßenden und zurückprallenden Kugeln in einem Boot stattfinden, das mit konstanter Geschwindigkeit geradlinig an einem Ufer entlang fährt. In Gedanken betrachtete H. die Stoßvorgänge zwischen Kugeln einmal vom Standpunkt einer im Boot mitfahrenden Person A, zum anderen vom Standpunkt eines am Ufer stehenden Beobachters B. Das Relativitätsprinzip sagt nun aus, daß die Naturgesetze für A wie für B die nämlichen sind. Auf dieser Grundlage konnte Huygens die Ergebnisse von A auf B übertragen (und umgekehrt) und so von einfachen, schon bekannten Fällen ausgehend, die Stoßgesetze insgesamt ableiten und damit eine Aufgabe lösen, an der René Descartes noch gescheitert war.

Im Jahre 1663 wurde H. als erster ausländischer Wissenschaftler zum Mitglied der Royal Society gewählt. Als 1666 die Académie des Sciences gegründet wurde, berief man ihn nach Paris, wo er als primus inter pares für 16 Jahre wirkte. Obwohl selbst von den Hugenottenverfolgungen in Frankreich nicht betroffen, kehrte er 1681 in seine Heimat zurück.

Quellen: Oeuvres complètes. Soc. Holl. des Sciences. 22 Bde. Den Haag 1888—1950. Korrespondenz: Bd 1—10. Optik: Bd 13, 19. Astronomie: Bd 15, 21. Mechanik: Bd 16—19.

Literatur: A. E. Bell, C. H. and the development of science in the seventeenth century. London 1947; Claude August Crommelin, A descriptive catalogue of the Huygens collection of the National Museum of the history of science. Leiden 1949; ders., Die Uhren von C. H. In: Endeavour. Vol. 9, 1950, S. 64—69; Eduard Jan Dijksterhuis, C. H. In: Centaurus, Vol. 2, 1953, S. 265—282; René Dugas, Sur le cartésianisme de Huygens. In: Revue d'Histoire des Sciences. Bd 7, 1954, S. 22—33; Anton Lübke, C. H., der Vater der Pendeluhr. In: Sterne und Weltraum. Jg 4, 1965, S. 207—210; D. E. Newbold, C. H. In: Donald Hutchings (Hrsg.), Late seventeenth century scientists. Oxford 1969, S. 107—131.

J. M.

Huygenssches Prinzip. Der Grundgedanke des Huygensschen Prinzips wurde schon im Jahre 1648 von Johannes Marcus Marci de Kronland benutzt. Mit der Vorstellung, daß jeder Punkt der Grenzfläche zwischen zwei optisch verschiedenen Medien, der von dem sich ausbreitenden Licht berührt wird, wieder ein Zentrum von weiteren „Lichtkugeln" wird, erklärte Marci die Reflexion und Brechung des Lichtes. Die Ausbreitung des Lichtes in einem heterogenen Medium und die diffuse Reflexion versuchte Marci durch die Annahme verständlich zu machen, daß in großen Entfernungen das Licht sich nicht mehr kugelförmig ausbreitet. Es ist möglich, daß Marci bei der Formulierung dieser Gedanken durch Keplers Theorie des Sehens beeinflußt wurde.

Christiaan Huygens führte dann zur Erklärung der Ausbreitung des Lichtes den Begriff der Elementarwelle ein; von jedem Punkt, den die Front der Lichtwelle erreicht, gehen Elementarwellen aus, deren Überlagerung eine weitere Wellenfront in größerer Entfernung von der Lichtquelle ergibt. Huygens war der Meinung, daß dieser Vorgang nicht periodisch sein müsse. Er veröffentlichte das Prinzip in seinem „Traité de la lumière" 1690 in Leiden. Die Frage nach dem Zusammenhang zwischen der Huygensschen Formulierung des Prinzips und Marcis Gedanken ist nicht eindeutig zu beantworten. Zwar waren Marcis Bücher Huygens seit dem Jahre 1650 bekannt, aber Marci wird in seinen Abhandlungen nicht zitiert.

Augustin Jean Fresnel wendete dann in seinen Arbeiten über die Beugung des Lichtes, in denen er die später nach ihm genannten „Fresnelschen Zonen" untersuchte, das Huygenssche Prinzip erfolgreich an.

Quellen: Johannes Marcus Marci de Kronland, Thaumantias ... Prag 1648, Nachdruck Prag 1968 (= Editio Cimelia Bohemica. Vol. 3); Christiaan Huygens, Oeuvres complètes. Den Haag 1888—1950. Briefe von G. A. Kinner von Löwenthurn an Huygens in den Bänden 1 und 2.

Literatur: F. J. Studnicka, Joannes Marcus Marci a Cronland, sein Leben und gelehrtes Wirken. Prag 1891; Edmund Hoppe, Marcus Marci de Kronland... In: Archiv für Geschichte der Mathematik, der Naturwiss. und der Technik. Bd 10, 1927/28, S. 282—290; Jiri Marek, Vasco Ronchi, Les travaux de Marcus Marci en optique. In: Atti della Fondazione Giorgio Ronchi. Jg 22, 1967, S. 494—507. J. M.

Hydrodynamik. Seit der Antike (Archimedes) bis in das 18. Jh. hinein war man bestrebt, das mechanische Verhalten der Flüssigkeiten mit Hilfe spezifischer Prinzipien zu erfassen. Erst allmählich wurden allgemeine Gesichtspunkte der Statik und der Dynamik auch auf Flüssigkeiten übertragen. Bei Lagrange, einem der Schöpfer der analytischen Mechanik, erscheint schließlich die Hydromechanik nur noch als besonderer Anwendungsfall der allgemeinen Mechanik.

Angaben zum Zirkulations- und Kontinuitätsprinzip finden sich bereits in den Schriften Leonardo da Vincis. Sie trugen jedoch nicht zur weiteren Entwicklung bei. Das Fallgesetz seines Lehrers Galilei vor Augen, stellte Evangelista Torricelli die Ähnlichkeit der Geschwindigkeitsbedingungen beim Ausfluß einer Flüssigkeit aus einer Gefäßöffnung mit der beim freien Fall fest. Seine Versuche führten ihn zu dem nach ihm benannten Satz, bekannt in der Form $v = \sqrt{2gh}$ (h = Höhe des Flüssigkeitsspiegels im Gefäß).

Pierre Varignon, Edme Mariotte, der den Einfluß der Wandreibung auf die Steighöhe der Springbrunnen erkannte, Domenico Guglielmini u. a. bauten auf der von Torricelli geschaffenen Grundlage auf. Auch Isaac Newton befaßte sich mit hydrodynamischen Fragen; er beobachtete die Oszillationen des Wassers in kommunizierenden Röhren sowie die Strahlkontraktion beim Ausfluß aus einer Öffnung und erweiterte daraufhin die Torricellische Gleichung mit der Kontraktionszahl. Jedoch erst die Arbeiten Jean Charles Bordas brachten im späten 18. Jh. einen wirklichen Fortschritt in der Frage des Ausflußverhaltens von Flüssigkeiten.

Vertiefung und Verbreitung erfuhr die Lehre von den Flüssigkeitsbewegungen durch Daniel Bernoullis Hauptwerk „Hydrodynamica" (veröffentlicht 1738), das dem neuen Zweig der Wissenschaft auch den Namen gab. Mit Hilfe des von Leibniz begründeten Satzes von der Erhaltung der lebendigen Kräfte (→ Energie) gewann Bernoulli erste mathematische Ansätze für die eindimensionale Flüssigkeitsströmung. Den Unterschied zwischen dem hydrostatischen und dem hydrodynamischen Druck erfassend, gelangte er u. a. zum Bernoullischen Theorem, das die Berechnung der Geschwindigkeits- bzw. Druckverhältnisse ermöglichte.

1750 reichte Jean le Rond d'Alembert (d'Alembertsches Paradoxon) der Berliner Akademie eine Arbeit über den Widerstand der Flüssigkeiten ein, worin er — das Prinzip der Massenerhaltung und der Potentialströmung andeutend — zu wenig übersichtlichen partiellen Differentialgleichungen kam sowie das Konzept einer Feldtheorie entwickelte.

Leonhard Euler erkannte sofort die Schwächen der d'Alembertschen Arbeit und leitete in den Jahren 1751—1755 seinerseits mit Hilfe seines Schnittprinzips Differentialgleichungen für die räumliche Flüssigkeitsströmung ab. Zusammen mit der Kontinuitätsgleichung ergaben die „Eulerschen Gleichungen" das mathematische Gerüst der Hydrodynamik idealer Flüssigkeiten. Mit ihrer Integration und Anwendung auf Teilbereiche befaßten sich bis heute Generationen von Forschern. So konnte über hundert Jahre nach Euler Hermann von Helmholtz in seinen Wirbelsätzen die Wirbelbewegung idealer Flüssigkeiten beschreiben.

Die Bewegungsgleichungen realer Flüssigkeiten entwickelten Claude Navier (um 1828) und George Gabriel Stokes (zwanzig Jahre später) aus den Eulerschen Gleichungen, indem sie den Zähigkeitseinfluß berücksichtigten; die „Navier-Stokesschen Gleichungen" wurden um die Wende zum 20. Jh. zur Grundlage des Reynoldsschen Ähnlichkeitsgesetzes und der Grenzschichttheorie Ludwig Prandtls.

Quellen: Daniel Bernoulli, Hydrodynamics and Johann Bernoulli, Hydraulics. Transl. from original editions (1738, 1743) by Thomas Carmody and Helmut Kobus. New York 1968; Jean d'Alembert, Essai d'une nouvelle théorie sur la résistance des fluides. Paris 1752; Leonhard Euler, Principes généraux du mouvement des fluides. In: Ders., Opera omnia, Bd II, 12; Joseph-Louis Lagrange, Mécanique analytique. Paris 1788. Dt. von H. Servus. Berlin 1887; Hermann Helmholtz, Über Integrale der hydrodynamischen Gleichungen, welche den Wirbelbewegungen entsprechen. In: Journal für die reine und angew. Mathematik. Bd 55, 1858, S. 25–55.

Literatur: Clifford Truesdell, Rational fluid mechanics, 1687–1765. In: Leonhard Euler, Opera omnia. Bd II, 12. Lausanne 1954; Hunter Rouse u. Simon Ince, History of hydraulics. Iowa 1957; Clifford Truesdell, Essays in the history of mechanics. Berlin-Heidelberg-New York 1968; Christoph Scriba, Wie läuft Wasser aus einem Gefäß? Eine mathemat.-physikal. Aufzeichnung von John Wallis aus dem Jahre 1667. In: Sudhoffs Archiv. Bd 52, 1968, S. 193–210. L. S.

I

Imponderabilien. Anfang des 19. Jh.s wurden Elektrizität, Magnetismus, Licht und meist auch Wärme als I. (unwägbare Stoffe) bezeichnet, die zusammen mit den chemischen Elementen die materielle Basis der Welt bilden und durch wechselnde Mischung und Entmischung die Vielfalt der Erscheinungen hervorrufen sollten. (Der → Dynamismus vertrat freilich eine andere Auffassung.)

Nach Oersteds Entdeckung von 1820 wurde der Magnetismus meist als „bewegte Elektrizität", nach Aufstellung des Energieprinzips (seit 1842) die Wärme fast allgemein als Bewegung der Moleküle aufgefaßt. Maxwell interpretierte 1862 das Licht als elektromagnetischen Wellenvorgang, so daß am Ende des 19. Jh.s nur noch die Elektrizität als eigene Substanz aufgefaßt wurde (→ Elektron), was z. B. in der Einführung einer vierten, elektrischen Grundgröße (Ladungsmenge) zum Ausdruck kam.

Quelle: Gehlers Physikalisches Wörterbuch. Bd 5, 2. Leipzig 1830, S. 765–770.

Induktion. Durch Oersteds Entdeckung von 1820 kam Michael Faraday, auf dem Boden des → Dynamismus, zur festen Überzeugung, daß es in Umkehrung des Oerstedschen Effektes möglich sein müsse, „Magnetismus in Elektrizität zu verwandeln" (→ Faraday). Faradays Labortagebuch zeigt seine intensiven Bemühungen, diese „Verwandlung" wirklich zu erreichen: Wenn nach Oersted eine bewegte elektrische Ladung auf einen Magneten wirkt, also „Magnetismus erzeugt", sollte auch ein bewegter Magnet Elektrizität hervorbringen. Solche Gedanken lagen Faradays Versuchen vom 22. April 1828 zugrunde. Wäre die Meßempfindlichkeit der benutzten Drehwaage größer gewesen, hätte sich ein Induktionseffekt zeigen müssen.

Eine andere Idee Faradays resultierte ebenfalls aus einer → Analogie: Eine elektrische Ladung bewirkt in benachbarten Körpern elektrische Aufladungen. Die in Deutschland „Influenz" genannte Erscheinung heißt im Englischen „Induction". Wenn es also eine „Induction" durch eine ruhende elektrische Ladung gibt, die wieder ruhende Ladungen erzeugt, existiert dann nicht auch eine „voltaelektrische Induktion"? Mit anderen Worten: Kann nicht auch ein elektrischer Strom in seiner Umgebung wieder einen elektrischen Strom erzeugen? Diese Vorstellung entsprach den Experimenten, die Faraday schon am 28. November 1825 aufgebaut hatte und die ebenso schon einen Erfolg hätten bringen können, wenn die Meßgenauigkeit größer gewesen wäre.

Am 29. August 1831 entdeckte F. endlich mit einer Versuchsanordnung (die dem entspricht, was wir heute „Transformator" nennen) den langgesuchten Effekt. Da F. nicht an jedem Abend seine Arbeitsergebnisse protokollierte, sondern oft die Ergebnisse einiger Tage zusammenfassend niederschrieb, mag es sein, daß die große Entdeckung schon einige Tage älter ist.

Beim Einschalten des Stromkreises A zeigte das Meßgerät, eine neben den Draht gestellte Magnetnadel, im Stromkreis B einen Ausschlag an, als der Strom in A unterbrochen wurde. F. hätte eher erwartet, daß während des Stromflusses im Kreis A eine Wirkung von Kreis B auf die Magnetnadel zu beobachten wäre, aber ein Einfluß war nur im Zeitpunkt des Ein- oder Ausschaltens vorhanden.

Neben dieser „volta-elektrischen Induktion" — von ihm auch „elektrodynamische Induktion" genannt — fand Faraday sehr rasch, daß auch ein Dauermagnet zur Induktion dienen kann („magneto-elektrische Induktion"). Mit einer solchen Versuchsanordnung wird nach seiner Vorstellung direkt „Magnetismus in Elektrizität" verwandelt. Um seine Versuchsergebnisse bequem ausdrücken zu können, zog F. die magnetischen → Kraftlinien heran, eine Vorstellung, die zum → Feldbegriff führte.

Quellen: Michael Faraday, Experimental researches in electricity. § 1 ff.; Michael Faraday, Diary. Bd 1. Hier S. 367 ff. Genaue bibliographische Angaben → Faraday.

Literatur: Walther Gerlach, Was ist und wozu dient die Elektrodynamik? In: Deutsches Museum. Abhandl. u. Berichte. Jg 34, 1966, H. 1; L. Pearce Williams, Michael Faraday. A biography. London 1964; Fritz Fraunberger, Vom Frosch zum Dynamo. Köln 1965.

Infeld, Leopold (* 20. August 1898 in Krakau, † 15. Januar 1968 in Warschau). 1936 ging I. nach Princeton und befreundete sich dabei mit Einstein. 1938 erhielt er eine Professur in Toronto und kehrte 1950 nach Warschau zurück, wo er ein Institut für theoretische Physik aufbaute. Zusammen mit Max Born arbeitete I. über nichtlineare Elektrodynamik (Born-Infeld-Theorie), zusammen mit Einstein über Bewegungsgleichungen in der Allg. Relativitätstheorie.

Werke: The world in modern science. London 1934; The evolution of physics (mit Albert Einstein). Cambridge 1938; Leben mit Einstein. Kontur einer Erinnerung. Wien 1969 (Autobiographie).

Literatur: J. Werle, L. I. †. In: Physikal. Blätter. Jg 24, 1968, S. 165.

Influenz. Bei Versuchen mit Reibungselektrizität wurde von Otto von Guericke beobachtet (und 1672 veröffentlicht), daß es zur „Mitteilung" der Elektrizität eines geladenen an einen ungeladenen Körper genügt, wenn der geladene Körper dem ungeladenen genähert wird. Ähnliche Beobachtungen machte Stephen Gray 1729, während Franz Theodor Ulrich Aepinus das Phänomen genau in vielen Einzelheiten untersuchte und beschrieb.

Literatur: Johann Carl Fischer, Geschichte der Physik. 6 Bde. Göttingen 1801—1805.

Interferenz. Die Erscheinungen der Interferenz des Lichtes wurden schon im Altertum beobachtet, z. B. bei der Beugung des Lichtes an Federn oder an Geweben. Die erste uns bekannte Beschreibung von Interferenzen höherer Ordnung stammt von Balthasar Conrad, der diese Erscheinung in der Lochkamera beobachtete. Über die Interferenz an dünnen Schichten berichtete 1648 Johannes Marcus Marci de Kronland. Er beschrieb die Beobachtung von Spektralfarben an Seifenblasen, an denen er auch das Auftreten dunkler Flecken vor dem Zerplatzen der Blase bemerkte. Er versuchte, diese Erscheinung in Analogie zur Entstehung der Farben des Regenbogens zu erklären: Die Blase enthält Wassertropfen, in denen die Farben genauso wie in Regentropfen entstehen und an die Wand der Blase projiziert werden. Die Veränderung der Farben soll durch Fließen der Wassertropfen an der Wand verursacht werden, wodurch die Größe des Winkels zwischen Horizont und Verbindungslinie vom Tropfen zum Auge des Beobachters verändert wird.

Den Einfluß der Schichtdicke kannte bereits Robert Hooke, der die Farben dünner Schichten an Glimmerplättchen beobachtete. Er versuchte vergeblich mit Hilfe des Mikroskops die Abhängigkeit der Farberscheinungen von der Schichtdicke festzustellen. Isaac Newton entdeckte dann die Entstehung von Ringen an Luftschichten zwischen einer plankonvexen Linse und einer reflektierenden Ebene. Diese Ringe fand Newton sowohl bei Verwendung weißen als auch monochromatischen Lichtes. Er nahm daran viele feine Messungen vor und suchte auch nach einer Erklärung. Es war schließlich Thomas Young, der die Entstehung der Interferenzerscheinungen mit Hilfe der Wellentheorie des Lichtes erklärte.

Quellen: Johannes Marcus Marci de Kronland, Thaumantias ... Prag 1648, Neudruck Prag 1968 (= Editio Cimelia Bohemica. Vol. 3); Robert Hooke, Micrographia ... London 1665; Isaac Newton, Opera ... London 1779—1785. Bd IV. Opticks. Deutsche Ausgabe von William Abendroth (= Ostwalds Klassiker. Nr 96 u. 97). Leipzig 1898.

Literatur: Ernst Mach, Die Prinzipien der physikalischen Optik. Leipzig 1921; Jiri Marek, Johannes Marcus Marci als erster Beobachter der Farben dünner Schichten. In: Archives Internationales d'Histoire des Sciences. Bd 13, 1960, S. 79—85; ders., An observation of the interference of light of higher orders in 1646 and its response. In: Nature. Bd 201, 1964, S. 110.

J. M.

Ionentheorie. In der siebenten Reihe seiner „Experimental Researches" von 1834 verwandte Michael Faraday erstmals die heute bei der elektrochemischen Zerlegung von Verbindungen gebräuchliche Nomenklatur. Verbindungen, die durch den elektrischen Strom gespalten werden, nannte er Elektrolyte, den Vorgang selbst Elektrolyse. Auf Vorschlag William Whewells gab er den Spaltprodukten die Bezeichnung „Ionen", die — je nach ihrer Ladung — als Anionen zur Anode bzw. als Kationen zur Kathode wandern.

Bereits zu Beginn des 19. Jh.s hatte Theodor von Grotthuß eine Theorie zur Deutung der elektrolytischen Erscheinungen der Voltaschen Säule aufgestellt. Danach richten sich die aus zwei entgegengesetzt geladenen Teilen bestehenden Molekeln mit ihrer positiven Seite nach dem negativen, mit ihrer negativen Seite nach dem positiven Pol aus, um anschließend zu zerreißen. Die den Polen benachbarten Teile mit entgegengesetzter Ladung werden ausgeschieden; die übrigen paaren und ordnen sich erneut, womit der Vorgang von vorn beginnt.

John Frederick Daniell beobachtete um 1840, daß der elektrische Strom Salze in Metall und Säurerest zerlegt und nicht in Metalloxyd und Säureanhydrid, wie es nach der elektrochemischen Theorie von Berzelius zu erwarten gewesen wäre. Die Beweglichkeit der Ionen während der Elektrolyse bestimmte Johann Wilhelm Hittorf in den Jahren 1853 bis 1859. Hieran anknüpfend entwickelte Friedrich Kohlrausch 1867 eine noch heute gebräuchliche Methode der Leitfähigkeitsmessung; zudem wies er nach, daß die Geschwindigkeit eines Ions unabhängig von der Art des anderen am Molekül beteiligten Ions ist.

Im Gegensatz zur herrschenden Auffassung, nach der zur elektrolytischen Zersetzung gemäß den verschiedenen chemischen Affinitäten der Verbindungen unterschiedliche Zersetzungsspannungen erforderlich seien, zeigte es sich, daß auch bei sehr geringer elektromotorischer Kraft Elektrolytlösungen vom elektrischen Strom durchdrungen werden. Daraus schloß Rudolf Clausius 1857 auf das Vorhandensein von Ionen in der Lösung bereits **vor** Anlegen einer Spannung. Nach seiner kinetischen Hypothese zerfallen ständig Moleküle des Elektrolyten durch Stoß in Ionen, und Ionen assoziieren wieder zu Molekülen, so daß ein kleiner Teil des Elektrolyten jeweils zerlegt ist.

Erst 30 Jahre später ging Svante Arrhenius mit seiner Lehre von der elektrolytischen Dissoziation wesentlich darüber hinaus. Seine Theorie besagt, daß — unabhängig vom elektrischen Strom — die Salze zum überwiegenden Teil, bei großer Verdünnung praktisch sogar vollständig, in Ionenform vorliegen. Den Betrag der Spaltung in „freie Ionen", den Aktivitätskoeffizienten oder Dissoziationsgrad, berechnete er quantitativ mit Hilfe der elektrischen Leitfähigkeit (1887).

An der weiteren Ausgestaltung der Ionentheorie war neben Wilhelm Ostwald vor allem Walther Nernst beteiligt, der bei der Betrachtung der Ionendiffusion zwischen verschieden konzentrierten Lösungen die elektromotorische Wirksamkeit der Ionen erkannte. Mit seiner hierauf fußenden Theorie der Voltaschen Zellen (1889) schuf Nernst die Möglichkeit, die Umsetzung chemischer Energie in elektrische zu berechnen.

Quellen: Rudolf Clausius, Elektrizitätsleitung in Elektrolyten. In: Annalen der Physik. Bd 101, 1857, S. 338—360; Svante Arrhenius (s. dort); Wilhelm Ostwald und Walther Nernst, Über freie Ionen. In: Zeitschrift für Physikal. Chemie. Bd 3, 1889, S. 120—130; Walther Nernst, Die elektromotorische Wirksamkeit der Ionen. Ebd. Bd 4, 1889, S. 129—181; Theodor von Grotthuß, Abhandlungen über Elektrizität und Licht (= Ostwalds Klassiker. Nr 152). Leipzig 1906.

Literatur: Wilhelm Ostwald, Elektrochemie. Ihre Geschichte und Lehre. Leipzig 1896. L. S.

Isotop. Die Vermutung der Isotopie chemischer Elemente wurde bereits 1886 (auf Grund der Unganzzahligkeit gewisser Atomgewichte) von William Crookes ausgesprochen: „Es darf wohl in Frage gestellt werden, ob es eine absolute Gleichförmigkeit der Masse jedes letzten Atoms desselben chemischen Elementes gibt. Wahrscheinlich repräsentieren unsere Atomgewichte bloß einen Mittelwert, um den die tatsächlichen Atomgewichte innerhalb gewisser schmaler Grenzen variieren." Die Feststellung, daß sich z. B. Thorium und Radiothorium trotz verschiedenen radioaktiven Verhaltens chemisch nicht voneinander trennen lassen, und die Tatsache, daß das periodische System seinerzeit weniger freie Plätze enthielt als radioaktive Substanzen bereits bekannt waren, führten Niels Bohr 1912 zur Vorstellung „elektronisch identischer" (d. h. isotoper) Elemente. Publiziert wurde dieser Gedanke aber erst 1913 von Frederick Soddy, welcher auch den Ausdruck „Isotop" prägte. Den ersten unmittelbaren experimentellen Nachweis der Isotopie lieferten 1913 Joseph John Thomson und Francis Aston, indem sie mit der Parabelmethode (positive Strahlen in elektrischen und magnetischen Ablenkfeldern) die Existenz zweier Isotope des Neons mit den Massenzahlen 20 und 22 nachwiesen. Diese Entwicklung wurde durch den ersten Weltkrieg unterbrochen und 1918 mit Astons Massenspektrograph fortgesetzt. Seitdem sind zahlreiche stabile und instabile Isotope aller Elemente gefunden worden.

Literatur: Francis William Aston, Isotopes. London 1922; Walther Gerlach, Materie, Elektrizität, Energie. Dresden u. Leipzig 1923; Madame Pierre Curie, L'isotopie et les éléments isotopes. Paris 1924; Kasimir Fajans, Radioelements and isotopes. New York 1931; Muriel Howorth, Pioneer research on the atom. Rutherford and Soddy in a glorious chapter of science. The life story of Frederick Soddy. London 1958. U. H.

J

Jeans, Sir James Hopwood (* 11. September 1877 in Ormskirk, Lancashire, † 16. September 1946 in Dorking, Surrey). Seine akademische Lehrstelle in Cambridge gab J. 1912 zugunsten der wissenschaftlichen Forschung auf; von 1919—1929 war J. ehrenamtlich Sekretär der Royal Society. J. beschäftigte sich intensiv mit dem Problem des Strahlungsgleichgewichts im Hohlraum, wo er mit Sir Rayleigh und gegen Max Planck eine konservative Auffassung vertrat (Rayleigh-Jeanssches Strahlungsgesetz), die er noch Ende 1911 aufrecht erhielt. 1913 aber stimmte er der Bohrschen Quantentheorie als einer der ersten lebhaft zu und verfaßte 1914 seinen „Report on Radiation and the Quantum Theory", ein Plädoyer **für** die Quantentheorie, das sich infolge des Krieges erst einige Jahre später auswirkte.

1917 erhielt J. den Adams Price der Universität Cambridge für eine Abhandlung über „Problems of Cosmogony and Stellar Dynamics". Damit war auch seine weitere Arbeitsrichtung, die Astrophysik, festgelegt. J. befaßte sich ausgiebig mit naturphilosophischen Fragestellungen und schrieb eine Reihe von vielgelesenen populärwissenschaftlichen Büchern.

Literatur: Edward Arthur Milne, Sir J. J. A Biography. Cambridge 1952 (mit Bibliographie).

Jordan, Pascual (* 18. Oktober 1902 in Hannover). J. studierte 1921—1922 an der Technischen Hochschule Hannover, danach in Göttingen und wurde dort 1924 promoviert. Er trug zusammen mit seinem Lehrer Max Born wesentlich zur Ausgestaltung der Heisenbergschen Matrizenmechanik bei und lieferte insbesondere einen Beweis für die Richtigkeit der von Born angegebenen Vertauschungsrelation. Seine Hauptarbeitsgebiete sind Quantenmechanik, Quantenelektrodynamik und Kosmologie; auch erkenntnistheoretisch-philosophische Probleme der Naturwissenschaften haben ihn stets gefesselt.

Werke: Zur Quantenmechanik (mit Max Born). Zur Quantenmechanik II (mit Born und Heisenberg). In: Zur Begründung der Matrizenmechanik (= Dokumente der Naturwissenschaft. Bd 2). Stuttgart 1962; Anregung von Quantensprüngen durch Stöße (mit James Franck). Berlin 1926; Elementare Quantenmechanik (mit Max Born). Berlin 1930; Schwerkraft und Weltall. Grundlagen der theoretischen Kosmologie. Braunschweig 1952; Der Naturwissenschaftler vor der religiösen Frage. Oldenburg und Hamburg 1963; Die Expansion der Erde. Braunschweig 1966; Albert Einstein. Sein Lebenswerk und die Zukunft der Physik. Frauenfeld 1969. U. H.

Joule, James Prescott (* 24. Dezember 1818 in Salford, Lancashire, † 10. Oktober 1889 in Sale, Cheshire). Joule war Besitzer einer großen Brauerei. Er begann ohne wissenschaftliche Ausbildung schon in jungen Jahren mit physikalischen Versuchen, wobei er besonderen Wert auf quantitative Messungen legte. Seine Bewerbung um eine Professur in St. Andrews, Schottland, war nicht erfolgreich; so führte er seine Studien privat fort. Später wurde er Sekretär und schließlich Präsident der Literary and Philosophical Society in Manchester.

Joules Hauptarbeitsgebiet war die „Wärme". 1840 fand er das Gesetz der Stromwärme. 1843 gab er Zahlen an für das mechanische Wärmeäquivalent (→ Energie). 1847 trug er bei der British Association in Oxford vor, wo William Thomson das allgemeine Interesse für Joules Gedanken zu wecken verstand. Bis 1878 erschienen mehrere Aufsätze über das mechanische Wärmeäquivalent; die Messungen mit verschiedenen Versuchsanordnungen erhärteten das Energieprinzip.

Joule machte auch Versuche zur Längenänderung von Metallen im magnetischen Feld. Er untersuchte quantitativ die Temperaturänderung bei Gaskompression bzw. Gasentspannung. Gemeinsam mit William Thomson erschien 1852 eine Arbeit mit dem Titel: „On the air engine"; der heute nach Joule und Thomson bezeichnete Effekt wird bei der Gasverflüssigung ausgenützt.

Werke: The Scientific Papers. 2 Bde. London 1887.
Literatur: J. G. Crowther, J. P. J. In: Men of science. New York 1936, S. 127—199; A. P. Hatton und Léon Rosenfeld, An analysis of Joule's experiments on the expansion of air. In: Centaurus. Vol. 4, 1956, S. 311—318; Gordon Jones, J.'s early researches. In: Centaurus. Vol. 13, 1968, S. 198—219. A. K.

Joulesche Wärme. Joule untersuchte 1840 quantitativ die bei Stromdurchgang durch einen Leiter entstehende Wärme. Er wickelte einen Draht um ein Glasröhrchen, welches er in ein wassergefülltes Gefäß stellte; die Stromstärke kontrollierte er mit einer Tangentenbussole. So erhielt er das Gesetz: „Bei Stromdurchgang durch einen metallischen Leiter ist die in einer bestimmten Zeit entstehende Wärme proportional dem Widerstand des Leiters, multipliziert mit dem Quadrat der Stromstärke." Joule vermutete, daß dieses Gesetz auch für Batterien und bei der Elektrolyse gelte, prüfte dies jedoch ausführlich nach, wobei er geschickt die Wirkung von Sekundärreaktionen ausschaltete bzw. berechnete.

Quellen: James Prescott Joule, The scientific papers. London 1887, Bd 1, S. 60—81.
A. K.

Jungius, Joachim (* 22. Oktober 1587 in Lübeck, † 23. September 1657 in Hamburg).

J. studierte in Rostock und Gießen Naturwissenschaft und Mathematik, später auch Medizin. Nach einer Italienreise gründete er in Rostock 1622 nach dem Vorbild italienischer Akademien die Societas Ereunetica, deren Ziel es war, die Wissenschaft vom Sophistischen zu reinigen und auf sicher Bewiesenes zurückzuführen. Die Gesellschaft bestand allerdings nicht lange. J. lebte in Rostock als Mathematikprofessor und praktischer Arzt bis zu seiner Berufung 1628 nach Hamburg zum Rektor des Akademischen Gymnasiums und des Johanneums.

Als Wissenschaftler berief sich J. immer auf die Beobachtung und das Experiment, strebte aber dennoch eine Systematisierung und logische Klärung der Begriffe an. J. erkannte, daß Stoffe in verschiedenen Aggregatzuständen vorkommen können, während dabei ihre Zusammensetzung dieselbe bleibt. Chemische Reaktionen betrachtete er als Vereinigung oder Trennung kleiner Teilchen, die selbst nicht wahrgenommen werden können. Außerdem lehnte er es ab, natürliche und künstlich hergestellte Stoffe als verschieden anzusehen (→ Kunst). Er definierte ein Element, „wenn etwas nicht zerlegt werden kann und man von der Tatsache seiner Zusammensetzung nichts weiß". Die Entscheidung, ob ein Stoff ein Element ist oder nicht, fällt also im Experiment. J. wandte sich scharf gegen die immer noch verbreitete, antike Lehre der vier Elemente.

Literatur: Hans Kangro, Joachim Jungius' Experimente und Gedanken zur Begründung der Chemie als Wissenschaft. Wiesbaden 1968 (hier auch ausführliches Verzeichnis der Werke).
A. K.

K

Kamerlingh Onnes, Heike (* 21. September 1853 in Groningen, † 21. Februar 1926 in Leiden). Er studierte in Groningen, dann in Heidelberg bei Robert Bunsen und Gustav Kirchhoff und wirkte ab 1882 als Professor für Experimentalphysik in Leiden. Raoul Pictet in Genf und Louis Cailletet in Paris hatten 1877 entdeckt, daß sich unter Anwendung großer Kältegrade bis $-218°$ C und starken Druckes zuerst Stickoxyd, dann Kohlenmonoxyd, dann Sauerstoff und Stickstoff, die bisher als unveränderlich gasförmig galten, verflüssigen und verfestigen ließen. Onnes widmete sein Leben dem Aufbau eines großen Kältelaboratoriums und den Experimenten mit sehr tiefen Temperaturen. Noch war es nicht gelungen, Wasserstoff und Helium zu verflüssigen. James Dewar erzielte 1898 die Verflüssigung von Wasserstoff, und 1906 konnte Onnes eine Anlage in Betrieb setzen, die stündlich 3–4 Liter flüssigen Wasserstoff lieferte.

Jetzt blieb nur noch das Helium zu bezwingen. Am 10. Juli 1908 erreichte Onnes bei der Temperatur von $-269°$ auch dessen Verflüssigung. 1922 kam er mit einer Vakuumpumpe zu Temperaturen, die nur $0{,}8°$ über dem absoluten Nullpunkt von $-273°$ lagen. Durch seine Apparate erschloß er ein Gebiet bisher unerforschter Temperaturen und untersuchte mit seinen Mitarbeitern die optischen, elektrischen und magnetischen Erscheinungen wie Phosphoreszenz, Fluoreszenz, Rotation der Polarisationsebene des Lichtes im Magnetfeld, Radioaktivität und Absorptionsspektren der Kristalle im Magnetfeld. Es zeigte sich, daß die sonst breiten Absorptionslinien schmal wurden. Der elektrische Widerstand der Metalle sank auf unmeßbar kleine Werte; der Strom floß ohne Wärmeentwicklung. Onnes sprach von „Supraleitung". 1913 erhielt er den Nobelpreis. Physiker aller Länder kamen nach Leiden, um bei ihm über tiefe Temperaturen zu arbeiten.

Werke: Nieuwe bewijzen voor de aswenteling der aarde. Groningen 1879; La liquéfaction de l'helium. In: Archives Néerlandaises. Serie II, Bd 14, 1909, S. 289–308.

Literatur: Woldemar Voigt, H. K. O. In: Chemiker-Zeitung. Jg 37, 1913, S. 1518–1520; Johannes Petrus Kuenen, Die Verleihung des Nobelpreises für Physik an H. K. O. In: Zeitschrift für komprimierte und flüssige Gase. Jg 16, 1914, S. 1 bis 6; Het Natuurkundig Laboratorium der Rijksuniversiteit te Leiden. Gedenkboek aangeboden aan H. K. O. Leiden 1922; Geertruida Luberta de Haas-Lorentz, H. K. O. In: Die Naturwissenschaften. Jg 14, 1926, S. 441–445; Claude August Crommelin, K. O. In: Louis Leprince-Ringuet (Hrsg.), Die berühmten Erfinder. Genf 1951, S. 134–136. H. B.

Kanalstrahlen. 1886 beschrieb Eugen Goldstein neuartige, leuchtende Strahlen, die durch die Löcher oder „Kanäle" einer durchbohrten Kathode einer Entladungsröhre hindurchgehen, also in entgegengesetzter Richtung wie die Kathodenstrahlen verlaufen. Die Farbe des von den K. ausgesandten Lichtes stimmt mit der sog. ersten Kathodenschicht überein und hängt nach Goldstein von der Gasfüllung ab: „Bis zur Ermittlung eines passenderen Namens mögen diese Strahlen, die wir nun nicht mehr nach ihrer, von Gas zu Gas wechselnden Farbe benennen können, als ‚Canalstrahlen' bezeichnet werden." — Eine Ablenkung durch magnetische und elektrische Felder hatte Goldstein 1886 noch nicht finden können.

Ab 1897 untersuchte Willy Wien die durch ein Lenardfenster gegangenen K. und konnte schon ein Jahr später aus Ablenkungsversuchen die ungefähre Größe der Geschwindigkeit und der spezifischen Ladung ermitteln. Die K. erwiesen sich also im wesentlichen als positiv geladene Ionen. 1905 entdeckte Johannes Stark den optischen → Doppler-Effekt bei K. — Der führende Forscher auf dem neuen Gebiet blieb für Jahrzehnte W. Wien.

Quellen: Eugen Goldstein, Ueber eine noch nicht untersuchte Strahlungsform an der Kathode inducirter Entladungen. (In der Preuß. Akademie vorgetragen am 29. Juli 1886.) Nachdruck in: Annalen der Physik. Bd 64, 1898, S. 38—48; Willy Wien, Untersuchungen über die electrische Entladung in verdünnten Gasen. In: Annalen der Physik. Bd 65, 1898, S. 440—452.

Literatur: Eduard Rüchardt, Zur Entdeckung der Kanalstrahlen vor 50 Jahren. In: Die Naturwissenschaften. Jg 24, 1936, S. 465—467.

Kant, Immanuel (* 22. April 1724 in Königsberg, † 12. Februar 1804 ebd.). K. war ab 1770 Professor für Logik und Metaphysik; der Junggeselle führte ein zurückgezogenes Leben und hat nie größere Reisen über Ostpreußen hinaus unternommen. Kant unterschied Erkenntnisse a priori und a posteriori. Wesentliches Erkenntnismittel ist die Erfahrung, d. h. die Sinneswahrnehmung. Es gibt aber vor aller Erfahrung dem menschlichen Geiste eingeprägte Denkformen: „Man nennt solche Erkenntnisse a priori und unterscheidet sie von den empirischen, die ihre Quelle a posteriori, nämlich in der Erfahrung haben." Die Erscheinungen in der Natur sind dem Menschen also nicht anders zugänglich als in **der** Ordnung, in die sie der menschliche Verstand bringt. Zu den Denkstrukturen a priori gehören die „Anschauungsformen" des Raumes und der Zeit und die zwölf, in vier Klassen einzuteilenden Kategorien (z. B. Substanz, Kausalität).

Vor dem Hintergrund des Zeitgeistes („empirischer Rationalismus") hebt sich Kants stärkere Betonung des Rationalismus ab. Dies kommt z. B. deutlich in seinem Wissenschaftskriterium zum Ausdruck: „Ich behaupte, daß in jeder besonderen Naturlehre nur so viel eigentliche Wissenschaft angetroffen werden könne, als darin Mathematik anzutreffen ist." Der Chemie bestritt Kant folglich den Charakter als Wissenschaft: „So kann Chymie nichts mehr als systematische Kunst, oder Experimentallehre, niemals aber eigentliche Wissenschaft werden, weil die Prinzipien derselben bloß empirisch sind."

Unter Ablehnung des Atomismus betrachtete Kant als wesentliches Charakteristikum der Materie die (Newtonschen Zentral-)Kräfte und unterschied eine anziehende und eine abstoßende Kraft zwischen den Teilen der Materie. Die „Qualität" der beiden Kräfte muß nach K. verschieden sein, weil sie sich sonst gegenseitig aufheben würden; er nimmt deshalb als Anziehungskraft die Newtonsche Attraktion $\sim 1/r^2$, als Abstoßungskraft $\sim 1/r^3$ an.

Mit seinen „Gedanken von der wahren Schätzung der lebendigen Kräfte" hatte der junge Kant 1746 in die (prinzipiell erledigten) Auseinandersetzungen zwischen Cartesianern und Leibnizianern eingreifen wollen. Auch seine „Allgemeine Naturgeschichte und Theorie des Himmels" von 1755 blieb zunächst unbeachtet, in der er eine Theorie über die Entstehung des Planetensystems vorlegte, die später als → Kant-Laplacesche Theorie bekannt wurde.

Werke: Gesammelte Schriften. Hrsg. von der Preußischen Akademie. 23 Bde. Berlin 1900 bis 1955. Neudruck 1968 ff.; Werke in 6 Bdn. Hrsg. von Wilhelm Weischeidel. Wiesbaden 1956 bis 1964; Allgemeine Naturgeschichte und Theorie des Himmels etc. (= Ostwalds Klassiker. Nr 12). Leipzig 1890.

Literatur: Rudolf Eisler, Kant-Lexikon. Nachschlagewerk zu Kants sämtlichen Schriften. Nachdruck Hildesheim 1961; Woldemar Oskar Döring, Das Lebenswerk I. K.s. ³Hamburg 1964; Peter Plaass, Kants Theorie der Naturwissenschaft etc. Göttingen 1965; Hansgeorg Hoppe, Kants Theorie der Physik. Eine Untersuchung über das Opus postumum. Frankfurt 1969.

Kant-Laplacesche Theorie. Während noch Newton das Weltgebäude als unmittelbar aus der Hand Gottes hervorgegangen annahm, wuchs im 18. Jh. der Wunsch nach einer mechanischen Erklärung. So legten Immanuel Kant in seiner „Allgemeinen Naturgeschichte und Theorie des Himmels" (1755) und Pierre-Simon de Laplace in seiner „Exposition du Système du Monde" (1796) entsprechende Theorien vor. Bei aller Verschiedenheit stimmen beide darin überein, daß das Sonnensystem auf natürliche Weise (ohne Schöpfungsakt) aus einer im Weltraum verstreuten, nebelartigen Materie hervorgegangen ist. Während bei Kant die Planeten durch selbständige Verdichtungen außerhalb der Sonne entstanden sind, nahm Laplace Ablösungen von der sich verdichtenden Sonne an.

Quellen und Literatur: Anton Lampa (Hrsg.), Die Kant-Laplacesche Theorie (= Deutsche Hausbücherei. Bd 152/153). Wien 1925; Heinrich Schmidt (Hrsg.), Die Kant-Laplacesche-Theorie. Leipzig 1925.

Kármán, Theodore von (* 11. Mai 1881 in Budapest, † 7. Mai 1963 in Aachen). Eine Fülle grundlegender Beiträge und Anregungen, die nahezu alle Disziplinen der Strömungsmechanik richtungsweisend beeinflußten, kennzeichnen die überragende Bedeutung des genialen Physikers und Ingenieurs v. K. für die Luftfahrt.

Seine Ausbildung erfuhr er an der Technischen Hochschule Budapest von 1898—1902 und seit 1906 bei Ludwig Prandtl und Felix Klein an der Universität Göttingen. Hier promovierte er 1908 mit einer Arbeit über die Knickfestigkeit gerader Stäbe. Bereits zwei Jahre später konnte er sich für das Lehrgebiet Mechanik und Wärmelehre habilitieren. In die Göttinger Zeit fallen zudem sowohl seine Berechnungen zur „Kármánschen Wirbelstraße", mit denen er Stabilitätsbetrachtungen in die Strömungslehre einführte, wie auch eine Arbeit zur jungen Quantentheorie. Zusammen mit Max Born entwickelte er hierin das Modell eines räumlichen Kristallgitters, aus dessen Schwingungszustand der Abfall der spezifischen Wärme in der Nähe des absoluten Nullpunkts theoretisch beschrieben werden konnte. Damit wurde die Einsteinsche Beziehung von 1906 — etwa gleichzeitig mit der Ableitung des T^3-Gesetzes durch Debye — verallgemeinert.

1913 als Professor für Mechanik und Aerodynamik nach Aachen berufen, stellte er die von Ludwig Prandtl entwickelte Grenzschichttheorie sowie die Theorie der Turbulenz ins Zentrum seiner Forschungen. Hierbei — wie auch bei seiner späteren Tätigkeit am California Institute of Technology (1930 bis 1949) und als wissenschaftlicher Berater der amerikanischen Luftwaffe — bewährte sich seine glänzende Beherrschung der Mathematik, die sich bei ihm mit physikalischer und technischer Intuition verband. So wurden seine Arbeiten, insbesondere die zur Unter-, Über- und Hyperschallströmung, zur Grundlage der Erfolge in der Flugzeug- und Raketentechnik.

Werke: Collected works of Th. v. K. 4 Bde. London 1956; Aerodynamik. Ausgewählte Themen im Lichte der historischen Entwicklung. Genf 1956; Die Wirbelstraße. Mein Leben für die Luftfahrt. Hamburg 1968.

Literatur: Alexander Naumann, Th. v. K. In: Jahrbuch 1963 d. Wissenschaftl. Gesellschaft für Luft- u. Raumfahrt (WGLR). Braunschweig 1964, S. 514—518; Hugh L. Dryden, Th. v. K. In: Biographical Memoirs. National Academy of Science. Vol. 38, 1965, S. 345—384; S. Goldstein, Th. v. K. In: Biographical Memoirs of the fellows of the Royal Society. Vol. 12, 1966, S. 335—365.
L. S.

Kathodenstrahlen. Die Erfindung der Quecksilberluftpumpe durch den Bonner Mechaniker Heinrich Geißler 1855 ermöglichte die Erzielung immer niedrigerer Drucke in den Entladungsröhren. 1859 fand Julius Plücker das Fluoreszenzleuchten der Glaswand in der Nähe der Kathode. 1869 brachte Plückers Schüler Johann Wilhelm Hittorf zwischen Kathode und fluoreszierende Glaswand ein festes Hindernis; es entstand ein Schattenbild, woraus Hittorf auf eine geradlinige Ausbreitung des von der Kathode ausgehenden Agens schloß. Als „Entdecker" der K. pflegt man entweder Plücker oder Hittorf zu nennen, entsprechend als Jahr der Entdeckung 1859 oder 1869. Eugen Goldstein führte 1876 die Bezeichnung „Kathodenstrahlen" ein, deren physikalische Natur aber zunächst ungeklärt blieb (→ Elektron).

Kaufmann, Walter

Quellen: Joseph John Thomson, Die Entladung der Elektricität durch Gase. Leipzig 1900; Philipp Lenard, Über Kathodenstrahlen. Nobel-Vortrag. 2. Aufl. Berlin und Leipzig 1920; W. Seitz, Zerstreuung, Reflexion und Absorption von Kathodenstrahlen. In: Jahrbuch der Radioaktivität und Elektronik. Bd 2, 1905, S. 55—67.
Literatur: David L. Anderson, The discovery of the electron. Princeton 1964.

Kaufmann, Walter (* 5. Juni 1871 in Elberfeld, † 1. Januar 1947 in Freiburg/Breisgau). K. studierte an den Technischen Hochschulen Charlottenburg und München Elektrotechnik und an den Universitäten Berlin und München Physik. Er habilitierte sich 1899 in Göttingen und leitete seit 1908 das Physikalische Institut der Universität Königsberg. Er war dort bis 1935 Ordinarius. — Schon 1881 hatte Joseph John Thomson darauf hingewiesen, daß ein elektrisch geladener Körper während seiner Bewegung infolge des dadurch aufgebauten magnetischen Feldes seine Masse ändern müsse. Als man erkannte, daß die β-Teilchen des radioaktiven Zerfalls sehr schnelle Elektronen sind, konnte man daran denken, diese Konsequenz der elektromagnetischen Theorie zu prüfen. Kaufmann führte zunächst 1897 eine recht genaue e/m-Bestimmung aus und wies 1901 mit der Parabelmethode eine Zunahme der Elektronenmasse mit wachsender Geschwindigkeit nach. Diese Beobachtungen waren der Ausgangspunkt der Theorien von Max Abraham und Hendrik Antoon Lorentz über die Geschwindigkeitsabhängigkeit der Masse, deren richtige Formulierung erst die spezielle Relativitätstheorie Albert Einsteins ermöglichte. K. hat 1909 den Band „Magnetismus und Elektrizität" in Müller-Pouillets Lehrbuch der Physik geschrieben. Er hat die erste rotierende Hochvakuumpumpe gebaut und sich vor allem mit Untersuchungen über die Labilität des Stromdurchgangs durch beliebige elektrische Systeme befaßt.
Literatur: Walter Kossel, W. K. †. In: Die Naturwissenschaften. Jg 34, 1947, S. 33—34; W. K. In: Physikal. Blätter. Jg 3, 1947, S. 17.
U. H.

Kausalität. Der klassischen Physik lag die Vorstellung zugrunde, daß die Phasen des Naturgeschehens in ursächlicher und eindeutiger Weise auseinander hervorgehen. Bei genauer Kenntnis der Ursachen (d. h. der Naturgesetze und der Anfangsbedingungen) sollten mithin die Wirkungen eindeutig festgelegt sein. Die moderne Quantentheorie hat diese kausale Betrachtensweise durch eine statistische ersetzt, die durch die Heisenbergschen Unschärferelationen begründet ist. Werner Heisenberg schrieb 1927 zum Problem der Kausalität „... an der scharfen Formulierung des Kausalgesetzes: ,Wenn wir die Gegenwart genau kennen, können wir die Zukunft berechnen', ist nicht der Nachsatz, sondern die Voraussetzung falsch. Wir **können** die Gegenwart in allen Bestimmungslücken prinzipiell **nicht** kennenlernen."
Literatur: Werner Heisenberg, Über den anschaulichen Inhalt der quantentheoretischen Kinematik und Mechanik. In: Die Kopenhagener Deutung der Quantentheorie (= Dokumente der Naturwissenschaft. Bd 4). Stuttgart 1963; Max Born, Natural philosophy of cause and chance. New York 1964.
U. H.

Kayser, Heinrich (* 16. März 1853 in Bingen, † 14. Oktober 1940 in Bonn). Als Nachfolger von Heinrich Hertz 1894 nach Bonn berufen, baute er das dortige Institut zu einem Zentrum der Spektroskopie aus, wo K. bald als unbestrittener Meister und, nach Heranziehung zahlreicher Schüler (u. a. Heinrich Konen), als Altmeister galt.
Werke: Handbuch der Spectroscopie. 8 Bde. Leipzig 1900—1934.
Literatur: Arnold Sommerfeld, H. K. In: Zeitschrift für Astrophysik. Jg 20, 1941, S. 308—309.

Kelvin, Lord → Thomson, Sir William.

Kepler, Johannes (* 27. Dezember 1571 in Weil der Stadt, † 15. November 1630 in Regensburg). Überzeugt und begeistert vertrat K. das heliozentrische Weltbild, das ihm schon während seines Studiums der Theologie in Tübingen bei seinem Lehrer Michael Maestlin bekannt geworden war. 1594 ging

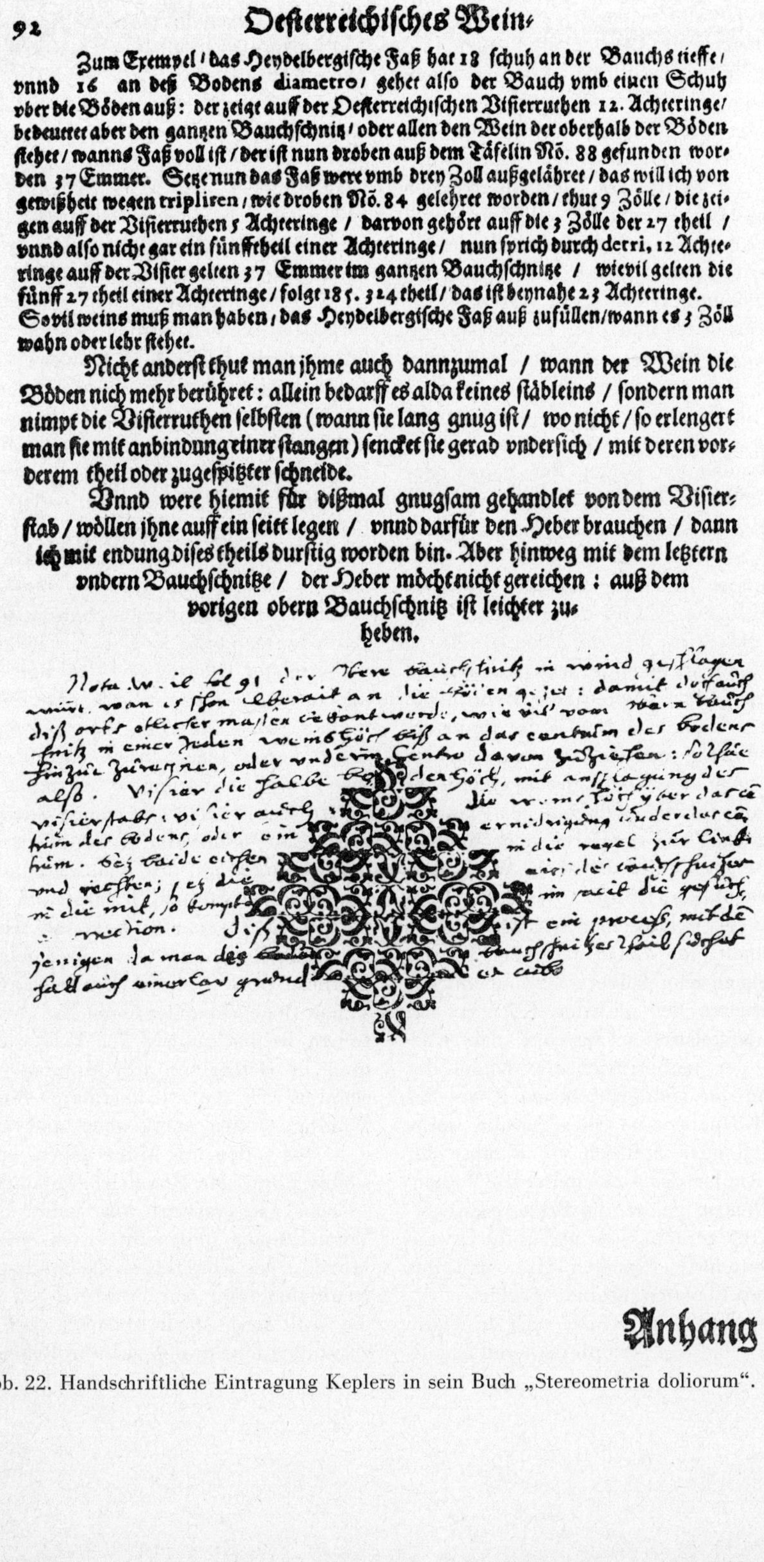

Oesterreichisches Wein-

Zum Exempel / das Heydelbergische Faß hat 18 schuh an der Bauchstieffe / vnnd 16 an deß Bodens diametro / gehet also der Bauch vmb einen Schuh vber die Böden auß: der zeiget auff der Oesterreichischen Visierruthen 12. Achteringe / bedeutet aber den ganzen Bauchschnitz / oder allen den Wein der oberhalb der Böden stehet / wanns Faß voll ist / der ist nun droben auß dem Täfelin Nō. 88 gefunden worden 37 Emmer. Sete nun das Faß were vmb drey Zoll außgelähret / das will ich von gewißheit wegen triplieren / wie droben Nō. 84 gelehret worden / thut 9 Zölle / die zeigen auff der Visierruthen 5 Achteringe / darvon gehört auff die 3 Zölle der 27 theil / vnnd also nicht gar ein fünfftheil einer Achteringe / nun sprich durch der ri, 12 Achteringe auff der Visier gelten 37 Emmer im ganzen Bauchschnitze / wieviel gelten die fünff 27 theil einer Achteringe / folgt 185. 324 theil / das ist beynahe 23 Achteringe. Soviel weins muß man haben / das Heydelbergische Faß auß zufüllen / wann es 3 Zoll wahn oder lehr stehet.

Nicht anderst thut man jhme auch dannzumal / wann der Wein die Böden nich mehr berühret: allein bedarff es alda keines stäbleins / sondern man nimpt die Visierruthen selbsten (wann sie lang gnug ist / wo nicht / so erlengert man sie mit anbindung einer stangen) sencket sie gerad vndersich / mit deren vorderem theil oder zugespitzter schneide.

Vnnd were hiemit für dißmal gnugsam gehandlet von dem Visierstab / wöllen jhne auff ein seitt legen / vnnd darfür den Heber brauchen / dann ich mit endung dises theils durstig worden bin. Aber hinweg mit dem letzern vndern Bauchschnitze / der Heber möcht nicht gereichen: auß dem vorigen obern Bauchschnitz ist leichter zu heben.

Anhang

Abb. 22. Handschriftliche Eintragung Keplers in sein Buch „Stereometria doliorum". 1616

er als Landschaftsmathematicus nach Graz, wo es zu seinen Aufgaben gehörte, einen Jahreskalender mit den üblichen astronomischen, astrologischen und meteorologischen Vorhersagen anzufertigen. Der Erfolg mit den ersten Prophezeiungen trübte nicht seine Skepsis gegenüber der Astrologie, dem „närrischen Töchterlein der Astronomie", aber er beflügelte Kepler, und schon 1596 entstand sein wissenschaftliches Erstlingswerk, das Mysterium Cosmographicum: „Drei Dinge waren es vor allem, deren Ursachen ich unablässig erforschte", sagte Kepler, „nämlich die Anzahl, Größe und Bewegung der Planeten." „Dies zu wagen", erläuterte Kepler in der Vorrede, „bestimmte mich jene schöne Übereinstimmung der ruhenden Dinge, der Sonne, der Fixsterne und des Zwischenraumes mit Gott dem Vater, dem Sohne und dem Heiligen Geist."

Der Himmel ist also, was die ruhenden Dinge betrifft, ein Abbild der Heiligen Dreieinigkeit. „Da sich die ruhenden Dinge so verhielten", so argumentierte K., „zweifelte ich nicht an einer entsprechenden Harmonie der bewegten Dinge", d. h. also der Planeten, von denen damals **sechs** bekannt waren. Nach langem Suchen und Kombinieren glaubte er die Erklärung für die Sechszahl der Planeten in der Fünfzahl der regulären oder platonischen Körper gefunden zu haben. Wenn man die fünf regulären Körper: Würfel, Tetraeder, Dodekaeder, Ikosaeder und Oktaeder so ineinanderbaut, daß die in den einen Körper einbeschriebene Kugel übereinstimmt mit der umbeschriebenen des nächsten Körpers, hat man vier Kugelschalen zwischen den Körpern; mit der umbeschriebenen Kugel des größten und der einbeschriebenen Kugel des kleinsten Körpers sind dies gerade **sechs** Kugelschalen oder Sphären. So glaubte der 25jährige Kepler das Geheimnis des Weltenbaues im Prinzip gelöst, die Frage beantwortet, warum es gerade sechs und nicht „zwanzig oder hundert" Planeten gibt, und das Problem der Planetenabstände geklärt.

K. übersandte seine Schrift auch an Tycho Brahe, der von K.s schöpferisch-mathematischer Begabung beeindruckt war. Als Brahe 1599 als kaiserlicher Mathematiker nach Prag übersiedelte, zog er 1600 Kepler nach. Brahe hatte noch **vor** Erfindung des Fernrohres mit einer bisher ungekannten Genauigkeit und Systematik Beobachtungsdaten gesammelt und beauftragte K., die Marsbewegungen zu analysieren: „Ich glaube, es war ein Werk der Vorsehung ... Denn Mars allein versetzt uns in die Lage, in die Geheimnisse der Astronomie einzudringen, die uns sonst für immer verborgen bleiben würden" (Kepler).

Innerhalb von acht Tagen wollte K. das Problem der Marsbahn lösen und schloß sogar eine Wette darüber ab. Aus den acht Tagen wurden mehrere Jahre, aber Kepler gelang es, eine Übereinstimmung zwischen Beobachtung und Theorie zu erzielen, die es bisher noch nie gegeben hatte; die → Keplerschen Gesetze, hierin vergleichbar nur mit den → Fallgesetzen Galileis, markieren die Wende zur neuzeitlichen Naturwissenschaft: Der phantasievolle Kepler, der in grandiosen Bildern und Gleichnissen den Bau des Weltalls zu erfassen strebte, erkannte die Notwendigkeit, „das äußerlich Wahrgenommene mit den inneren Ideen zusammenzubringen und ihre Übereinstimmung zu beurteilen". Kepler prüfte also wieder und immer wieder, durch ungeheuer mühevolle Rechnungen, ob seine Vorstellungen mit den Beobachtungen in Einklang stehen. Schließlich ergab sich aus einem plausiblen Ansatz eine maximale Abweichung von acht Bogenminuten: „Nachdem uns die göttliche Güte in Tycho Brahe einen so sorgsamen Beobachter geschenkt hat, daß sich aus seinen Beobachtungen der Fehler der Rechnung im Betrag von acht Minuten verrät, geziemt es sich, daß wir dankbaren Sinnes diese Wohltat Gottes anerkennen und ausnützen, d. h. wir sollen uns Mühe geben, endlich die wahre Form der Himmelsbewegungen aufzuspüren." K. verwarf also seine bisherigen Vorstellungen und suchte nach einem neuen Modell. Als christlicher Neuplatoniker und Neupythagoräer war er überzeugt, daß Gott die Welt nach einem geometrischen Bauplan entworfen hat, in den sich die Beobachtungen

Abb. 23. Titelkupfer, gestochen von Georg Coeler, zu Keplers Tabulae Rudolphinae. 1627. Links unten ein Bildnis Keplers

vollkommen einfügen. Gerade in dieser Forderung bestand die wesentliche Wendung zur Nuova Scienza. K. selbst sagte mit Recht: „Diese acht Minuten wiesen den Weg zur Erneuerung der ganzen Astronomie." Nach dem 2. Keplerschen Gesetz fand er kurz nach Ostern 1605 das erste → Keplersche Gesetz. Wie bei den → Fallgesetzen Galileis zählte mehr noch als das konkrete und richtige Ergebnis die benutzte Methode, „das äußerlich Wahrgenommene mit den inneren Ideen zusammenzubringen".

Schon 1604 hatte K. optische Untersuchungen veröffentlicht; die Nachricht in Galileis Schrift „Sidereus Nuncius" von 1610 über die Erfindung des Fernrohres und die ersten Entdeckungen (die einen anderen vielleicht mit Neid und Mißgunst erfüllt hätten) setzten ihn in helle Begeisterung, und er verfaßte seine „Dissertatio cum Nuncio Sidereo". 1611 erschien K.s Dioptrik, wo ein für kleine Einfallswinkel gültiges Brechungsgesetz, die Theorie des Galileischen und die Erfindung und Theorie des Keplerschen Fernrohres (mit zwei Konvexlinsen) mitgeteilt wird: „Mit vertauschten Rollen stehen die zwei Großen auf der Bühne der Geschichte: Der Held des Tages ist Galilei, weil in seiner Hand das Fernrohr ist, das eigentlich in die Keplers gehörte, denn der Optiker ist nicht Galilei, sondern Kepler" (Franz Hammer).

Kepler, der nach dem Tode von Tycho Brahe (1601) dessen Nachfolge als kaiserl. Mathematiker angetreten hatte, verlebte in Prag die glücklichsten Jahre seines Lebens. 1611 trafen ihn schwere persönliche Schicksalsschläge (Tod der ersten Frau); K. übersiedelte 1613 nach Linz, wo er bis 1626 wirkte. Hier veröffentlichte er 1618/20 über das kopernikanische Weltbild ein umfangreiches Lehrbuch, in dem der Stoff in Fragen und Antworten gegliedert ist. 1619 erschienen auch die „Harmonices Mundi", das Werk, in dem Keplers Denken, Fühlen und Ahnen wohl am deutlichsten zum Ausdruck kommt. Auch die Gemütskräfte sind ja für Kepler Mittel, das Geheimnis der Schöpfung zu erfassen. Überall im Planetensystem sah Kepler Harmonien, „nach höchstem Ratschluß einander so angepaßt, daß sie sich gegenseitig als Teile eines einzigen Bauwerkes gleichsam tragen"; Kepler hörte eine überirdische Sphärenmusik, „eine fortwährende mehrstimmige Musik (durch den Verstand, nicht das Ohr erfaßbar)".

Viel Arbeit kosteten K. die auf der Grundlage des neuen Weltbildes errechneten neuen Planetentafeln, die „Tabulae Rudolphinae". Diese wurden, da sie sich als genauer als alle anderen Berechnungen erwiesen, in der Generation nach K. mehr als alle anderen Werke anerkannt; die Übereinstimmung mit der Beobachtung schrieb man aber nicht der besseren Theorie, sondern der besseren Mathematik zu.

Die Rudolphinischen Tafeln ließ K. in Ulm drucken. Mehrere Reisen und ein Aufenthalt in Sagan (Schlesien), wo Wallenstein residierte, schlossen sich an. Um die Auszahlung seines Gehaltes zu betreiben, das ihm der Kaiser seit Jahren schuldete, kam er Ende 1630 zum Kurfürstentag nach Regensburg. Hier starb Kepler, der selbst den schwer übersetzbaren Grabspruch verfaßt hatte:

„Mensus eram coelos, nunc terrae metior umbras.
Mens coelestis erat, corporis umbra iacet."
Himmel durchmaß mein Geist,
nun meß ich die Tiefen der Erde;
Ward mir vom Himmel der Geist,
ruht hier der irdische Leib.

Werke: J. K., Gesammelte Werke. München 1939 ff. (Von den geplanten 20 Bänden sind bisher 16 erschienen. Es fehlen noch die Bände 11 u. 12; Bd 19 erscheint 1971; Bd 20 wird das Register enthalten.) Die wichtigsten Schriften (mit deutscher Übersetzung, soweit vorhanden): 1. Prodromus Dissertationum Cosmographicarum, continens Mysterium Cosmographicum. Tübingen 1596; Das Weltgeheimnis. Übersetzt und eingeleitet von Max Caspar. Augsburg 1923; 2. Ad Vitellionem Paralipomena. Frankfurt 1604; 3. De Stella Nova. Prag 1606; 4. Astronomia Nova, seu Physica Coelestis, tradita commentarius de Motibus Stellae Martis. Prag 1609; Neue Astronomie. Übersetzt und eingeleitet von Max Caspar. München und Berlin 1929; 5. Dissertatio cum Nuncio Sidereo. Prag 1610; Faksimiledruck und Übersetzung von Franz Hammer. München 1964; 6. Dioptrice. Augsburg 1611; Faksimiledruck mit Einführung von Michael Hoskin. Cambridge 1962; 7. Nova Stereometria doliorum vinariorum. Linz 1615; Außzug auß der Uralten Messekunst Archimedis. Linz 1616; 8. Ephemerides Novae Motuum Coelestium. Linz 1617; 9. Epitome Astronomiae Copernicanae. Libri I bis IV. Linz 1618–1620; Libri V, VI. Frankfurt 1621; 10. Harmonices Mundi Libri V. Linz 1619; Weltharmonik. Übersetzt und eingeleitet von Max Caspar. München und Berlin 1939; 11. Tabulae Rudolphinae. Ulm 1627; 12. Somnium seu Opus posthumum de Astronomia Lunari. Frankfurt 1634; Keplers Traum vom Mond. Übersetzt und herausgegeben von Ludwig Günther. Leipzig 1898.

Literatur: Max Caspar und Walther von Dyck (Hrsg.), J. K. in seinen Briefen. 2 Bde. München 1930; Hans Schimank, Epochen der Naturforschung. Leonardo, K., Faraday. München 1964; Franz Hammer, J. K. Ein Bild seines Lebens und Wirkens. Stuttgart 1943; Max Caspar, J. K. Stuttgart 1948; Arthur Koestler, Die Nachtwandler. Bern etc. 1959; Edward Rosen, K.'s Conversation with Galileo's Sidereal Messenger. New York 1965; Walther Gerlach und Martha List, J. K. Leben und Werk. München 1966; Volker Bialas, K.s Handschriften zu den Rudolphinischen Tafeln. In: Sudhoffs Archiv. Bd 52, 1969, S. 360 bis 370; Hans-Christian Freiesleben, K. als Forscher. Darmstadt 1970.

Bibliographie: Max Caspar, Bibliographia Kepleriana. 2. Aufl. besorgt von Martha List. München 1968.

Keplersche Gesetze. Noch mit der Annahme, daß die Planeten Kreise (freilich mit ungleichförmiger Geschwindigkeit) durchlaufen, kam Kepler 1602 (bei der von Tycho Brahe gestellten Aufgabe, aus Brahes Messungen die wahre Bahn des Planeten Mars zu bestimmen) zum 2. K. G. Er versuchte zunächst, mit dem Fortschreiten des Planeten auf seiner Bahn in Beziehung zu setzen die jeweiligen Abstände zum Ausgleichspunkt S (von dem aus nach dem Vorbild der traditionellen Astronomie die Winkelgeschwindigkeit als gleichförmig angenommen wird). Um das Gesetz zu formulieren, suchte Kepler für ein Bahnstück die Summe der Abstände zu bilden: „Weil ich wußte, daß es unendlich viele Punkte auf dem Exzenter und entsprechend viele Abstände gibt, kam mir der Gedanke, daß alle diese Abstände in der Fläche dieses Kreises enthalten seien." So erkannte Kepler, daß die Zeit, die der Planet benötigt, um von einem Punkt P_1 zu einem zweiten Punkte P_2 zu gelangen, gegeben ist durch die Fläche $P_1 P_2 S$ (2. K. G., sog. „Flächensatz").

Während beim 2. K. G. Integrationsaufgaben (lange vor Newton und Leibniz!) zu lösen waren, gab es bei der Auffindung der richtigen Bahnform Schwierigkeiten durch Keplers physikalische Auffassung des Problems: Nachdem feststand, daß die Bahn des Mars kein Kreis, sondern „eingebuchtet" ist, versuchte Kepler die dynamische Ursache zu ergründen und dadurch die richtige Bahnform zu finden. Erst langsam fand Kepler zu einer rein kinematischen Auffassung (und damit zu dem mit den Mitteln seiner Zeit lösbaren Problem). Nach langem Probieren erhielt er zunächst die richtige Formel (Polardarstellung der Ellipse), erkannte aber noch nicht, daß damit die Bahn als Ellipse bestimmt ist. Er versuchte, die zur Formel gehörende Bahn zu berechnen, kam irrtümlich auf eine falsche Kurve, verwarf in Verzweiflung die (falsche) Kurve und die (richtige) Formel und nahm nun als Bahnkurve eine Ellipse (!) an, worauf er endlich (nach Ostern 1605) erkannte, daß seine ursprüngliche Formel richtig war und eine Ellipse liefert. „Wozu soll ich viel Worte machen?", sagte Kepler in der Astronomia Nova von 1609, wo er nicht nur die beiden ersten K. G. mitteilte, sondern auch den Weg, der zu ihnen führte: „Die Wahrheit der Natur, die verstoßen und verjagt worden war, kam heimlich zur Hintertür wieder herein."

Die Geschichte des 3. Keplerschen Gesetzes, veröffentlicht erst 1619 in den „Harmonices mundi", schilderte Kepler selbst mit folgenden Worten: „Am 8. 3. des Jahres 1618, wenn man die genaue Zeitangabe wünscht, ist sie in meinem Kopfe aufgetaucht. Ich hatte aber keine glückliche Hand, als ich sie der

Rechnung unterwarf, und verwarf sie wieder. Schließlich kam sie am 15. Mai wieder und besiegte in einem neuen Anlauf die Finsternis meines Geistes, wobei sich zwischen meiner siebzehnjährigen Arbeit an den Tychonischen Beobachtungen und meiner gegenwärtigen Überlegung eine so treffliche Übereinstimmung ergab, daß ich erst glaubte, ich hätte geträumt und das Gesuchte in den Beweisunterlagen vorausgesetzt. Allein es ist ganz sicher und stimmt vollkommen, daß die Proportionen, die zwischen den Umlaufszeiten irgend zweier Planeten besteht, genau das Anderthalbfache der Proportion der mittleren Abstände, d. h. der Bahnen selber ist."

Die K. G. blieben im 17. Jh. nicht unbekannt, aber sie wurden nicht als Naturgesetze akzeptiert (sondern galten nur als näherungsweise richtig), bis Isaac Newton die Deduktion aus seiner neuen Gravitationstheorie gelang.

Quellen: → Kepler.

Literatur: Max Caspar, Aufbau und Beurteilung der Astronomia Nova. In: Johannes Kepler, Neue Astronomie. München und Berlin 1929, S. 36*—59*; Arthur Koestler, Die Nachtwandler. Bern 1959; J. L. Russel, Kepler's law of planetary motion: 1609—1666. In: British Journal for the History of Science. Vol. 2, 1964, S. 1—24; Curtis Wilson, Kepler's derivation of the elliptical path. In: Isis. Vol. 59, 1968, S. 5—25; E. T. Aiton, Kepler's second law etc. In: Isis. Vol. 60, 1970, S. 75—90.

Kernreaktion. 1914 entdeckte Ernest Marsden beim Durchgang von Alphateilchen durch Luft eine Komponente von größerer Reichweite, als dem Durchdringungsvermögen der Alphateilchen entspricht. Da er mit wasserstofffreien Gasen arbeitete, hielt er es nicht für ausgeschlossen, daß die Teilchen aus der radioaktiven Quelle selbst stammen und Protonen sind. Ernest Rutherford setzte Marsdens Untersuchungen, die der Ausbruch des Ersten Weltkrieges beendete, fort und konnte 1919 zeigen, daß die von jenem beobachtete Strahlung nicht aus dem radioaktiven Präparat stammt, sondern von Stickstoff herrührt. Er machte es wahrscheinlich, daß es sich dabei um Protonen handeln müsse. Tatsächlich war ihm damit die Durchführung der ersten Kernreaktion gelungen. Rutherfords Schüler Patrick Blackett konnte 1924 mit der Nebelkammer nachweisen, daß die von Rutherford beobachtete Reaktion nach der Gleichung $^{14}_{7}N + ^{4}_{2}He \rightarrow ^{17}_{8}O + ^{1}_{1}H$ verläuft. Seitdem sind zahllose andere Kernreaktionen durchgeführt worden, die zum Teil zu überraschenden neuen Entdeckungen geführt haben (1932 Entdeckung des Neutrons in der Reaktion $^{9}_{4}Be + ^{4}_{2}He \rightarrow ^{12}_{6}C + ^{1}_{0}n$ durch James Chadwick, 1934 Entdeckung der künstlichen Radioaktivität durch Frédéric Joliot und Irène Curie an der Reaktion $^{27}_{13}Al + ^{4}_{2}He \rightarrow ^{30}_{15}P + ^{1}_{0}n$).

Quellen: Ernest Rutherford, The collected papers of Lord Rutherford of Nelson. Vol. 2, S. 547 bis 590.

Literatur: Horst Melcher, Über die historische Entwicklung der Kernphysik. In: Wissenschaftliche Zeitschrift der Pädagogischen Hochschule Potsdam. Math.-nat. Reihe, Bd 6, 1960, S. 49 bis 57.

U. H.

Kircher, Athanasius (* 2. Mai 1602 in Geisa bei Eisenach, † 28. November 1680 in Rom). Kircher gehört zu den berühmten Polyhistoren des 17. Jh.s. Er studierte auf dem Jesuitengymnasium in Fulda und wurde 1618 in Paderborn Mitglied der Gesellschaft Jesu. Nach Aufhebung des Paderborner Ordenshauses lehrte er in Jesuitenniederlassungen in Münster, Köln, Koblenz, Mainz und Würzburg. Beim Herannahen der Schweden im Dreißigjährigen Krieg floh Kircher im Jahre 1633 nach Avignon und dann weiter nach Rom. Dort wurde er Lehrer der Mathematik am Collegium Romanum; aber später widmete er sich nur noch wissenschaftlicher Arbeit und seinen naturwissenschaftlichen und kulturellen Sammlungen, aus welchen das „Museum Kircherianum" am Collegium Romanum entstand.

Kirchers Interesse umfaßte nahezu alle Zweige der Wissenschaft des 17. Jahrhunderts. Er widmete sich der Optik, der Akustik und der Mathematik, dem Magnetismus und der

Astronomie, darüber hinaus der Forschung über Himmel und Unterwelt, biologischen Fragen und der Medizin, aber auch der Astrologie und der Kabbala. In seinen Büchern publizierte er mehr Übersichten über die einzelnen Wissenschaftszweige als eigene Ergebnisse, und zwar immer mit einer Vorliebe für Geheimnisvolles, Phantastisches und Kuriositäten. K. konstruierte auch verschiedene Instrumente und Maschinen, von denen die Laterna magica bis heute allgemein bekannt blieb.

Kircher beherrschte verschiedene orientalische Sprachen und widmete sich ihrer Erforschung. Besonders bekannt sind seine Arbeiten über die koptische Sprache, die Hieroglyphen und die Kultur in Ägypten. Auch hier interessierte Kircher mehr die geheimnisvolle Weisheit der ägyptischen Priester als ernstere wissenschaftliche Fragen.

In der Geschichte der Naturwissenschaften haben Kirchers Bücher ihren Platz als Werke, die eine Übersicht über den damaligen Stand der Wissenschaft bieten, und als Werke, die Interesse für naturwissenschaftliche Forschung erweckten.

Werke: Ars magnesia... Würzburg 1631; Magnes sive de arte magnetica... Rom 1641; Ars magna lucis et umbrae... Rom 1646; Musurgia universalis... Rom 1650; Iter extaticum coeleste... Rom 1656; Iter extaticum terrestre... Rom 1657; Mundus subterraneus... Amsterdam 1664.

Literatur: Karl Brischar, P. A. K. Ein Lebensbild (= Katholische Studien. Jg 3, 1877, H. 5). Würzburg 1877; Selbstbiographie etc. Aus dem Lateinischen von Nikolaus Seng. Fulda 1901; George E. McCracken, A. K.s universal polygraphy. In: Isis. Vol. 39, 1948, S. 215–228; Connor Reilly, A. K. In: Journal of Chem. education. Vol. 32, 1955, S. 253–258; Robert Ranc, Un bel exemple du livre au dix-septième siècle. In: Gutenberg-Jahrbuch. Mainz 1964, S. 234–239.

J. M.

Kirchhoff, Gustav Robert (* 12. März 1824 in Königsberg, † 17. Oktober 1887 in Berlin). „Nichts Außergewöhnliches in K.s Leben entspricht der Außergewöhnlichkeit seines Genius; seine Laufbahn war vielmehr die gewöhnliche des deutschen Universitätsprofessors. Die großen Ereignisse vollzogen sich bei ihm lediglich im Gehege seines Kopfes" (Ludwig Boltzmann). In Königsberg wurde K. vom Begründer der theor. Physik in Deutschland, Franz Neumann, herangebildet; schon als Student mit 21 Jahren erschien seine erste Veröffentlichung in den Annalen der Physik (→ Kirchhoffsche Sätze). Nach der Berliner Habilitation 1848 wurde K. 1850 a.o. Professor in Breslau, wo er, nach der Berufung des Chemikers Robert Bunsen, eine für die Wissenschaft bedeutsame Freundschaft schloß. Bunsen, schon 1852 von Breslau nach Heidelberg wegberufen, zog K. zwei Jahre später ebenfalls nach Heidelberg. 1875 ging K. dann (nachdem er frühere Rufe abgelehnt hatte) an die Universität Berlin, wo er neben Helmholtz wirkte.

Bunsen hatte sich Ende der fünfziger Jahre bemüht, die Flammenfärbungen, die die verschiedenen Salze im Bunsen-Brenner hervorrufen, zu analytischen Zwecken auszunutzen. Da das unbewaffnete Auge schlecht zwischen den Farbtönen zu differenzieren vermag, versuchte Bunsen, das Licht durch Farbgläser zu filtern; K. wies auf das Hilfsmittel des Spektralapparates hin.

Aus diesem experimentellen Ansatz ergaben sich zwei hochbedeutende Entdeckungen. Gemeinsam entwickelten K. und Bunsen 1859/60 die chemische Spektralanalyse, mit der noch unwägbare Spuren von Elementen nachgewiesen werden können. Innerhalb weniger Tage nach Entwicklung der Methode fand Bunsen im Dürkheimer Mineralwasser als neues Element das Caesium, im sächsischen Lepidolith das Rubidium. Entdeckungen weiterer neuer Elemente schlossen sich an.

Noch vor der Entwicklung der Spektralanalyse war K. auf ein auffälliges Phänomen gestoßen: „Ich entwarf ein Sonnenspektrum und ließ dabei die Sonnenstrahlen, bevor sie auf den Spalt fielen, durch eine kräftige Kochsalzflamme treten. War das Sonnenlicht hinreichend gedämpft, so erschienen an Stelle der beiden dunklen Linien D zwei helle Linien; überstieg die Intensität jenes aber eine gewisse Grenze, so zeigten sich die beiden dunklen Linien D in viel größerer Deutlichkeit..."

Aus der Beobachtung, daß jeder Körper die Spektrallinien absorbiert, die er auch emittiert, entwickelte K. das Kirchhoffsche Gesetz: Für jede Wellenlänge und Temperatur stehen Emissions- und Absorptionsvermögen in einem konstanten Verhältnis. Dieses Verhältnis J ist also nur eine Funktion von Wellenlänge und Temperatur; J bedeutet physikalisch das Emissionsvermögen des schwarzen Körpers: „Die mit J bezeichnete Größe ist eine Funktion der Wellenlänge und der Temperatur. Es ist eine Aufgabe von hoher Wichtigkeit, diese Funktion zu finden. Der experimentellen Bestimmung derselben stehen große Schwierigkeiten im Wege; trotzdem scheint die Hoffnung begründet, sie durch Versuche ermitteln zu können, da sie unzweifelhaft von einfacher Form ist, wie alle Funktionen es sind, die nicht von den Eigenschaften einzelner Körper abhängen, und die man bisher kennengelernt hat."

Mit allem Nachdruck hatte also K. schon 1860 auf die universelle Bedeutung der Emissionskurve des schwarzen Körpers hingewiesen; hier gelang es erst Max Planck im Jahre 1900, die konkrete Gestalt der Funktion (Plancksche Strahlungskurve) zu finden. Die universelle Strahlungskurve enthält dabei die universelle Naturkonstante h.

Werke: Chemische Analyse durch Spectralbeobachtungen (= Ostwalds Klassiker. Nr 72). Leipzig 1895 (gemeinsam mit Robert Bunsen); Abhandlungen über Emission und Absorption (= Ostwalds Klassiker. Nr 100). Leipzig 1898; Untersuchungen über das Sonnenspektrum etc. Berlin 1861; Gesammelte Abhandlungen. Leipzig 1882; Vorlesungen über mathematische Physik. 4 Bde. Leipzig 1877—1894.

Literatur: Ludwig Boltzmann, G. R. K. Festrede etc. Leipzig 1888; Hans Schimank, G. R. K. Zum Gedächtnis etc. In: Elektrotechnische Zeitschrift. Jg 58, 1937, S. 1188 f.

Kirchhoffsche Sätze. Als 20jähriger Student in Königsberg bearbeitete Gustav Kirchhoff 1845 eine von Franz Neumann gestellte Seminaraufgabe und formulierte im Anschluß daran die beiden K.n S.: „Wird ein System von Drähten, die auf eine ganz beliebige Weise miteinander verbunden sind, von galvanischen Strömen durchflossen, so ist:

1. wenn die Drähe 1, 2, ... μ in einem Punkte zusammenstoßen

$$I_1 + I_2 + \ldots + I_\mu = 0 \ldots$$

2. wenn die Drähte 1, 2, ... ν eine geschlossene Figur bilden

$$I_1 \omega_1 + I_2 \omega_2 + \ldots I_\nu \omega_\nu =$$

der Summe aller elektromotorischen Kräfte, die sich auf dem Wege: 1, 2 ... ν befinden; wo $\omega_1, \omega_2 \ldots$ die Widerstände der Drähte, $I_1, I_2 \ldots$ die Intensitäten der Ströme bezeichnen..."

Der besondere Wert der K.n S. liegt in der allgemeingültigen Formulierung. Der 1. K. S. ist Ausdruck der stets als selbstverständlich genommenen Tatsache, daß es an keinem Punkte eines beliebig verzweigten Stromkreises eine Anhäufung des elektrischen Fluidums geben kann. Das Verdienst der Entdeckung des 2. K.n S. gab Kirchhoff später Georg Simon Ohm. Ohm hatte 1827 geschrieben, „daß die Größe des Stromes in jedem Nebenleiter im umgekehrten Verhältnisse zu seiner reduzierten Länge [= Widerstand]" stehe. Ohne die klaren Definitionen und Meßvorschriften (die wir vor allem Ohm verdanken) war aber auch schon Johann Wilhelm Ritter spätestens 1805 zu ähnlichen Aussagen gelangt.

Quellen: Gustav Kirchhoff, Ueber den Durchgang eines elektrischen Stromes durch eine Ebene etc. In: Annalen der Physik. Bd 64, 1845, S. 497 bis 514; Georg Simon Ohm, Die galvanische Kette mathematisch bearbeitet (Berlin 1827). Neudruck Leipzig und Wien 1887. Hier S. 107; Johann Wilhelm Ritter, Die Begründung der Elektrochemie etc. (= Ostwalds Klassiker. N. F. Bd 2). Frankfurt 1968. Hier S. 100.

Klein, Felix (* 25. April 1849 in Düsseldorf, † 22. Juni 1925 in Göttingen). Mit dem Tode Kleins ging eine Epoche der Mathematikgeschichte zu Ende, deren „beherrschende Figur" er gewesen war und in der er grundlegende Beiträge zur mathematischen Physik geliefert hatte.

Nach einem Studium der Naturwissenschaften promovierte er bereits mit 19 Jahren in Bonn. Von den anschließenden Aufenthalten in Göttingen, Berlin und Paris wurde der letzte besonders bedeutungsvoll für seine wissenschaftliche Arbeit; bei Camille Jordan und Gaston Darboux wurde er mit Evariste Galois' Gedanken zur Gruppentheorie bekannt, die er später erfolgreich weiterentwickelte. 1872 wurde er als Ordinarius nach Erlangen berufen. In seiner programmatischen Antrittsrede, dem berühmten „Erlanger Programm", formulierte er seine Anwendung des Gruppenbegriffs auf die Geometrie. Bereits in Berlin hatte er sich mit der Nicht-Euklidischen Geometrie beschäftigt, war aber bei Karl Weierstraß auf Ablehnung gestoßen. Nun gelang es ihm, in das Wirrwarr der verschiedenen, bis dahin nebeneinander und ohne Zusammenhang existierenden geometrischen Betrachtungsweisen mit Hilfe des Gruppenbegriffs und Invarianzbetrachtungen eine Ordnung zu bringen. Nachdem Albert Einstein 1905 die Spezielle Relativitätstheorie aufgestellt hatte, war K. aufgrund ihrer Transformationseigenschaften als einer der ersten von ihrer Richtigkeit überzeugt. Er widmete dem Problem eine Reihe von Untersuchungen, in die er auch Weiterführungen einbezog (Konforme Gruppe). Durch einfache Fortsetzung seines Programms konnte er so auch noch in späteren Jahren wesentlich zur Klärung der mathematischen Grundlagen der Allgemeinen Relativitätstheorie beitragen.

In den Jahren seit 1875 in München und Leipzig beschäftigte er sich vorwiegend mit Funktionentheorie — eine Art Wettbewerb mit Henri Poincaré entspann sich — und entwickelte sich zum „erfolgreichsten Apostel Riemannschen Geistes". 1886 erfolgte die Berufung nach Göttingen, wo er bis zu seinem Tode wirkte. In den späteren Jahren wurde Klein zu einem hervorragenden Organisator und Förderer des mathematischen Unterrichts. Außerdem versuchte er erfolgreich, eine stärkere Verbindung der Mathematik mit den Naturwissenschaften und der Technik herzustellen. Er war von der Bedeutung der Mathematik für alle Naturwissenschaften durchdrungen und sah mit großem Unbehagen, daß die Mathematik in der Technik nicht die Rolle spielen konnte, die ihr seiner Meinung nach als „Königin der Wissenschaften" zukommen sollte. Er setzte seine ganze Kraft und Autorität ein, um die Entwicklung in eine andere Bahn zu lenken. Für diese Bemühungen gelang es ihm, den jungen Arnold Sommerfeld zu gewinnen.

K. war außerdem einer der Initiatoren und aktiver Mitarbeiter der Enzyklopädie der Mathematischen Wissenschaften.

Werke: Gesammelte mathematische Abhandlungen. 3 Bde. Berlin 1921—1923; Vorlesungen über die Entwicklung der Mathematik im 19. Jh. 2 Bde. Berlin 1926—1927.

Literatur: Richard Courant, F. K. In: Die Naturwissenschaften. Jg 13, 1925, S. 765—772; Arnold Sommerfeld, Zum 100. Geburtstag von F. K. In: Die Naturwissenschaften. Jg 36, 1949, S. 289—291; ders., Zum 25. Todestag von F. K. In: Physikal. Blätter. Jg 6, 1950, S. 273—274; Heinrich Behnke, F. K. und die heutige Mathematik. In: Mathematisch-Physikalische Semesterberichte. Bd 7, 1961, S. 129—144; Karl Heinz Manegold, F. K. als Wissenschaftsorganisator. In: Technikgeschichte. Bd 35, 1968, S. 177—204; ders., Universität, Technische Hochschule und Industrie. Beitrag zur Emanzipation der Technik im 19. Jh. unter besonderer Berücksichtigung der Bestrebungen F. K.s. Berlin 1970; Armin Hermann, F. K. In: Die Großen der Weltgeschichte. Bd IX. Zürich 1970, S. 112—123. S. R.

Kontinuitätsprinzip. Die Vorstellung, daß alle Naturgegebenheiten sich nur stetig, in Abhängigkeit von anderen Größen, ändern können, stand bei der Begründung der Physik geradezu Pate. Gemeint war auch, aber nicht nur, die zeitliche Stetigkeit. Von den Gesetzen des freien Falles (der so schnell verläuft, daß er damals messend nicht verfolgt werden konnte) fand Galileo Galilei den gedanklichen Übergang zur schiefen Ebene, wo seine Experimente mit der Fallrinne die mathematischen Ergebnisse verifizierten. Von hier wiederum transponierte Galilei durch den Grenzprozeß Neigungswinkel $\alpha \to 0$ den beschleunigten Fallvorgang in die unbeschleunigte, kräftefreie Bewegung in der Ebene und kam auf diese Weise (fast) zum Trägheitsgesetz.

Aus dem Geist des K.s entstand die Differential- und Integralrechnung, und insbesondere bei Gottfried Wilhelm Leibniz durchzieht das im weitesten Sinne aufgefaßte K. die ganze Philosophie. Leibniz formulierte klar, „daß die Gegenwart stets die Zukunft in ihrem Schoße birgt und daß jeder gegebene Zustand nur durch den unmittelbar vorausgehenden auf natürliche Weise erklärbar ist. Bestreitet man dies", sagte Leibniz, „so wird es in der Welt Lücken geben, die das große Prinzip des zureichenden Grundes umstürzen und uns dazu nötigen werden, für die Erklärung der Erscheinungen zu Wundern oder zum bloßen Zufall unsere Zuflucht zu nehmen." Im 18. und 19. Jh. wurde das Prinzip der Stetigkeit aller Naturvorgänge („natura non facit saltus") von vielen Naturforschern und Philosophen ausgesprochen, meistens allerdings als selbstverständlich gar nicht eigens formuliert.

Durch seinen Ansatz $\varepsilon = h \cdot \nu$ für die Energiestufen des linearen Oszillators, konzipiert Ende des Jahres 1900, durchbrach Max Planck das K. Diese Konsequenz ist ihm aber erst um 1908 bewußt geworden.

Quellen: Übersicht in: Rudolf Eisler, Wörterbuch der philosophischen Begriffe. 3 Bde. Berlin 1930. Hier Stichwort „Stetigkeit".

Kopenhagener Deutung. Die Kopenhagener Deutung der Quantentheorie ist der Inhalt der abschließenden Interpretation der Heisenbergschen Matrizenmechanik. Sie ging hervor aus der Auseinandersetzung Werner Heisenbergs und Niels Bohrs mit Erwin Schrödingers Wellenmechanik und legte die Gründe für eine statistische Auffassung der letzteren klar. Sie besteht einerseits aus Heisenbergs Unschärferelationen und andererseits aus Bohrs Lehre von der Komplementarität, d. h. der Gleichberechtigung sich gegenseitig ausschließender physikalischer Betrachtungsweisen.

Literatur: Die Kopenhagener Deutung der Quantentheorie (= Dokumente der Naturwissenschaft. Bd 4). Stuttgart 1963. U. H.

Kopernikus, Nikolaus (* 19. Februar 1473 in Thorn, † wahrsch. 24. Mai 1543 in Frauenburg). K. stammte aus einer Kaufmannsfamilie. Sein Onkel, Lucas Watzelrode, war Bischof in Ermland, und Kopernikus kam nach dem Tode seines Vaters in dessen Obhut. Er unterstützte K.' langjähriges Studium, und durch seinen Einfluß wurde K. schon im Jahre 1497 Domherr in Frauenburg. Diese Stellung ermöglichte ihm, ohne die höheren Weihen je zu empfangen, für viele Jahre ein materiell sorgloses Leben.

So konnte Kopernikus an den Universitäten in Krakau, Bologna, Padua, Ferrara und Rom wahrscheinlich bis zum Jahre 1505 studieren. Zwar ist K. als Reformator der Astronomie bekannt; doch schloß er sein Studium mit dem Doktordiplom für kanonisches Recht ab, das er 1503 in Ferrara erwarb. K. studierte auch Medizin und war für seinen Onkel als Leibarzt tätig. Ob er einen Doktorgrad in Medizin erworben hat, ist aber fraglich. Im Jahre 1512, nach dem Tode seines Onkels, übernahm K. seine Pflichten als Domherr von Frauenburg. In dieser Eigenschaft befaßte er sich mit Verwaltung und Ökonomie, und zwar mit Erfolg, wie aus seiner Denkschrift über Verbesserung des Geldrechts aus dem Jahre 1522 und seiner Wahl zum Administrator des Domstifts 1523 zu ersehen ist.

Seine größte kulturelle Leistung ist das Buch „De revolutionibus orbium coelestium" (Über die Umdrehungen der Himmelsbahnen), das zwar schon früher geschrieben wurde, aber erst im Jahre seines Todes 1543 gedruckt wurde. Den stärksten Impuls für

Kopernikus' Interesse an der Astronomie bildete wahrscheinlich sein Aufenthalt in Bologna, wo er Schüler und Gehilfe des Astronomen Dominicus Maria Novara war. Bald war er auch selbst als hervorragender Astronom bekannt, und zwar durch seinen „Com-

Abb. 24. Titelblatt des Werkes „De revolutionibus orbium coelestium" von Kopernikus. Basel 1543

mentariolus", die erste Niederschrift seiner astronomischen Thesen. Im Jahre 1514 war er als Teilnehmer an der geplanten Kalenderreform nach Rom eingeladen, aber er hat diese Einladung abgelehnt; wahrscheinlich hielt er seine Gedanken noch nicht für reif.

Im Jahre 1539 hatte der Wittenbergische Professor Georg Joachim Rheticus die Gelegenheit, in Frauenburg bei Kopernikus sein Buch zu studieren. Noch während seines Aufenthaltes in Frauenburg schrieb Rheticus seinen Bericht „Narratio prima" über Kopernikus' Entdeckungen, und bei seiner zweiten Fahrt nach Frauenburg fertigte er eine Abschrift des Buches an und ließ es in Deutschland publizieren.

In seiner Lehre ersetzte Kopernikus das alte geozentrische durch das heliozentrische Weltbild. In seinem System verlor die Erde ihre Stelle im Zentrum des Weltalls, und die Sonne wurde das Zentrum des Planetensystems und des Universums. Die tägliche Umdrehung des Firmaments der Fixsterne wurde auf die Rotation der Erde um ihre eigene Achse zurückgeführt. Die jährliche Bewegung der Sonne erklärte Kopernikus durch die jährliche Bewegung der Erde um die Sonne. Auf die Drehung der Planeten um die Sonne wurde auch die Existenz der scheinbaren Kehrpunkte und die Rückläufigkeit der Planeten zurückgeführt.

Die Kopernikanische Theorie fand nach ihrer Veröffentlichung Anhänger und Gegner. Mit den damaligen Methoden war ihre Richtigkeit nicht nachweisbar. Der berühmte Astronom Tycho Brahe zum Beispiel nahm sie nicht an und veröffentlichte eine eigene Theorie des Planetensystems. Kopernikus' Theorie gewann auch große Bedeutung für die Philosophie und die Theologie, wie es sich bei dem Streit Galileis mit der Inquisition zeigte.

Werke: De revolutionibus orbium coelestium libri VI. Nürnberg 1543. Deutsche Ausgabe (Hrsg. Georg Klaus). Berlin 1959. Faksimile-Nachdruck New York 1965; Commentariolus. Deutsche Übersetzung in: N. K. — Erster Entwurf seines Weltsystems ... (Hrsg. Fritz Rossmann). München 1948; Deutsche Gesamtausgabe (Hrsg. Fritz Kubach et al.): Bisher 2 Bde. München 1944 u. 1949.

Literatur: Bibliografia Kopernikowska 1509 bis 1955. Warschau 1958; Leopold Prowe, N. C. Thorn 1883; Edward Rosen, The Commentariolus of C. In: Osiris. Vol. 3, 1937, S. 123—141; Edward Grant, Late medieval thought, C. and the scientific revolution. In: Journal of the History of Ideas. Vol. 23, 1962, S. 197—220; Norwood Russell Harson, Contra-Equivalence. A defense of the originality of C. In: Isis. Vol. 55, 1964,

S. 308—325; Les éléments traditionnels et nouveaux dans la cosmologie de N. C. (mehrere Autoren). In: Actes du XIe Congrès International d'Histoire des Sciences (Warschau 1965). Bd 1, S. 65—84; Thomas S. Kuhn, The Copernican Revolution. Planetary astronomy in the development of western thought. Cambridge 1966; Erich Lessing, Karl Bednarik, Entdecker des Weltraums. Freiburg 1967; Henry Guerlac, C. and Aristotle's cosmos. In: Journal of the History of Ideas. Vol. 29, 1968, S. 109—113; Otto Neugebauer, On the planetary theory of C. In: Vistas in Astronomy. Vol. 10, 1968, S. 89—103; Felix Schmeidler, N. K. (= Große Naturforscher. Bd 34). Stuttgart 1970. J. M.

Kosmische Strahlung → Höhenstrahlung.

Kosmos. Im Weltbild der Antike und des Mittelalters stand in der Mitte des Alls fest und unbeweglich die Erde, umgeben von den Sphären der Himmelskörper. Es gab nicht nur einen ausgezeichneten Punkt, den Mittelpunkt der Erde, sondern auch eine ausgezeichnete Richtung, zum Mittelpunkt (oder von ihm weg). Als die natürliche Bewegung der schweren Körper betrachtete man den freien Fall hin zum natürlichen Ort.

Die kopernikanische Vertauschung der Rolle von Sonne und Erde im Weltbild machte auch eine neue Physik notwendig. Da die Erde ein Planet unter anderen Planeten geworden war, mußte man, wie der Erde, auch jedem anderen Himmelskörper eine „sphaera activitatis" zuschreiben, d. h. ein Vermögen, gleichartige Körper anzuziehen. Diese Vorstellung bereitete Newtons allgemeiner Massenanziehung den Boden.

Wohl auch unter dem Einfluß der Ideen des Nikolaus von Kues trat im 17. Jh. an die Stelle der kugelsymmetrisch-geschlossenen Welt der unendlich ausgedehnte Weltenraum, gleichmäßig erstreckt in allen drei Raumrichtungen. Als die „natürliche" Form der Bewegung erkannte man nun die Trägheitsbewegung. Gerade weil es in der Welt keinen ausgezeichneten Punkt mehr gibt, auf den man die Bewegung beziehen könnte, ist es nicht möglich, zwischen Ruhe und gleichförmiger Geschwindigkeit zu unterscheiden. Die physikalischen Konsequenzen hat als erster Christiaan Huygens erkannt, der das Relativitätsprinzip 1667 u. a. anwandte, um die Stoßgesetze abzuleiten.

Das Fehlen eines ausgezeichneten Punktes und einer ausgezeichneten Richtung führt, wie sich der Sachverhalt auch ausdrücken läßt, zur Unabhängigkeit der Naturgesetze gegen Translationen und Rotationen des Raumes, was die wichtigen Erhaltungssätze zur Folge hat. Über die neueren kosmologischen Vorstellungen vgl. → Relativitätstheorie, Allgemeine.

Literatur: Alexandre Koyré, Von der geschlossenen Welt zum unendlichen Universum. Frankfurt 1969; Curtis A. Wilson, From Kepler's laws, so-called, to universal gravitation: empirical factors. In: Archive for History of Exact Sciences. Vol. 6, 1970, S. 89—170; Pierre Duhem, Le Système du Monde. Histoire des doctrines cosmologiques de Platon à Copernic. 10 Bde. Paris 1913—1959.

Kraft. Der vieldeutige Begriff der Kraft (vis, virtus, impulsus, impetus) wurde in der Scholastik sowohl im Sinne einer dem bewegten Körper innewohnenden Eigenschaft (vis viva) wie im Sinne eines äußeren Antriebs oder einer äußeren Bewegungsursache gebraucht.

Einen wichtigen Schritt in der Klärung spielte das Trägheitsgesetz. Damit war klar, daß zur Aufrechterhaltung einer Bewegung mit gleichförmiger Geschwindigkeit eine äußere Einwirkung auf den Körper nicht notwendig ist. Ist eine solche vorhanden, so tritt vielmehr eine Änderung des Bewegungszustandes, d. h. eine Beschleunigung auf. Die äußere Ursache für die Beschleunigung definierte Newton 1687 in seinen „Philosophiae naturalis principia mathematica" als „eingeprägte Kraft" (vis impressa). Zur Abgrenzung gegen den vis viva-Begriff sagte er ausdrücklich: „Die eingeprägte Kraft tritt lediglich während der Einwirkung auf und verbleibt **nicht** nach der Einwirkung in dem Körper." Newtons berühmtes 2. Gesetz lautet: „Die Änderung der Bewegung ist der Einwirkung der bewegenden Kraft proportional und geschieht nach der Richtung derjenigen geraden Linie, nach welcher jene Kraft wirkt."

Newton hat diese Lex secunda selbst so verstanden, daß eine Impulsänderung ΔG von einer Krafteinwirkung während eines Zeitintervalles Δt hervorgerufen wird; für Newton bedeutete „Kraft" zunächst das, was wir heute Kraftstoß $K \cdot \Delta t$ nennen. Während Newton in den Bezeichnungen nicht zwischen „Kraft" und „Kraftstoß" unterschied, trennten Leibniz und dann ganz klar Jakob Hermann zwischen lebendiger Kraft (Energie) und der Newtonschen K. („tote Kraft", vis mortua).

Für Newton waren die wichtigsten Kräfte die beim Stoß auftretenden „Oberflächenkräfte" und die Gravitation. Er ermittelte die Eigenschaften dieser Kraft (u. a. den Abfall mit $1/r^2$); kennzeichnend für die Methode Newtons, die zur Methode der empirisch-rationalen Naturwissenschaft wurde, war es, daß er (prinzipiell anders als René Descartes) Hypothesenbildungen zur Erklärung der Gravitationswirkung vermied. („Hypotheses non fingo.") Nicht von Newton, aber von seinen Nachfolgern wurde dann diese Kraft im Sinne einer unvermittelten Fernwirkung interpretiert. Diese Auffassung blieb bis Ende des 19. Jh.s vorherrschend (→ Feld).

Quellen: Isaac Newton, Mathematische Prinzipien der Naturlehre. Herausg. J. Ph. Wolfers. Nachdruck Darmstadt 1963.

Literatur: Max Jammer, The concept of force. Cambridge/Mass. 1957; Mary B. Hesse, Forces and fields. The concept of action at a distance in the history of physics. London 1961; I. Bernard Cohen, Newton's use of force etc. In: Isis. Vol. 58, 1967, S. 226—230.

Kraftlinie. Petrus Peregrinus de Maricourt hat in seiner „Epistola de magnete" 1269 beschrieben, wie man mit Hilfe eines Bruchstückes einer Eisennadel die Pole eines Magnetsteins findet. Er legte die Nadel auf den Stein, zog ihr entlang einen Strich und zog so eine Linie rings um den runden Stein. Das Verfahren wird an anderen Stellen mehrmals wiederholt. Alle Linien laufen an zwei Punkten zusammen wie die Meridiane der Erde. Petrus Peregrinus wußte auch, daß das Nadelstück an diesen Polen senkrecht auf dem Stein haftet, während es daneben schräg steht. William Gilbert (De Magnete 1600) erweiterte diese Versuche dahin, daß er eine Nadel an einem Faden über der Magnetkugel schweben ließ und die Kugel darunter hin und her drehte. Er stellte fest, daß die Nadel über dem Teil mitten zwischen den Polen waagerecht schwebte, sich polwärts senkte und schließlich über den Polen senkrecht stand. Das erste mit Feilspänen erzeugte Kraftlinienbild findet sich in Niccolo Cabeos „Philosophia magnetica" 1629 abgebildet.

Michael Faraday hat also den Begriff der K. nicht geschaffen, wie vielfach behauptet wird, aber keiner hat so konsequent damit gearbeitet. Nachdem Faraday 1832 die Gesetze der elektromagnetischen Induktion vermittels der magnetischen Kraftlinien-Vorstellung beschrieben hatte, erklärte er 1838 ähnlich die elektrische Influenz durch elektrische K. Auch die elektrische Wirkung ist nach Faraday eine „Kraft", die von Raumpunkt zu Raumpunkt fortschreitet und dabei (entgegen der Newtonschen Kraftvorstellung) ihre Richtung ändern kann. Damit ist ein entscheidender Einfluß des Zwischenmediums gegeben. Die Weiterentwicklung führte zum Begriff des → Feldes (→ Faraday).

Literatur: Fritz Fraunberger, Zur Geschichte der Kraftlinienbilder. In: Physikalische Blätter. Jg 23, 1967, S. 489—495; Heinz Balmer, Beiträge zur Geschichte der Erkenntnis des Erdmagnetismus. Aarau 1956.

Kunst. Bis etwa zum Ende des 18. Jahrhunderts wurde der Ausdruck K. nicht in unserem heutigen Sinne verwandt, sondern als Abstraktum von künstlich bzw. von können. Seit der Antike waren die „Künste" (technai) in die freien und die mechanischen Künste eingeteilt. Die eines freien Menschen würdigen freien Künste (artes liberales) bestanden aus dem Trivium (Grammatik, Logik und Rhetorik) und dem Quadrivium (Geometrie,

Arithmetik, Astronomie und Musiktheorie). Für die freien Künste galt, daß sie möglichst im Einklang mit der „Lehrmeisterin Natur" (natura artis magistra) zu betreiben seien, d. h. durch geistige Erkenntnis.

Die mechanischen Künste hingegen, die zur Grundlage von Handwerk, Gewerbe und Technik wurden, befaßten sich mit den für den Menschen und durch den Menschen hervorgerufenen materiellen Dingen und Wirkungen. Diese aber mußten **gegen** die Natur erzeugt werden. Damit wurde die → Mechanik zur K. schlechthin, zur Methode, die Natur zu überlisten, zur Lehre von den erzwungenen und damit widernatürlich-künstlichen Bewegungen, Wirkungen und Verbindungen (mechanische Verbindungen im Gegensatz zu den natürlichen).

Als Folge dieser Einstellung konnte die Mechanik erst spät ein Teilgebiet der Wissenschaften, der Physik (physis = Natur der Dinge) werden. Zu Beginn des 17. Jahrhunderts wurde schließlich im Zuge der Mechanisierung des Weltbildes der Unterschied zwischen Natur und K. aufgehoben (Henri de Monantheuil, Francis Bacon, René Descartes trugen wesentlich hierzu bei): Das → Experiment, d. h. die K., wurde jetzt sogar zum wichtigsten Mittel der Naturerkenntnis.

Mit der Wandlung der Aussage verlor das Wort K. in der Naturwissenschaft an Bedeutung und geriet allmählich außer Gebrauch. Im Bereich der Technik, wo K. in sehr vielen Wortverbindungen (z. B. Stangenkunst, Wasserkunst, Kunstmeister usw.) vorkam, wurde der Ausdruck nur teilweise durch andere ersetzt (Vorrichtung, Maschine, Technik bzw. Technologie usw.); in manchen neueren Wortverbindungen lebt er sogar in der ursprünglichen Bedeutung wieder auf (z. B. Kunstfaser gegenüber Naturfaser).

Literatur: Reyer Hooykaas, Das Verhältnis von Physik und Mechanik in historischer Hinsicht (= Beträge zur Geschichte der Wissenschaft und der Technik. Heft 7). Wiesbaden 1963; Albrecht Timm, Kleine Geschichte der Technologie. Stuttgart 1964; Wilfried Seibicke, Technik. Versuch einer Geschichte der Wortfamilie um τέχνη in Deutschland vom 16. Jh. bis etwa 1830 (= Technikgeschichte in Einzeldarstellungen. Nr 10). Düsseldorf 1968. L. S.

Kunstkabinett. Seit dem 16. Jh. mit seinem regen Sammeleifer bis gegen Ende des 18. Jh.s gehörte es zur Würde eines jeden Fürstenhofes, ein K. zu besitzen. In diesen wurden neben Werken der Malerei und Bildhauerei besonders Sammlungen naturgeschichtlicher und kunstgewerblich-technischer Kuriositäten gezeigt. Besonderen Ruhm genossen das „Kunst- und Raritätenkabinett" des Cosmus von Medici (16. Jh.), die im 16. Jh. vom Erzherzog Ferdinand von Österreich gegründete und 1806 nach Wien überführte „Ambraser-Sammlung" sowie das Grüne Gewölbe in Dresden, 1721 bis 1724 vom Kurfürsten August II. angelegt.

Im Zeitalter des Merkantilismus und Kameralismus dienten die K.e vielfach als Kunstkammern der Anregung des „Gewerbefleißes". Im 19. Jh. entstanden aus ihnen häufig Kunstgewerbemuseen zur Förderung der Wirtschaft, Industrie und Technik.

Literatur: Erich Zurzl-Runtscheiner, Von der Ambraser Sammlung bis zum Technischen Museum für Industrie und Gewerbe in Wien. In: Beiträge zur Geschichte der Technik und Industrie. Bd 22, 1933, S. 142—145. L. S.